U0225758

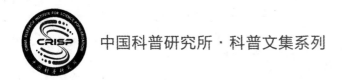

中国科普研究所·科普文集系列

ON THE THEORETICAL AND PRACTICAL STUDIES OF
SCIENCE POPULARIZATION
PROCEEDINGS OF FORUM ON PUBLIC SCIENCE LITERACY ASSESSMENT IN THE NEW ERA & THE
25TH NATIONAL CONFERENCE ON THEORETICAL STUDY OF SCIENCE POPULARIZATION

中国科普理论与实践探索

新时代公众科学素质评估评价专题论坛
暨第二十五届全国科普理论研讨会论文集

中国科普研究所 ◎ 编

科学出版社

北 京

图书在版编目（CIP）数据

中国科普理论与实践探索：新时代公众科学素质评估评价专题论坛暨第二十五届全国科普理论研讨会论文集 / 中国科普研究所编. —北京：科学出版社，2019.4
　ISBN 978-7-03-060801-7

Ⅰ.①中… Ⅱ.①中… Ⅲ.①科学普及-中国-学术会议-文集 Ⅳ.①N4-53

中国版本图书馆 CIP 数据核字（2019）第 044443 号

责任编辑：张　莉 / 责任校对：韩　杨
责任印制：张克忠 / 封面设计：有道文化
编辑部电话：010-64035853
E-mail：houjunlin@mail.sciencep.com

科 学 出 版 社 出版
北京东黄城根北街 16 号
邮政编码：100717
http://www.sciencep.com
天津新科印刷有限公司 印刷
科学出版社发行　各地新华书店经销
*
2019 年 4 月第　一　版　开本：720×1000　1/16
2019 年 4 月第一次印刷　印张：31 1/2
字数：460 000
定价：108.00 元

（如有印装质量问题，我社负责调换）

会议组织委员会

主　　任：王康友　颜　实　王玉平　赵立新

委　　员（按姓氏笔画排序）：

王晓丽　尹　霖　边慧英　何　薇　张　超

陈　玲　郑　念　钟　琦　周寂沫　高宏斌

谢小军

秘　书　处

秘 书 长：何　薇　张　超　周寂沫

工作人员（按姓氏笔画排序）：

王　旭　王　微　付文婷　付敬玲　吉安琪

任　磊　吴春廷　邸　静　张　齐　张亚琼

索子健　黄乐乐　曹　玉　梁　霄

会议论文集编委会

主　　编：颜　实

副 主 编：周寂沫

编　　委（按姓氏笔画排序）：

付文婷　付敬玲　张　超

序

在科学技术日新月异，信息化、全球化浪潮全面来临的新时代，促进科学、技术、社会与人的和谐发展，促进公众科学素质的整体提高，实现人的全面发展，已越来越成为人类文明进步的基石。我国政府历来重视公众科学素质的提高，习近平总书记指出，"科技创新、科学普及是实现创新发展的两翼，要把科学普及放在与科技创新同等重要的位置。没有全民科学素质普遍提高，就难以建立起宏大的高素质创新大军，难以实现科技成果快速转化。希望广大科技工作者以提高全民科学素质为己任，把普及科学知识、弘扬科学精神、传播科学思想、倡导科学方法作为义不容辞的责任，在全社会推动形成讲科学、爱科学、学科学、用科学的良好氛围，使蕴藏在亿万人民中间的创新智慧充分释放、创新力量充分涌流。"这些论述为新时代加强公众科学素质、提高科学普及成效规设了全新的战略定位。

为更好地回应新时代提高公众科学素质的新要求，全面加强公民科学素质监测评估的新方法，完善公民科学素质共建共享的新理念，中国科普研究所借助承办首届世界公众科学素质促进大会专题论坛的契机，结合中国科普研究所高端学术会议品牌的学术资源和业界影响力，于2018年9月18日在国家会议中心召开"新时代公众科学素质评估评价专题论坛暨第二十五届全国科普理论研讨会"。此次研讨会的主题为"加强监测评估，提升科学素质"。来自美国、英国、德国、加拿大、荷兰、印度等国际知名专家学者，来自清华大学、中国科学院大学、中国科学院科技战略咨询研究院、中国科普研究所等高等学校、科研院所，以及各级科协、科技场馆等机构的专家学者、科普工作者近百人参加本次会议。

本次研讨会用时一天，共有4位专家做主旨报告，9位专家做学术报告。会议期间发布了第十次中国公民科学素质调查主要结果和《中国公民科学素质建设报告（2018）》。与会专家学者在本次会议上广泛交流、热烈讨论，共同探讨如何在新时代语境下深化公众科学素质监测评估，推动科普事业繁荣发展，极大地拓展了与会者的学术视野，为实现我国乃至世界公众科学素质加速提升提供了有益的思路。

研讨会的成功召开引起了学术界和相关领域的广泛关注，据不完全统计，包括《人民日报》、《光明日报》、《中国日报》（*China Daily*）、《科技日报》、《科普时报》、人民网、新华网、澎湃网、腾讯网和新浪网等近二十家报纸和网站对此次论坛情况进行了报道或转载。为更广泛地传播本次论坛的学术成果，促进这些研究成果更好地提升公众科学素质，主办方收录了由论坛学术委员会推荐、进入论坛交流并经作者同意发表的49篇论文结集出版。此论文集将是近期科普理论与实践探索过程中的又一重要成果，愿更多的科普工作者能够以此为鉴、续写华章。

新时代公众科学素质评估评价专题论坛暨
第二十五届全国科普理论研讨会论文集编委会
2019 年 3 月 11 日

目 录

"分答"个案视角下知识付费 APP 的内容及前景探究

柴 玥　李卓聪　益西曲珍

（大连理工大学，大连，116024）

摘要： 知识付费 APP 的迅速发展，为移动端的知识传播提供了变现可能，也产生了大量的现象级产品。随着市场的细分和产品的丰富，知识付费 APP 也逐渐面临发展困境，除了便捷性、趣味性、互动性外，其是否具有长效的内容生产机制，核心内容是否值得付费，并吸引用户长期使用，成为人们关注的焦点。本文通过对"分答"个案的研究，从历程梳理、内容统计与答主个案分析的角度，总结出知识付费 APP 所呈现的内容缺乏专业性、平台监管乏力、盈利模式单一等现存问题，并提出注重对内容体系的深入挖掘、实现平台开放的用户经营、打造专业答主矩阵团队等建议，助推知识付费 APP 的良性发展。

关键词： 知识付费；分答；传播内容；传播效果

Research on Content and Prospect of Knowledge-Paid APP on the Case of "Fenda"

Chai Yue　Li Zhuocong　Yixi Quzhen

（Dalian University of Technology，Dalian，116024）

Abstract: The rapid development of the knowledge-paid APP has provided the possibility of realization for the knowledge dissemination on mobile

作者简介：柴玥，大连理工大学人文与社会科学学部副教授，新闻传播学系副主任，主要研究方向：新媒体知识传播。e-mail：chaiyue@126.com。李卓聪，大连理工大学广播电视学专业学生，主要研究方向：科普传播。e-mail：798334802@qq.com。益西曲珍，大连理工大学广播电视学专业学生，主要研究方向：科普人才研究。e-mail：1524413175@qq.com。

terminals，and a large number of phenomena-level products have been produced. With the market segmentation and product enrichment，knowledge-paid APP is gradually facing development difficulties. In addition to convenience，fun，and interactivity，it has been a focus of whether the knowledge-paid APP has a long-term content production mechanism，whether the core content is worth paying to attract users for a long time. This paper summarizes the existing problems of lack of professionalism，lack of platform supervision，and single profit model，from the perspective of process review，content statistics and case analysis of the "score" case. The paper also puts forward some suggestions such as in-depth mining of the content system，user-management of open platform，and creation of a professional answering matrix team to promote a healthier development of knowledge-paid APP.

Keywords：knowledge-paid；Fenda；content of dissemination；effect of dissemination

　　"互联网+"大数据的分众化垂直传播正在重塑信息传播的模式，科普类知识传播也日渐突破原有的专业壁垒与技术屏障，从大众媒介的转译式普及、专业网站的立体式传播，走向基于用户需求定制的服务性对接。

　　因为生产的零边际成本，分享从纸质时代的竞争性分享变成了数字时代的非竞争性分享，知识传播领域因此催生了一种以"知识共享"为根基的文化创造与传播模式，人们自愿上传分享自己或他人创作的作品，传播和下载数字作品的费用几乎为零，这类共享行为建构出开放获取和知识共享的理念。[1]互联网知识共享文化为知识类 C2C①产品提供了巨大的可能性，内容付费趋势下的分众化传播与专业化传播日益结合，促生了多个知识付费平台的兴起与发展，知识传播借由新的传播形态，在移动端开始了"知本造富"的初步尝试。

---

① 即 customer（consumer）to customer（consumer），个人与个人之间的电子商务。

一、"分答"的发展历程

"分答"的创始人姬十三是科学松鼠会与果壳网的创始人,最初从事免费知识的生产与共享,之后创办"果壳"明确地走入市场商业运作,进行知识变现的前期尝试。在从免费共享到知识付费的转型过程中,"在行"的微信公众号开始了较早的市场探测,"分答"从中诞生,而后"爆红",继而从公众号中分离出来,有了独立的 APP、微信公众号和网站等,成为一款独立的知识付费 APP,并借此完成了自己的 A 轮融资。

融资不久,"分答"就遭遇了长达 47 天的停摆期,重新上线后,"分答"重新整理了内容板块,构建了新的内容矩阵。例如,推出了"分答小讲""付费社区"等服务,同时签约高影响力的关键意见领袖(key opinion leader,KOL)(如 papi 酱)入驻社区,快速调整已有内容的赛道,形成了新的内容形态。其核心业务主要有两大类。一是问答形式。普通用户在平台发问,对问题有想法的用户或专家主动进行解答,并收取一定费用。二是知识型内容。平台和专家合作生产专业化程度较高的内容,普通用户选择性为所需内容付费。问答形式主要是围绕普通用户的疑问进行答疑解惑,答主因此而受益;知识型内容则是专家通过对应的内容形态,将自己的专业知识拿出来,给普通用户消费,因此获得收益。[2] 在收益部分上,答主或专家获九成,平台拿一成。

经过 2016 年的"爆红"后,2017 年"分答"整体遇冷,着力拓展以知识共享为核心定位的更专业化的内容形态。"小讲"围绕用户对学习工作某一特定场景或某一行业的入门问题打造解决方案;"社区"借助 KOL 的影响力,提供更深层次的系统解决方案。但其中存在很多问题,如 KOL 变现能力有限、问答场景单一化、用户消费意愿走低等,"分答"所面临的窘境依旧无法得到扭转。

2018 年 2 月 6 日,"分答"召开"分答&在行"品牌升级发布会。姬十三宣布"分答"正式更名为"在行一点",与"在行"成为并行品牌,并将利用"在行"的资源和优势,打造"行家孵化计划"。[3] 至此,"分答"正式和用户说再见，由综合型知识付费转入专业型行家付费。

二、"分答"的内容分析

（一）"分答"的内容形态

"分答" APP 中主要的内容形态有：语音付费问答、悬赏快问、每日头条免费资讯、社区和小讲，总结各类型的内容呈现形式及特点如表 1 所示。

表 1 "分答"各类型的内容呈现形式及特点

内容类型	定位选题	内容形式	内容定价
分答头条	每天送你实用锦囊，解决成长、职场、情感、理财等问题	每天 3～8 条相关选题的文章，承载方式有可能是图文，也有可能是音频	免费
快问	进行问题解答，用户为主动方，挑选最优答案；固定四大类：健康、情感、纠纷、育儿	1. 用户提问并支付固定悬赏金额 10 元 2. 答主可进行抢答 3. 回答被用户采纳的答主可获得赏金 4. 问题有效期为 2 天（48 小时），无人抢答赏金退还用户	悬赏金额固定为 10 元
问答	进行问题解答，答主为主动方，选择是否回答；题材不限	1. 用户付费给某答主提问 2. 答主收取费用回答问题后，围观用户可付费 1 元"偷听"答案 3. 答案被其他用户收听后的收益，提问用户与答主平分	答主根据自己的品牌、口碑、内容类型等设定好提问价格
社区	围绕某一领域的 KOL 开展的学习课程	1. 某一领域的 KOL 进行课程讲解 2. 用户在社区完成对应的任务并进行深度互动（用户与用户之间，主讲与用户之间）	59 元、99 元、299 元三档定价
小讲	30 分钟精品语音干货，旨在通过半小时到一小时的时间，帮助用户解决一个实际的问题，题材集中于职场成长、理财资产、生活教育、情感心理、兴趣谈资	1. 音频为主要载体 2. 围绕某一主题展开的时长较短的小课，每节音频三五分钟，充分利用用户的"碎片化"时间 3. 同时提供相关的重点信息笔记图	单个小讲定价在 15 元以内，80%的小讲在 10 元以内

资料来源：http://www.sohu.com/a/201669388_624051。

"分答"在"快问"和"问答"这两类形态中发挥更多的是连接者的作用，即由平台制定规则，提问者和回答者双方主动进行答疑解惑。这种平台策略不会介入具体问题和答案生产消费的环节，只是提供语音载体促进知识消费行为。但"快问"和"问答"在提问者与回答者双方关系上略有差异：

"快问"是答主对某个用户某个问题进行抢答，答案被采纳者获得赏金；"问答"则是用户对某个答主进行付费提问。因此，"快问"更侧重问题本身，"问答"则更关注问题答主。

"社区"和"小讲"则是"分答"平台深度介入、与专家们共同选题策划的内容课程，这两种内容形态均提供较为优质的内容，其中平台扮演了内容生产和分发的主要角色。虽然两种内容类型相似，都为课程内容，但从本质上看，二者仍有很大差别。从本质上来说，"社区"为用户提供的是针对某一问题的较系统的解决方案，用户通过社区连续的课程学习，以及与主讲人的深度互动，掌握相关知识；而"小讲"提供的是针对某一问题的短期快速解决方案，用户通过一小时左右的学习，掌握相关主题的内容。

综上所述，"问答"和"快问"提供的是对某一具体问题的解决方案；"小讲"提供的是对于迈入某行业入门门槛或工作、生活中有关问题的快速解决方式；"社区"提供的是对某一领域或主题更加系统化、深层次的长期学习方案。以上提及的几种付费内容形态呈现出一种逐层递进的关系，用户可以在使用平台的过程中根据自身所处的场景选择契合的解决方案，"分答"也从用户们自由交流至引导话题再到知识体系的建构过程中，勾勒了更为系统化的知识付费蓝图。

（二）"分答"的内容数据统计分析

"分答"停摆后的再次上线，掀起了新一轮的知识付费高潮，众多明星、社会知名人士的站台，也引发了"分答效应"，对其 2017 年 1～2 月的部分内容统计如表 2 所示。

表 2　知识共享类 APP 传播特性研究——以"分答"为例的数据统计分析

序号	日期	热点问题	类别	答主信息	粉丝数量	"偷听"人数	点赞数	数据统计截止时间
1	2017年1月3日	我今年三十，遇到不可抗力的原因需要对人生重新选择，虽然我正面应对困难，可心中总难平静。又怕平静了心灵丧失了斗志，请指点。	心理	周国平（哲学家）	49 221	223	4	2017年1月3日24时

续表

序号	日期	热点问题	类别	答主信息	粉丝数量	"偷听"人数	点赞数	数据统计截止时间
		顾老师你好，坏心水果的部分还能吃吗？蔬菜清洗剂靠谱吗？总觉得青菜类很难洗干净，孕妇就比较专注于这些问题，谢谢啦！	医疗	顾中一（营养师）	97 128	242	2	
2	2017年1月11日	老师，您好，请问一线城市北上广深，哪个城市在未来的三年五年内，房价还可以翻番？	住房	徽湖（联创达地产董事长）	38 498	335	5	2017年1月11日24时
		很多人说王菲这次演唱会是"车祸现场"，真有这么严重吗？天后唱功为什么会退化这么厉害？	娱乐	邓柯（乐评人）	2 942	4 642	14	
3	2017年1月19日	很多一线城市的男女们普遍抗拒婚姻，两性关系看起来并不和谐，你觉得这种现象会怎样发展？	社会	李银河（社会学家）	94 443	176	2	2017年1月19日24时
		孟老师，陈思成出轨的事情是真的吗？狗仔偷拍到这样的视频或者照片会跟明星团队联系吗？如果私了的话应该算是敲诈吧？	娱乐	孟大明白（娱乐记者）	162 598	611	2	
4	2017年1月27日	宝宝现在刚满9个月，睡觉习惯了要抱着哄睡，晚上基本上要醒来喝一次奶粉，不给喝就哭，睡觉不踏实会经常醒，怎么让宝宝好好睡觉？	医疗	崔玉涛（儿科医生）	57 050	243	0	2017年1月27日24时
		看了《吐槽大会》，觉得你们吐槽很有趣，你的粉头发造型也很好。听说你们录节目有剧本，可生活里的吐槽是没有台本的，那么我们如何避免尴尬的吐槽？	娱乐	李诞（脱口秀演员）	16 816	1 059	7	
5	2017年2月4日	现在"90后"就业面对的困难是什么？我没有学历，我不知道怎么养活自己，有时悲观厌世，但不敢放弃自己，总会自相矛盾，我健康吗？	心理	秋叶（知识型训练营创始人）	80 604	229	3	2017年2月4日24时
		我有时非常看不惯奶奶带孩子的方式，如果说出来，会吵架，对孩子更不好，如果不说，就感觉堵得慌；我到底该怎么做才是对孩子好？	心理	吉吉（慢成长联合创始人）	1 289	260	6	

续表

序号	日期	热点问题	类别	答主信息	粉丝数量	"偷听"人数	点赞数	数据统计截止时间
6	2017 年 2 月 12 日	三公子,大学生刚毕业怎么能快速赚到人生第一个一百万?钱是拿来投资赚得快还是慢慢攒保险一些?你现在有多少资产了?	理财	三公子(理财、职场规划师)	114 358	300	3	2017 年 2 月 12 日 24 时
		父母应该满足孩子并不过分的物质需要,这无可非议吧?	教育	吉吉(慢成长联合创始人)	1 388	138	5	
7	2017 年 2 月 20 日	对于相爱但不合适,相爱相杀的情况怎么看?磨合了一年,宣告失败,但不管分开还是在一起都痛苦,该怎么办?	心理	寇乃馨(情感导师)	188 261	328	6	2017 年 2 月 20 日 24 时
		褚老能聊下近日湖南卫视《我是歌手》火起来的民谣歌手赵雷和那首《成都》歌曲本身吗?	娱乐	褚明宇	147 104	1 253	38	
8	2017 年 2 月 28 日	水哥你怎么被黑都是白,贾怎么洗都是黑。请问你站哪个立场?你认为是贾钻漏洞很聪明,还是他违反了竞技的底线?请正面评价这件事。两边你站哪边必选其一,就事论事。	娱乐	王昱珩	156 712	2 115	144	2017 年 2 月 28 日 24 时
		洛老师,你看过《三生三世十里桃花》吗?能评价一下吗?	娱乐	洛之秋(南京大学英文系副教授)	108 724	215	6	

根据表 2,制成问题类型分布图(图 1 和图 2)。

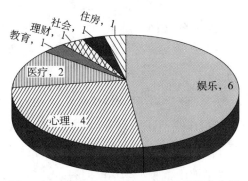

图 1　以"分答"为例的跟踪数据类型分布图

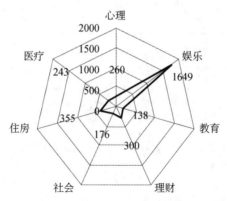

图 2 各类型问题平均"偷听"人数雷达分布图

从图 1 中可以看出，在抽样调查中，每日的热点话题中娱乐问题数量较多，占总数的 38%，其他问题（包括心理、医疗、教育、理财、社会、住房）占总数的 62%。可见，"分答"的确在众多领域为人们提供了知识消费的渠道，搭建了科学家与公众之间交流的良好平台，拉近了普通大众与专业知识之间的距离，为相关领域专业人员提供了知识变现的良好平台，符合当代"知本造富"的正能量概念，开辟了新的收入渠道，为我国的市场经济注入了新的活力。

与此同时，"分答"热点话题仍存在娱乐化的问题。在图 2 中，娱乐热点问题的平均"偷听"次数（1649 次）远超过其他类型，听众的关注重点并不是大众理解的科学知识，而多为八卦新闻。一方面，这与"分答"中的娱乐答主有关；另一方面，也与当下消费文化主导的娱乐需求密不可分。

三、"分答"答主个案分析

"分答"中的答主涉及各个领域的专业人士，结合前文的抽样分析，确定中国协和医科大学（现北京协和医院）博士、医生于莺为研究个案，其粉丝人数多，受关注及欢迎程度高，在医疗健康领域最为典型。同时，辅以娱乐领域的问答现象进行补充，从而全面展示"分答"的内容属性。

对中国协和医科大学博士、医生于莺的问答统计如表 3 所示。

表 3　中国协和医科大学博士、医生于莺的热点答题数据统计表

序号	热点问题	听过人数	点赞人数
1	每年体检花了钱，效果又不好。请问于博士，怎么选择体检机构性价比高？您推荐每年体检哪些项目？	1028	9
2	都说熬夜伤身，为什么？经常上夜班无法避免熬夜的人，怎样把熬夜对身体的伤害降到最低？	1906	8
3	关于感冒不打针不吃药七天自己会好的说法可取吗？往往上医院会花上百元，关于感冒，您能给我们什么建议？	1379	7
4	从科学角度，产后有必要坐月子吗？国外没有这个风俗习惯的，科学的做法应该是怎样呢？	1806	13
5	你认为最有效的保持健康长寿的秘诀或生活习惯有哪些？	1302	13
6	献血真的有好处吗（促进血液循环）？为什么没怎么听说医生、护士献血的，你献过血吗？	2447	11
7	总害怕自己会有肿瘤、癌啊，做什么检测比较靠谱？怎么让自己放心？怎么做最大程度的防范？	2819	19
8	减肥是很多爱美女性的热议话题，有人说性生活可以让女人减肥，是真的吗？	1013	8
9	于医生你好，同为女性，希望你能站在一个中立的立场上回答，最好的避孕方式是什么？女性安环的必要性有多大？	1435	64
10	听说"重病前一般都有前兆"，这种说法是正确的吗？你能简单介绍一下吗？	1963	91

注：以上内容均为随机抽取，数据记录均截至 2017 年 3 月 1 日。

依据表 3 制作词云（图 3）与统计图（图 4）如下。

图 3　于莺的热点答题词云

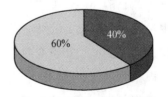

■专业性问题　■保健类问题

图 4　于莺的热点答题各类型问题占问题总数比例

可以看出，听众对于莺医生的提问涉猎广泛，"分答"作为一个知识付费平台已经发挥了知识流动的作用，"看病不出门""保健少花钱"，使其成为移动互联网时代的医学健康普及的新途径，无论是提问者还是"偷听者"都能从中分享到专业性的医学建议。

在10个热门问题中，专业性问题只占40%（问题1、问题4、问题9），而多数为日常保健类问题（问题2、问题3、问题5、问题6、问题7、问题8、问题10），并未体现出线上知识"低频度使用、跨界度高、高场景度"等特点[4]，听众提问的问题种类丰富，涉及医学知识跨度广，并没有局限在某一个医学门类中，"问答"成为一种海量知识场域下的"精粹"化需求，因此回答也无法精准地投放在小众群体。而"感冒""熬夜""体检"这类保健问题，又是否需要专业领域强的临床医生来回答，是否会造成人力资源上的浪费，也成为热议的焦点。

除了医疗健康领域，娱乐领域也有众多明星、公众人物参与其中。从各方面问题所占比例看，网友首先倾向于关注并探究明星的情感经历，其次是其作品拍摄、个人经历以及社交，最后才是其影视或商业等方面的思想与观点。可见"分答"所提供的语音问答，在娱乐层面契合了受众与明星的"同场交流"心态，引发了众多听众的共鸣，使得提问方与回答方双双受益。不得不承认，"网红"明星的入驻，在短期内所造成的粉丝效应巨大，也使得"分答"这种付费语音问答模式进入了广大用户的视野。但在"分答"进行后期整改后，以娱乐八卦为主的问题"爆红"过后逐渐淡出了热门列表，直至撤销此类娱乐模块。

以上个案的内容分析，恰恰体现了以"分答"为代表的"知识变现"APP所面临的问题，即"知识"内容的专业化丧失及匮乏。在"分答"的榜单中，受欢迎的大多是娱乐明星，受欢迎的问题多是八卦。"分答"等知识问答平台，提供了"知识变现"的渠道，但又发现听众更愿意为之付费的并不是知识相关内容，这种现象大大影响了知识共享社区的健康发展，并会导致"知识变现"这一经济现象的畸形。

四、知识付费 APP 现存问题及发展建议

（一）现存问题

在内容方面，知识的价值如何衡量，本身就没有准确的市场标杆，在"分答"平台中，一些听众觉得回答定价过高，而许多专业人士则认为，自己回答的内容价值远远高出目前的定价。此外，平台中的"泛娱乐"倾向，使得在答主经济收益及用户猎奇心理的双重作用下，难以维持知识本身的严肃性，呈现出情感类、个性类话题的"偷听"量居高不下的格局，与其说是知识变现，不如说是好奇心变现。"分答"向"在行"的合并，也体现了其想要坚定走专业知识变现的模式。而"分答"表现出的问题，也是其他的语音问答 APP 的通病：以"知识变现"为口号，但随之即显现出纯知识市场消费的疲软和答主吸粉的粉丝经济效应。

在语音表达形式上，60 秒的时间不仅限定了回答者的内容深度，也限定了提问者的广度，而语音的私密性和隐匿性，更是使监管存在较大的技术屏障。大部分平台缺乏完善的审核和监管机制，用户动机不同，信息内容良莠不齐，真伪难辨，"知识"与"伪知识"如何区分，带来何种后果，都缺乏一定的反馈与追踪。凡此种种，使得语音平台成为互联网治理中的难点。如何管理用户，如何审核内容，如何规范问答质量，都成为此类平台亟待解决的问题。

盈利模式的单一性，也成为知识付费平台的市场痛点。虽然借助语音技术，"分答"等平台开创了分成收益的模式，但如何持续提升用户的付费意愿，仍然缺乏有效的吸引力。"分答"在一夜之间的刷屏效果，更多依赖于明星带来的网络热度，但短暂的"爆红"依托于粉丝对名人的好奇，粉丝效应似乎盖过了知识分享。随着这些知识"网红"新鲜感的减退，如何维持粉丝型用户的活跃度是平台发展中的难题。与此类似，"分答"社区中声势最浩大的 papi 酱社区，在上线初期，分别在"分答"APP、"分答"公众号、papi 酱微博进行了推送，获得的流量应该至少有几百万，但是根据 papi 酱社区的点赞数和

评论数来推测，付费订阅量仅在 1000 左右，付费总额在 10 万左右，盈利前景并不乐观。

（二）发展建议

知识付费 APP 的 60 秒回复，仍然是"碎片化"模式的信息交流，只有实现长效知识传递，才能增强用户黏度。因此，部分知识类 APP 已经开始加入专业课程、专业书籍的精准推送，试图建构用户的长效付费机制。未来也可以结合电商书城，拓展衍生产品，延伸产业链条，从单一的信息需求转向受众的知识结构塑造，充分发掘慕课（MOOC）、演讲、线下交流等各类内容资源的整合，也可以结合地域特色或职业特色，开发不同的板块，强化小众传播的精准度。将有相同特征和需求的用户在网络空间里聚到一起，酝酿出一种亚文化，形成社群效应。[5] 通过营造场景化的社群营销来增强用户黏度，也是知识付费平台未来的发展重心。

此外，平台积极建设用户管理机制，也可以助推平台的良性循环发展。运营者从技术操作层面可以赋予用户自身对平台管理和监管举报的权力，每一个平台用户都可以是平台的管理员，能够对信息内容生产和传播内容进行监督。知识付费 APP 基于用户生产内容、用户消费内容，作为提供内容的中间商，对整体的传播内容及流程缺乏有效的介入与监管。以维基百科为例，同样是知识平台，通过开放用户权限，形成一个动态、不断变化的特性，由用户随时编辑、补充、纠错，直至形成权威性内容。因此，可借鉴层级制的用户管理机制，基于对平台的贡献，使得用户拥有更多的编辑和监管权限，使用户参与到内容的生产、监管和消费的整个过程中，更好地促进自媒体平台繁荣生产。

对于专业人士的吸纳，也是"在行""值乎"等新型知识付费 APP 的内容建设的有效途径。从娱乐明星到医疗健康，再到各个行业的专家学者，答主的专业领域建设，有助于核心知识内容的持续生产，真正为用户提供符合需求的内容，用知识留住用户。

参 考 文 献

[1] 张利洁，张艳彬. 从免费惯性到付费变现——数字环境下知识传播模式的变化研究 [J].
    编辑之友，2017（12）：50-53.

[2] 陈静. 去年靠王思聪爆红的分答，现在怎么样了？[EB/OL][2017-10-31]. http://www.
    sohu.com/a/201669388_624051.

[3] 时氪分享. "分答"更名"在行一点"，想做用户实操版的"人生攻略"[EB/OL]
    [2018-02-09]. http://36kr.com/p/5119001.html.

[4] 喻国明，郭超凯. 线上知识付费：主要类型、形态架构与发展模式 [J]. 编辑学刊，
    2017（5）：6-11.

[5] 庹继光. 内容与场景：知识付费"两翼"如何构建 [J]. 新闻战线，2018（5）：40-42.

老龄化社会下的老年科普服务工作之浅见

陈　洁

（浙江省科技馆，杭州，310012）

摘要：在我国老龄化不断加深的大背景下，老年人群的需求呈现多元化的发展趋势。如何尽可能地满足数量庞大的老年人群的多方面需求，妥善解决人口老龄化带来的社会问题，作为公众科普服务的公共载体——科技馆在一定程度上可以缓解这个问题。本文分析了当下老年人群的主要科普需求倾向，探讨了构建与开展适合他们的多种社会科普活动与相关的社会帮扶工作，为促进"老有所学、老有所乐"的健康老龄化社会发展提出了可行性的建议。

关键词：老龄化社会；科技馆；老年人；科普需求；科普服务

Views on the Science Popularization Service for the Aged under the Aging Society

Chen Jie

（Zhejiang Science and Technology Museum，Hangzhou，310012）

Abstract：Under the background of deepening aging in China，the needs of the elderly are diversified. How to meet the needs of the large number of elderly people as much as possible and properly solve the social problems brought by the aging，science and technology museums，as the public carrier of public science and technology service，to a certain extent，can alleviate this problem. This paper analyzes the main demand tendency of science popularization of the elderly people，and discusses various activities related to science popularization，and puts

作者简介：陈洁，浙江省科技馆助理研究员，主要从事科普展览教育及自媒体工作。e-mail：46454450@qq.com。

forward the feasible suggestions for promoting the development of the healthy aging society.

Keywords：aging society；science and technology museum；the aged；demand for science popularization；science popularization service

随着现代化进程深入发展、全球生育率下降与人类寿命普遍延长，向老龄化社会的演变已成为中国的常态，应对人口老龄化任务颇重。现阶段的老年人之前掌握的知识与技能，已无法运用推陈出新的高科技应用生活设施等来优化晚年生活。为跟上社会步伐主动或被动地重启学习，重新适应以配合飞速发展的社会，有效地开拓与运用社会资源公共服务满足老年人群的多元化需求，作为公众科普服务的公共载体——科技馆在一定程度上可以缓解这个问题。相较国内文博馆与图书馆等其他社会公共服务机构，重视与发展老年学习与教育坚持开展的培训和继续教育，科技馆针对老年观众的服务理念显然逊色不少。如何构建与开展适合他们的多种社会活动与相关的社会工作，以此改变老年人群对生活的认识和人生的态度，科技馆的老年科普服务工作任重而道远。

一、我国老龄化社会现状

国内外老年学家对老年人的定义有十几种，由于全世界的年龄呈普遍增高趋势，世界卫生组织将人的年龄划分为 5 个时间段：青年人在 44 岁以下，中年人为 45～59 岁，年轻的老年人为 60～74 岁，老年人为 75 岁以上，把 90 岁以上的人称为长寿老人。这一标准逐步成为现阶段世界各国划分老年人的通用标准。我国是世界上人口老龄化程度较高的国家之一，老年人口数量最多，老龄化速度最快。从年龄构成看，截至 2017 年年底，中国 16～59 周岁的劳动年龄人口为 90 199 万人，占总人口的比重为 64.9%；60 周岁及以上的老年人口为 24 090 万人，占总人口的 17.3%，其中 65 周岁及以上的人口为 15 831 万人，占总人口的 11.4%，而 2016 年中国 65 周岁及以上的人口为 15 003 万人，增幅 828 万人。[1]

随着老龄人口比例的提高,有关老年人的问题日益引起社会关注。如何尽可能地满足数量庞大的老年群众的多方面需求、妥善解决人口老龄化带来的社会问题,成为当下社会关注的焦点和政府行政的重点。

二、对老年人学习教育的重视度

《老年教育发展规划(2016—2020年)》中明确了发展老年教育的5项主要任务,其中第三条"加强老年教育支持服务"提出,整合文化、教育、体育、科技资源,鼓励有条件的地区发挥文化、教育、体育、科技等资源优势,结合区域实际,建设不同主题、富有特色的老年教育学习体验基地。2017年3月,国务院印发《"十三五"国家老龄事业发展和养老体系建设规划》,12个硬性指标中,到2020年经常性参与教育活动的老年人口比例达到20%以上,相较"十二五"期间老年教育参与率的预期目标5%,实际参与度为3.5%,完成率仅70%,可见2020年要实现经常性参加教育活动的老年人比例达到20%的目标任重道远,但这也表明了政府对老年教育的重视和决心。

《"十三五"国家老龄事业发展和养老体系建设规划》第八章"丰富老年人精神文化生活"第一节"发展老年教育"中详细规划了发展老年教育的任务,提到"支持鼓励各类社会力量举办或参与老年教育",有利于发挥市场的配置作用,调动社会资源。2017年6月,《浙江省老龄事业发展"十三五"规划》提出了"十三五"期间全省老龄事业发展的八项主要任务,其中,第四条"丰富老年人精神文化生活。保障老年人基本文化权益,满足老年人文化需求,到2020年基本形成老年文化建设新局面,老年人普遍享有基本公共文化服务,老年教育事业更加繁荣,老年特色文化活动广泛开展,老年文化队伍不断壮大,老年文化产业快速发展"和第五条"促进老年人社会参与。树立积极应对人口老龄化理念,重视发挥老年人的知识、经验等优势,为老年人参与社会发展营造舆论氛围,提供政策支持和服务"为浙江省深入实施积极应对人口老龄化战略、更高水平地满足老年人日益增长的物质文化需求、推进老龄事业的全面协调可持续发展描绘了蓝图。

三、科技馆开展老年公众科普的优势

随着学习型社会的构建和逐步完善，科技馆现已成功转型为为社会大众提供公共服务和终身学习的载体，其社会科普公共服务职能及方式也在不断发生变化。自然科学博物馆（科技馆）的三个基本特征是科学文化、服务时代和适应大众，是一个面向大众进行非正规科学文化教育的中心，也是人们终身学习科学文化的地方。这里体现出与学校正规教育的最大差别是，公众对内容的自由选择性、公众与中心的互动性以及中心面向公众的服务性。[2] 科技馆的本质是公共科学中心，教育学习活动是科技馆的核心功能之一，这已成为不容置疑的事实。[3]

（一）老年公众的认知特性

相对青少年，老年人是一个完全不同组别的群体，有其自身的特殊性。心理学家卡特尔和霍恩把人的智力分为两类：一类是与神经的生理结构和功能有关的液态智力，诸如记忆力、注意力、反应速度等的能力，一般 40 岁以后开始下降，60～70 岁时下降得较明显；另一类是与知识、文化、经验积累有关的晶态智力，诸如理解力、概括能力、解决问题能力等，在 40 岁以后有所上升，70～80 岁后略有下降。

与此同时，人上一定年纪后身体各方面机能会出现生理性退化，如何使老年人延年益寿，成为当今研究的主流，人口老龄化问题是当今中国社会所面临的一个较为突出的问题，独生子女家庭、人口的较大流动也在一定程度上使得老龄化社会所面临的空巢家庭形势更为严峻。如何有效地利用老年人的时间，实现健康老龄化，使老年人"老有所学、老有所乐"，都是值得重视并应加以解决的问题。科技馆作为公众科普服务的公共载体在一定程度上可以缓解这个问题。

（二）组织实施

1. 地理优势

科技馆大多建在交通便利的城市中心，例如，浙江省科技馆位于运河畔的西湖文化广场，距杭州的标志性景区西湖仅 2000 米，周边老小区众多，而社区内老年人口比例非常高，除同广场上的浙江省自然博物馆和浙江省博物馆（武林分馆）外，其他场馆设施的公共服务资源相对缺乏。对此，作为展厅一线员工的笔者深有感触，现如今工作日内的展厅观众群体除学生团体外，老年散客及小团体近三年有明显增加。尤其是在寒暑假，大寒或大暑季节，展厅滞留的老年观众众多。

2. 时空优势

科技馆的学习具有现场性与短时性的特点，过于拥挤或是快节奏的学习方式并不利于老年人现阶段的身心健康。此外，较为规律的开放时间、宽敞的空间、相对自由的参观方式对老年人来说均比较合适。一些老年人通过参观发现了自己的兴趣领域，激发了增强相关科学、文化学习的愿望，老年人终身学习教育的实现，有助于形成良好的社会风气，从而带动其他群体共同学习。

3. 师资优势

科技馆自有的科普人才队伍、专业指导老师、各学科专家专门针对老年群体特点制作了课件，力求言简意赅，内容有针对性和实用性。现场宣讲的活动涉及教育、传播、心理等多学科的知识表达语言的技巧，需要具有专业知识和强烈社会责任感的社会各界人士积极参加。老年人由于思维变慢、新知识缺乏、分析判断能力下降，跟不上信息时代的变化，面对日益花样翻新、层出不穷的骗术，往往难以识别，容易成为电话、网络诈骗的受害者。科技馆举办的活动，搭建了普通公众与院士、国内外专家学者面对面沟通的桥梁，可以为老年人释疑解惑，揭露伪装与骗局，提高对伪科学文化的免疫力和警惕心。

如何整合现有资源开展有效的科普服务，需要厘清当今老年人群的社会特质，摸清其实际需求，再进行科学全面的设置。

四、科普学习教育的弱势群体——老年人群

多数学术文章中出现的对科技馆的定义是"科技馆是以提高公众科学文化素质为目的，组织实施参与式、互动式的科普展览及其他社会化科普教育活动的科普教育场所，是面向广大公众特别是广大青少年开展多种形式的科普教育活动、积极推动青少年科学素质提高的公益性场馆，广大公众特别是广大青少年开展多种形式的科普教育活动、积极推动青少年科学素质提高的公益性场馆"。以"科学+科技+科普+场馆+学习教育"为主题查阅中国期刊网有关文献研究发现，相关研究明显集中于年龄层次较低的儿童、青少年的科学教育，国内科普场馆有关老年人的专题研究甚少。

从经济、社会及政治角度看，老年人是我们社会重要的行动者，不应被视为从国家接受援助的被动者，而是应能充分行使他们的人权并要求得到尊重的主动者。联系科技馆的实际工作，目前对该人群采用的科普方式较为单一，以围绕健康养生、医疗保健方面的讲座为主。

（一）老年人群的科普需求

曾被社会公众所认可的"老年群体一旦老去就应该顺应自然发展规律，而不是想着再努力回归社会"这一墨守成规的传统观念已不再适应当今社会。在我国老龄化程度不断加深的大背景下，老年人群的需求随着环境和条件的变化已发生转变，呈多元化发展趋势。老年人在生理、心理方面皆与青少年、成年人不同，科普活动内容应根据其社会特质与实际需求进行调整。

随着身体各项机能逐渐衰退、病痛增多，老年人对晚年生活的不确定感及对死亡的恐惧感会增强，这时会特别迷信各种"神奇"的疗法，以求"不得病"，一些江湖骗子就利用部分老年人的这种心理，打着祛病强身、偏方有奇效等幌子行骗。随着年纪增大，老年人的知识、信息结构明显跟不上社会的发展，对社会中很多复杂的现象知之不多，分析判断能力减弱，对花样日益翻新的骗术不易识别，易被歪门邪说所迷惑，便往往成为犯罪分子诈骗的目标。

老年人不仅仅局限于满足温饱等生存基本需求,而且对个人价值的重视度与日俱增,逐渐倾向于生命的意义、人文艺术等自我实现需求,希望提升综合素质来提高自身的生活整体质量与社会适应性。原因是:其一,中国特色社会主义建设迅猛发展,城市物质基础基本得以满足;其二,相较过去,现今老年人群的综合素质水平大幅提高。21世纪前10年,两次世界大战以后出现的"婴儿期"一代相继步入老年阶段,而我国在中华人民共和国成立前后出生、和平建设时期成长的创业者相继退休。中华人民共和国培养起来的新一代老年人群,保有中华民族吃苦耐劳的传统美德,文化程度更高,社会责任感更强。除继续深化开展现有的防范老年人被骗和健康养生、医疗保健的系列讲座外,围绕实际情况,更要积极探索创新服务内容,挖掘其深度。

1. 育儿知识需求,构建和谐代际关系

在我国,随着家庭日趋小型化和核心化,家庭成员中的个人更加独立,彼此的关系更为平等,重幼轻老的亲子关系格局已成为当今城乡家庭关系的部分现状。而父母工作、老人育儿是很常见的模式,由于中国发展较快,绝大多数老人无法胜任现代的工作(在西欧和日本,老人工作很普遍),而父母一般都要工作,因而孩子由隔代长辈抚养是最经济的常规模式。

在教育抚养孩子方面,中国许多的父母都存在一个普遍的问题,即认为孩子年纪较小,缺少自己的认识或认识不全面,不能自己做主,需要父母做决定。随着孩子渐渐长大,个人意识的觉醒需要家长将其视作独立的个性,尊重其意愿与想法。作为教育的辅助角色,老年人有丰富的经验,但理论知识相对薄弱,在照顾孩子的过程中会与成年子女因教育观念的分歧,再加上缺乏沟通交流,而争吵不断矛盾加剧。家庭成员需要认识到个人的知识结构不完善,通过知识学习,并结合家庭实际情况进行实践,以帮助孩子更加健康快乐地成长。

在这种情况下,组织医院、教师等专业人士对带孩子的老年人提供育儿常识普及课程,不仅能更好地培养下一代,还能大大改善隔代教育中烦琐的代际关系矛盾。例如,在老年科普讲座中导入科学的教育理念与技巧,帮助

其更新观念，教导老年人学习如何辅助培养孩子良好的生活习惯与学习习惯，塑造其健全的人格。子女需帮助父母修正不正确的教育观念，而不是强硬反对，损害亲子关系。

2. 心理健康咨询，引入死亡教育学习

进入老年期意味着已接近人生不可避免的终点，大多数老年人都会思考自己这一生的意义及重要性，同时也要能适应和超越生理功能上的衰退，继而从生命意义中得到幸福感，并能坦然面对死亡。现实中，老年人重视的社会关系的失去，如配偶、亲友死亡，会使得老年人悲伤，如不多加调节，有可能发展为抑郁，而老年心理障碍中最常见的问题之一是抑郁症，强烈的悲伤及无望之感是其特点。而抑郁成因，一是，他们要不断经受配偶与朋友死亡的痛苦；二是，衰退的体能和健康状况会使老年人感到自己更不独立，更没有控制感。

死亡教育旨在令这一生命过程变得正常化，去理解生与死是人类自然生命历程的必然组成部分，从而树立科学、合理、健康的死亡观。在欧美国家，学生从小学开始就会接受临终关怀教育，还有多种形式的公众死亡教育，社会普遍对临终关怀的接受度和参与度都很高。但在国内，死亡教育还处于缺失状态。疾病和死亡本是生命的一部分，迎接新生和送人临终都能让人感受到生命的意义。但很可惜，我们欢迎新生，却忌惮死亡。

老化是一个自然成长的过程，可分为正常老化过程和疾病过程。正常老化过程不一定都有疾病，老年人需要学习接纳与适应，接纳自己的生理变化，调整自己。一般人对正常老化往往了解不充分，从而产生了误解，在世界各地，许多老年学的研究都证实老年人的老化过程可以是一个非常正面的过程，因为老年人的适应力和反弹力是很强的。大部分老年人都是健康乐观的，影响老年人社会健康的因素不仅有生理原因，更与老年人是否有健康的心理、积极的自我形象和健康的生活方式有关，心理辅导及社会活动有助于调节老年人的心理。老年人对环境感到满足和获得社会支持，就会对健康起到非常重要的作用。

（二）加人社会支持的构建，重视老年人才开发

根据世界卫生组织对人年龄的划分，就身体状况而言，低龄老年人基本具备一定的身体条件、接受能力和社会参与能力，倘若科学合理地引导，鼓励其参与到社会中去，对于低龄老年人自身健康状况的改善有很大的益处。但很可惜，低龄老年人的社会参与程度普遍不高，老年人如果能结合自身实际条件，适当地参与到社会活动中去，在一定程度上能够避免或缓解因脱离社会产生的孤独感和失落感，最终能够改善这部分老年人的健康水平。事实证明，参加社会活动，如出门锻炼、学习、旅游等与社会保持较为密切关系的老年人，对自己生活的满意度明显会比远离社会的同龄人高。[4]

现代老年人口的幸福感在于实现老年社会角色的转换价值，不仅表现为社会角色的生存价值，而且体现为社会角色的发展价值。创建 21 世纪老龄社会的目标是老年人追求人生终身价值的实现，不仅要与其他年龄人口共享经济社会发展成果，还要通过社会角色转换，挖掘潜能，使老年资源得到充分开发，实现人口终身价值。据 2012 年的数据统计，全国现有离退休科技工作者 500 多万，其中年龄在 70 岁以下的约占 70%，具有中高级技术职称、身体健康、有能力继续发挥作用的约占 70%。[5]

通过开展丰富多彩的社会活动以及多种类型的社会工作，可让老年人在丰富的社会实践与社会工作中不断丰富自己的阅历，增长自己的见识，同时实现自我价值。在展厅志愿者服务或分享人生经历均有助于老年人更好地处理自己的晚年情绪，享受稳定、平和而快乐的晚年生活。例如，中国科学院老科学家科普演讲团组建于 1997 年，是由以中国科学院为主，包括各部委、院、校的退休和未退休专家、教授组成的一支科普队伍。该演讲团旨在向公众普及现代科学，介绍技术前沿领域，引起人们的关注和兴趣，了解当今科学技术的发展及与我们的关系。该演讲团自成立以来，受到了人们的喜爱和好评，曾接受国家领导人的接见，并多次获得全国科普先进团体等奖项。

五、总结与展望

老年人是现代社会的重要奠基人，为社会主义革命和建设事业做出了历史性的重要贡献，保障他们共享文化与科技进步，与社会同步发展，是我们的责任与使命。从实践层面看，科普场馆如能满足老年人多样化学习的需求，设计开发一系列适合老年人参与的科普活动，将能为老年人积极幸福的晚年生活与社会的和谐稳定发挥重要作用，因而其重要意义也是毋庸讳言的。

参 考 文 献

[1] 国家统计局. 2017 年中国人口总量及人口结构分析 [EB/OL] [2018-07-03]. http://www.chyxx.com/industry/201801/605495.html.

[2] 徐善衍. 对"科学中心"的追问 [J]. 科学教育与博物馆, 2018 (4)：76-77.

[3] 中国科学技术协会. 科学技术馆建设标准 [S]. 北京：中国计划出版社, 2007.

[4] 陈超仪. 老年人学习需求特征及其影响因素分析——以广州市老年大学为例 [D]. 广州：暨南大学, 2017：12.

[5] 吴玉韶. 火热"银龄"助力精准扶贫 [J]. 中国社会工作, 2016 (29)：44.

关于高新科研机构为公民科学素质提升服务的思考

——以中国科学院生物与化学交叉研究中心为例

陈志遐[1]　陈典松[2]

（1. 中国科学院生物与化学交叉研究中心，上海，201210；

2. 广州市青少年科技中心，广州，510091）

摘要：本文结合笔者所在的中国科学院生物与化学交叉研究中心的情况和广州市青少年科技中心科普工作的实际，分析了新时代我国高新科研机构在公民科学素质提升工作中发挥作用的现状及困境，提出了在科普职能机构主动提供便利、建立激励机制和营造良好的媒体氛围三方面采取对策的建议，以推动更好地发挥高新科研机构社会科普的效应。

关键词：科学素质；公民；高新科研；机构；思考

Thoughts on the Service of High-Tech Scientific Research Institutions for Improving Citizen's Scientific Literacy

——Taking the Interdisciplinary Research Center on Biology and Chemistry as an Example

Chen Zhixia[1]　Chen Diansong[2]

（1. Interdisciplinary Research Center on Biology and Chemistry of Chinese Academy of Sciences，Shanghai，201210；2. GZ Teenager Science & Technology Center，Guangzhou，510091）

Abstract：Based on the status quo of the Interdisciplinary Research Center on

作者简介：陈志遐，中国科学院生物与化学交叉研究中心技术员，主要研究方向：科学传播与科普创作。e-mail：chenzhixia1100@sina.com。陈典松，广州市青少年科技中心一级作家，主要研究方向：科学传播与科普创作。e-mail：chendiansong@sina.com。

Biology and Chemistry and actual situation of the science popularization work of GZ Teenager Science & Technology Center，this paper analyzes the current situation and difficulties of the role of high-tech scientific research institutions in improving citizens' scientific literacy in the new era，and puts forward countermeasures and suggestions in three aspects：offering convenience voluntarily，establishing incentive mechanism and creating good atmosphere，so as to promote the better development of science popularization effect of high-tech scientific research institutions.

Keywords：scientific literacy；citizens；high-tech scientific research；institutions；thoughts

网络的普及、信息技术的发展和社会透明度的提高，为高新科研机构走向公众视野提供了便利，曾经"养在深闺人未识"的高新技术研究已不再那么神秘，有些前沿科学课题甚至还在萌发阶段，就受到公众关注，这对营造科学技术发展的整体社会氛围和提升公民科学素质的整体水平都是有积极意义的。

随着高新科研机构在我国社会经济发展进程中的影响不断扩大，其在公民科学素质提升服务工作中的作用也受到各界关注。本文试结合中国科学院生物与化学交叉研究中心和广州市青少年科技中心公民素质教育的有关情况，对高新科研机构新时期为公民科学素质提升服务提出一些思考，以就教于关注此问题的相关专家，并为国家有关实务机构提供参考。

一、高新科研机构正在逐步走向公众视野，其在公民科学素质提升服务方面发挥越来越大的影响力

科学技术的发展在社会经济的推动下日新月异，许多与公众生活密切相关的新闻和事件，常能引起公众对相关科学技术知识的关注，同时也使得相关的高新科研机构和科学家进入公众视野。转基因食品、超级水稻、海水稻、阿尔茨海默病、帕金森病等与公众生命健康相关的概念和知识为人们所

熟悉，公众对与之相关的科研机构和科学家产生好奇，希望能了解他们更为详细的情况。在国防科技和工农业生产领域，如人工智能、航天、航空、深海潜探、航母研发、汽车、飞机、探矿、交通、采矿、农林牧渔新技术、天气预报、信息通信、生物医药等方面都存在。

（一）作为高新科研机构的中国科学院生物与化学交叉研究中心

中国科学院生物与化学交叉研究中心（Interdisciplinary Research Center on Biology and Chemistry，IRCBC）位于上海市浦东区张江高科技园区秋月路，是依托中国科学院上海有机化学研究所和上海药物研究所于 2012 年成立的一个跨学科综合研究中心，是一个新建的以人类生命健康研究为宗旨的高新科研机构。

该中心以人类健康前沿研究领域中的神经系统疾病，如阿尔茨海默病、帕金森病、肌萎缩性脊髓侧索硬化症等与衰老相关的神经退行性疾病以及神经损伤和修复为核心，发展和运用最前沿的生物与化学技术手段，对人类神经系统病变特别是神经退行性疾病中共性和关键性的科学问题开展研究。

该中心的主要功能是利用先进的技术和方法从事细胞生物学、生物化学、分子遗传学、结构生物学、药物化学、质谱分析化学等方面的研究，通过跨学科、多层面的合作致力于解决神经退行性疾病和衰老等相关重大生命科学和医学问题，为发展相关疾病预防、诊断和治疗的新方法和新药物做出带来新的突破。[1]

像中国科学院生物与化学交叉研究中心这类机构，由于成立时间不长，且面向的是世界前沿课题，因而对公众而言，似乎比较遥远，实际上其所研究的内容，比如阿尔茨海默病、帕金森病、肌萎缩性脊髓侧索硬化症、人类神经系统病变、细胞生物学、生物化学、分子遗传学、结构生物学、药物化学、质谱分析化学等概念，对关心医药健康知识的公众而言，并不陌生，甚至与大多数公众的切身生活紧密相关，大家对此有很强烈的求知欲望。

（二）以青少年为公众科学素质提升服务主体的广州市青少年科技中心

广州市青少年科技中心是广州市科学技术协会直属事业单位，是以青少年科学素质提升服务为基本职能的国家公益科普机构。

广州市青少年科技中心自 2003 年 12 月成立以来，以国家政策法规为导向，围绕中心职能，结合社会需求，整合各种有用资源，在不同范围内积极策划、组织开展了大量的不同规模的青少年科技教育活动，例如，中国首次载人航天展、广州市青少年科技创新大赛、广州市青少年电脑机器人竞赛、广州市青少年创意机器人大赛、中英创意机器人挑战赛、广州市青少年科技创新成果展、科技教师创新能力培训班和研讨会、青少年创造能力培养座谈会、科技之光穗港澳青少年科技夏令营、中英师生环保夏令营和交流营、科技之光科幻魔境冬令营、科技之光拓展夏令营等。新颖有趣的活动内容深受学生、家长、学校、社会的欢迎和喜爱。活动丰富了学生的课余生活，同时培养了青少年的创新精神和实践能力，为提高全民科学素质做出了应有的贡献。[2]

广州市青少年科技中心在开展青少年科学素质提升服务的过程中，与高新科研机构有着广泛合作，在各类青少年科技教育活动中，广州地区的高新科研机构，如中国科学院广州分院、中国科学院华南植物园、广州大学等，都有相关的院士和专家应邀参与到青少年科学素质教育活动中，有些活动还直接在这些高新科研机构中举办。

自 2017 年开始，广州市青少年科技中心在广州地区的大中小学校园中广泛开展了"院士专家校园行"活动，主要致力于通过来自高新科研机构的专家，以讲座等形式，向青少年传播科技知识，激发他们爱科学、学科学的兴趣。在这个过程中，该中心邀请了来自国家航天局、中国科学院等许多高新科研机构的院士和专家参与相关活动，效果明显，受到学校、家长、青少年和社会公众、媒体的广泛关注，使之成为得到政府相关部门支持的一项青少年科学素质提升品牌活动。

二、高新科研机构面向公众科学素质提升服务的局限与困境

高新科研机构的职能主要是从事高新科技研究，这些机构有最优秀的科研团队，集中了相关领域中最优秀的科学家，他们的关注点多在本学科领域

的高精尖科研课题。

中国科学院生物与化学交叉研究中心面向世界生命、医药健康的前沿领域。美国时间 2017 年 5 月 2 号，美国国家科学院在线公布了在第 154 届年会上新当选的院士名单，中国科学院生物与化学交叉研究中心主任、哈佛大学医学院细胞生物学系 Elizabeth D. Hay 冠名教授——袁钧瑛教授当选为本年度美国科学院院士。创建于 1863 年的美国国家科学院是美国科学界最高荣誉机构，由科学及工程研究方面的杰出科学家组成。袁钧瑛教授是国际上公认的细胞程序性死亡研究领域的权威，成就斐然，为国际生命科学的发展做出了极大的贡献。袁钧瑛教授在国际上第一个克隆了线虫细胞凋亡的基因 ced-3，并揭示了该基因在线虫的发育过程中对程序性细胞死亡的调控作用。此项工作为她的导师 Robert Horvitz 获得 2002 年诺贝尔生理学或医学奖做出了重大贡献。她所发现的 ICE（Interleukin-1 beta-convertingenzyme）蛋白酶——后来被命名为 Caspase-1，成为细胞凋亡研究领域发现中的经典之作。

（一）中国科学院生物与化学交叉研究中心目前与公众互动的形式

2017 年 8 月 21 日，美国化学会（American Society of Chemistry，ASC）公布了 2018 年 National Award 获奖者名单，中国科学院生物与化学交叉研究中心的马大为研究员荣获 Arthur C. Cope 学者奖。该奖项由 Arthur C. Cope 基金于 1984 年建立，1986 年开始每年奖励 10 位全球优秀的有机化学家，表彰他们在有机化学领域的卓越贡献。马大为系统的创新性研究成果不仅体现了在有机化学基础研究方面的突破，而且展示了制药工业和药物发现带来的重要影响，在促进学科发展和满足健康需求方面发挥了积极作用。

中国科学院生物与化学交叉研究中心有包括美国科学院院士袁钧英，著名生物医药科学家马大为、王召印、方燕姗、刘南、王文元、朱继东、张耀阳、朱正江、刘聪、胡军浩、陈椰林、何凯雯、蒋洪、张在荣、谭立等知名科学家团队。以袁钧英、马大为为代表的科学家团队瞄准的虽然是国际前沿科学，但无论是袁钧英的细胞程序性死亡研究还是马大为的有机合成化学和药物化学研究，都与人类的生命健康息息相关。这些在国际上广为人知或者热门的概念，对我国公众而言，似乎又有些云遮雾罩，他们并不了解，这反映了高新科研机构在新时期的公民科学素质提升工作中存在局限。

据笔者了解，中国科学院生物与化学交叉研究中心目前与公众互动的形式主要有以下三种。

1. 网站

该中心建有面向社会的官方网站，内容涉及中心科研、教学各个方面，既是中心内部信息的发布平台，也是公众了解中心的窗口。

2. 夏令营

近年来，国内各高校和研究生培养机构都会举办不同形式的夏令营，为准备报考研究生的高校学生提供一个短期见习机会，以便这些有意报考的考生提前了解情况，为报考提供参考。这是一个为吸引考生而举办的活动，由于每次招收的入营学生范围口径相对较宽，参与人数实际上比可能的报考考生要多，在一定程度上，让更多的学生对中心的研究情况和相关知识有了了解，从某种意义上说，这是一种小口径的公众科学素质提升通道。

3. 政府或社会机构人士的来访与调研

与同行专家的讲座和互访不同，政府或社会机构人士的来访与调研则有科技知识传播效应。比如 2017 年 10 月 23 日下午，中国科学院前沿科学与教育局王颖副局长一行到中国科学院生物与化学交叉研究中心进行调研，参观实验室并听取中心建设发展相关情况。在座谈会上，中心主任袁钧瑛教授向前沿科学与教育局领导介绍了交叉中心概况、实验设施建设情况、科研队伍建设情况、科研成果及转化情况、研究生教育情况以及中心下一步的工作目标。在这类调研过程中，科学家的介绍本身就是一种科普行为，会提升调研干部对相关科学知识的了解与理解，是领导干部科学素质提升的一种方式。

（二）高新科研机构面向公众科学素质提升工作的局限

由于科学家们的研究任务重，所涉及的都是前沿知识，因而中国科学院生物与化学交叉研究中心直接面向公众科学素质提升的工作相对有限，上述三种知识传播方式可及的公众相对还是少数，不能发挥其更大的社会效应。这些局限主要表现在两方面。

1. 一般公众不会主动登录高新科研机构的官方网站

在大多数人的认知中，高新科研机构多高深莫测，且与自己的现实生活关系不大，他们并不了解这些高新科研机构的科学家们研究的正是与自己生命、生活息息相关的内容，如果没有人引导或为了某种具体的目的，比如考生报考、毕业生应聘或确实对某个热搜概念有兴趣，很少有人会主动寻找或进入这些官网。这类机构网站的日常浏览量并不高。

2. 缺乏激励科学家参与社会公众科学素质教育的机制与通道

我国公民科学素质提升有自上而下完整的工作系统，但并不是所有的高新科研机构的科学家或工作人员都了解这个系统或者被纳入这个系统中，尤其是一些高精尖的科研机构的科学家，与公众沟通的机会本来就有限，没有一定的激励、引导机制，忙于日常科研的他们，很少有时间、精力和兴趣去做这些知识普及工作，再加上没有合适的通道介入，他们也不知道从何入手。

中国科学院生物与化学交叉研究中心存在的这些现象，在各类高新科研机构中都不同程度地存在，如何改变这类情况，使我国高新科研机构与公众、社会形成更为良性的互动，鼓励高新科研机构的科学家广泛参与公民科学素质提升工作，发挥他们在科学传播过程中的积极影响力，是一个值得思考的问题。

三、发挥高新科研机构在公民素质提升服务方面作用的思考与对策

在实际的科普工作中，公众有了解高新科技知识的愿望与热情。作为以青少年群体为主要服务对象的广州市青少年科技中心在广州地区开展了一项"院士专家校园行"活动。2017 年 3～10 月，中心组织了包括中国科学院欧阳自远、张景中、陈新滋 3 名院士和中国科学院老科学家科普演讲

团的白武明、陈光南、陈贺能、郭耕、郭曰方、何香涛、金能强、潘习哲、王邦平、夏青、徐亮、徐邦年、原魁、张德良、张厚英 15 位科学家，走进广州市 70 多所中小学校，为近 3 万名中小学师生开展科普讲座 72 场，受到学校、家长、同学和社会的关注与好评。自 2018 年 3 月以来，"院士专家校园行"活动又组织了包括刘人怀、钟世镇、黄乃正、方滨兴等中国科学院、中国工程院等的院士等科学家，为广州 79 所中小学校师生开展了 81 场科普讲座。[①]

广州青少年科技中心在从事青少年科学素质教育服务过程中，有着与高新科研机构合作的丰富经验，结合广州市青少年科技中心的做法，我们提出如下思考与对策。

（一）重视高新科研机构在公民科学素质提升工作中的作用，主动对接

向这些机构或相关科学家传递公民科学素质提升工作需求的资讯，鼓动他们了解、参与公民科学素质提升工作。参与"院士专家校园行"的欧阳自远院士是著名的天体化学与地球化学家，中国月球探测工程首席科学家，被誉为"嫦娥之父"，中国科学院院士，第三世界科学院院士，国际宇航科学院院士，是全国科学大会奖获得者，头衔很多，工作很忙，从事的研究工作与公众日常生活相距甚远，但"探月工程"受到公众的广泛关注，他的讲座为听众普及天体化学与地球化学知识提供了很好的机会，有利于公众更全面了解"探月工程"相关知识。广州市青少年科技中心首先通过中国科学技术协会相关职能部门与欧阳自远院士所在的机构取得联系，进一步将"院士专家校园行"的项目情况通过欧阳院士的办公室和助手与其沟通，获得欧阳院士的理解与支持。事实上，此前，欧阳院士已在社会上为党政领导干部做过相关报告，这些报告的内容本身就有科普性质。

诸如中国科学院生物与化学交叉研究中心这样的高新科研机构因其前沿科研的工作内容，表面上与公众日常生活相距甚远，但事实上其研究的疾病

---

① 数据由广州市青少年科技中心科技活动部提供。

类型是公众生活中所常见的,科学家们关注的是自己研究领域的资讯,在公众科普方面,包括政策、公众需求,都存在局限,这就需要我们对这些机构及其科学家主动关注、了解,把公民在相关方面的素质提升需求准确传达到他们那里。这样,才可以如动员欧阳自远院士一样,动员他们关注、参与到公民科学素质提升工作中来。

(二)制定相关的激励机制,鼓励高新科研机构及其专家参与公民科学素质提升工作

高新科研机构的工作往往有很强的竞争性和前沿性,科学家们的工作重点都在各自的前沿领域,对他们的业绩考核主要是高新技术方面的研究成果或专业论著,这些一般公众都很难触及。如何让他们的研究为公众所了解,如何让他们的研究成果在提升公民科学素质和生活质量优化方面产生更好的效益,就需要知识完备的科学家通过科普讲座等活动,向公众传播相关知识。

阿尔茨海默病、帕金森病、肌萎缩性脊髓侧索硬化症、人类神经系统病变等,其实都是现代社会中的常见病,相关的科学家如果能够适当地走出实验室和文献室,来到公众中间,将自己的研究成果和相关知识面对面地传递给公众,这是很有意义的事情。另外,如果他们能在科普职能机构的帮助和配合下,将相关知识写成公众能读懂的科普作品或编制宣传图册,也会加强这些高新科研机构与公众的良性互动,从而使其在公民科学素质教育或提升工作中发挥更加积极的作用。

这就需要有相应的政策配套。

(1)在考核高新科研机构的科学家业绩或成就时,把参与科学素质教育活动的工作时间记入工作量,把编写相关科普作品或图册的工作列入成果业绩,这些政策的制定,需要科普职能机构(部门)与科技管理机构(部门)联动,作为整个国家公民科学素质提升工程的重要一环。

(2)科普职能机构发布科普项目需求时,可采取点对点的方式,让一些公益科普经费定向资助高新科研机构。鼓励高新科研机构日常或相关活动日向公众开放或开展公益讲座;对科学家创作科普作品、编制科普图册等工作

提供资助或奖励。

（3）科技、教育、科普机构邀请高新科研机构的科学家参加科技周、科普日或相关科技主题活动，加强高新科研机构的科学家与公众之间的良性互动。

（4）由科普职能部门联合科技管理部门、信息新闻机构，建立高新科研机构信息共享和发布平台。

（5）把高新科研机构参与公众科学素质提升工作纳入全民科学素质行动计划监测评估范围，使其成为全民科学素质行动的重要力量。

（三）营造有利于高新科研机构及科学家参与公民科学素质教育的良好媒体环境和社会氛围

广州市青少年科技中心开展的"院士专家校园行"活动，事前有方案，事后国内各大媒体都给予了广泛关注，这对推动该项工作、激发科学家更广泛地参与产生了积极影响。

新媒体时代，报纸、网络等媒体的传播效应是巨大的，要调动各种媒体关注高新科研机构及其科学家们的研究成果，建立一个高新科研机构与公众连接的媒体通道。通过媒体的报道，把高新科研机构及科学家介绍给公众，使公众对相关知识有了解和学习的愿望，从而推动科学家与公众互动，通过媒体的传播效应，带动高新科研机构与公众的良性互动，从而更广泛地推进高新科研机构的科学家们参与到公民科学素质提升工作中来。

"随着科学技术的日新月异，与之相关的信息传播途径与方法越来越多样化，公众接受科技知识的需求也日趋多元化。"[3] 著名科普学者刘兵教授说："长期以来，主要关注的是对于当下主流科学知识的通俗化传播，虽然这也是科普工作中很重要的一个方面，但随着科普事业的发展，对传统科普类型的扩展已成为时代的要求。"[4] 新时代的科普工作需要开拓创新，需要更广泛的科学家群体参与，如何发挥高新科研机构及其科学家在公民科学素质提升工作中的作用，是一个有思考价值的课题，只要我们积极应对，各方重视，总是能找到合适的办法的。

参 考 文 献

[1] 中国科学院生物与化学交叉研究中心官网 [EB/OL]. http://www.ircbc.ac.cn/index.php.

[2] 广州市青少年科技中心（广州青少年科技馆）官网 [EB/OL]. http://qsnkjgz.org.cn/Default.aspx.

[3] 陈典松. 科学家的生平事迹是科普创作的好素材——长篇科普历史小说《詹天佑》创作手记 [M] //尹霖，李正伟. 第二届获奖优秀科普作品评介. 北京：科学普及出版社，2017.

[4] 刘兵. 这是一本很好看的小说——评陈典松的长篇历史小说《詹天佑》[M] //陈典松. 詹天佑. 广州：花城出版社，2011.

北京市科学技术研究院科普工作发展现状评估与分析

程 悦

（北京国际科技服务中心，北京，100035）

摘要： 北京市科学技术研究院科普工作近年来发展迅速，并日益走向正规化、制度化、专业化，其中离不开政府在各项方针政策方面的正确引导。也正是在这个背景下，本次调研旨在通过了解北京市科学技术研究院科普工作的现状来反映诉求，提出建议，为北京市科学技术研究院未来的科普发展规划提供科学依据。

关键词： 科学普及；发展现状；评估；分析

Evaluation and Analysis of Status Quo on Science Popularization of Beijing Academy of Science and Technology

Cheng Yue

（Beijing International Science & Technology Service Center，Beijing， 100035）

Abstract： Science popularization of Beijing Academy of Science and Technology has developed rapidly in recent years，and it is becoming more and more standardized，institutionalized and professionalized，which is inseparable from the guidance of the government in various principles and policies. Under this background ，this study aims to reflect the current situation of science popularization of Beijing Academy of Science and Technology and make

作者简介：程悦，北京国际科技服务中心科研管理办公室主任，科学普及助理研究员。e-mail: 136564426@qq.com。

suggestions to provide scientific basis and reference for the future science and technology development plan of Beijing Academy of Science and Technology.

Keywords：science popularization；development status；assessment；analysis

为全面梳理北京市科学技术研究院（以下简称北科院）的科普工作现状，总结经验、找出差距、了解需求、科学决策，结合北科院以服务北京建设国际一流的和谐宜居之都的战略目标为定位，提出促进北科院科普事业发展的切实可行的对策和建议。北科院委托北京国际科技服务中心，于 2017 年 4～12 月完成了对北科院科普现状的调查和研究工作。

本次调查对象包括北科院各二级机构（含北京自然博物馆、北京天文馆、北京麋鹿生态实验中心、北京市劳动保护科学研究所、北京市营养源研究所、北京市理化分析测试中心、北京城市系统工程研究中心、北京市计算中心、北京国际科技服务中心、北京实验动物研究中心、《大自然》杂志社、《天文爱好者》杂志社、古观象台 13 个机构）的科普工作现状，具体涵盖了以上单位 2012～2016 年在科普资源、科普团队、科普活动、科普工具、改进手段等方面的相关数据和资料情况。本次调研采用质性研究与量化研究相结合的方式，结合文献调研、访谈、实地调研以及描述性统计等研究方法，对其科普工作及能力建设开展实证研究，并由上述调研结果的综合采集形成北科院科普工作的现状。

此外，本次调研亦对诸多第一手资料进行了梳理、分析和研究，以期对科普需求进行判断，并为北科院未来的科普发展规划提供科学依据。

本报告共包括三个主要部分：北科院科普工作概述、北科院科普能力建设的分析与评价、北科院科普工作存在的问题及制约因素。

一、北科院科普工作概述

北科院是北京市属唯一的大型多学科高水平科研机构，其始终如一地认真履行科学普及与科技传播的职责与义务，努力发挥科技传播作用，积极汇集科普资源，推进科普基地建设，是科技资源科普化工作启动较早的单位之一。

北科院日益丰富的科技创新活动及不断涌现的科技成果，为科技传播工作提供了源源不断的资源。除了院下属北京天文馆、北京自然博物馆、北京麋鹿生态实验中心三家专业科普场馆外，还有很多下属科研机构、科技服务机构结合自身的学科背景和技术领域，面向社会开展科普工作。这些单位通过多种方式向公众介绍社会热点问题的科学原理、相关技术与应用成果，有意识地加快了科普工作的步伐，有效扩大了北科院科研、科普工作的社会影响。

近5年来，北科院在原有的组织架构和政策资源基础上，以工作体系建设和支撑能力提升为两大主要方向，全方位地提升了科普工作的质量。

（一）科普工作体系

北科院在科普与传播领域的主要工作包括科普研究与创作、科普行动、科技与文化融合、校外教育等，北科院现拥有全国科普教育基地3家，北京市科普基地15家，设立北科院科普行动计划专项已逾10年，重点支持科普活动举办、科普产品开发和科普能力提升。近5年内，北科院举办了科普展览近150场、科普讲座2000余场，同时积极投身于全国科技活动周和全国科普日活动。

根据2016年度全国科普统计数据，北科院下属的15家科普基地共有科普专、兼职人员275人；2016年用于科普工作的经费共计10 910.86万元；这些科普基地单位每年都会组织融入自身特色的科普活动开展科普工作，提升科普的社会影响力。

北科院科普工作体系主要由北科院科研开发处及其下属11家二级机构共同组织开展，其中，科研开发处主要负责组织研究制订科普工作规划，科普项目策划、组织和协调，科学传播队伍建设，推动与相关委办局等政府部门合作项目开展等。下属11家二级机构中非科普场馆单位由科研管理办公室作为牵头科普工作的职能科室，而科普场馆单位则专门设立科普部负责科普工作，并设有专职或兼职人员负责组织开展科普工作（图1）。

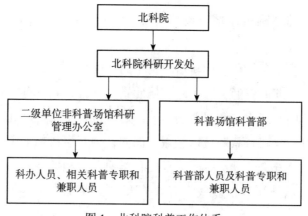

图 1   北科院科普工作体系

（二）科普支撑能力

1. 科普政策环境

近年来，持续改善的政策环境也为北科院科普工作的开展提供了良好的契机。特别是习近平在全国科技创新大会、中国科学院第十八次院士大会和中国工程院第十三次院士大会、中国科学技术协会第九次全国代表大会上提出科技创新、科学普及是实现创新发展的两翼，要把科学普及放在与科技创新同等重要的位置，以及北京市"十三五"时期加强全国科技创新中心建设规划中提到"北京作为国家首都，在推动国家科普工作中发挥着重要作用，提升公民科学素质也是落实首都城市战略定位，建设全国科技创新中心的内在要求"。这些政策的提出为北科院开展科普工作提供了有力的政策支撑环境，北科院的科普工作不仅变得日益重要，而且更有必要通过主动提升自身科普能力，积极配合国家和北京市的相关政策目标，形成以出版物为核心的科技文化传播平台，开展科普相关工作。一方面，要肩负起领导和组织创新发展的责任，善于调动各方面创新要素，努力为建设全国科技创新中心凝心聚力；另一方面，要认真贯彻落实好《中华人民共和国科学技术普及法》，大力促进科学普及推广，为提升公众科学素质做出新贡献。科普工作能力的增强需要人力、物力、财力的有机配合，而此次调研结果显示，北科院在过去5 年间从人才队伍建设、经费投入、基础设施和基地建设四大主要方面入手，全方位强化了科普工作领域的资源，提升了在该领域的工作水平，并取得了实际成效与社会影响。

2. 科普人才队伍建设

5 年来，北科院科普人才队伍建设取得了一定的进步和发展，全院科普专职人员人数已从 2012 年的 184 人增至 2016 年的 191 人。科普人才队伍不仅实现了数量上的增长，更实现了质量上的专业化和学科多样化，例如，在科普专职人员中，拥有中级职称以上或大学本科以上学历的人员始终保持在占总数的 64% 以上；在科普兼职人员中，拥有中级职称以上或大学本科以上学历的人员在总人数中所占的比例已从 2012 年的 82% 增至 2016 年的 88%（表 1、图 2）。由于北科院及二级机构的属性为事业单位和国有企业，人员编制有限，从一定程度上限制了科普人员数量的增长；同时这些单位多为科研机构，以科研工作为主，而科普工作并没有作为年度考核的指标之一，也在一定程度上限制了科普人员数量的增长。

表 1 2012～2016 年北科院科普人员数据统计表

科普人员	2012 年	2013 年	2014 年	2015 年	2016 年
一、专职人员	184	172	281	251	191
中级职称以上或大学本科以上学历人员	146	137	172	143	123
女性	97	93	155	139	116
农村科普人员	0	0	0	0	0
管理人员	27	36	53	51	38
科普创作人员	95	93	114	89	36
科普讲解人员	59	59	59	49	26
二、兼职人员	114	150	162	158	84
中级职称以上或大学本科以上学历人员	94	129	131	126	74
女性	63	86	93	89	54
农村科普人员	0	0	0	0	0
科普讲解人员	179	179	179	344	182
三、注册科普志愿者	100	300	100	100	100

科普志愿者是北科院科普人才队伍的另一重要组成部分。他们热心公益事业、弘扬科学精神、传播科学思想、普及科学知识、维护科学尊严，为促进全院科普事业可持续发展、提升公众和青少年科学素质做出了积极贡献。

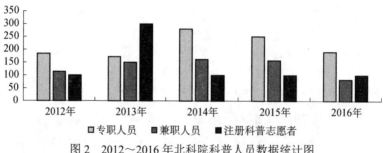

图 2　2012～2016 年北科院科普人员数据统计图

3. 科普经费

北科院的科普经费来源主要包括以下几个渠道：年度院科普大行动和活动类科普项目经费 200 万～700 万元，并大致呈逐年增长的趋势，主要以科普项目的方式支持开展；下属二级单位中科普场馆单位每年会有财政资金支持场馆建设、运营等能力建设，这部分经费每年根据年度实际情况一般为 2000 万～4000 万元；对二级机构单位开展产品研发类科普项目的经费支持，这部分经费每年根据自身科研情况支持经费不固定。其余开展科普工作的经费渠道包括：地方科委以竞争性科普项目的方式支持，经费额度不固定；各级科协组织拨款，经费额度不固定；单位自筹，经费额度不固定。从全院财政项目总盘子上看，每年的科普项目经费额占全院项目总经费额一般维持在 18%～24%。而每年财政项目中科普经费占全院科普经费总额一般维持在 30% 上下（表 2，表 3，图 3～图 5）。

表 2　2012～2017 年北科院科普项目经费和项目总经费统计表　　（单位：万元）

类目	2012 年	2013 年	2014 年	2015 年	2016 年	2017 年
活动类科普项目经费	228.8	380.4	351.7	418.5	450.3	749.2
能力建设类科普项目经费	2 975.8	2 604.3	2 384.4	4 910.2	3 036.8	2 029.6
产品开发类科普项目经费	1 899.2	1 092.7	1 421.8	1 814.9	1 453.4	785.5
科普类项目总经费	5 103.8	4 077.4	4 157.9	7 143.6	4 940.5	3 564.3
全院项目总经费	20 264.6	22 739.0	23 598.9	30 128.9	22 460.5	16 448.3

表 3　2012～2017 年北科院科普项目数量和项目总数量统计表　　（单位：个）

类目	2012 年	2013 年	2014 年	2015 年	2016 年	2017 年
全院科普项目数量	9	9	19	25	11	14
全院项目数量	68	69	79	106	81	84

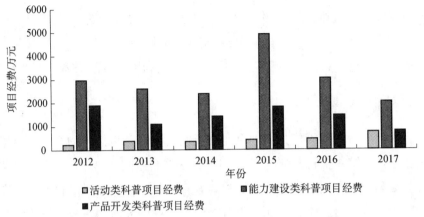

图 3　2012～2017 年北科院科普项目经费统计图

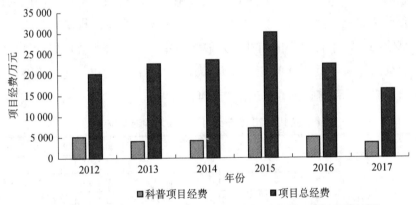

图 4　2012～2017 年北科院科普项目经费与所有项目总经费统计图

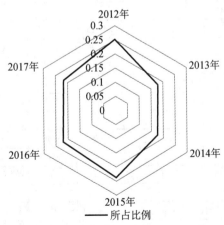

图 5　2013～2017 年北科院科普项目经费占所有项目总经费比例图

科普经费管理则统一按照《北京市科学技术研究院市级财政项目管理办法》等有关规定管理和支出，科普经费管理的政策环境正持续向科学化、标准化的方向前进，为未来科普经费的进一步有效利用提供了保障。

4. 科普基础设施

北科院科普基础设施目前拥有北京天文馆、北京自然博物馆、北京南海子麋鹿苑博物馆 3 个科普场馆，同时拥有 15 个科普基地单位，主要通过实验室开放活动和举办科普展览等开展科普教育工作，成为北科院科普工作宣传和教育的重要平台。例如，北京市劳动保护科学研究所的声学实验楼每月免费开放两次，北京市理化分析测试中心每年在全国科技活动周期间面向社会全面开放实验室，北京市营养源研究所、北京城市系统工程研究中心、北京市计算中心三家单位也都面向社会开放实验室，开展科普教育与科普体验工作。北京国际科技服务中心连续 11 年参加全国科技活动周，通过举办主题科普互动展览开展科普宣传教育工作（表 4）。

表 4 2012~2016 年北科院科普场地数据统计表

科普场地	类目	2012 年	2013 年	2014 年	2015 年	2016 年
一、科普场馆	1. 科技馆/个	0	1	1	1	1
	建筑面积/米²	0	2 700	30 000	30 000	30 000
	展厅面积/米²	0	400	9 000	9 000	9 000
	参观人次/人	0	47 009	650 000	713 000	846 110
	2. 科学技术博物馆/个	3	2	3	3	3
	建筑面积/米²	65 525	62 825	35 525	36 485	36 485
	展厅面积/米²	24 640	24 240	15 640	15 640	15 640
	参观人次/人	2 129 023	2 010 000	1 387 191	1 504 885	1 504 885
	常设展品/件	583	601	104	4 676	4 676
	年累计免费开放天数/天	365	365	365	365	365
二、非场馆类科普基地	个数/个	1	2	2	2	3
	科普展览区面积/米²	500	900	700	600	640
	参观人次/人	300	350	1 000	1 200	3 755
三、科普（技）教育基地	1. 国家级科普（技）教育基地/个	3	3	3	3	3
	参观人次/人	2 080 000	2 010 000	2 013 446	2 193 180	846 110
	2. 省级科普（技）教育基地/人	5	7	7	14	15
	参观人次/人	2 129 623	963 650	2 022 743	2 202 775	850 965

5. 科普基地发展现状

5 年来，北科院经过上下共同努力、积极参与全国的科普创建活动，在科普基地建设方面取得了一定进步。截至目前，北科院共有全国科普基地 3 个，市级科普基地 15 个，其中全国科普教育基地 3 个，北京市科普教育基地 9 个，北京市科普传媒基地 3 个，北京市科普研发基地 3 个（表 5，表 6）。这些科普基地已成为科普活动组织策划、科普产品研发及青少年与社区科普的主力，也是开展社会性、群众性、经常性科普活动的有效平台。

表 5　北科院入选全国科普基地名单

序号	基地名称	单位名称	基地类别
1	北京自然博物馆	北京自然博物馆	教育基地
2	北京天文馆	北京天文馆	教育基地
3	北京南海子麋鹿苑博物馆	北京麋鹿苑生态实验中心	教育基地

表 6　北科院入选北京市科普基地名单

序号	基地名称	单位名称	基地类别
1	北京自然博物馆	北京自然博物馆	教育基地
2	北京天文馆	北京天文馆	教育基地
3	北京古观象台	北京古观象台	教育基地
4	北京南海子麋鹿苑博物馆	北京麋鹿苑生态实验中心	教育基地
5	北京市劳动保护科学研究所	北京市劳动保护科学研究所	教育基地
6	北京市理化分析测试中心	北京市理化分析测试中心	教育基地
7	北京市营养源研究所	北京市营养源研究所	教育基地
8	北京市计算中心	北京市计算中心	教育基地
9	北京城市系统工程研究中心	北京城市系统工程研究中心	教育基地
10	《大自然》杂志	北京自然博物馆	传媒基地
11	《天文爱好者》杂志	北京天文馆	传媒基地
12	北京科学技术出版社	北京科学技术出版社	传媒基地
13	北京天文馆	北京天文馆	研发基地
14	北京国际科技服务中心	北京国际科技服务中心	研发基地
15	北京自然博物馆	北京自然博物馆	研发基地

（三）科普服务能力

2012～2016 年，北科院累计举办讲座 1714 次，参加人数 304 596 人；举办科技展览 136 次，累计参观人数达 4 901 094 人；参加全国科技活动周，累计举办科普专题活动 117 次，参加人数 32 万余人（表 7，图 6）。

表 7　2012～2016 年北科院科普活动数据统计表

科普活动	2012 年	2013 年	2014 年	2015 年	2016 年
一、科普（技）讲座					
举办次数/次	231	457	398	422	206
参加人数/人	88 710	117 654	40 190	44 630	13 412
二、科普（技）展览					
专题展览次数/次	33	30	28	27	18
参观人数/人	1 757 333	1 412 694	1 218 768	169 195	343 104
三、科普（技）竞赛					
举办次数/次	16	7	7	5	1
参加人数/人	134 630	16 645	18 820	18 253	2 500
四、科普国际交流					
举办次数/次	20	8	11	7	22
参加人数/人	212	250	1 000	171	66 863
五、青少年科普					
1. 成立青少年科技兴趣小组					
个数/个	6	4	2	9	1
参加人数/人	680	660	300	1 740	500
2. 科普夏（冬）令营					
举办次数/次	7	8	4	7	1
参加人数/人	312	540	236	596	30
六、科技活动周					
科普专题活动次数/次	15	42	19	22	19
参加次数/次	9 701	11 515	185 275	36 411	81 530
七、大学、科研机构向社会开放					
开放单位个数/个	6	10	17	34	14
参加人数/人	1 900	7 742	7 767	8 455	4 501
八、举办实用技术培训/次	10	16	10	27	51
参加人次/次	744	1 285	480	1 170	1 144
九、重大科普活动次数/次	8	6	2	19	3

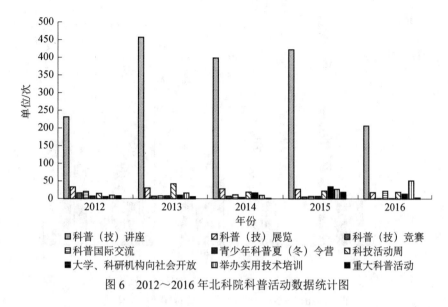

图6　2012~2016 年北科院科普活动数据统计图

（四）科普产出能力

2012~2016 年，北科院累计出版科普图书 464 种，发行 2 228 237 册；出版科普期刊 14 种，发行 1 414 324 册；累计播出电视科普节目 111 小时（表 8，图 7）。

表 8　2012~2016 年北科院科普传媒数据统计表

科普传媒	2012 年	2013 年	2014 年	2015 年	2016 年
一、科普图书					
出版种数/种	72	1	138	150	103
年出版总册数/册	351 500	1 000	391 000	980 675	504 062
二、科普期刊					
出版种数/种	3	2	3	3	3
年出版总册数/册	320 000	271 724	270 400	271 200	281 000
三、出版科普（技）音像制品					
出版种数/种	1	0	1	3	5
光盘发行总量/张	5 000	0	5 000	19 000	500
四、电视台播出科普（技）节目时长/小时	0	7	78	14	12
五、电台播出科普（技）节目时长/小时	7	400	183	118	230
六、科普网站个数/个	0	5	5	5	4
七、发放科普读物和资料/份	1 326 360	709 680	738 000	634 400	141 500
八、电子科普数量/个	0	0	0	26	11

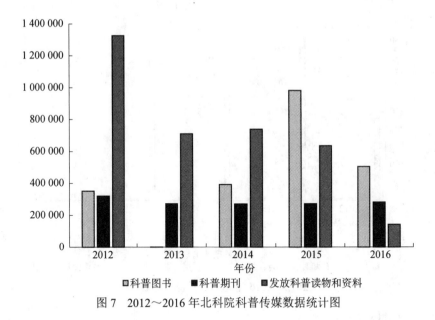

图 7　2012～2016 年北科院科普传媒数据统计图

二、北科院科普能力建设的分析与评价

通过上述的实证分析来看，北科院构建了较为完善的科普工作体系，科普能力建设得到实质性加强，但是与中国科学院等先进高端的科研机构的科普能力相比还略显不足。这其中固然受当前科技体制、科研环境、学科分类等因素的影响，但同时也反映出在科普能力建设方面还有较大的提升空间。下面从科普支撑能力、科普服务能力、科普产出能力三方面对北科院科普工作的现状加以分析。

（一）科普支撑能力

从政策环境来看，北科院在科普政策方面正在尝试做一些开创性的工作和探索，但需要指出的是，当前北科院科普政策的体系化建设还需要进一步完善，特别是关于经费、人员等方面的政策还需要进行重点制定，科普工作的整体宣传推广、执行落实还需加强。

在科普人员方面，北科院的科普工作者大多数是具备专业知识的从事科技工作的兼职科研人员。专职科普人员相对科研人员来说，总体数量相差甚远。造成这一现象的原因很多，在科学文化方面，我国科学共同体还没有形成开展科学普及的普遍意识。此外，从科研环境方面看，我国尚没有形成有效的科普人才选拔、评价激励与培养机制，加上科研任务繁重及科研人员自身科技传播能力不足等原因，科研人员开展科学普及的主动性和积极性远未调动起来。

在科普经费方面，北科院的科普经费的总量和结构与国内外先进的科研机构相比均有较大的差距。例如，美国国家航空航天局要求所有获得资助的项目提取 0.5%～1%经费从事面向公众科普的社会服务和教育活动；英国粒子物理和天文学研究理事会鼓励课题责任人拿出 1%的经费从事科普活动。造成经费短缺的原因主要包括四个方面：一是经费来源有限；二是缺少较为稳定的科普经费支持；三是现有经费支持力度不够；四是科普作为公益性事业，没有调动起各方参与的积极性。

（二）科普服务能力

近年来，北科院在开展科普活动的过程中坚持了资源共享和互惠互利的原则，积极协调各二级机构，开展多部门参与共同受益的科普活动，并为所开展的科普活动提供了便利条件，使科普得以惠及更广泛的公众，同时提升了北科院科普工作的整体影响力。但是在形式和内容方面，与国外先进科研机构的科普活动相比略显不足。第一，现有的科普活动内容较为狭窄、形式单一，主要局限于科学知识和实用技能的传播和讲解；第二，科普活动中公众参与不足；第三，热点、应急科普发展缓慢，一些有相关领域的二级机构缺少开展应急、热点科普工作的支撑队伍和积极的意识，缺乏有效的传播渠道；第四，科普服务意识不强，没有将科普和科研放在同等重要的位置两手抓，两手都要硬；第五，没有与新媒体有效结合来增强科普的传播能力和力度，创新能力有待增强。

（三）科普产出能力

北科院开发了形式多样的科普资源，但是资源总量不足、结构不够合理等也成为当前的主要问题。第一，当前北科院科技资源向科普转化的渠道不畅通，导致了大量科研成果和科技信息无法转化成科普资源，进而形成了北科院科普资源总量偏少的局面。而中国科学院已经在 2015 年与科学技术部联合发布了《关于加强中国科学院科普工作的若干意见》（以下简称《意见》）。《意见》指出，中国科学院和科学技术部将实施"高端科研资源科普化"计划，促进中国科学院丰富的科研资源转化为科普设施、科普产品、科普人才；推进"'科学与中国'科学教育"计划，使中国科学院丰富的科普资源服务于面向公众的科学教育，促进科教融合；建设科普工作国家队，引领我国科普工作发展。第二，与其他同类科研机构在科普资源开发、共享方面合作交流不畅，导致很多科普作品和科普活动高成本、低水平、低质量。第三，科普活动的信息化程度较低。第四，缺少对优秀科普资源开发的激励与引导。第五，缺少对北科院科普资源的整体策划与设计。

三、北科院科普工作存在的问题及制约因素

（一）北科院科普工作的顶层设计有待加强

推动北科院科普工作建设的要义在于发挥二级机构的积极性，动用一切方法调动、集成现有的科技资源、科普资源、科研优势与人力资源，在资源共建共享的基础上，服务于北科院科普整体能力的提高和整体影响力的提升。近几年，北科院在科普工作方面缺少相关政策规划引导、制度规范、评价激励等外部推动力，使得北科院的科普工作成果不够显著，缺少有利于科普工作发展的顶层设计。

（二）科普经费投入渠道单一

目前，北科院的科普经费由政府拨款、自筹经费和其他收入几部分构成，已初步建立了以政府投入为主体、社会和个人投入为辅助的科普经费投入机制。但是，政府财政拨款在其中占据主导地位，而自筹经费和其他收入占比偏低，因此造成了科普经费的筹集渠道仍较为单一。同时，来自财政拨款的科普经费在北科院每年的财政项目中比例不固定，使得每年科普经费的

投入呈现浮动而非逐年增加的态势，这些状况制约了北科院科普工作的有效开展，并体现出北科院对科普工作的投入意识还有待加强。

（三）科普工作整体影响力不足

北科院目前的科普工作整体影响力不足，总体呈现出如下发展态势：两馆一中心等科普场馆将科普工作作为其主要工作职能，将科普工作开展得有声有色。其他科普基地单位的科普工作开展方式则较为单一：一是开放现有科研设施，增强其科普功能；二是将现有科技成果转化为科普资源。例如，科研院所开展的科普工作主要局限于开放实验室和举办科普讲座等方式，科技服务机构主要以科普展览、互动展示等形式开展科普工作，传媒机构主要以出版科普读物等方式开展科普工作。

此外，北科院对科研机构社会公众开放活动的社会宣传力度和组织协调力度也有待提升，特别是在全国科技活动周、全国科普日、科普开放日期间，全院二级机构的公众开放活动缺少整体宣传策划，使得活动时间、活动内容及活动特色的社会认知度不高，从而制约了社会整体影响力发展。

（四）科普人才队伍建设存在不足

基于北科院科普工作现状，除了两馆一中心科普场馆单位有自己的专职科普工作人员外，其他科研院所和科技服务机构等二级机构中负责开展科普工作的人员多为科研工作人员。然而，当前的科研评价体系只注重科研人员的学术研究成果，并没有将科研人员服务社会的科普工作纳入考核体系中，使得科研人员过于关注论文发表数量、影响因子等务虚的量化指标，而忽略了科学本身在认识世界、改造世界中的真正价值，以及科学研究服务社会的基本功能。总之，鼓励科研人员做科普的体制机制的不健全，是导致科研人员不愿参与科普的根本原因。应完善科研评价体系，把科普成果和科普工作作为考核专业技术人员业绩的一项重要指标，或作为科普专业人员晋升、评定职称奖励的主要依据，鼓励科研人员参与科普。比如，以美国为代表的发达国家，在国家科学基金和国家科技计划项目中均设立了科普资助机制。

（五）科普活动创新不足，特色科普品牌活动欠缺

品牌建设不能单纯普及科学知识，而应在深入分析科普需求的基础上，开展内容独特、形式新颖、针对性强的系列科普活动，从而在社会上产生联动效应，扩大北科院的知名度和影响力。目前从全院层面来看，北科院缺乏自主举办的、体现北科院特色的大型科普活动。这要求北科院统筹各二级机构的科普资源，采取多种形式，实现科研机构与公众的无缝对接。例如，通过与科技旅游的结合，开通"科学之旅"北京市科学技术研究院路线，通过规划路线及沿途覆盖的开放科研机构和科普场馆，统一组织地理位置接近的科研机构集中开放，以促进形成"集聚效应"，从而创建具有特色品牌效应的科普活动。

（六）科普评估机制尚未健全，科学素质建设目标体现不足

目前，北科院科普评估机制尚未健全，而美国、英国等发达国家却十分重视科普项目的效果评估工作。这些国家相信，只有细致的评估才能展现一个科普项目的开展效果究竟如何；有无继续支持开展下去的必要；如果继续开展，有哪些地方需要改进；等等。比如，美国国家科学基金会对科普项目制定了严格的评估要求，规定项目机构必须聘请外部评审专家对项目进行评估；如果条件许可，必须对项目进行三个阶段的评估，即项目启动前的预评估、项目进行中的过程性评估以及项目完成后的总结性评估。北科院在科普工作中可以借鉴国外的成功经验，建立完善的评估机制，使科普工作这一系统工程更加完善，从而真正把科普工作落到实处。

（七）科普资源的国际交流合作有待加强，实现全球范围的资源共享

科普资源共享是北科院科普工作发展的方向。科学无国界，这种共享应该具有国际性。从全院层面来看，在学习借鉴国际先进的科普资源建设开发方式和科普国际合作共享模式上还有待加强，从而促进科普工作的国际交流。这样既可以避免同样内容的重复开发，提高资源建设的效率和水平，还可以最大限度地发挥自己的优势，开发具有特色的科普资源，从而使科普资

源实现最大化。

四、结语

在习近平提出"科技创新、科学普及是实现创新发展的两翼"的时代背景下，北科院科普工作近年来发展迅速，并日益走上正规化、制度化、专业化的道路，这其中离不开政府在各项方针政策方面的正确引导。也正是在这个背景下，北科院组织了本次课题的调研，旨在通过调研了解北科院科普工作的现状，反映诉求，提出建议，为北科院未来的科普发展规划提供科学依据。

参 考 文 献

[1] 朱世龙. 北京科普工作特点及对策研究 [J]. 科普研究，2015（4）：84-90.

[2] 董全超，许佳军. 发达国家科普发展趋势及其对我国科普工作的几点启示 [J]. 科普研究，2011，6（6）：6.

[3] 李群，王宾. 中国科普人才发展调查与预测 [J]. 中国科技论坛，2015（7）：148-153.

[4] 裴世兰，汪丽丽，吴丹，等. 我国科普政策的概况、问题和发展对策 [J]. 科普研究，2012，7（4）：41-48.

[5] 孙文彬. 科学传播的新模式——不确定性时代的科学反思和公众参与 [D]. 合肥：中国科学技术大学，2013.

基于科普要素的科普评估研究综述[*]

崔林蔚[1, 3]　杨志萍[2, 3]

（1. 中国科学院文献情报中心，北京，100190；2. 中国科学院成都文献
情报中心，成都，610041；3. 中国科学院大学，北京，100190）

摘要：本文引入传播学 5W 模式，构建科普人员、科普作品、科普机构、科普受众、科普效果科普五要素，以此为研究框架全面分析当前科普评估的研究现状。通过深入分析各要素评估研究的内容、指标及方法，从中发现目前科普评估研究的优势与不足，提出完善特定受众的科普需求评估研究、丰富推动科技人员参与科普工作的评估机制研究、扩展科普评估研究的数据来源与动态性、加强社会反馈指标研究的针对性建议。

关键词：5W 模式；科普要素；科普评估；科学素养

A Review on Science Popularization Evaluation Based on Elements

Cui Linwei[1, 3]　Yang Zhiping[2, 3]

（1. National Science Library，Chinese Academy of Sciences，Beijing，
100190；2. Chengdu Documentation and Information Center，Chengdu，
610041；3. University of Chinese Academy of Sciences，Beijing，100190）

Abstracts：The paper introduces the 5W model of communication and constructs the five elements of science popularization：workers，works，institutions，audiences，and effects. Then the paper uses the elements as a

---

* 本文系"基于图书馆科技扶贫中的精准信息识别与测度体系研究"（17XTQ005）项目研究成果之一。

作者简介：崔林蔚，中国科学院文献情报中心博士研究生。e-mail：cuilinwei@mail.clas.ac.cn。杨志萍，中国科学院成都文献情报中心副主任，研究馆员，博士生导师。e-mail：yangzp@mail.clas.ac.cn。

theoretical basis to comprehensively analyze the status of science popularization evaluation under the current researches. Through in-depth analysis of the content，indicators and methods of each factor evaluation research，we will find out the advantages and disadvantages of the current research of evaluation of science popularization so as to better satisfy the needs of the evaluation of science popularization of specific audiences，enrich the evaluation mechanism to promote the participation of science and technology personnel in the area of science popularization，expand the data sources and dynamics，and strengthen the research on social feedback indicators.

Keywords：5W model；elements of science popularization；evaluation of science popularization；scientific literacy

一、引言

科普是建设创新型国家的重大战略任务，然而目前科普工作仍存在效率不高、责任不足、创新不昌、实效不明等问题[1]，科普评估可以有效解决该问题。全民科学素质纲要实施工作办公室[2]在政策上对科普评估提出了具体要求，其于 2017 年发布的《科技创新成果科普成效和创新主体科普服务评价暂行管理办法（试行）》指出，科普评价要每三年开展一次，从科技成果科普成效评价、创新主体科普服务评价两个方面测度科普成效。

在实际工作中，科普评估的顺利实施建立在丰富的科普评估研究之上，目前学界已经涌现出很多优秀的研究成果，如张仁开、李健民[3]在明晰科普评估概念的基础上，提出了含科普工作评估和公众科学素养调查两部分的科普评估内容框架。张凤帆、李东松[4]系统概述了科普评估的概念、类型及功能，并构建了符合我国国情的科普评估框架。学界丰富的理论研究能够为科普评估工作的实践提供借鉴，系统综述目前科普评估研究现状有助于科普评估者全面了解理论发展，进而指导于实践。王刚、郑念[5]从科普能力评价指标体系、指标赋权、评价模型等角度综述现有研究，为建立国家科普能力评估体系提供参考，但这种由研究现状出发分析问题所在的方法不利于科普评估理论研究的全面发展。本文以科普要素为框架梳理研究现状，既能为不同评估对象的评估者提供系统参考，又有助于发现当前科普评估研究的薄弱环节，指明未来发展方向。

本文引入传播学的 5W 模式，客观构建科普五要素，以此为研究框架全面梳理当前科普评估研究现状，深入分析评估内容、指标与方法，进而提出相应建议，为后续科普评估研究找到切入点，为提升实践能力提供借鉴。

二、科普评估研究综述框架

该部分将在明确科普与传播学关系的基础上，将传播学 5W 模式应用于科普领域，构建科普五要素，作为后续综述研究框架。

（一）理论基础

1948 年，美国学者拉斯韦尔（Harold Lasswell）[6] 在其论文《社会传播的结构与功能》（*The Structure and Function of Social Communication*）中，首次提出了传播过程的五个基本要素，并按照一定结构对其进行排列，后被称为 5W 模式，即谁（who）、说什么（say what）、通过什么渠道（in which channel）、对谁说（to whom）、取得什么效果（with what effects）。近年来，该模式常被用于研究复杂的传播学现象，以达到简化过程分析本质的作用。

（二）科普与传播学关系辨析

5W 模式是传播学的经典定律，在将其引入科普领域前，必须明确科普与传播学的关系，而二者的关系辨析离不开科技传播这个概念。

"科普"是一个极具中国传统特色的术语，可定义为以公众易于理解、接受、参与的方式普及科学技术知识、倡导科学方法、传播科学思想、弘扬科学精神的活动[7]。国外学者极少称其为 science popularization，各国/地区对其有各自不同的称呼[8]，常以 science communication 的说法出现，这也使得科普和科技传播常被视作同义。表 1 从传播主体与受众、传播方式、使用语境三方面分析科普与科技传播的异同[3, 9]。

表 1　科普与科技传播

对比项目	科普	科技传播
传播主体与受众	以科技人员与公众的交流为主	• 科技人员之间的交流 • 科技人员与公众之间的交流 • 公众与公众之间的交流
传播方式	以浅显易懂的文字和图片为主	不限
使用语境	偏口语化	偏学术化

由表 1 可知，科普包含于科技传播，而科技传播是传播学的一个重要分支，因而科普也是传播学的一部分，三者之间的关系如图 1 所示，这种包含关系保证了 5W 模式在科普领域的应用。

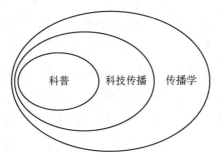

图 1　科普、科技传播与传播学三者之间的关系

（三）研究框架构建

将 5W 模式应用到科普过程中，则形成科普的五个基本要素，即科普人员、科普作品、科普机构、科普受众和科普效果（图 2）。

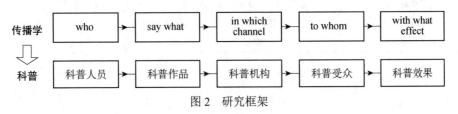

图 2　研究框架

具体而言，科普人员（who）指科普过程的控制单元；科普作品（say what）指科普的具体内容，内容的不定量性直接导致了评估难度之高，而科普作品作为科普内容的载体，在一定程度上可以替代科普内容，故直接采用科普作品作为要素；科普机构（in which channel）指科普过程的传播媒介；

科普受众（to whom）指科普内容的接收者；科普效果（with what effect）一方面指科普活动效果，另一方面指公民科学素质[5]。基于此，可以将整个科普过程简化为：为了达到某种科普效果，科普人员将指定作品通过媒介传播给科普受众的过程。而科普评估就是针对该过程中的各个环节（要素），判断其投入是否已经达到最优效果。

三、科普评估研究现状分析

现基于科普五要素，梳理目前科普评估研究内容，以明确科普评估研究的进展情况。在归纳中发现，特定科普受众所对应的科普评估研究极其缺乏，可能由于在当前科普工作中，科普受众主要处于被动接受知识的状态，尚不具备主动理解科学和参与科学的意愿和能力，因而受众评估研究尚未涉猎，这也将是未来科普评估的一个重要方向。除科普受众外，当前科普评估研究对象主要包括全要素（即所有要素）、科普人员、科普作品、科普机构、科普效果五个维度（表2），下文将深入分析每种科普要素评估中的评估方法及指标。

表2　基于科普要素的科普评估研究对象

科普要素	科普评估研究对象
全要素	国家科普能力、地区科普能力
科普人员	科技社团、科技人员
科普作品	科普创作、科普期刊、科普图书、科普展品、科普网站
科普机构	科普场馆、博物馆、高校、企业、科研院所
科普效果	科普活动效果、公民科学素质

（一）全要素

科普全要素评估主要是指针对责任主体、包含所有科普要素的综合评估，研究中多称为科普能力评估，主要包括国家科普能力评估和地区科普能力评估两种。

根据《关于加强国家科普能力建设的若干意见》[10]，国家科普能力是指一个国家向公众提供科普产品和服务的综合实力，主要包括科普创作、科技传播渠道、科学教育体系、科普工作社会组织网络、科普人才队伍以及政府科普工作宏观管理等方面。现有国家科普能力评估研究基本上认同并沿用这一定义构建评估指标。

地区科普能力评估的研究成果也层出不穷，对地区科普能力的概念定义基本参考国家科普能力的定义，即一个地区向公众提供科普产品和服务的综合实力。当前地区科普能力评估的主要研究模式是建立区域科普能力评价体系+指标赋权+实证分析（表3）。

表3　科普全要素评估研究现状

对象	作者	研究内容	一级评估指标	赋权方法
国家科普能力评估	王康友[11]	国家科普能力发展指数	科普人员、科普经费、科普基础设施、科学教育环境、科普作品传播、科普活动效果	综合评价方法
	翟全杰[12]	国家科技传播能力	基础设施、传播效能、传播环境	无
地区科普能力评估	李婷[13]	地区科普能力	科普人员、科普基础设施、科普经费、科普传媒、科普活动	主成分分析
	佟贺丰等[14]	地区科普力度	科普人员、科普基础设施、经费投入、科普传媒、活动组织	德尔菲法层次分析法
	任嵘嵘等[15]	地区科普能力	科普人员、科普基础设施、经费投入、科普创作、活动组织	熵权法-GEM
	张立军等[16]	区域科普能力	科普参与人员、科普基础设施、科普经费、科普宣传、科普活动	分形模型
	张慧君等[17]	区域科普能力	科普人员、科普场馆、科普经费、科普媒体、科普活动能力	主成分分析
	胡萌[18]	江西省地级市科普能力	科普人员、科普设施、科普经费、科普传媒、科普活动	层次分析法
	李健民等[19]	上海科普工作绩效	科普场馆、科普活动、科普示范社区、科普网站	效果-效率-效益模型
	陈套等[20]	区域科普能力与科技竞争力匹配度	科普人员、科普设施、科普传媒、科普活动	因子分析法结构方程模型
	卓丽洪等[21]	地区科普驱动力	科普重视程度驱动力、科普人员驱动力、科普经费驱动力、科普设施驱动力、科普传媒驱动力、科普活动驱动力	牛顿第二定律

科普全要素评估是对国家/地区科普发展状况的整体把握，能够有效辅助政府决策。全要素评估体系的建立要全面考察科普各组成要素，上述研究所采用的评估方式先进、赋权方法多样，特别是部分研究在计算过各地科普能

力后，根据其得分进行分类，有助于地方政府认清自身发展现状。但是美中不足的是，由于数据来源问题，评估体系相似性较强，如一级指标基本围绕人员、设施、经费、传媒、活动五个方面，这不利于科普评估的全面发展；与此同时，可以观察到研究所采用的数据均为某时间的静态数据，只能观测到特定时间的发展情况，不利于掌控科普发展的历史演进过程。

（二）科普人员

科普人员指参与到科普工作中的团体或个人，目前科普人员评估研究主要集中于两方面，即科技团体科普能力评估、科技人员科普能力评估（表4）。

表4　科普人员评估研究现状

对象	作者	研究内容	评估指标/研究角度	研究方法
科技团体	"重庆市科普工作绩效评价与对策研究"课题组[22]	科协科普能力	科普人员、科普经费、人均科普经费、举办科普宣讲活动次数、科普活动参加人数、科普日参加人次、参加活动科技人员数、科普画廊建筑面积、科普教育基地全年参观人数、科普示范街道（乡镇）社区数	主成分分析
	余佳桂[23]	科技社团科普能力	科普活动、科普教育、科普传媒、科普基础设施、科普人员	无
	南京市科协学会学术部[24]	市级学会科普能力	科普重要性、科普活动、科普队伍、激励机制、科普投入	无
科技人员	莫扬等[25]	科技人才科普能力	职业激励、科普制度、培养机制	问卷、访谈
	刘硕等[26]	青年医学工作者科普能力	科普训练营	实证

《"十三五"国家科普和创新文化建设规划》[2]明确指出，科技创新与科学普及"一体两翼"不平衡，各级政府对科普工作重视不够，重科研、轻科普，科普与科研脱节现象仍然存在。人是科普作品的撰写者、科普活动的策划者、科普机构的行动者，科普人员评估能够有效测度科普前端绩效，对提升科普工作效果有极大作用。目前该领域评估研究仍处于初步阶段，主要在探讨科技人员及其集合（科技团体）的科普能力，研究方法多采用类调研的方式，仍然停留在如何激励和改善现有做法的探讨阶段，这种探索科技人员科普行为的研究为后续构建实施性评估体系打下了基础。

（三）科普作品

科普作品是科普内容的载体，科普作品评估实质上是对科普内容的计量，目前相关研究对象主要是科普创作能力、科普期刊、科普图书、科普展品与科普网站（表5）。

表5　科普作品评估研究现状

对象	作者	研究内容	评估指标/研究角度	研究方法
科普创作	张志敏[27]	国家科普创作能力	科普创作产品、科普创作环境、科普创作人才	无
科普期刊	刘清海等[28]	科普期刊	探讨先行评估体系某些指标，并提出建设新体系的建议	无
科普图书	陈珂珂等[29]	科普图书	科学性、创作水平、编校出版质量、社会影响	专家打分
科普展品	韩育蕾[30]	科普展品	参观者：知识、参与度、态度、行为 展品：发展科学兴趣、理解科学知识、参与科学推理、参与科学实践	实证研究
科普网站	吴琼等[31]	北京地区科普网站	导航指标、效果指标、内容指标、技术指标、服务指标	无
	卢佳新等[32]	国内科普网站影响力影响因素	风格设计、网站导航、资源质量、内容形式、内容分类、更新速度、站内搜索能力、多媒体应用、互动能力、载入速度、网页准备性、浏览器兼容性	相关性分析
	孙爱民等[33]	国内外科普网站	北卡罗来纳州立大学网络科普资源评价标准：科学性、便捷性、网站设计、链接速度、多媒体 中国互联网协会科普网站评价指标体系：网站内容、导航、站点设计、站点技术、运行服务	无

科普作品评估研究对象多样，评估指标的构建角度也十分丰富，有益于科普作品的多元化评估，但共性的问题在于，对作品中内容的重视性有所不足，表现在评估指标以形式指标为主，如书的装帧情况、网站的链接情况等，不利于提升科普作品的内容质量。内容的直接计量固然存在难度，但可以通过公众反馈、媒体报道、专家评估等方式加以评估，且科普作品具有面向受众的特征，加强社会各界反馈的定性评估将更有利于科普内容价值的测度。同时，科技的发展使各种新媒体、微媒体的传播更加便捷，科普作品评估不应只局限于图书、期刊、网站等传统媒体，微信平台、微博"大V"等

所发布的科普内容评估研究也要及时开展。

（四）科普机构

科普机构是指将科普作品（包括科普展品、科普活动等）传递给科普受众，对提升公众科学素养起直接作用的团体。目前科普机构评估对象主要有科普场馆、博物馆、高校、企业、科研院所（表6）。

表6　科普机构评估研究现状

对象	作者	研究内容	评估指标/研究角度	研究方法
科普场馆	杨传喜[34]	科普场馆运行效率	投入指标：人力、物力、财力	数据包络分析
			产出指标：科普讲座、科普展览、科普竞赛活动次数	
博物馆	赵洪涛[35]	博物馆科普能力	场馆外部因素：科普产品创作、科学教育体系、社会组织网络、科技传播渠道、公众参与程度、政府宏观管理	实证分析
			场馆内部因素：藏品收藏基础、科学研究成果、陈列展览水平、活动策划能力、产品创作质量、规范管理程度	
高校	李函锦[36]	高校科普能力	软能力：科普宣传，科普工作保障、激励、考核、评价等政策建设，科普教育体系建设，科普资源共享机制建设等	无
			硬能力：科普人才培养、队伍建设，科普内容创新与创作，科普经费，科普基础设施建设，科普理论研究等	
	邓哲[37]	高校场馆类科普资源科普作用	科普潜力、科普效果、活动效果	实证分析
企业	何丽[38]	企业科普能力	科普投入能力、科普产出能力、科普支撑能力、科普创新的扩散能力	主成分分析法
科研院所	刘波等[39]	科研院所科普效果	科普宣传报道、科研实验室开放、科普产品、科普信息化、获奖情况	无

科普机构是推行科普活动的主力军，在科普发展中发挥着重要作用，目前科普机构评估研究对象丰富，各类型评估体系也因评估对象特点而各有侧重。但对于近期涌现的科普教育基地、科普小镇等新型特色机构的评估仍未涉猎，需尽快建立相匹配的评估体系，保证这些新型机构的科普效率，以供政府当局把握未来发展方向。同时，该部分在研究方法的运用上仍然不够丰富，多局限于实证分析的传统方式，建议灵活运用多种评估方式，以提升科普机构评估的先进性与客观性。

（五）科普效果

科普效果指科普工作/活动的效果，公民科学素质实则是科普工作的最终结果，但由于科学素质评估已经十分成熟，故科普效果评估研究主要分为两部分：一是科普活动效果评估，二是科学素养的测度（表 7）。

表 7 科普活动效果评估研究现状

作者	评估内容	评估指标/研究角度	研究方法
张志敏等[40]	大型科普活动效果	策划与设计、宣传与知晓、组织与实施、影响与效果	无
黄小勇[41]	科普活动评估综合效果	活动内容：主题相关性、知识性、吸引力、互动性、创新性、通俗易懂性	层次分析法
		组织管理：宣传力度、环境、协调性、服务	模糊综合评价
		社会效果：受众数量、对受众的影响、媒体报道、满意度	
潘龙飞[42]	大型科普活动效果	公众评估：微信问卷 媒体评估：微博 组织者评估：问卷+访谈	问卷调查
张楠楠[43]	科技馆科普活动效果	设计与制作、科普过程、科普影响	实证分析
郑念等[44]	科技馆常设展览科普效果	教育效果（功能指标）、吸引力（管理指标）、社会效果（影响指标）	无

公民科学素质测度的研究和实践已经十分丰富，在国外有美国国家教育进展评估（national assessment of educational progress，NAEP）、国际学生评估项目（programmer for international student assessment，PISA）、国际数学与科学趋势研究项目（trends in international mathematics and science study，TIMSS）等；在国内，中国科学技术协会已经于 1992 年、1994 年、1996 年、2001 年、2003 年、2005 年、2007 年、2010 年和 2015 年进行了 9 次全国公民科学素养状况及其对科学技术的态度抽样调查。

目前对科学素质测度的研究开始逐渐聚焦到特定人群的科学素质评估体系建立上，如农民、大学生、领导干部和公务员等，测度指标逐渐由以往的依据米勒提出的科学素养三维模型理论表述逐渐向《全民科学素质行动计划纲要（2006—2010—2020 年)》"四科两能力"①的解读过渡[45]。科普效果是

---

① "四科两能力"即公民具备基本科学素质，一般指了解必要的科学技术知识，掌握基本的科学方法，树立科学思想，崇尚科学精神，并具有一定的应用它们处理实际问题、参与公共事务的能力。

整个科普过程的最终体现，科普效果评估，无论是活动效果测度还是科学素质测度，都是反映科普活动质量的重要环节。学者们已经意识到了科普效果评估的重要性，涌现的大量优秀成果研究方法多样，且能够应用到实际中去解决现有问题。但仍然存在一些问题，如这部分评估研究对受众满意度等社会反馈的考虑有所不足，科普活动与受众需求的吻合情况未能纳入评估体系。同时，对于评估指标的设计缺乏有效理论依据的支撑，建议有效引入公共管理等学科的相关学说作为理论基础。

四、建议

前文通过各要素评估内容、指标和方法的深入分析，发现了一些问题，如缺乏科普受众部分的评估研究，评估指标相似性强、数据来源单一，科技人员相关研究仍停留在激励措施阶段，评估指标对社会反馈重视不足等。针对这些典型问题，本文提出以下建议。

（一）完善特定受众的科普需求评估研究

本文所构建的科普五要素中，科普受众评估研究仍有所欠缺，这可能是目前科普受众总体上仍处于被动状态的结果，但随着公民科学素养的提高，科普已经逐渐转变为双向的信息传播，因而加强特定受众的科普评估是必不可少的。特定受众的科普评估，并不局限于科普素养评估，而是从不同群体的科普需求、科普能力、科普愿望等各个方面入手进行评估，从而实现对科普受众的用户画像，为未来科普的个性化、针对性发展提供方向。

（二）丰富推动科技人员参与科普工作的评估机制研究

科研与科普相脱节是科普工作正在面临的严峻问题，最直接有效的解决方式就是激励科技人员加入科普队伍，科技人员了解科研一手资料，能够及时有效地将科研资源转化为科普资源，进而推送给公众。然而，目前科研人员极少投入科普工作中，当前科技人员研究也多局限于激励措施的提出，建议从科技人员绩效评估机制的研究入手，在科技人员绩效评估研究中加入科普工作经历的部分，推动科技人员走向科普第一线，促进科研和科普的对接。

（三）扩展科普评估研究的数据来源与动态性

目前科普评估的实证数据基本来自于《全国科普统计》，数据源单一，导致了评估指标的相似性，十分不利于科普评估的综合发展，建议积极探索科普与其他领域的协同关系，适当丰富数据来源，如区域创新数据、科技发展数据等。同时，研究多局限于静态评估，即利用截面数据予以评估，比较同一时间的科普状态，不利于了解科普工作的动态发展情况，可以进一步对主体进行纵向的科普评估，充分掌握评估主体随时间变化而取得的进步。

（四）加强社会反馈指标的研究

目前各要素评估体系的建立多侧重于客观科普状态评估，对受众感受、社会反响等指标的设计有所不足，然而需要明确的是科普工作是面向受众的，终极目标是提升全民科学素养，且目前科普工作的快速发展需要更多社会反馈以改善科普工作效果。建议加强对社会反馈指标的研究，完善用户需求与实际科普工作匹配程度的相关研究，有效提升科普工作的群众满意度，进而提升整个科普过程的投入产出效率。

参 考 文 献

[1] 张义芳，武夷山，张晶. 建立科普评估制度，促进我国科普事业的健康发展 [J]. 科学学与科学技术管理，2003（6）：7-9.

[2] 中国科协. 关于印发《科技创新成果科普成效和创新主体科普服务评价暂行管理办法（试行）》的通知 [EB/OL][2019-01-25]. http://www.kxsz.org.cn/content.aspx?id=865&lid=10.

[3] 张仁开，李健民. 建立健全科普评估制度，切实加强科普评估工作——我国开展科普评估刍议 [J]. 科普研究，2007，2（4）：38-41.

[4] 张凤帆，李东松. 我国科普评估体系探析 [J]. 中国科技论坛，2006（3）：69-73.

[5] 王刚，郑念. 科普能力评价的现状和思考 [J]. 科普研究，2017，12（1）：27-33，107-108.

[6] Harold Lasswell. The Structure and Function of Social Communication [C]//Lyman

Brysoned. The Communication of Ideas. New York：The Institute for Religious and Social Studies，1948.

［7］中国人大网. 中华人民共和国科学技术普及法［EB/OL］［2018-07-04］. http://www.npc.gov.cn/wxzl/wxzl/2002-07/10/content_297301.htm.

［8］Godin B，Gingras Y. What is Scientific and Technological Culture and How is it Measured? A Multidimensional Model［J］. Public Understanding of Science，2000，9（1）：43-58.

［9］王大鹏，付敬玲. 辨析科普与科学传播［J］. 科技传播，2015，7（14）：104-105，167.

［10］中华人民共和国中央人民政府. 关于加强国家科普能力建设的若干意见［EB/OL］［2017-07-04］. http://www.china.com.cn/guoqing/zwxx/2011-10/11/content_23597216.htm.

［11］王康友. 国家科普能力发展报告（2006～2016）［M］. 北京：社会科学文献出版社，2017.

［12］翟杰全. 国家科技传播能力：影响因素与评价指标［J］. 北京理工大学学报（社会科学版），2006（4）：3-6.

［13］李婷. 地区科普能力指标体系的构建及评价研究［J］. 中国科技论坛，2011（7）：12-17.

［14］佟贺丰，刘润生，张泽玉. 地区科普力度评价指标体系构建与分析［J］. 中国软科学，2008（12）：54-60.

［15］任嵘嵘，郑念，赵萌. 我国地区科普能力评价——基于熵权法-GEM［J］. 技术经济，2013，32（2）：59-64.

［16］张立军，张潇，陈菲菲. 基于分形模型的区域科普能力评价与分析［J］. 科技管理研究，2015，35（2）：44-48.

［17］张慧君，郑念. 区域科普能力评价指标体系构建与分析［J］. 科技和产业，2014，14（2）：126-131.

［18］胡萌. 江西省地级市科普能力指数测度与比较［J］. 科技广场，2016（11）：99-104.

［19］李健民，杨耀武，张仁开，等. 关于上海开展科普工作绩效评估的若干思考［J］. 科学学研究，2007（S2）：331-336.

［20］陈套，罗晓乐. 我国区域科普能力测度及其与科技竞争力匹配度研究［J］. 科普研究，2015，10（5）：31-37.

［21］卓丽洪，李群，王宾，等. 中国地区科普驱动力指标体系构建与评价［J］. 中国科技论坛，2016，（8）：95-101.

［22］"重庆市科普工作绩效评价与对策研究"课题组. 关于重庆市区县科协科普能力指标体系构建与分析［J］. 知识经济，2013（23）：6-8.

［23］余佳桂. 论科技社团的科普能力建设［J］. 学会，2005（7）：48-49，56.

［24］南京市科协学会学术部. 市级学会科普能力建设的调查与研究［J］. 科协论坛，2012（3）：27-29.

［25］莫扬，荆玉静，刘佳. 科技人才科普能力建设机制研究——基于中科院科研院所的调

查分析 [J]. 科学学研究, 2011, 29 (3): 359-365.

[26] 刘硕, 罗欣, 黄付敏, 等. 青年医学工作者科普能力培养新模式 [J]. 协和医学杂志, 2015, 6 (3): 237-239.

[27] 张志敏. 国家科普创作能力及其评价指标 [M] //中国科普研究所. 中国科普理论与实践探索——第二十三届全国科普理论研讨会论文集. 北京: 科学普及出版社, 2016: 5.

[28] 刘清海, 吴秋玲. 关于科普期刊评价体系和方法的思考与建议 [J]. 中国科技期刊研究, 2007, 18 (5): 771-774.

[29] 陈珂珂, 王新. 科普图书评价指标体系研究及应用 [J]. 科普研究, 2015, 10 (5): 38-43.

[30] 韩育蕾. 科技馆展项设计的评价研究 [D]. 上海: 华东师范大学, 2017.

[31] 吴琼, 李楠欣, 张鲁冀, 等. 北京地区科普网站评估指标体系的设计研究 [J]. 今日科苑, 2011 (16): 177-178.

[32] 卢佳新, 黄远奕, 陈永梅. 国内科普网站影响力的影响因子相关性分析 [J]. 科普研究, 2015, 10 (2): 69-77.

[33] 孙爱民. 科普网站评价标准研究 [J]. 科普研究, 2012, 7 (4): 20-24.

[34] 杨传喜, 侯晨阳, 赵霞. 科普场馆运行效率评价 [J]. 中国科技资源导刊, 2017, 49 (2): 93-101.

[35] 赵洪涛, 金淼, 王珊, 等. 自然博物馆科普能力建设——以北京自然博物馆为例 [J]. 中国博物馆, 2013 (4): 58-64.

[36] 李函锦. 中国高等学校科普能力建设研究 [J]. 高等建筑教育, 2013, 22 (1): 151-154.

[37] 邓哲. 北京高校场馆类科普资源效用研究 [D]. 北京: 北京工业大学, 2013.

[38] 何丽. 地区企业科普能力指标体系构建和评价实证研究 [J]. 科研管理, 2016, 37 (S1): 690-695.

[39] 刘波, 任珂, 王海波. 科研院所科普效果评价指标与方法探讨——以中国气象科学研究院为例 [J]. 科协论坛, 2018 (2): 6-9.

[40] 张志敏, 郑念. 大型科普活动效果评估框架研究 [J]. 科技管理研究, 2013, 33 (24): 48-52.

[41] 黄小勇. 大型科普活动评估方法研究 [D]. 哈尔滨: 哈尔滨工业大学, 2006.

[42] 潘龙飞, 周程. 基于新媒体的大型科普活动效果评估——以 2015 年全国科普日为例 [J]. 科普研究, 2016, 11 (6): 48-56, 101-102.

[43] 张楠楠. 科技馆科普活动效果评估研究 [D]. 上海: 华中师范大学, 2016.

[44] 郑念, 廖红. 科技馆常设展览科普效果评估初探 [J]. 科普研究, 2007 (1): 43-46, 65.

[45] 张超, 任磊, 何薇. 中国公民科学素质测度解读 [J]. 中国科技论坛, 2013 (7): 112-116, 128.

童书出版的形式创新与应用

邓 文

（中国科学技术出版社，北京，100081）

摘要： 传统平面纸质童书正在走向形式全面创新，发展为立体书、发声书、玩具书、电子书等多种品类。本文结合从事童书出版的实践工作，对形式创新童书的各品类进行了具体阐述，分析了各类创新童书的特色、优点、缺点、读者体验与出版经验，以期为创新童书的设计和出版提供一定借鉴。

关键词： 童书；创新；出版；立体书；玩具书

The Form Innovation and Application of Children's Book Publishing

Deng Wen

（China Science and Technology Press，Beijing，100081）

Abstract： Traditional Children's books have focused on the comprehensive innovation of the publication form and develop to pop-up book，audio book，toy book，e-book，etc. Based on author's work experience of children's book publishing，this paper describes the types of innovative children's books in detail and analyzes the features，strengths and weaknesses，reader's feeling，publishing experience about each type of，in the hope of providing a good reference for the design and publication.

Keywords： children's book；innovation；publish；pop-up book；toy book

随着数字化时代的到来，多媒体融合成为趋势，纸质图书作为传统的信

作者简介：邓文，中国科学技术出版社少儿科普图书事业部副主任，副编审。e-mail：93443142@qq.com。

息载体，也开始承受变革的冲击。尤其是面向少儿读者的童书，更是走在形式创新的第一线，从传统的纸质平面童书发展为立体书、发声书、玩具书等多种品类，内容丰富，形式多样，充分调动了儿童的视觉、听觉、触觉、嗅觉等感官。如今还借助高新科技和多媒体技术，涌现出一批数字化创新童书，与小读者进行积极互动。笔者所在的中国科学技术出版社及时把握市场脉搏，引进和自主开发了 140 余种形式全面创新的童书，包括纸页立体书、眼镜立体书、虚拟现实（VR）数字立体书、镂空书、纸板书、推拉书、面具书、透明胶片书、实验包、彩泥书、拼图书等。下面结合本社在童书创新出版方面的实际案例，阐述新形式童书的种类、特色、优点、缺点、读者体验与出版经验，以期为创新童书的设计和出版提供一定借鉴。

一、立体书

在所有形式创新的图书种类中，立体书是出现最早的一类，早在 13 世纪的英国便出现了含有机关结构的书页，开启了立体书制作的先河。[1]至 19 世纪末期，儿童立体书已在欧美国家大量出现。我国的立体书起步较晚，台湾地区在 20 世纪 80 年代开始出现立体书，而直至进入 21 世纪，立体书才开始在全国图书市场普及。出现早期，"立体书"一词的狭义定义为，翻开书页时，可在页面上自动跳出三维空间造型的书籍。如今，立体书泛指在设计和制作中运用各种特殊装帧技术和元件的图书，可为读者带来效果各异的互动阅读体验。

根据表现类型，立体书可以大致分为以下四类。

（一）纸页立体书

纸页立体书利用纸张机关创造出实际的立体效果，纸张立体机关包括翻页、折页、弹出页、旋转页等，成为可以在平面图形上改变效果的可动书。纸页立体书是出现最早，也是目前国内普及率最广的一种立体书。

"咿咿呀呀玩具书"系列属于较经典的弹出类纸页立体书，每本书内含 10 个立体纸页场景，每个场景包含十余个甚至几十个纸质元件，打开后立体场景跃然纸上，让读者可以全方位综合欣赏。"小手翻翻玩具书"系列属于翻翻书类纸页立体书，每本书包含 40 多个翻页，犹如一个个隐藏的宝藏，儿童在阅读过程中，可以动动自己的手指，打开一个个翻页，发现其中蕴藏的知识。这套书包括丛林动物、农场动物、交通工具、日常生活等场景，在故事主人公的带领下，儿童可以层层递进地进入相关场景。

纸页立体书的制作关键点和难点在于内容与立体纸页元件设计的完美结合，这需要作者、画师与纸艺师的良好沟通与协作。纸页立体书视觉效果好，冲击力强。但由于立体纸页元件的装订工作几乎都需要手工完成，导致印刷成本大大提高，制作周期延长，这一点在图书出版中应当予以充分注意。

（二）视觉立体书

视觉立体书利用特殊的立体印刷工艺效果，打造出虽然是纸质平面但用肉眼可见立体效果的视觉感受。立体印刷原理是模拟人两眼间距，从不同角度拍摄，将左、右图像分别印刷，观看时，左眼看到左图像、右眼看到右图像，综合起来便得到立体影像。立体印刷分为很多种类，在出版业中考虑到成本和效果双重因素，多采用双色滤色片法。该法将左、右图像分别用红、蓝油墨印刷在同一平面内，通过红、蓝滤色片观察即可得到立体影像。

《有趣的 3D 立体书：捕食动物大揭秘》正是利用双色滤色片法获得立体视觉：该书随书附赠一副纸框眼镜，左、右镜片分别由红、蓝滤色胶片组成，读者戴上眼镜观看书中特别印刷的立体图片时，便能呈现猛兽扑面而来的真实效果。

采用双色滤色片法的视觉立体书仅比普通图书多出胶片眼镜的制作费用，因此成本方面压力较小。但该法由于通过红、蓝色图像重叠得到立体影像，因此获得的立体影像为黑灰色而非彩色，视觉效果体验有待提升。

（三）数字立体书

数字立体书通过各种高新技术创造出数字化的立体影像，如增强现实（AR）技术、虚拟现实（VR）技术等。读者可以通过电脑、手机等媒体，扫描图书上的相应标识，在电子屏幕上产生 3D 立体形象。

"有趣的透视立体书·机械篇"系列加入了 AR 互动技术，包括封面在内的所有双数页码，都有一个动画效果展示，还可以进行放大缩小，自带声音效果、视频特辑等，让手机与书进行了完美结合，将虚拟现实的立体影像呈现在手机上，带给读者最神奇的体验。"DK 有趣的 3D 立体书"系列通过 3D 建模技术和 VR 技术，利用电脑摄像头和下载软件，便可以在电脑屏幕上呈现精美的 3D 图像，读者还能手动操控 3D 图像的各种运动，带来超越纸质图书的非凡体验。

数字立体书通过手机、电脑等多媒体播放，呈现出的视觉效果非常震撼，是数字时代最新的立体书技术。这种立体书的印刷成本与普通图书基本一致，但前期软件开发和图像建模时期的成本非常高昂。数字立体书阅读体验良好，但由于前期成本高昂，定价常常较高，营销方式比较适合社群营销和渠道营销，走高端小众体验消费路线。

（四）特殊工艺立体书

特殊工艺立体书采用各种页面特殊印刷或装帧工艺，包括错位印刷、模切、镂空、装裱 PVC 胶片、贴裱各种触感的材质等，成品图书种类非常繁多，包括洞洞书、推拉书、镂空书、气味书、触摸书等。

《星空》一书中加入多张透明 PVC 胶片，将星座印在透明胶片上，读者既可以翻开胶片阅读纸页上的信息，也可以合上胶片观看星座的具体位置。"有趣的透视立体书·生物篇"系列是精美的纸板书，一页展示生物的一个系统（如循环系统、神经系统、繁殖系统等），中间镂空并装有透明胶片，让小读者在有趣的翻页中学到生物知识。"猜猜我是谁"系列将面具机关嵌入图书中，打开每个对页就能形成一个纸质面具，小读者可以举起图书放在面部进行各种角色装扮游戏。

特殊工艺立体书利用多样化的特殊制作工艺，为读者带来独特的阅读体验，甚至通过香味书、触摸书等形式，让读者体验到纸质图书无法给予的嗅觉、触觉等感觉，但特殊的制作工艺成本也比较高昂。

二、玩具书

玩具书是形式玩具化的图书统称，是一类既可以看又可以玩的书，也是一类特殊的益智玩具。[2] 从广义上讲，玩具书指所有超越传统纸质书的图书；从狭义上讲，玩具书指脱离了图书的外观而具备玩具属性的特殊图书。本文按照形态和结构的不同，对立体书和玩具书分别予以介绍。

（一）盒套玩具书

盒套玩具书是将各种器具元件与图书统一组装销售，该模式使得玩具和图书这两种形式完全不同的消费品可以形成一个有机整体，相得益彰。

"好玩的科学实验包"系列将装备完善的实验器材、实验原料与图书相结合，犹如一个"流动的微型实验室"，让儿童打开实验包，便可以在家中、在学校中随时随地做趣味小实验。每个实验包还配有一张光盘，由实验老师对整个实验过程进行专业演示，使小读者能看得懂，学得会。这种将实验器材与图书打包销售的方式，使孩子将学与玩相结合，而且更方便、更快捷、更安全。"绘本彩泥捏捏"系列中的每本书都包括一本故事书和配套彩泥玩具，小读者可以一边读绘本，一边根据书中的步骤示意图捏彩泥，乐趣无穷。

盒装玩具书由于器具元件与图书仅需组装销售，因此可以由相关的制造商分别制作，统一采购，然后装配、销售，达到产品专业化、成本最小化。值得注意的是，与图书不同，许多装配的玩具器材具有一定的保质期限，比如彩泥和某些实验原料，如果超过保质期就会失效。因此在包装外盒上应当注明，销售过程中也必须提前考虑到时限因素。

（二）异形玩具书

异形书采用各种页面特殊印刷或装帧工艺，特殊工艺立体书虽也采用各种特殊制作工艺，但外观依然与传统图书相仿，而异形书外观已经超越了传统意义上书籍的固有模式。

《圆盘中的海洋》采用独特的圆盘式设计，使图书与圆盘形外壳融为一体，宛如轮船上的罗盘，增强了阅读的趣味体验。《交通工具总动员》模仿汽车玩具的设计理念，是一款"会跑起来"的小车书，独特的设计强烈地吸引了小读者的眼球。《成长动画小百科》开创连环画动态拉页设计，书中犹如藏着一个迷你剧场，只要动手拉一拉，就能像看动画片一样看到小动物的成长动态过程。

异形书通过独特的造型和设计吸引读者眼球，因此富有想象力和冲击力的外形设计是研发时需要最重视的环节。异形书一书一形，一形一制，因此印刷和制作成本高昂，即使发行量增长，成本依然可能居高不下。可以考虑专业化、精准化的营销渠道，比如汽车形态的《交通工具总动员》一书，就可以考虑在以汽车玩具为主要商品的玩具店、玩具卖场内进行铺货。

（三）拼图玩具书

拼图作为一种古老的玩具种类，在市场上一直长盛不衰。而拼图书则是最近市场上才出现的玩具书形式，将拼图玩具与图书这个知识信息的载体进行了有机的结合。"有趣的三维立体拼图"系列汇集了全世界最著名、最独特的建筑，拼装难度适中，可以作为全家动手的亲子游戏，是一款适合进行亲子阅读的拼装玩具书。这套拼图玩具书在设计时从安全、便捷的角度出发，使得成品不需要剪刀和胶水，只凭借小读者的双手便可以让奇妙的世界著名建筑"拔地而起"。

根据材质不同，拼图可分为纸质、木制和塑料等。考虑到竞争和成本因素，拼图玩具书通常采用硬度较好的卡纸。拼图玩具书在营销时应当注意与拼图玩具的销售竞争，发挥重品质、重设计的特点，避免低端化竞争。

三、发声书

发声书即可以发出声音的书籍，按照形式不同，可分为有声读物、点读发声书和机关发声等。发声书弥补了图书只能依靠视觉进行信息传达的短板，不仅易于体验，而且为无法进行视觉阅读的人群，比如开车一族或者有听觉障碍者等，开创了新的阅读形式。对于不识字的学龄前儿童来说，发声书是最好的启蒙读物。

（一）有声读物

有声读物指将图书内容录制为音频，通过光盘、无线电、网络等媒体进行传播。在当下的移动互联网时代，人们的阅读方式发生了巨大变化，"听书"（即有声读物）这一新型阅读方式颠覆了自古以来用眼睛看的阅读传统，解放了现代人在快节奏的生活压力下疲惫的双眼，帮人们充分拾起碎片化时间，满足了现代人的阅读需求。[3] 有声读物还可以与纸质图书完美配合。如今，喜马拉雅电台、荔枝、余音、豆瓣等互联网有声读物分享平台如同雨后春笋般悄然出现，大批年轻父母、电台主持人、阅读推广人等开始进驻有声读物创作研发领域，因此有声读物未来将会是创新童书的一个重要增长点。

（二）点读发声书

点读发声书的书页上印刷有特殊的点读码，读者利用配套点读笔轻触图书上的相应位置（铺有点读码），点读笔便会读取信息，发出相应的语音。"小蟋蟀格里格里"原创绘本系列与德国 Ting 笔公司合作，为全套绘本故事录制了中英文双语配音，还加入了动听的音乐、活灵活现的音效和生动的旁白，使得故事叙述更加引人入胜。

点读发声书可以通过点读笔即时、定向地发出语音，特别适合于儿童学习外语等课程，因此在儿童双语教学教材中比较常见。点读发声书本身的印刷成本与普通书无异，但点读笔的购买费用比较高昂，而目前我国的点读笔制式并不统一，市场上充斥着各种各样、各个品牌的点读笔，每种点读笔对应的可发声图书种类过少，导致读者购买成本高，制约了我国点读发声图书的出版。

（三）机关发声书

机关发声书指将发声电子元件嵌入图书结构中，通过触动元件而发声，也属于异形书的一种。由于这种图书的制作过程涉及精密的发声电子元件，造价高昂，因此只有少数高端图书采取这种发声形式。

四、电子书

电子书是指将文字、图片、声音、影像等信息内容数字化的出版物。在当今移动互联网时代，电子书发展非常迅猛。由于没有纸张等具体载体，电子书方便、快捷、无污染，是数字信息化的代表产物。但纸质图书以其独有的手感和体验，以及消费者对实体书的拥有体验，使得纸质图书依然在图书出版市场占有重要地位，尤其是童书市场，消费者依然更愿意选择为孩子购买实体图书。

目前，电子化童书出版主要集中在新兴的手机 APP 互动阅读模式上，为家长和儿童提供了崭新的阅读体验。手机 APP 互动阅读可以将书籍与图片、音乐、动画、语音等有机地结合起来，让儿童边玩边学，在互动中开发儿童的早期智力，是未来童书形式创新的重要发展方向。

传统童书出版业正面临着一场革命，经受着由纸质平面出版向全方位立体化出版转变，由单一介质出版向全媒体互动出版转变的严峻挑战。童书的形式全面创新是顺应产业发展潮流的必然趋势，也是打造现代文化产业体系、增强文化产业核心竞争力的必然要求。希望我国在未来出现更多全面创新的童书种类，尤其是具有中国风格、中国气派的原创精品创新童书，为万千少年儿童提供更丰富的精神食粮。

参 考 文 献

[1] 洪缨，李朱. 中国立体出版物的发展研究及其前景展望 [J]. 出版广角，2011（8）：52-54.

[2] 贾冰. 儿童玩具书的设计研究 [D]. 沈阳：沈阳理工大学，2008.

[3] 孟丹丹. 移动互联时代有声读物的发展现状、问题与对策 [D]. 开封：河南大学，2016.

探究新时代科普图书创作的方向

冯 羽　顾庆生　赵家龙　倪 杰

（上海科技馆，上海，200127）

摘要："十三五"以来，国家将科普工作的地位提到了新的战略高度，科普产业发展迎来重大机遇，将在公民科学素质建设、创新型国家建设中发挥更加重要的作用。科普图书作为我国科普产业中的重要组成部分，也是公众获取科学信息的主要来源之一，因而探究新时代科普图书创作的方向有其实践意义和价值。本文系统梳理了近10年我国的科普内容需求及变化，对比分析了2007~2018年获得国家科学技术进步奖的优秀科普图书创作方向，以及门户网站中近4年来公众喜爱的科普童书畅销排行榜、五星科普图书排行榜的前20种图书创作方向。在此基础上，提出科普图书的创作方向及趋势建议：①紧跟国家科普战略；②关注公众科普需求；③提升原创核心能力；④注重公众评价排行。

关键词：科普图书；创作方向；公民科学素质

A Research on the Direction of the Creation of Popular Science Books in the New Era

Feng Yu　Gu Qingsheng　Zhao Jialong　Ni Jie

（Shanghai Science & Technology Museum，Shanghai，200127）

Abstract：Since 13th Five-Year Plan，the status of the science popularization

作者简介：冯羽，上海科技馆自然史研究中心副研究馆员，主要研究方向：科学与技术教育传播。e-mail：fengy@sstm.org.cn。顾庆生，上海科技馆副馆长，上海自然博物馆管理委员会主任。e-mail：guqsh@sstm.org.cn。赵家龙，上海科技馆经营管理处副处长。e-mail：zhaojl@sstm.org.cn。倪杰，上海科技馆展示教育处副研究馆员，主要研究方向：数学教育、博物馆学。e-mail：nij@sstm.org.cn。

has been mentioned to a new strategic height in China，and the development of science popularization industry is facing great opportunities. The science popularization industry will play a more important role in the construction of citizens' science literacy and construction of innovative country. As an important part of the science popularization industry in China，popular science books are also one of the main sources of public access to scientific information. It is of practical significance and value to explore the direction of the creation of popular science books in the New Era. This research systematically combed the demand and change of the content of science popularization in China in the last 10 years，compared and analyzed the creative direction of the outstanding science books of the National Science and Technology Progress Award from 2007 to 2018，and the first 20 kinds of book creation directions of the popular science books list and Five Star Science charts in the last 4 years in the portal website. On this basis，the author proposes the direction and trend of popular science books：First，closely follow the National Science Popularization Strategy；Second，pay attention to the public science needs；Third，improve the original core competence；Fourth，pay attention to the ranking of public evaluation.

Keywords：popular science books；creation direction；civic science literacy

随着移动终端使用用户的不断扩大和网络获取信息的便捷，公众获取科技信息的主要渠道发生了巨大的变化。根据 2015 年中国公民科学素质调查报告结果[1]，公众以电视、互联网、报纸作为获取科技发展信息的主要渠道，互联网所占比例为 53.4%。而从互联网渠道利用来看，微信、搜索引擎、门户网站成为公众在网上获取科技信息的主要渠道。目前，是否还需要传统的科普图书表达方式呢？

中国科学技术协会《关于社会热点焦点问题及其科普需求的调研报告》[2]显示，科普教育的形式多种多样，影响最大的科普教育形式包括：科普影视（61.2%）、科普网络游戏（52.8%）、科普书刊（51.4%）、科普讲座（50.0%）、学校科普教育（36.1%）。

中国互联网络信息中心《中国科普市场现状及网民科普使用行为研究报告》[3] 显示，目前非网络科普用户线下科普活动参与形式包括：收看科教类的电视节目（38.8%），阅读科普类报刊（21.3%），阅读科普书籍（16.5%），观看社区的科普宣传栏、展板（6.9%），参观科普场馆，如科技馆、天文馆（5.9%），参加科普展览（3.6%），参加科普讲座（3.3%），参加科普夏令营、冬令营（1.8%）。

学者谢广岭和周荣庭的《信息化时代中国科普传播的现状调查、问题与对策》[4] 显示，公众获取科普传播信息的主要来源包括普通传统媒体、专业科普图书、科普期刊、互联网、各种科普活动、科普场馆和其他渠道等。

可见，随着信息技术的发展，数字化、互动化、碎片化在科普内容表达方式上不断体现，但传统科普表达形式科普图书依旧影响比较大，也是公众获取科普传播信息的主要来源之一。2014 年，我国原创科幻作品《三体》获得世界科幻界大奖"雨果奖"，科普图书创作得到了党和国家领导人的高度重视 [5]。根据最新科普统计，2016 年全国共出版科普图书 11 937 种，发行数量达到 1.35 亿册 [6]。因此，探究新时代科普图书创作的方向具备一定的实践意义和价值。

一、研究对象和抽样原则

在本研究中，选择科普图书作为研究对象，分析近 10 年公众对于科普内容的需求点，同时对比分析由科学共同体提名的优秀科普书籍和门户网站中公众喜爱的科普书籍，从而进一步探究新时代科普图书创作的方向。

公众对科普内容需求的调查，目前历届中国公民科学素养报告、中国科学技术协会科普部和中国科普研究所等机构和个别学者都有相关的调查，本研究将以此分析近 10 年公众对科普内容的需求。

科学共同体提名的优秀科普图书，以每年在科学技术部门户网站（www.most.gov.cn）上公示的国家科学技术奖励大会中的国家科学技术进步奖励公告（2007～2018 年），选取近十几年获奖科普图书书目，主题内容分类主要依据中国科学技术协会科普部等机构发布的《中国网民科普需求搜索行为报告（2016 年度）》[7] 用户关注的主题。

由于销售图书的门户网站也较多，本研究主要在中国推广度较高的当当
网（www.dangdang.com）中取样，以当当童书科普排行榜和当当五星科普图
书排行榜/畅销科普图书排行榜（2015～2018 年）前 20 名作为统计参考。主
题内容根据《全日制义务教育小学科学课程标准（修改稿）》的课程目标进行
分类，即按照物质科学、生命科学、地球科学和技术四大领域进行图书主题
内容分类。

二、研究结果

（一）科普内容需求的稳定而多元

近年来，多次问卷调查结果显示，我国公众对科普内容的需求范围显现
出相对稳定而多元的特点。

2007 年，第七次中国公民科学素养调查结果[8] 发现，公众最感兴趣的科
技信息依次为医学与健康（84.7%），环境科学与污染治理（38.0%），经济学
与社会发展（33.2%），军事与国防（25.2%），计算机与网络（20.8%），人文
学科（历史、文学、宗教等）（11.4%），天文学与空间探索（6.2%），遗传学
与转基因技术（5.9%），材料科学与纳米技术（4.6%）。

2010 年，第八次中国公民科学素养调查结果[9] 发现，公众最感兴趣的科
技发展信息依次为医学与健康（82.7%）、经济学与社会发展（40.9%）、环境
科学与污染治理（37.1%）、计算机与网络（29.9%）、军事与国防（29.8%）
等。同年《我国城市社区科普的公众需求及满意度研究》[10] 中显示，医疗保
健（61.8%）、食品安全（53.7%）、营养膳食（51.6%）的科普主题受到城市
社区公众的关注度最高，所占比例超过半数，其他主题依次递减的分别是气
候变化（25.3%）、服装/美容（21.5%）、节能环保（21.2%）等。

2015 年，第九次中国公民科学素质调查结果[11] 发现，公众最感兴趣的
科技发展信息依次分别是环境污染及治理（83.3%）、计算机与网络技术
（63.6%）、宇宙与空间探索（50.3%）、遗传学与转基因技术（50.0%）、纳米

技术与新材料（41.3%）。2015 年中国网民科普需求搜索行为报告 [12] 显示，中国网民科普搜索的主题位居前八的分别是健康与医疗（55.15%）、应急避险（11.07%）、信息科技（9.69%）、航空航天（7.38%）、气候与环境（5.76%）、前沿技术（4.76%）、能源技术（3.56%）、食品安全（2.65%）。

2016 年，由中国科学技术科普部组织发起，由腾讯公司和中国科普研究所合作完成的"移动互联网网民科普获取及传播行为研究" [13] 中显示，男性对科普内容更感兴趣的前三位分别是：前沿科技、航空航天、能源利用；女性对科普内容更感兴趣的前三位分别是：健康与医疗、食品安全、应急避险。2016 年全年各科普主题的用户关注依次分别是：信息科技（24.8%）、健康与医疗（23.5%）、气候与环境（17.0%）、航空航天（8.1%）、应急避险（7.3%）、前沿科技（7.1%）、能源利用（6.3%）、自然地理（4.7%）、食品安全（1.2%）。《中国网民科普需求搜索行为报告（2016 年度）》[14] 显示，中国网民科普搜索的主题位居前三的分别是：健康与医疗（53.78%）、信息科技（14.53%）、应急避险（7.54%），其他主题分别是：航空航天（7.07%）、气候与环境（6.50%）、前沿技术（4.66%）、能源利用（4.11%）、食品安全（1.81%）。

由此可见，2007～2016 年，公众对科普内容的需求范围显现出相对稳定而多元的特点，健康与医疗、气候与环境、信息科技一直位列公众关注的前列。

（二）获得国家科学技术进步奖的科普图书创作方向等分析

每年国家科学技术奖励大会都会在科学技术部门户网站（www.most.gov.cn）上公示获得国家科学技术进步奖的名单，其中由于国家对于科普工作的高度重视，每年总有 1 部以上的优秀科普作品获得推荐并获得国家科学技术进步二等奖，本研究选取了 2007～2018 年获奖的科普图书（表 1）。

表 1　我国获得国家科学技术进步奖二等奖的科普图书（2007～2018 年）

获奖年份	书籍名称	推荐单位	主题内容
2007	物理改变世界	中国科学技术协会	信息科技
2007	沼气用户手册	农业部	能源利用

续表

获奖年份	书籍名称	推荐单位	主题内容
2007	"知名专家进社区谈医说病"丛书	中华医学会	健康医疗
2007	E 时代 N 个为什么（12 册）	中国科学技术协会	前沿科技
2008	彩图科技百科全书	上海市	前沿科技
2009	"好玩的数学"丛书	国家新闻出版总署	信息科技
2009	多彩的昆虫世界	上海市	自然地理
2010	"黑龙江农业新技术系列图解"丛书	农业部	前沿科技
2010	数学小丛书	国家新闻出版总署	信息科技
2010	追星——关于天文、历史、艺术与宗教的传奇	中国科学技术协会	航空航天
2011	讲给孩子的中国大自然	中国科学技术协会	自然地理
2011	回望人类发明之路	中国科学技术协会	信息科技
2011	防雷避险手册及防雷避险挂图	中国气象局	应急避险
2012	"天"生与"人"生：生殖与克隆	中国科学技术协会	前沿科技
2013	基因的故事——解读生命的密码	中国科学院	前沿科技
2014	远古的悸动——生命的起源与进化	中国科学院	自然地理
2014	专家解答腰椎间盘突出症	上海市	健康医疗
2014	听伯伯讲银杏的故事	国家林业局	自然地理
2015	前列腺疾病 100 问	上海市	健康医疗
2015	"中国载人航天科普"丛书	国家新闻出版广电总局	航空航天
2016	躲不开的食品添加剂——院士、教授告诉你食品添加剂背后的那些事	教育部	食品安全
2016	了解青光眼，战胜青光眼	上海市	健康医疗
2016	"全民健康十万个为什么"系列丛书	中国科学技术协会	健康医疗
2017	"科学家带你去探险"系列丛书	中国科学技术协会	自然地理
2017	"肾脏病科普"丛书	河南省	健康医疗
2018	"图说灾难逃生自救"丛书	中华医学会	应急避险
2018	"生命奥秘"丛书（《达尔文的证据》《深海鱼影》《人体的奥秘》）	中国科学技术协会	自然地理

从获奖时间看，每年至少有 1 部优秀科普图书获得国家科学技术进步奖二等奖，2007 年有 4 部优秀科普图书获奖；从推荐单位看，推荐优秀科普作品前三的单位分别是中国科学技术协会、上海市、国家新闻出版总署；从主题内容看（图 1），获奖的优秀科普作品主要集中在以下领域，排行前三的分别是健康医疗、自然地理、前沿科技，能源利用和食品安全方面主题内容比较少，气候环境主题内容缺乏。

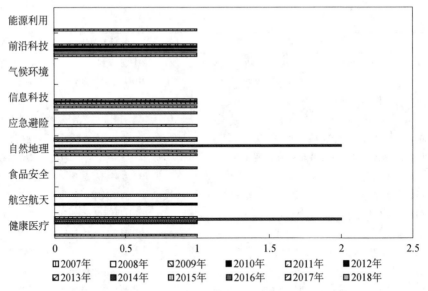

图 1　我国获得国家科学技术进步奖二等奖的科普图书分类图（2007～2018 年）

从健康医疗主题内容看，包括了对腰椎间盘突出症、前列腺疾病、青光眼和肾脏病四种经常容易困扰人的疾病进行专业知识科普，还有"知名专家进社区谈医说病"丛书和"全民健康十万个为什么"系列丛书两种百科类的科普图书；从自然地理主题内容看，包括了昆虫、生命的起源与进化、银杏、生命奥秘专业知识科普，还有百科类型的科普，如《讲给孩子的中国大自然》和"科学家带你去探险"系列丛书；从前沿科技主题内容看，包括了生殖与克隆、基因两个非常热的前沿科技主题，同时也有百科类型的科普，如《E 时代 N 个为什么》和《彩图科技百科全书》。

根据以上分析，2007～2018 年获奖的科普图书的内容都比较契合《中国公民科学素质调查报告》和《中国网民科普需求搜索行为报告》中对于公众感兴趣的科普主题内容的调查。

（三）门户网站中公众喜爱的国内科普图书创作方向等分析

由于销售图书的门户网站较多，本研究主要在中国推广度较高的当当网（www.dangdang.com）中取样，以当当科普童书畅销榜和当当五星科普图书排行榜/畅销科普图书排行榜（2015～2018 年）前 20 名作为统计参考。本研究中，科普童书和科普图书的区别在于：科普童书适合 14 岁以下（含 14 岁）儿童阅读①，科普图书适合 15 岁以上（含 15 岁）的人群阅读。分类主题内容根据《全日制义务教育小学科学课程标准（修改稿）》的课程目标，分为四大类，即物质科学、生命科学、地球科学和技术领域。②

以当当科普童书畅销榜和当当五星科普图书排行榜/畅销科普图书排行榜统计参考（表 2，表 3）：2015～2018 年，国外科普图书明显占据了国内科普图书市场的大半壁江山。从我国科普图书畅销排行榜（图 2）可以看出，国内原创科普童书基本在 4～7 种，国外引进科普童书基本在 13～16 种；国内原创科普图书在 2～10 种，国外引进科普图书在 10～18 种。

表 2　国内原创科普童书和国外引进科普童书（2015～2018 年）

序号	国内原创科普童书	国外引进科普童书
1	写给儿童的中国地理（全 14 册）	神奇校车·图画书版（全 12 册）
2	写给儿童的世界历史（全 16 册）	神奇校车·桥梁书版（全 20 册）
3	小牛顿科学馆（全新升级版）（全 30 册）	大英儿童百科全书（全 16 卷）
4	小牛顿科学馆全集（全 60 册）	去旅行系列（全 2 册）
5	十万个为什么（第六版）（全 18 册）	地图（人文版）
6	我的第一本地理启蒙书	DK 儿童百科全书系列（全 5 册）
7	漫画万物由来（全 6 册）	DK 幼儿百科全书——那些重要的事
8	小小牛顿幼儿馆（全 60 册）	男孩的冒险书（少儿绘图版）（全 3 册）
9	上下五千年（最新版）	法布尔昆虫记（儿童彩图版）（全 10 册）
10	亲亲自然（第一季，共 40 册）	看里面系列
11		思考的魅力（全 24 册）
12		神奇校车·动画版（全 10 册）
13		生命：万物不可思议的连接方式
14		你好！科学·最亲切的科学原理启蒙图画书（全 50 册）
15		神奇校车·手工益智版（全 8 册）
16		可怕的科学（全 63 册）
17		从小爱科学·有趣的物理（全 16 册）
18		HOW&WHY 美国经典少儿百科知识

① 根据 2013 年 12 月 11 日《国务院关于修改〈全国年节及纪念日放假办法〉的决定》第三次修订，儿童节（6 月 1 日），不满 14 周岁的少年儿童放假 1 天；青年节（5 月 4 日），14 周岁以上的青年放假半天。因此，本研究确定科普童书的针对对象是 14 岁以下（含 14 岁），科普图书面向的对象是 15 岁以上（含 15 岁）人群。

② 物质科学领域的主要概念包括物质、能量、力的作用和运动；生命科学领域的主要概念包括生命的主要特征，动物、植物与微生物，生物多样性，人类；地球科学领域的主要概念包括地球与太阳系，人与自然、生态系统与生态平衡，人类活动与环境；技术领域的主要概念包括发展技术是为了解决实用问题。

续表

序号	国内原创科普童书	国外引进科普童书
19		《地下水下》手绘百科绘本
20		希利尔讲世界史、世界地理、艺术史
21		西顿动物记（全 10 册）
22		第一次发现丛书·透视眼系列小百科（共 30 册）
23		走进奇妙的几何世界（全 6 册）
24		DK 儿童穿越时空百科全书（全 4 册）
25		万物简史（彩图珍藏版）

表 3　国内原创科普图书和国外引进科普图书（2015～2018 年）

序号	国内原创科普图书	国外引进科普图书
1	上帝掷骰子吗？量子物理史话	时间简史（插图本）
2	中国国家地理：海错图笔记	果壳中的宇宙
3	很杂很杂的杂学知识：拿得起放不下的学问	what if 那些古怪又让人忧心的问题
4	给孩子讲量子力学	七堂极简物理课
5	癌症·真相	数学的故事
6	中国国家地理：海错图笔记·贰	霍金的宇宙经典套装（全 4 册）：时间简史（插图本）/果壳中的宇宙/大设计/我的简史
7	一本有趣又有料的科学书	万物简史
8	时间的形状——相对论史话	迷人的材料：10 种改变世界的神奇物质和它们背后的故事
9	给孩子讲宇宙	极简宇宙史
10	中国国家地理百科全书（珍藏版）（套装共 10 册）	植物知道生命的答案
11	三磅宇宙与神奇心智	无言的宇宙：隐藏在 24 个数学公式背后的故事
12	环球国家地理百科全书（套装共 10 册）	看不见的森林：林中自然笔记
13		从一到无穷大：科学中的事实和臆测
14		水知道答案（全 3 册）
15		图解时间简史
16		南极洲：一片神秘的大陆
17		万物解释者
18		所罗门王的指环
19		发明简史
20		视觉之旅：神奇的化学元素（彩色典藏版）
21		这才是最好的数学书（上、下）
22		通俗天文学
23		趣味物理学
24		量子宇宙
25		我的简史
26		时间简史（普及版）

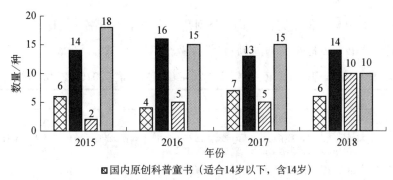

图 2　我国科普图书畅销排行榜（前 20 名）（2015～2018 年）

从我国科普图书的原创能力趋势图（图 3）可以看出，国内针对 14 岁以下（含 14 岁）人群的原创童书在近 4 年基本维持在 6 种图书在受公众欢迎的童书排行榜内，原创优秀科普童书的能力没有显著提高；国内针对 15 岁以上（含 15 岁）人群的原创科普图书在近 4 年原创能力的提高幅度相当大，从 2015 年只有 2 种图书入围前 20 名，到 2018 年有 10 种图书入围前 20 名。

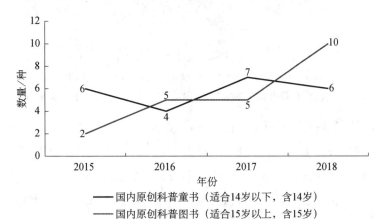

图 3　我国科普图书的原创能力趋势（2015～2018 年）

从我国现有科普童书畅销榜前 20 名图书的分类看（表 4），物质科学领域有 1 种童书，生命科学领域有 6 种童书，地球与宇宙领域有 4 种童书，百科类有 20 种童书，其他类有 4 种童书。科普童书类排行榜中（图 4），百科类童书占比 55%，位列第一，其次分别是生命科学类童书（占比 17%），地球与宇宙类童书（占比 11%），物质科学类童书（占比 3%）。

表 4　我国现有科普童书畅销榜前 20 名图书的分类（2015～2018 年）

主题领域	图书名称
物质科学	从小爱科学·有趣的物理
生命科学	漫画万物由来、亲亲自然（第一季）、法布尔昆虫记（儿童彩图版）、生命：万物不可思议的连接方式、西顿动物记、万物简史（彩图珍藏版）
地球与宇宙	写给儿童的中国地理、我的第一本地理启蒙书、去旅行系列、地图（人文版）
百科	小牛顿科学馆（全新升级版）、小牛顿科学馆全集、十万个为什么（第六版）、小小牛顿幼儿馆、神奇校车·图画书版、神奇校车·桥梁书版、大英儿童百科全书、DK 儿童百科全书系列、DK 幼儿百科全书——那些重要的事、男孩的冒险书（少儿绘图版）、思考的魅力、神奇校车·动画版、你好！科学·最亲切的科学原理启蒙图画书、神奇校车·手工益智版、可怕的科学、HOW&WHY 美国经典少儿百科知识、《地下水下》手绘百科绘本、第一次发现丛书·透视眼系列、DK 儿童穿越时空百科全书、看里面系列
其他	写给儿童的世界历史，上下五千年（最新版），思考的魅力，希利尔讲世界史、世界地理、艺术史，走进奇妙的几何世界

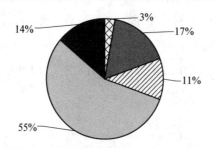

图 4　我国现有科普童书畅销榜前 20 名图书的分类（2015～2018 年）

从我国现有科普图书五星和畅销榜前 20 名图书的分类看（表 5），物质科学领域有 7 种图书，生命科学领域有 9 种图书，地球与宇宙领域有 11 种图书，百科类有 7 种图书，其他类有 2 种图书。科普图书排行榜中（图 5），地球与宇宙类图书占比 31%，位列第一，其次分别是生命科学类图书（占比 25%）、物质科学类图书（占比 19%）、百科类图书（占比 19%）、其他类图书（占比 6%）。

表 5　我国现有科普图书五星和畅销榜前 20 名图书的分类（2015～2018 年）

主题领域	图书名称
物质科学	上帝掷骰子吗？量子物理史话、给孩子讲量子力学、时间的形状——相对论史话、七堂极简物理课、趣味物理学、迷人的材料：10 种改变世界的神奇物质和它们背后的科学故事、视觉之旅：神奇的化学元素（彩色典藏版）

续表

主题领域	图书名称
地球与宇宙	时间简史（插图本）、果壳中的宇宙、霍金的宇宙经典套装：时间简史（插图本）/果壳中的宇宙/大设计/我的简史、极简宇宙史、无言的宇宙：隐藏在 24 个数学公式背后的故事、水知道答案、图解时间简史、通俗天文学、量子宇宙、我的简史、时间简史（普及版）
生命科学	万物简史、植物知道生命的答案、看不见的森林：林中自然笔记、南极洲：一片神秘的大陆、所罗门王的指环、发明简史、癌症·真相、中国国家地理：海错图笔记、中国国家地理：海错图笔记·贰
百科	很杂很杂的杂学知识：拿得起放不下的学问、一本有趣又有料的科学书、what if 那些古怪又让人忧心的问题、从一到无穷大：科学中的事实和臆测、万物解释者、中国国家地理百科全书（珍藏版）、环球国家地理百科全书
其他	数学的故事、这才是最好的数学书（上、下）

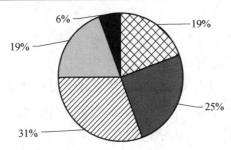

图 5　我国现有科普图书五星和畅销榜前 20 名图书的分类（2015～2018 年）

从我国科普图书分类雷达图（图 6）看，在科普童书领域受公众欢迎的是百科类图书，在雷达图中牵引力极强，占据了绝对优势；而在科普图书领域受公众欢迎的类别相对比较均衡。

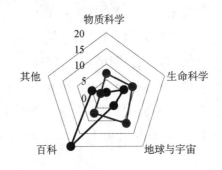

图 6　我国科普图书分类雷达图（2015～2018 年）

三、科普图书创作方向及趋势建议

（一）紧跟国家科普战略

"十三五"以来，国家将科普工作的地位提到了新的高度。习近平强调，科技创新、科学普及是实现创新发展的两翼，要把科学普及放在与科技创新同等重要的位置。科普工作被提到了前所未有的战略高度。

2016 年，国务院关于印发《"十三五"国家科技创新规划的通知》（国发〔2016〕43 号）[15] 中指出，要"以多元化投资和市场化运作的方式，推动科普展览、科普展教品、科普图书、科普影视、科普玩具、科普旅游、科普网络与信息等科普产业的发展"。2017 年，中共中央办公厅，国务院办公厅印发《国家"十三五"时期文化发展改革规划纲要》[16] 提出，"'文化+'行动：要推动文化创意与相关产业有机融合，增加文化含量和产业附加值，把文化资源优势转化为产业和市场优势"。

科普图书作为科普产业的重要组成部分，需要紧跟国家科普产业政策，通过科普图书的创作助力科普产业的发展，从而推动公民科学素质建设，为创新型国家建设、科学文化的传播和"一带一路"倡议做出积极的贡献。

（二）关注公众科普需求

从马斯洛的需求层次理论看，公众在满足基本的生活需求后，会更加关心与自己切身利益密切相关的安全需求，如环境污染及治理、健康与医疗、应急避险、食品安全等问题。从拉斯韦尔的"5W"传播模式来看，传播的五个基本过程要素中，对谁说（to whom）是五要素之一，而"对谁说"这一要素奠定了传播学研究的基本内容——受众分析研究。科普图书作为科学内容传播的表达方式之一，在创作过程中要充分关注、分析公众的科普需求。

2007~2015 年，我国先后进行了九次中国公民科学素质调查，公众最感兴趣的科技信息会显示在历次的调查中，此外，中国科学技术协会、中国科普研究所、腾讯公司等机构也会定期联合调研中国网民科普需求搜索行为。从各种调研报告看，公众对科普内容的需求范围显现出相对稳定且多元的特点，信息科技、健康医疗、气候环境、航空航天、应急避险、前沿科技、能源利用、自然地理、食品安全等主题内容目前都是公众比较关注的。

从本研究的分析可以看出，历年来获得国家科学技术进步奖的科普图书都有一个共同的特点，即满足了公众感兴趣和关注的科普主题内容。而从门户网站中公众喜爱的科普童书畅销榜看，排行前 20 名的图书对于中小学科学教育课程目标匹配度较低，一半以上都是百科类童书。做好新时代科普图书创作，创作主题要时刻关注公众的科普需求和学校科学课程目标，这样才能满足公众日益增长的科普需求，有效解决科普图书供给与科普图书需求不匹配的问题，使我国的科普工作蓬勃发展。[17]

（三）提升原创核心能力

在门户网站中公众喜欢的科普童书畅销榜中，不可忽视的是国外引进的优秀科普图书。科普童书畅销榜前 20 名中，国外优秀的科普童书一直占据大部分比例。而针对 15 岁以上（含 15 岁）受众的科普图书五星排行榜中，国外优秀的科普图书也占据了半壁江山。我们在大量引进国外优秀科普图书资源的时候，要充分学习他们的优秀经验，提升原创核心能力[18]，找寻差距，只有这样，我国的科普图书创作能力才能真正提高。

提升原创核心能力，首先要提升自身文化的自信。我国古代就有很多科普经典名著，如沈括的《梦溪笔谈》、徐霞客的《徐霞客游记》、宋应星的《天工开物》等。现当代科普名著有：竺可桢的《物候学》、高士其的《细菌世界探险记》、叶永烈的《小灵通漫游未来》、卞毓麟的《追星》等，还有一部集科学家众人之力的科普百科全书《十万个为什么》，这是一部影响非常大的科普名著。我们要相信，我们有实力和能力做好原创科普图书的创作。

提升原创核心能力，还要与时俱进，需要把新技术融入科普童书，科普作品的表现形式要能够跟上现代科技发展的手段，表现形式应该是文字、声音、图片、动画、虚拟现实（VR）、增强现实（AR）的复合。[16] 科普书不仅要姓"科"，关键还要"普"，要使用公众喜闻乐见的形式，表达方式要生动有趣。

提升原创核心能力，要找准主题，需要科学的内核，艺术的表达形式，学会"讲故事""讲好故事"，会用"科学技术"与"文学艺术"两只眼睛看世界，将"逻辑美"与"形象美"融为一体，以"文学艺术的心灵与笔触去释读与演绎科学技术"。[18]

（四）注重公众评价排行

俗话常说"酒香不怕巷子深"，在信息化高速发展的今天，我们不能再抱有这种思想了。酒再香巷子深了也是不行的。

在国家高度重视科学普及的今天，历年获得国家或地方科学技术进步奖的优秀科普图书也需要让公众更多地知晓。从本研究分析可以看出，历年获得国家科学技术进步奖二等奖的科普图书和门户网站中历年公众喜欢的科普图书排行榜之间是有差异的。或许有人会说，那是评价主体的不一致导致的，国家科学技术进步奖的提名都是由科学共同体来进行评价，而门户网站的科普图书排行榜更多的是以图书销售数量和普通公众口碑来评价。但事实上，优秀的科普图书应该两者兼顾，我们看到在门户网站的科普童书排行榜前 20 名中有《十万个为什么》（第六版），而该套书同时也荣膺 2017 年度上海市科学技术进步奖一等奖，《十万个为什么》（第六版）做到了科学共同体和普通公众的双认可。

图书出版机构要注重对科普图书推广方式的创新，积极提炼"卖点"，打造各种"热点""爆品"，营销活动要贯穿到整个图书的产业链过程中。同时，要充分注重公众评价排行，扩大优秀科普图书在公众中的影响力。

四、结语

新时代科普图书创作是提升公民科学素质的重要途径之一，科普图书的创作需要充分了解公众的需求和科学课程的目标，同时要提升原创科普能力，关注公众评价排行和口碑，注重图书的全产业链营销策略。希望在未来 10 年，有越来越多国内原创的科普图书叫好又叫座，让科学的美味散发出来并流传下去。

参 考 文 献

[1] 何薇，张超，任磊. 中国公民的科学素质及对科学技术的态度——2015 年中国公民科学素质抽样调查结果 [J]. 科普研究，2016（3）：12-21，52.

[2] 李蔚然，丁振国. 关于社会热点焦点问题及其科普需求的调研报告 [J]. 科普研究，2013（2）：18-24.

[3] 中国互联网络信息中心. 中国科普市场现状及网民科普使用行为研究报告 [R]. 2011.

[4] 谢广岭，周荣庭. 信息化时代中国科普传播的现状调查、问题与对策 [J]. 中国科技论坛，2015（10）：39-45.

[5] 张志敏. 中国科普创作能力的发展 [M] //王康友. 国家科普能力发展报告（2006～2016）. 北京：社会科学文献出版社，2017：186-209.

[6] 中华人民共和国科学技术部. 中国科普统计 2017 年版 [M]. 北京：科学出版社，2017.

[7] 中国科协科普部，百度数据研究中心，中国科普研究所. 中国网民科普需求搜索行为报告（2016 年度报告）[EB/OL]. [2018-07-04]. http://www.crsp.org.cn/keyanxiangmu/chengguofabu/meitikexuechuanbo/060GcH017.html.

[8] 何薇，张超，高宏斌. 中国公民的科学素质及对科学技术的态度——2007 中国公民科学素质调查结果分析与研究 [J]. 科普研究，2008（12）：8-37.

[9] 高宏斌. 第八次中国公民科学素养调查结果公布 [J]. 中国科学基金，2011（1）：63-64.

[10] 胡俊平，石顺科. 我国城市社区科普的公众需求及满意度研究 [J]. 科普研究，2011（10）：18-26.

[11] 同 [1]。

[12] 中国科协科普部，百度数据研究中心，中国科普研究所. 中国网民科普需求搜索行为报告（2015 年度报告）[EB/OL] [2018-07-04]. http://www.crsp.org.cn/keyanxiangmu/chengguofabu/meitikexuechuanbo/0R01B52016.html.

[13] 腾讯公司，中国科普研究所. 2016 年移动互联网网民科普获取及传播行为研究 [EB/OL][2018-07-04]. http://news.qq.com/cross/20170303/K23DV6O1.html.

[14] 同 [7]。

[15] 中华人民共和国科学技术部. 国务院关于印发《"十三五"国家科技创新规划》的通知（国发〔2016〕43 号）[EB/OL][2018-07-28]. http://www.most.gov.cn/mostinfo/xinxifenlei/gjkjgh/201608/t2016 0810_127174.htm.

[16] 中华人民共和国中央人民政府. 中共中央办公厅　国务院办公厅印发《国家"十三五"时期文化发展改革规划纲要》[EB/OL][2018-07-01]. http://www.gov.cn/zhengce/2017-05/07/content_5191604.htm.

[17] 王康友. 国家科普能力发展报告（2006~2016）[M]. 北京：社会科学文献出版社，2017.

[18] 马俊锋. 以文学艺术的心灵演绎科学——评《科普美学》[J]. 科技导报. 2017, 35（4）：100.

科学素养测评导向的情境性试题开发策略

付 雷

（浙江师范大学教师教育学院，金华，321004）

摘要： 科学素养测评导向的试题与传统的学业质量测评不同，试题构建的高仿真问题情境是为了评价学生解决实际问题的能力。情境素材的来源和类型有很多，在筛选的时候，需要把握真实性、公平性、导向性、适切性等原则。在设计任务时，需要注意任务要基于情境展开，符合测量的目标，且要有一定的层次性。情境性开放题可以较好地评价学生的高级思维能力；在评分的时候，使用 SOLO 分类法或双位编码评分法，可以较好地将不同类型的学生区分开，从而更准确地检测学生的科学素养，并为更有针对性地改进教学提供参考。

关键词： 素养测评；情境；试题开发；评分标准

Strategies Development of Situational Items Oriented by Scientific Literacy Assessment

Fu Lei

（College of Teacher Education，Zhejiang Normal University，Jinhua，321004）

Abstract： Items oriented by scientific literacy assessment are different from the traditional academic quality assessment for the high-fidelity simulation situations aim to evaluate students' ability to solve practical problems. There are many sources and types of situational materials. It's necessary to ensure authenticity，fairness，orientation and appropriateness when screening. While

---

作者简介：付雷，浙江师范大学教师教育学院讲师。e-mail：FUL527@163.com。

designing tasks，it is important to pay attention that the tasks must be based on the situation in order to meet the measurement objectives，and correspond to the multilevel nature of the problem. Situational open questions can better evaluate students' advanced thinking ability；SOLO classification or double-digit coding scoring method can better distinguish different types of students，thus more accurately detecting their scientific literacy and providing references for more targeted improvement of teaching.

Keywords：science literacy assessment；situation；items development；scoring standard

近年来，国内外中小学科学教育的目标转向培养和发展学生的科学素养。国际大型测评项目，如国际学生评估项目（program for international student assessment，PISA）、国际数学与科学趋势研究项目（trends in international mathematics and science study，TIMSS），以及我国自 2015 年正式开始实施的义务教育质量监测项目，都把科学素养的测评作为目标和重要内容。与传统的学业质量测评试题不同，科学素养测评导向的试题，越来越倾向于情境性试题，通过一定的问题情境和精心设计的问题，考查学生对科学概念的理解，以及运用科学相关知识、技能、方法和态度解决实际问题的能力，充分发挥情境性试题的评价功能和教育功能。各地在中考等各类考试中，也开始部分地采用这一类试题。但统观近年来各地命制的情境性试题，质量参差不齐，有些试题更是偏离了试题的基本立意，非但无法测评科学素养，甚至还产生了不好的导向影响。笔者在 2009～2014 年参与了教育部基础教育课程教材发展中心的"建立中小学生学业质量分析、反馈与指导系统"项目中的科学学科命题与评分标准研制，并在 2009～2017 年参与了教育部基础教育质量监测中心组织的国家义务教育阶段学生科学学业质量监测项目，本文拟结合项目工作经验和正反案例，讨论科学素养测评导向的情境性试题的立意及其开发策略。

一、情境性试题的立意

学校教育的宗旨在于促进学生的全面发展。当前我国基础教育的教育目标，从早先的"基础知识、基本技能"转向"知识与技能、过程与方法、情感态度与价值观"，再转向现在的"核心素养"。核心素养是学生在接受相应学段的教育过程中，逐步形成的适应个人终身发展和社会发展需要的必备品格与关键能力。[1] 核心素养的理念是与"培养什么样的人"密切相关的，是比知识、能力更上位的概念。核心素养是课程设计、学科教学、质量评价的出发点，培养核心素养的任务最终要落实到具体的学科课程中，即转化为学科核心素养。对学生学业质量的评价，关键是对学科核心素养的评价，需要借助各种评价手段和工具去测量。一般认为，科学学科的核心素养包括科学观念、科学探究、科学思维、科学态度等维度。为叙述方便起见，本文统一使用"科学素养"代指"科学学科核心素养"。

试题是学业质量测试工具中常见的基本单元，通过让学生完成一个任务，来探测学生的认知和思维。试题兼具诊断、选拔和教育的功能，即通过学生在若干试题上的表现，诊断学生的成就和不足，用于改进教学、评定等级或选拔人才；同时，学生做题的过程也是学习的过程，不但可以对自己的学习进程进行自我监控，还可以通过试题内容学到一些新的知识、技能，或体验到一些方法和态度。当前，国际上的学业评价理念，已经由单纯的"对学习的评价"转向"为了学习的评价"，并进而转向"评价即学习"。[2] 从这个意义上看，好的试题应该能够促进学生的学习，有利于其核心素养的培养。

从微观上来说，试题即是需要被试完成的任务。在学业质量测试中，一般无法要求学生完成完全真实的任务。传统的试题是高度抽象概括的，没有具体的情境，学生做题的过程，更像是操练已经反复训练的某种技能的过程。当然，还有一些试题则是纯粹考查知识的记忆，与现实任务的距离就更远了。但在科学素养测评的理念下，试题所呈现的任务应该是与学生的生活或现实世界相关的"仿真任务"。

二、情境性试题的开发策略

（一）情境素材的筛选与加工

情境性试题的情境往往是一个"仿真"的问题情境，是根据现实世界的素材加工而成的。

情境素材的类型，参照 PISA 对问题情境的界定，就范围大小而言，可以是关于个人的、社区的或全球的；就素材涉及的问题而言，可以是关于健康与疾病、自然资源、环境质量、风险、科学与技术前沿等的。按照学生对情境的熟悉程度和情境自身的特点，也可以将情境划分为以下三类。第一，学校及课堂情境，主要指学生在课堂、实验室、学校的实践基地等教学环境。因为这类问题是学生最熟悉的，由于教学的训练，学生在解决这类问题时，已经形成了一套程式化的思维方式和解决方案，因此学生实际上并没有解决真问题。第二，历史及前沿情境，主要是与科学本身发展历程及其前沿应用相关的情境。这类问题往往超出了学生日常生活的范围，但学生通过课堂学习和其他媒介多有接触，同时这类问题常常比学校及课堂情境的问题更复杂，但借助已经学过的知识和情境中补充的新知识，也是学生可以理解的。第三，社会及生活情境，主要是指学生在日常生活中遇到的问题。虽然学生在日常接触过这类问题，但是并没有在课堂和考试中训练过。同时，这类来自社会生活的问题往往牵涉面广，变量很多，是学生可能想到过但未曾直接解决过的真问题，学生在解决这类问题时，需要调用各种新旧知识、技能方法与思维方式。学生在现实中面对的往往是比较复杂的问题，这些问题可能同时涉及多种情境，这就需要学生综合运用已经学过的知识与技能，并探索新的方法、补充新的知识（尤其是面对陌生情境时），来解决这些问题。

命题教师从哪里获得这些素材呢？来源有很多。日常生产生活中积累的经验，如观察到的自然现象、体验到的生活经历；亲自设计并完成的实验或调查，如动植物养殖活动、社会调查获取的数据；报刊发表的研究论文，包括科学实验的研究结果、他人的发明创造等。有些素材和数据可以直接使用，但大部分都需要根据测量目标进行修改。

素材可能有很多，筛选时要把握以下四个原则：第一，真实性。尽管被改造后的试题情境并不是真实情境的完全重现，但素材的来源还是要保证真实可信，尤其要注意摒弃那些明显杜撰的、不合逻辑的素材。第二，公平性。对于不同生活区域、不同性别、不同家庭背景、不同教学环境的学生都是公平的，不能对某些学生有利，而对另外一些学生不利。第三，导向性。坚持正确的价值导向，引导学生树立积极的生活态度、健康的生活方式，激发学生的学习兴趣和探究欲望。第四，适切性。素材所涉及的内容符合被试的年龄特征、认知水平，与学业质量测试的目标并行不悖。

同时，现实世界的素材不能直接作为试题的情境，因为这些素材往往比较复杂，因此需要对其进行简化处理，抽离那些与测试目标关系不大、干扰较多的因素。

例1　（2008年佛山中考题）晶晶的爸爸从国外带回来一个电饭锅，电饭锅上标着"110V 1000W"，则该电饭锅正常工作1min，消耗的电能是（　　　）

A.$6×10^4$ J　　　　　B.$1.1×10^5$ J　　　　　C. $6.6×10^6$ J　　　　　D.545.4 J

点评：这道试题应用了一个简单的生活情境，但这个情境明显是违反常理的假情境，因为一般情况下国人不会从国外购买电饭锅，更何况还是与国内标准电压（220V）不符的电饭锅。试想如果真有这样的事情发生，那为了保证用电器正常工作，是不是还要加购一个变压器呢？另外，这道题的本质是考电功的计算，情境存在的意义也不大。

（二）情境任务的设计

试题的本质是需要学生完成的任务，可以不同形式呈现出来。在实际应用中，情境性试题可以是选择题，也可以是非选择题，还可以兼而有之，实现同一素材的多次使用，目的是让学生完成一定的任务，进而测评其素养。

情境性试题的任务设计也需要把握以下几个原则。第一，基于情境。学生要完成任务，必须从情境中获取信息，也就是说，情境是必要条件，而不是"装饰品"；第二，符合测量目标，任务必须与全卷的测试目标相吻合，基于情境的任务不是独立于全卷之外的，例如不能在物理测试中考查地理素养；第三，层次性，如果同一个情境下有几个任务，这些任务应该是由易到难、逐层深入的，不同任务之间可以保持独立性，但复杂程度逐渐增加，或者不同任务之间有递进关系，只有完成前面的任务才能继续后面的任务。

在具体任务的设计上，如果是非选择题，任务最好具有一定的开放性。开放性的试题可以考查学生的高级思维能力，通过学生的作答可以探查其思维过程，也方便在评分时对学生进行分门别类，从而有针对性地发现问题、改进教学。

例2 （北京市东城区2016年初三物理期末测试）

科普阅读题：阅读下列短文，回答问题

蛋炒饭的味道

2016年4月10日，央视大型公益寻人栏目"等着我"的录制现场来了一位名叫吴俊宇的小伙子。主持人问他要找谁的时候，他说："我要找我记忆中的味道。"……（正文略）

请根据上述材料，回答下列问题：

（1）蛋炒饭的味道主要是通过_____（选填"视觉"或"味觉"）器官来感知的；

（2）"等着我"栏目组的热线电话是_____（选填"110"或"400-6666-892"）；

（3）如果看到疑似被拐儿童，你可以在确保自身安全的情况下做些什么？

点评：这是一道科普阅读题，给出了数百字的情境材料，但是该题任务设计存在的主要问题是不符合测量目标，问题（2）和问题（3）两问虽然也是与情境相关的，但是明显与全卷的初三物理测试无关。问题（1）和问题（2）两问是变相的选择题，可能本题试图渗透情感、态度、价值观的考查，但是显得太过生硬。

例3 有人说用可乐浇花可以使花长得更好，为了研究这个问题，小伟准备了4盆同样的花，做了一个实验。实验过程和结果如下表：

	第一盆	第二盆	第三盆	第四盆
不同可乐浓度的培养液	不加可乐 4杯清水	1杯可乐 3杯清水	2杯可乐 2杯清水	3杯可乐 1杯清水
实验结果	经过了3周的实验，发现第三盆花长得特别好。			

（1）小伟在这个实验中改变的因素是什么？

（2）根据实验结果，小伟得出结论，可乐对花的生长有作用，并且可乐越多，花长得越好。你同意他的观点吗？请说明理由。

点评：这是一道小学科学学业质量测试题，两个问题都是围绕实验情境展开的，且存在递进关系。本题的创意有利于激发学生对科学的兴趣，引发学生对相关问题的思考，而且有些学生做了题目以后，可能回去就做这个实验了。

（三）情境性试题的评分

评分标准的开发也是试题开发的一部分，需要在正式测试前就完成这项工作。对于形式是非选择题的情境性试题，尤其是开放性试题，本文不建议采用传统的"采点给分"，因为那样无法将学生的问题体现出来，也无法体现学生的差异。[3] 本文介绍两种影响较大的评分方法。

1. SOLO 分类法

SOLO 分类法是一种等级描述评分法，以皮亚杰的认知发展阶段论为基础，认为认知具有阶段性，且思维过程是可观察的，所以将人学习新知识的思维结构称为可观察的学习成果结构（structure of the observed learning outcome，SOLO）。SOLO 分类法根据学生的思维阶段，将学习结果分为由低到高的五个层次，即前结构、单点结构、多点结构、关联结构、抽象扩展结构。教师在评分时，可以根据具体的任务，将学生的行为划分为上述的几个水平，对每个水平的学生表现进行详细描述，并赋予不同的分值，从而将学生区分开。SOLO 分类法的优点是：可以将学生的思维层次体现出来，并且由于层次级别有限，评分的工作量也不大；不足之处在于：SOLO 分类法关注的是学生的思维层次，但对试题测量的知识、能力体现不足。

例 4　从冰箱的冷冻室中取出一袋冰冻的汤圆，倒进一个碟子中，然后将碟子放在电子秤上，每隔 20 分钟记录一次电子秤的示数，得到下表的数据。

—— 电子秤

放置时间（分钟）	0	20	40	60	80	100	120
质量（克）	622.5	626.5	631.5	633.0	635.0	635.0	635.0

从上表的数据中，你有什么发现？请写出你的发现，并推测其原因。

评分标准简表[4]：

抽象拓展结构	能够根据材料得出质量增加的趋势，根据所学指出原因是空气中的水蒸气液化，并联系到液化发生的条件，解释质量最后不变的原因
关联结构	能够根据材料得出质量增加的趋势，根据所学指出原因是空气中的水蒸气液化并附到了汤圆上
多点结构	能够根据材料得出质量增加的趋势，认为原因是吸收了空气中的水或其他物质
单点结构	能够根据材料得出质量增加的趋势，但是没有对质量增加的原因进行解释，或者提到解冻或冰融化，或解释的知识点与本题考查的无关（如热胀冷缩），不符合逻辑
前结构	学生无法从表格中正确归纳出质量变化的趋势，且无法合理解释这个现象

点评：本题情境中涉及的现象，估计很多学生没有留意过，而且学生乍一看数据还有些惊讶，需要结合所学知识认真分析，才能有所理解。但这样的实验又不难做，学生如果感兴趣，可以很容易地重复实验。由于本题涉及数据的解读、科学知识的运用，思维要求比较多，能够体现出较强的层次性，因此可以使用 SOLO 分类法进行评分。

2. 双位编码评分法

在 PISA、TIMSS 等国际大型学生评价项目中，都采用了双位编码评分法。该评分法认为，学生的回答可以分为若干个层次，代表了学生的认知水平；由于学生思考问题或解决问题的方式方法不同，同一个层次的回答就可以有多种类别。双位编码评分都有一个编码表，将学生的回答用一个两位数的编码来表示，十位数表示层次或水平，个位数则表示同一层次的不同作答类别。在正式评分前，教师需要抽取一定量的样卷，编制这个编码表，力求尽可能地包含各种类型的学生回答。在正式评分时，教师给每一个学生的回答打分，其实是给出该回答对应的编码。双位编码评分可以清晰地呈现学生回答的层次和类型，适合于包括论证性、表现性等多种任务类型。缺点在于如果划分的层次类别较多，往往会导致工作量较大，因此该评分法通常应用于大规模测试中。

例5 从冰箱的冷冻室中取出一袋冰冻的汤圆……（同例4，余略）

评分标准简表[5]：

层次	类别	学生答案类型
3层次	30	能得出正确结论，知道汤圆质量增加的原因是空气中的水蒸气遇冷液化造成的，理解了液化发生的条件（温差），在解释时能够对汤圆的质量变化过程（先增加，后保持不变）进行全面考虑
	31	能得出正确结论，知道汤圆质量增加的原因是空气中的水蒸气遇冷液化造成的，理解了液化发生的条件（温差），但解释时只考虑了汤圆质量增加的过程
2层次	20	能得出正确结论，解释中提到汤圆质量增加的原因是空气中的水蒸气遇冷液化
	21	能得出正确结论，但是仅提到汤圆质量增加的原因与水蒸气或液化有关
1层次	10	能得出正确结论，但是认为汤圆质量的增加肯定是由其他物质（如灰尘、二氧化碳等，但不包括水蒸气）混入其中而造成的
	11	能得出正确结论，但是运用物体质量与其密度、体积的关系原理来解释汤圆的质量变化
	12	能得出正确结论，但是认为密度的变化（或体积的变化，或物态变化）导致了汤圆质量的变化
	13	能得出正确结论，但是从热胀冷缩的角度进行解释
	14	能得出正确结论，但是认为汤圆里面的冰吸热融化（或汤圆融化、解冻），导致汤圆质量增加
	15	能得出正确结论，但是认为温度变化导致了汤圆质量的变化
	16	能得出正确结论，从其他方面进行了错误解释
	17	能得出正确结论，没有解释
7层次	70	能得出错误结论，解释错误
	71	能得出错误结论，没有解释
9层次	99	空白

点评：相比于传统的"采点给分"和SOLO分类法，双位编码评分法可

以获得更多的信息，尤其是在较低层次的回答上，更容易展示出学生各种各样的前概念、困难和不足，便于诊断和改进教学；此外，双位编码评分法也很容易转化为等级分数。

在制作双位编码评分表的时候，需要明确区分出不同层次或水平学生的主要特质，并对同一层次不同类别的学生做出清晰的界定，这样才能把各种类型的学生回答区分开来。考虑到学生的实际作答并不像评分表中界定得那么清楚，就需要在每个类别的描述语之后附一些学生作答样例。尤其是一些需要学生作图、作表的试题，应该将学生的作答样例拍照或扫描，附在相应的类别后面，供阅卷员参考。

双位编码评分法可以将学生的回答分为不同的层次和类别，揭示出学生在某个素养上的水平和类型。理论上，评分标准中划分的层次和类别越多，对学生的区分就越彻底。但在实践中，层次和类别太多，必然会增加阅卷的工作量，还可能导致一些相近的层次或类别界限模糊，反而可能增加阅卷的错误率。因此，教师在制作评分标准时，需要做出一些权衡。

三、结语

科学素养是内化于心的，只有精心设计、信效度兼优的评价工具才有可能准确地评价学生的科学素养。如果评价学生的工具——试题出了问题，那么就很难评价学生的科学素养到底怎么样，甚至可能会让本来聪明的学生看上去"很傻"。[6] 评价对教学活动具有很强的导向作用，不良的试题甚至会对教学产生不良的影响。实践表明，开发面向真实问题的情境性试题，并运用能够体现学生思维方式和掌握程度的评分技术，让学生在评价中学习，这样的评价才能促进学生的学习，促进学生核心素养的培养与发展。

参 考 文 献

[1] 林崇德. 21 世纪学生发展核心素养研究 [M]. 北京：北京师范大学出版社，2016.
[2] 付雷. 从评价理念变化谈生物学试题的教育功能 [J]. 生物学教学，2016，41（8）：41-43.

［3］高凌飚，吴维宁，黄牧航. 开放性试题的编制与评分［J］. 人民教育，2006（1）：36-38.

［4］罗兰英. "双位编码"评分与 SOLO 评分方法的比较研究［D］. 桂林：广西师范大学，2015.

［5］"建立中小学生学业质量分析、反馈与指导系统"项目科学学科研究组. 大规模学业测评中开放性分级计分问答题的命制与评分［J］. 基础教育课程，2010（4）：46-49.

［6］罗星凯. 学生面对情境性试题为何如此失常［J］. 人民教育，2010（11）：32-35.

建立科普评估制度，提升公民科学素质

郭 瑜

（内蒙古自治区科学技术馆，呼和浩特，010010）

摘要： 近年来，在政府和社会各界的重视和支持下，我国科普事业呈现出加速发展的局面。然而由于多方面的原因，科普事业始终存在一些问题，其中之一就是把过多精力放在向全民灌输科学知识上，而在这个过程中公民对科学知识的收获究竟有多少，科普活动的效果或结果是什么，究竟做得怎么样却不得而知。评估制度的缺失直接影响了科普事业的发展以及公民科学素质的提升，因而建立科普评估制度刻不容缓。

关键词： 科学素质；科普评估；指标；角度；方法

Establishing Assessment System of Science Popularization，Improving Scientific Literacy of Citizens

Guo Yu

（Inner Mongolia Science and Technology Museum，Hohhot，010010）

Abstract： In recent years，with the recognition and support of the government and the social groups from all walks of life，the development trend of science popularization in China is accelerating. However，due to various reasons，there are also some problems. One of them is that we have put too much attention on spreading scientific knowledge to the public，regardless of the effects or results. The lack of evaluation system directly affects the development of science popularization and the improvement of citizen's scientific literacy. Therefore，it is

作者简介：郭瑜，内蒙古自治区科学技术馆展陈策划部辅导员。e-mail：276774029@qq.com。

urgent to establish an evaluation system of scientific popularization.

Keywords：scientific literacy；assessment of science popularization；indicators；angles；methods

过去半个世纪以来，科普事业对提高我国公民的科学文化素养做出了巨大贡献。特别是近年来，中国各级政府对科普给予了高度重视和大力支持，对科普事业的投入显著提高。然而，不可否认的是，由于多方面的原因，我国的科普工作长期存在着总体效率不高、责任意识不强、创新力度不够、成果实效不明等问题，这些问题直接影响着科普事业的发展以及公民科学素质的提升。因此，健全我国的科普管理机制、通过建立科普评估制度提高科普工作成效已势在必行。

我们知道，科学素质是公民素质的重要组成部分，公民具备基本科学素质一般指了解必要的科学技术知识，掌握基本的科学方法，树立科学思想，崇尚科学精神，并具有一定的应用科学处理实际问题、参与公共事务的能力。[1]这一定义将公民的科学素质划分为两部分，一部分是科学文化，即要求公民了解必要的科学知识，具备科学方法、科学思想及科学精神；另一部分是科学能力，即要求公民具有一定的应用科学处理实际问题、参与公共事务的能力。笔者认为，现阶段我国科普工作正在努力提升公民的科学文化素养，倡导科学精神，传播科学思想，创新科学方法，而在培养公民的科学能力部分做得较为欠缺。许多科普活动或项目在开展之后没有相应的科普评估收尾，在科学普及过程中没有形成一个完整的闭环，没有对科普工作的持续有效运行提供保障。公民的参与仅局限于被动地接受科学知识，缺乏一个可以直接参与到这一公共事务中的渠道。而建立科普评估制度，既可以完整科学普及这一过程，又可以使公民主动参与进来，为科普活动和项目的更好开展助力，进而提升公民的科学素养。

一、科普评估制度概述

科普评估研究在世界上还属于一个尚在探索的领域，国际上关于科普效果的研究也还只是局限在局部或具体的项目方面，没有系统的理论探索和相关的研究成果，我国的科普评估研究也才刚刚开始。目前有代表性的有以郑念为代表的中国科普研究所中国科普效果研究课题组提出的科普效果评估理论，以及以张义芳为代表的中国科技信息研究院科普评估课题组提出的科普评估理论。另外，中国科学院研究生院李大光教授在公众理解科学、中国科技馆李春才等在科普效果界定方面分别有所建树。本文概述的是张义芳教授提出的科普评估理论。

张义芳教授认为，科普评估属于社会学研究的范畴，科普工作总体上具有社会公共项目的非营利性和追求社会效益的特点，科普属于教育的范畴，科普评估采用的是教育评估的研究方法。因此，将科普评估定义为：根据委托方的明确目的，由评估机构遵循一定的原则、程序，运用科学、公正和可行的方法，对科普组织、计划或活动进行价值评判，并提出改进的建议和措施的专业化活动，其目的在于提升科普教育的品质。科普评估具有时限性、系统性、规范性、科学性和学习性。在科普领域开展评估有两大主要意图，即证明和改进。既要依据收集的数据判断科普的效果，也要在评价过程中了解科普的优点与缺失，进而形成改进的意见和建议。她以问题为取向构建了科普评估的结构框架，兼顾系统性与灵活性的思想，将科普评估框架设计成三个子模块，即战略规划或计划的评估、重大活动或项目的评估、组织及管理能力的评估，并且提倡互动、参与式的评估方式。

二、建立科普评估制度的必要意义

（一）管理角度

"评估"是近年来使用率较高的词汇，事实上，无论是在科技领域还是在教育领域，我国都在全面引进评估制度，以此加强政府的宏观管理职能，提高政府的科学决策水平。对我国科普管理部门来说，随着科普事业的纵深发展，引进制度化的科普评估机制已势在必行。在科普工作取得进展的同时，科普管理工作也要同步发展。[2] 然而，我们在科普工作上的持续投资究竟收获了多大的效益？重要的科普活动或项目开展的情况如何？有没有继续做下去的必要？如果有必要的话，有什么地方需要改进？这些都是科普管理必不可少的信息，只有通过评估才能获得。评估无形中也在发挥着管理作用，它能促使科普机构提高其工作的责任、效果、效率和社会影响力。可以说，缺少评估，任何管理都是不健全的。

（二）科普工作角度

从本质上说，科学普及是一种社会教育，既不同于学校教育，也不同于职业教育，其基本特点是：社会性、群众性和持续性。在持续性这一点上，其内核不仅是持续不断地进行科普活动，更要求科普工作具有可持续性。[3]以一个具体的科普活动为例，一般应经历以下三个过程。首先是设计科普活动，其中包括科普活动的内容、受众人群的设定、场地器材的使用等；其次是活动的实施，也就是向受众进行科学普及；最后需要做一个该项活动的评估研究，可以以问卷的形式对受众群体进行回访，采集相关信息，结合其他指标生成一份对此次科普活动的评估研究。通过这样一份评估研究，可以探知受众在科普活动中究竟获得了多少科学知识，对类似的科普活动是否感兴趣，此次活动的科普效果如何，还有什么地方需要改进等。这三个过程中最后的评估研究最容易被忽略，但实际上最后这一环也是最重要的一环，它直接影响了科普工作的可持续性，我们在对一个科普活动进行评估以后，势必会得出一些改进的办法和建议，这对后续类似活动的开展具有重大意义，也对此类科普活动的可持续发展具有重要意义。

（三）公民受众角度

科学普及不仅是科技事业的有机组成部分，更是判断国民素质的基本标准之一。我国的科普环境一直在走向优化，但不可否认，我国现有公民科学素质的指标仍亟待提高。在解决这一问题的过程中又产生了新的问题，即把过多精力放在向全民灌输科学知识上，而忽略了公民在这一过程中究竟收获了多少，是否真正做到了提高公民科学素质。前文中已经提到公民的科学素质分为科学文化及科学能力，现阶段重科学文化轻科学能力这一现象是普遍存在的，为公众提供一个参与科普公共事务的渠道，是打破这一不平衡局面的良好途径。而制定科普评估制度，让公民更好地参与科学普及正当其时。只有科学文化与科学能力并重，才能真正提高公民科学素质，助力科普事业的发展。

三、对建立科普评估制度的几点建议

（一）科普评估框架的建立应以问题为取向

这是张义芳教授在其科普评估理论中所提出的，对中国建立科普评估制度具有借鉴意义。科普评估的重要功能在于诊断科普工作中所发生的问题，改进工作缺失和指引未来的决策或行动。因此，科普评估框架的建立应以问题为取向，即评估框架的建立要以解决中国科普存在的现实问题为出发点，尽可能通过该评估框架解决科普工作的现实问题。[4]比如，我国现今的科普工作还缺乏战略规划、科普项目多有低水平重复、科普专业机构普遍缺乏资金和人才、组织能力长期欠发达、效率低下、缺乏创新的活力和动力等。当然，我们必须清醒地认识到，评估只是解决问题的一种手段，它不可能解决所有的问题。

（二）重大活动或项目评估的指标体系构建

在张义芳教授提出的科普评估理论中，将科普评估框架设计成三个子模块：战略规划或计划的评估、重大活动或项目的评估、组织及管理能力的评估。在重大活动或项目的评估这一模块中，国内做过许多有益的尝试，包括2007～2011年全国科普日北京主场活动、2010～2011年全国科技周北京主场活动评估等。笔者认为，大型科普活动是一个复杂的体系，需要构建指标体系加以系统地表现和评估。因此，评估大型科普活动的效果，需要在建构主义理论的指导下，架构由若干层级、若干数量、彼此有内在联系的指标组成的指标体系。除此以外，还要遵循三个基本原则：一是要立足科普活动所设立的既定目标；二是要兼顾评估的目标；三是评估指标要具有可操作性与可实现性，即数据可获得性和获得数据的经济性。在这三个原则的指引下，我们再去讨论和构建评估的指标、角度及方法。

1. 评估指标

我们可以将评估指标按照三级划分，逐层递进。第一层级的评估指标是我们此次评估的直接目的，起到提纲挈领的作用，例如策划与设计、宣传与知晓、组织与实施、影响与效果等。第二层级的评估指标是对第一层级指标的简单分化，例如在策划与设计指标下可设计主题、内容、形式三个二级指标，在影响与效果指标下可设计社会影响、科学传播效果、科普能力提升效果三个二级指标。第三层级的评估指标则是第二层级评估指标的细分，旨在更加细致、全面地评估科普活动的结果、影响与公众的满意度，例如在主题这一二级指标下可设计时代性、感召力、科学性等几个三级指标。[5] 总的来说，对评估指标的三级设计基本上涵盖了一个重大科普项目评估所必须涉及的方方面面，其中的二级三级指标的细化可以根据相对应的科普项目进行修改，使之更加符合评估的目的，三层指标层层递进、互为补充，提高评估整体的科学性和完整性。

2. 评估角度

在评估角度方面，大致有公众、专家、组织与服务者、宣传几个角度。公众是科普活动的直接服务对象，科普活动的传播效果是直接体现在公众身上的，所以公众角度是大型科普活动效果评估中最关键的角度。而科普活动本身与教育学、传播学密切相关，活动的主题往往涉及一个或多个自然科学领域，活动的实施也与公共安全领域相关。因此，组织相关领域的专家进行现场观摩与评估，可以获得更为专业的评价信息。组织者与服务者在大型科普活动中具有多重身份，他们是活动的组织者，他们亲历活动全程，所掌握的有些信息是公众等其他角度所不具备的。因而，从组织者与服务者的角度审视活动组织与实施过程的有效性与合理性，实际上也是一个自我评估过程。除此以外，大型科普活动既是实实在在的现场活动，也是一个社会科普宣传平台。因此，增加活动的社会知晓度，营造科学普及的整体社会氛围，扩大活动的受益面，同样是活动的目标所在。从这个意义上说，对活动的宣传和报道效果进行检验十分必要，以形成日后宣传工作改进的依据。

3. 评估方法

在评估方法上，针对评估角度选取相应的评估方法，例如，公众角度的评估方法主要包括电话调查、问卷调查、访谈和观察记录等；组织与服务者角度的评估方法主要包括问卷调查法、访谈法和数据填报方法；专家角度的评估方法包括现场参观活动并评分、场外集体访谈；宣传角度的评估方法包括文献分析法、媒体报道实时跟踪监测法、问卷调查法、访谈法、统计法等。[6]

（三）科普评估要不断积累经验教训，以利于改进工作

科普评估工作的成功与否不仅源于评估体系的构建与评估工作的落地开展，还与不断积累经验、完善自身息息相关。传统的项目评估仅仅关注项目是否达到了预定的目标或是否产生了预期的效果，以此判断项目是成功还是失败。然而这样的判断是比较片面的，我们不仅要关注项目是否产生了效果，而且要分析这些效果是如何产生的，诊断项目还有哪些不足的地方，为什么存在不足，并提出相应的改进措施。这样的科普评估无疑要有价值的多，因为它能够使相关机构掌握更多已开展项目的经验教训，使未来的科普工作日臻完善。从另一个方面来讲，这种经验教训还包含科普评估制度方面，只有在一次次项目和活动中不断地进行评估，才能总结出经验，提炼出现行评估制度存在的优势和不足，以期发扬和改进。

科普评估是保证科普事业持续健康发展的一项基本制度，应作为我国科普工作的一个重要组成部分，列入我国科普事业发展纲要中。引进这一制度还有比较长的一段路要走，但不可否认的是这已势在必行。过去半个世纪以来，科普事业对提高我国公民的科学文化素养做出了巨大贡献，如能建立科普评估制度，加快科普组织的成长，助力科学事业的发展，必能对提高公民科学素质再做贡献，开创我国科普事业的崭新局面。

参 考 文 献

[1] 张义芳. 科普评估理论初探与案例指南 [M]. 北京：科学技术文献出版社，2004：9.

[2] [美] 格伦·杰罗姆，戈登·西奥多. 1999 年未来展望——千年时刻我们面临的挑战 [M]. 《1999 年未来展望——千年时刻我们面临的挑战》翻译组，译. 北京：中国财经出版社，2000.

[3] 祝甲山，康海生，隋志强，等. 我国科技成果转化的影响因素分析 [J]. 科技管理研究，1997（5）：33-35.

[4] 黄小勇. 大型科普活动评估方法研究 [D]. 哈尔滨：哈尔滨工业大学，2006：1-35.

[5] 张志敏，雷绮红. 对大型科普活动进行综合评估的角度及相关探讨 [M] //中国科普研究所. 中国科普理论与实践探索——2009 科普理论国际论坛暨第十六届全国科普理论研讨会论文集. 北京：科学普及出版社，2009.

[6] 张志敏，郑念. 大型科普活动效果评估框架研究 [J]. 科普管理研究，2013（24）：48-52.

企业科普能力建设状况调查报告

何　丽

（中国科普研究所，北京，100081）

摘要：本文利用 2016 年企业科普能力建设调查问卷的数据，对企业科普所需的人、财、物、产品和科普活动的形式、内容以及存在的问题进行了分析，以了解企业科普能力建设的现状。

关键词：企业；科普能力；调查报告

Report of the Capability of Science Popularization in the Enterprise

He Li

（China Research Institute for Science Popularization，Beijing，100081）

Abstract：Based on the data from the 2016 Corporate Capability of Science Popularization，this paper analyzes the forms，contents and existing problems of human，financial，material，product and popularization science activities，in the hope of deeply understanding the status quo of capability of science popularization in the enterprise.

Keywords：enterprise；science popularization capability；report

作者简介：何丽，博士，中国科普研究所副研究员，主要研究方向：企业科普、科学素质与经济。e-mail：1765613895@qq.com。

一、相关界定

1. 企业科普能力

企业科普能力是企业在科普经费充足、科普人员合理配置、科普基础设施有效运转、外部环境优化的情况下，可能向社会公众提供的科普产品和服务的能力。企业科普包括两方面的内容，即对内部员工的科普以及对企业外部提供的科普产品和服务。

2. 国有企业

国有企业是指由政府投资参与控制的企业，包括国有控股企业和国有独资企业。政府的意志和利益决定了国有企业的行为。[1]

3. 外资企业

外资企业是指依照中国法律的规定，在中国境内设立，全部资本由外国投资者投资的企业。[2]

4. 民营企业

民营企业是私营企业和以私营企业为主体的联营企业。[3]在我国除了国有企业和外资企业外，其余的都可以归为民营企业。[4]

二、问卷调查概况

（一）问卷设计

为了研究企业科普能力建设现状，探讨不同因素对企业科普能力建设的影响程度，课题组于2016年对企业科普能力建设状况进行了访谈调研和问卷调查。在前期访谈调研的基础上设计了调查问卷，先把问卷拿到企业进行预调查，征求企业科普工作人员的意见，在反馈意见和建议的基础上修改问卷，并进行问卷信度和效度的计算，最终确定问卷调查的形式。

问卷的设计分为六个部分，一是企业的基本情况；二是企业科协组织、人员和工作机制状况；三是企业科普场所和设施状况；四是企业科普活动情况和企业决策者对科普的态度；五是企业科普工作者对企业科普的期望和建议；六是影响企业科普能力的影响因素。

（二）问卷的检验

在正式调查之前，对问卷进行了信度和效度的检验，本研究采用克隆巴赫系数（Cronbach's alpha）。问卷的克隆巴赫系数计算结果见表1。

表1　问卷的克隆巴赫系数

项目	F 值	P 值	克隆巴赫系数
问卷	$F=81.3645$	$P<0.01$	0.8102

计算结果表明，问卷的信度可以接受。对随机数据的缺失采用均值替代的方法，在选项数据缺失较少的情况下，均值替代法和回归估计替代法所得的结果类似。由于缺失数据非常少，对变量的峰度不会产生实质影响。

（三）问卷调查

课题组于2016年6～8月对山西省、广东省、天津市和四川省不同类型的企业发放问卷，共回收有效问卷177份，其中国有企业75份，民营企业63份，外资企业39份。逻辑检查和数据录入表明，本次调查的数据质量较高，调查结果可信。数据分析由统计软件SPSS16.0完成。

三、调查结果

（一）企业科协组织和人员状况

企业科协组织和人员是企业开展科普工作的前提条件，企业科协是企业科技工作者的群众组织，是推动企业科技进步和技术创新的重要力量。按照中国科学技术协会、国务院国有资产监督管理委员会《关于加强国有企业科协组织建设的意见》（科协发计字〔2015〕27号）的要求，即"科技人员总数达到

100 人以上（含 100 人）、条件成熟的企业，应单独组建科协组织。中小企业集中的区域，要根据企业的所属行业分布情况，采取区域联建、行业统建等方式成立科协组织"，本次调查的国有企业的科技人员的数量没有限制（表 2）。

表 2　企业科协组织和人员数量

企业类型	频数	比重/%	频数	比重/%	科协工作人员数/人	科协会员占科技人员的比重/%
国有企业	75	42	51	62	3.5	51
私人企业	63	36	18	22	1.5	16
外资企业	39	22	13	16	1.5	15
合计	177	100	82	100	—	—

调查表明，62%的被调查者所在的国有企业建立了科协组织，科协工作人员的人数为 3～4 人；22%的私人企业建立了科协组织，科协工作人员的人数为 1～2 人，大部分是兼职工作人员；16%的外资企业建立了科协组织，科协工作人员为 1～2 人。

关于代表企业开展科普活动的部门，51%的企业回答是科协组织；18.3%的企业回答是企业的公关部门；6.7%的企业回答是政府关系部门；6.8%的企业回答是社会公益部门；17.2%的企业回答是其他部门（如技术管理部门）。企业科协组织仍然是企业科普的主力军，特别是在国有企业更是如此，但是亟须扩大科普阵地，加强在民营企业和外资企业建立科协组织的工作。

（二）企业科普场所和设施及其使用状况

企业拥有的科普场所和设施是开展科普工作的条件，本次调查的科普场所和设施包括企业拥有或者可以使用的科技馆、图书馆、电视台、文化馆、展览馆和博物馆、广播站、科普橱窗（站、栏）、定期开放的实验室、媒体等，主要调查科普场馆和设施的情况以及企业利用科普设施开展科普活动的情况。

1. 企业科普设施的数量

企业科普设施的数量是企业实际拥有的科技馆、图书馆、电视台、文化馆、展览馆和博物馆、广播站、科普橱窗（站、栏）、定期开放的实验室、媒体及其他科普场馆和设施的数量，调查结果如表 3 所示。

表 3　企业科普设施的数量

科普场馆	企业数量/个	比重/%
科技馆	7	3.9
图书馆	49	27.7
电视台	3	1.7
文化馆	2	1.1
展览馆和博物馆	27	15.3
广播站	11	6.1
科普橱窗（站、栏）	95	53.7
定期开放的实验室	36	20.3
媒体	40	22.6
其他	39	22

表 3 显示，科普橱窗（站、栏）仍然是企业科普的主要设施，53.7%的被调查企业拥有科普橱窗（站、栏）；27.7%的被调查企业拥有图书馆或者图书室；22.6%的被调查企业拥有媒体。

2. 企业科普活动室的数量和面积

企业科普活动室指除上述设施以外，企业用来开展科普类活动的场所，既可以是共用的，也可以是专用的科普活动室（表 4，表 5）。

表 4　科普活动室的数量

科普活动室/间	企业数/个	比重/%
0	53	29.50
1	91	50.6
2	15	8.3
3	18	10
4	3	1.7

表 5　科普活动室的面积

科普活动室的面积/平方米	企业数/个	比重/%
50 以下	23	12.99
50～100	36	20.33
100～150	25	14.12
150～200	30	16.95
200 以上	12	6.7

表 4 显示，50.6%的被调查企业拥有 1 间科普活动室；20%的被调查企业拥有 2 间以上的活动室。从科普活动室的面积来看，47.44%的被调查企业的科普活动室的面积在 150 平方米以下，面积在 150 平方米以上的企业有 42 个，占被调查企业总数的 23.8%，说明大多数企业的科普活动室的面积为 50~150 平方米。

3. 企业科普画廊的数量和使用情况

企业科普画廊的数量及占比情况如表 6 所示。

表 6 科普画廊的数量及占比

项目	企业数量/个	比重/%
科普画廊的数量/个		
0	40	22.6
1~3	93	52.54
3~6	35	19.77
6~9	6	3.4
10 以上	3	1.7
总长度/米		
0	40	22.6
1~3	52	29.4
3~10	48	27.12
10~20	28	15.82
20 以上	9	5.10
其中电子画廊的个数/个		
0	121	68.36
1	31	17.51
2	14	7.91
3	7	3.95
4	4	2.3
累计播出时间/小时		
1~100	26	14.69
100~200	14	7.9
200~300	6	3.4
300 以上	6	3.4
更新次数/次		
1	69	39.98
2	12	6.78
3	16	9.04
4	3	1.70
5 以上	10	5.65

由表 6 可见，大多数企业有科普画廊，22.59% 的被调查企业的科普画廊的播出时间累计在 1～200 小时。

在企业利用媒体开展科普活动方面，30% 的被调查企业利用自办媒体，89.40% 的被调查企业利用网络，50% 的被调查企业利用行业媒体，37.8% 的被调查企业利用大众媒体，说明企业在科普信息化建设方面取得了进步，广泛利用多媒体提高员工的科学素质。

（三）企业科普活动的次数和受众

本文用企业科普活动的次数和受众反映科普效果，本次调查的企业科普活动次数和年累积次数如表 7 所示。

表 7　科普活动次数和累计受众

项目	企业数/个	比重/%
科普活动次数/次		
0	53	29.9
1～5	49	27.68
5～10	20	11.30
10～15	7	3.95
15～20	6	3.39
20～25	5	2.82
25～30	2	1.12
累计受众/人次		
50 以下	33	18.64
50～100	23	12.99
100～200	14	7.9
200～300	17	9.6
400～500	12	6.8
500～1000	10	5.6
1000 以上	8	4.5

从科普活动次数来看，年活动次数集中在 1～5 次的占 27.68%；5～10 次的占 11.30%，还有 29.9% 的被调查企业没有开展科普活动。科普活动累计受众，其中 1～50 人的被调查企业占 18.64%；50～100 人的被调查企业占 12.99%，100～500 人的被调查企业占 24.3%，500 人以上的被调查企业占 10.10%。

（四）企业与科普的关系

在企业员工对科普设施的态度方面，53.90%的被调查企业欢迎并参与，13.90%的被调查企业是欢迎但不参与，其余的被调查企业态度是一般和无所谓，说明绝大多数员工对企业科普设施的态度是欢迎的。

在企业科普设施与职工的科学素质关系方面，51.7%的被调查企业认为科普设施有很大作用，23.9%的被调查企业认为有较大关系，20%的被调查企业认为关系一般，其余的被调查企业持较小的作用或者没有作用的观点。大多数企业对科普设施与员工的科学素质持肯定态度。

在对企业科普设施建设与企业经济效益的关系的认识上，30.6%的被调查企业认为有很大关联性，37.8%的被调查企业认为有较大的关联性，13.9%的被调查企业认为一般，其余的被调查企业认为二者关联性很小或者没有关系，说明过半的企业认为企业的科普设施与经济效益有大的关联性。

（五）企业科普活动开展的情况

1. 上个年度企业未开展科普活动的原因

调查显示，50.3%的被调查企业上个年度开展了科普活动；对于没有开展科普活动的原因，20.6%的被调查企业回答是不了解参与方式，缺乏组织人员；32.8%的被调查企业认为科普活动没有直接的经济效益；对于企业没有开展科普活动的原因，31.1%的被调查企业认为没有科普场地；24.4%的被调查企业认为企业有必要做培训，做公关，没有必要做科普；11.6%的被调查企业回答是其他情况，如企业的经济效益不好，生存都困难。

2. 企业开展科普活动的目的和受众

对于企业开展科普活动的目的，30%的被调查企业是基于产品的销售；18.9%的被调查企业是配合当地政府和科协组织的工作；22.8%的被调查企业认为是员工愿意奉献时间和才能；16.1%的被调查企业认为是企业的社会责任；12.2%的被调查企业是基于其他原因开展科普活动的。

企业开展科普类公益活动的组织形式，41.7%的被调查企业是自发开展；

43.9%的被调查企业政府主导，企业参与；8.9%的被调查企业是与其他非政府组织合作；5.5%的被调查企业是采用其他组织形式。

关于企业科普活动的主要受众，30.2%的被调查企业是全体职工，34.9%的被调查企业是技术和管理人员，12.5%的被调查企业是职工的家属，10.2%的被调查企业是特定的消费群体，12.2%的被调查企业是其他（如社会公众）等。

3. 企业开展科普活动的形式

企业对内部的科普活动主要有以下的形式：31.7%的被调查企业是"讲理想，比贡献"；48.6%的被调查企业是技术创新和普及；32.8%的被调查企业是继续教育；12.8%的被调查企业是通过建立专家院士工作站开展工作；23.2%的被调查企业是承办各种类型的学术会议；46.1%的被调查企业是进行科技论文评选；17.5%的被调查企业是自办科技活动周（日）；17.2%的被调查企业是其他形式的科普活动。

在企业对社会举办的科普活动方面，33.9%的被调查企业面向消费者举办产品应用讲座；35.8%的被调查企业的展示厅、实验室定期对外开放；13.9%的被调查企业参加高层次科普专家论坛；44.8%的被调查企业开展与产品销售相关的技术咨询活动；25.6%的被调查企业资助大型的科技活动；15.6%的被调查企业建立用户协会或俱乐部；20.1%的被调查企业参加地方或全国的科技周、科技月和科技节活动；16.5%的被调查企业参与行业标准的修订；32.6%的被调查企业制作科技类广告和产品的使用说明书；7.9%的被调查企业举办其他科普活动。

4. 企业开展科普活动的回报和效果

关于企业举办科普取得哪些回报，53.9%的被调查企业认为企业的知名度提高了；33.9%的被调查企业认为企业的社会形象更好了；52.2%的被调查企业认为企业的文化建设增强了；14%的被调查企业认为企业的销售情况更好了；13.3%的被调查企业认为没啥效益；还有25.6%的被调查企业认为说不清楚。

在企业举办的各种类型的科普活动中，效果好的前五位分别是：58.8%的被调查企业认为是参加高层次科普专家论坛；56.3%的被调查企业认为是展示厅、实验室定期对外开放；46.9%的被调查企业认为是企业面向消费者举办产品应用讲座；42.9%的被调查企业认为是技术创新和普及；42.4%的被调查企业认为是开展与产品销售相关的技术咨询活动。

（六）企业科普经费的投入和支出情况

企业科普经费的投入是企业开展科普的重要保障，我们对企业最近5年的科普经费的投入情况进行了调查，结果如表8所示。

表8　最近5年企业投入的科普活动经费比例

项目	企业数/个	比例/%
企业投入的经费/万元		
1～10	28	15.8
10～20	27	15.25
20～30	21	11.86
30～40	4	2.3
40～50	6	3.4
50～100	7	4.0
100以上	14	7.9
0	70	40
投入的科普经费占社会公益经费的比重/%		
1～10	27	15.25
10～20	15	8.5
20～30	19	10.7
30～40	19	10.7
40～50	9	5.1
50以上	18	10.2

表8显示，超过41%的企业最近5年的科普经费投入在30万元以下；近一半的被调查企业的科普经费占社会公益经费的比重在50%以下，科普经费投入的数量不高，可能与近年来企业不景气有关。

在近5年的科普经费的支出方面，27.1%的被调查企业用于科普设施和场馆建设；58.9%的被调查企业用于人员培训；56.1%的被调查企业用于购买图书资料；28.3%的被调查企业用于网站和多媒体的建设和维护；11%的被调查企业用于其他方面。

在科普经费的来源方面，62.8%的被调查企业回答是来自企业自筹；18%的被调查企业认为来自政府拨款；22.3%的被调查企业回答是社会捐赠；16.2%的被调查企业回答是来自其他。

关于在企业进行科普的途径和媒介的前三位分别是：62.1%的被调查企业回答是互联网；30%的被调查企业认为是广播；26%的被调查企业认为是图书和电视。

对于当地媒体是否会用显著的方式报道企业的科普公益类活动，16.1%的被调查企业回答是绝对是；15.9%的被调查企业认为是偶尔；21%的被调查企业认为很难说；25.6%的被调查企业回答是很少；还有21.3%的被调查企业回答从来没有。

（七）企业科普的制度建设和现存问题

在所在企业的决策者对企业科普的重视程度方面，27.1%的被调查企业回答是非常重视；19.5%的被调查企业认为比较重视；23.7%的被调查企业回答一般；16.4%的被调查企业认为不太重视；13.3%的被调查企业认为不重视。

关于企业领导不重视科普的原因，18.2%的被调查企业认为企业科普无用；38.2%的被调查企业回答是企业经济效益不好，财政困难；10.2%的被调查企业认为企业与科普无关；10.2%的被调查企业认为科普可有可无；23.3%的被调查企业认为无科协组织。

在企业科普制度建设，35%的被调查企业有形成文件性的科普制度和规定。

关于企业科普的动力源于什么，35.1%的被调查企业认为源于企业产品销售；20.7%的被调查企业回答是吸引更多的消费者；31.2%的被调查企业认为源于企业的社会责任；13%的被调查企业认为是其他原因。

对于企业科普面临的问题，22%的被调查企业认为是企业领导存在的阶段性行为；35.6%的被调查企业认为是市场经济体制问题；55.9%的被调查企业认为是经费短缺；41.8%的被调查企业回答是科普人才短缺；46.3%的被调查企业认为是支持企业科普的政策不配套；还有19.8%的被调查企业认为是其他原因。

（八）企业科普能力建设困境的原因

1. "讲理想、比贡献"活动全员科普推广前期热情高涨，后期冷冷清清

"讲理想、比贡献"活动推动企业科协事业发展，对全员进行知识科普，可以提高全员的专业技术水平，提升公司管理及经营水平。但因科协组织对活动不太熟悉以及在"讲理想、比贡献"活动中不能进行有效调节，前期热情高涨，后期冷冷清清，推广资金匮乏，导致科技人员对后期活动的积极性降低，企业科协组织作用不能有效发挥。

2. 服务机制缺位，服务能力缺乏

广大企业科协人员既是工作主体，又是工作对象。作为工作主体，企业科协缺乏调动广大科技人员的积极性；作为工作对象，企业科协缺乏为科技人员服务的能力，对于科技人员的相关职称申报引导、福利待遇争取、科技人员激励等缺乏组织与服务。

3. 激励机制不健全

虽然科协组织相关活动可以提升公司科技人员的凝聚力，但是公司方面目前还是缺乏有利于企业科技人员的激励政策，而相关政府的相关配套政策还不到位，不利于发挥企业科技人员的积极性、主动性和创造性。

4. 企业领导的重视程度不足

企业科普行为最大的掣肘是企业经济效益与领导者的认识，两者缺一不可。一个长期亏损的企业，生存尚成问题，很难有精力投入科普工作中；同时，企业的领导者如果不具备远见卓识及良好的社会责任感，也很难建立起科普常态化的机制。

5. 企业科普内容与产品脱节

科普内容与企业产品存在脱节现象，普通消费者对本企业产品了解得比较少，企业产品重点针对社会化管理需求，涉及并影响个体活动效率，产品

的特性决定了与个体单独接触空间有限。企业科普针对性不强，缺乏专业科普信息来源。

6. 以企业为中心的技术创新体系尚未形成

企业是科技与经济紧密结合的重要力量，在产业创新体系中，企业既是产业链的核心，又是技术创新的主体。近年来，国家采取各种政策手段鼓励和推动企业加大研发投入，提升自主创新能力，但是以企业为中心的技术创新体系还没形成，以企业为主体的科普有待时日。

7. 民营企业科普更为困难

缺钱、缺人、缺科技信息是大部分民营企业开展科普工作面临的共性。民营企业由于受"血缘"关系影响，用工"近亲化"，发展的融资渠道过于单一。小企业承担科普往往流于形式，或者仅关注自身发展方面的社会认知度，市场化盈利目的性强。

参 考 文 献

［1］360 百科. 国有企业［EB/OL］［2018-11-14］. http://baike.so.com/doc/1501406-1587543.html.

［2］360 百科. 外资企业［EB/OL］［2018-11-16］. http://baike.so.com/doc/1569781-1659309.html.

［3］360 百科. 联营企业［EB/OL］［2018-10-01］. http://baike.so.com/doc/1154797-1221580.html.

［4］360 百科. 民营企业［EB/OL］［2018-10-01］. http://baike.so.com/doc/1501608-1587766.html.

新时代下科技馆娱乐化科普创作的实践与思考

洪在银

（厦门科技馆，厦门，361000）

摘要： 随着科学技术与网络信息技术的高速发展，人们对科普的需求层次不断提升，科普创作只有顺应新时代市场化的特征，才能满足人们日益增长的需求，新时代市场化的科普创作娱乐化形式才能被公众所认可与接受。作为普及科学知识的科普场馆，科技馆的科普创作与时俱进地利用娱乐化的形式开展，充分利用了娱乐化寓教于乐的教育特点，并有效结合公众喜闻乐见的科学视点来开展科普活动，从而进一步发挥了科技馆的科普教育功能。本文以科技馆科普创作的开展概况为背景，分析了科技馆娱乐化科普创作的实践，从而对如何进一步推进科技馆的科普创作提出了几点建议，以期进一步促进科技馆科普教育的发展。

关键词： 科技馆；科普创作；娱乐化

The Practice and Thinking of Entertaining Creation of Science Popularization in Science and Technology Museums in the New Era

Hong Zaiyin

（Xiamen Science and Technology Museum，Xiamen，361000）

Abstract： With the rapid development of the science and network，the level of public demand for science popularization is increasing. Science popularization creation needs to conform to the characteristics of marketization in the new era in order to meet the growing needs of people. Thus，the market-oriented entertaining

作者简介：洪在银，厦门科技馆展览教育部主管。e-mail：624700917@qq.com。

form of science popularization is recognized and accepted by the public. As a science venue to popularize scientific knowledge，the science and technology museum's science creation is carried out in an entertaining form，making full use of the educational characteristics of entertainment and education，and effectively combining public recognized scientific viewpoints to develop science popularization. Based on the development of science popularization in science and technology museums，this paper analyzes the practice of entertaining creation of science popularization in science and technology museums，and puts forward some suggestions on how to further promote the science popularization of science and technology museums，in the hope of further promoting the development of science education in science and technology museums.

Keywords：science and technology museum；the creation of science popularization；entertaining

党的十九大报告中指出，要完善公共文化服务体系，深入实施文化惠民工程，丰富群众性文化活动。完善公共文化服务体系离不开文化的科普创作，科普创作是一种为了普及科学技术而进行的创作型活动，科技馆作为普及科学知识的科普场馆，同时是公共文化服务体系的重要组成部分，如何开展行之有效的科普创作是科技馆科普教育工作的重要内容。新时代下科技馆的科普之路只有在科普创作上顺应时代发展的潮流，满足公众的需求，才能最大限度地发挥场馆的科学教育功能。

一、科技馆科普创作的概况

（一）科技馆科普创作的形式

1. 展览展示创作

科技馆是以展览教育为主要功能的科普教育机构，展览与教育是科技馆的两大职能。其中，展览是科技馆的第一展示形式。在科技馆里，科普创作最直观、最直接的展示形式就是借由科技馆展览、展品这些媒介将科普创作的成果直接具象化体现，通过静态化、物质化的展览展品发挥科普创作的展览教育功能。

2. 教育活动创作

教育活动的创作涵盖内容广泛，在科技馆里的教育活动很多还是以基于展览展示创作而开展的科普教育活动。科技馆行业里谈到科技馆的科普创作，大部分人第一时间想到的是在科技馆里创作并开展的科普教育活动，教育活动的科普创作尤其以科学实验、科学表演、科普剧为代表的形式被科普创作策划人员所青睐。同时，教育活动类的开展形式因其参与性强、受众面广更容易被公众所认可与接受。

可以说，教育活动的科普创作是科技馆科普创作与科普教育的核心，因为这是以科技馆中的科普工作者为主体的直接展示形式，是科普创作者智慧的结晶，直接体现为科普创作者的能力以及科普创作作品的价值。

（二）科技馆科普创作的特征

1. 趣味性

有趣是吸引公众参与到科技馆相关活动中的直接因素。科技馆的展览展示创作提供给公众的是各类学科在借由器具、展览展品展示的直接应用，比如声光电力磁、地球与宇宙科学、生命科学、工程与技术科学等，其中不乏一些前沿科技的展示手段，一些新型技术的应用与推广可以有效吸引公众融入科技馆展览展示的科普创作成果中。教育活动的创作也只有具有一定的趣味性才能保持科技馆的科普活力，才能让更多的公众参与到科技馆的科普教育活动中来。

2. 体验性

公众特别是青少年到科技馆、参与到科技馆的展品或者活动中，获取知识与技能绝大部分需要借由展品体验、活动的参与才能达到学习的目的，所以体验性是科技馆科普创作的另一特征。可以说，注重公众参与科普的体验度、满足公众的体验感是科技馆科普创作的一大目标，在趣味性的前提下，注重公众参与科普创作作品的体验性及互动性在科普创作过程中也是值得考究的。

（三）科技馆科普创作的效果

1. 观众参与度高

科技馆在展览展示与教育活动的创作上受众群体广泛，虽然早期的很多科技馆是以青少年为主体，有的科技馆甚至直接命名为"青少年科技馆"，但近些年随着公民对于科学认知程度的不断提升，科技馆的建设也不断创新与发展，致力于打造成全民参与的科普场所，越来越多的观众参与到科技馆的活动中来，科普受众群扩大，观众的参与度提高。

2. 科普吸引力强

科技馆的科普创作成果在展品展示的互动性上赢得了公众的喜爱，在活动开展方面的多元性可以有效结合科学、艺术、表演的形式，对于增强科技馆的科普吸引力有积极的作用，可以吸引更多的观众参与到科技馆创作的科普作品中来。

二、科技馆娱乐化科普创作的探索实践

（一）娱乐化科普创作核心

人们对于娱乐化持有的态度褒贬不一，甚至很多人觉得科普不应与娱乐关联，显得科普的严谨性不足，降低了科普的意义与价值。这是由于不少人一味地追求享乐主义，过度娱乐化导致的"泛娱乐化"现象，"泛娱乐化"的内容浅薄又空洞，创作粗糙，仅仅追求精神上的一时之快。因此，如果科普创作要以娱乐化角度开展，当是从其娱乐化积极的方向开展创作，娱乐化科普创作的核心在于对娱乐程度的把控，重点做到寓教于乐。

科技馆的科普创作成果展示体现了观众对参与娱乐性科普活动过程的感受度、对活动趣味性的体验度，科技馆给青少年儿童留下的第一印象在于好玩、有趣，寓教于乐就是要让公众特别是青少年在游玩和体验过程中收获的不仅仅是其对待科学、知识兴趣的提升，更是潜移默化地对科学的一种感知与学习。因此，科普创作娱乐化寓教于乐的形式是被大众认可并值得开展的。

（二）娱乐化科普案例

1. 传统娱乐化科普形式的开展

从传播学的角度看，科普就是一种大众的传播，在科技馆里，它的受众主要是儿童与青少年，所以赋予科技馆的教育功能具有更大的意义。传统的娱乐化科普形式在科技馆里展示最多应用的就在于科技馆里的展示手段与内容，如科普游戏、科普教具、科技体验等系列化的科普娱乐互动展品，更多地针对从儿童、青少年角度出发设计的科技体验项目，从硬件设备条件上，我们将这种基础的形式称为科技馆里传统的娱乐化科普形式。

2. 专业性科普综艺节目的推广

说到娱乐化科普，人们第一个想到的是与娱乐节目、综艺节目相关联，能够直接、专业化开展的科普综艺节目。人们印象深刻的当属 2016 年中央电视台推出的《加油！向未来》节目，该节目将物理、化学、生物等大型室内外科学实验转为益智答题。第一季节目中每期会有两位经过甄选并具有一定科学素养的普通人和明星组队答题比拼，并与主持人共同参与实验验证，通过科学实验让观众看到视觉奇观，呈现出科学之美。[1]《加油！向未来》节目改变了人们对科学的认识，科学与综艺的结合方式让科普变得既好玩又浅显易懂，科普的教育意义直接得到实现，一定程度上有效推动了公民科学素质的提高，更是在公众中掀起一股科学热潮。

2017 年，由湖南卫视和唯众传媒联合出品、中国科学院科学传播局特别支持的中国首档原创科技秀节目《我是未来》，再次将科技、科学的创作展示在大众面前，同样激起人们的科学热情。

3. 娱乐化科普的其他展示形式

当然除了我们提到的这些与科技、科普有直接关系的节目外，我们发现，在其他科普领域，与综艺结合的娱乐化现象也屡见不鲜，比如江苏卫视推出的大型科学竞技真人秀节目《最强大脑》、江苏卫视益智答题类节目《一站到底》、中央电视台首档全民参与的诗词节目《中国诗词大会》等分别在脑科学、生活百科、文学等领域有了改革与创新。娱乐化科普的形式成为一种常见的展示形式，这些新型的综艺节目也渐渐颠覆了人们对于娱乐综艺"游戏化"甚至"无脑化"的认知，知识性、益智类的特点逐渐突出并得到充分利用。

（三）科技馆娱乐化科普创作的发展

科普可以很严谨，可以"高大上"，但科普的过程可以有多种形式。娱乐化的优点在于它的传播速度、认知度、接受度是被大多数青少年所接受的，科普创作的娱乐化不失为一种科普教育的创新，也是一种新型的发展趋势，只有从人们的需求角度出发，才能最大限度地满足人们的科普需求。所以，科技馆科普创作借助综艺平台所达到的科普效果是值得尝试的。

1. 借鉴专业科普综艺节目的开展形式

以专业的科普视点开展科技馆科普创作，在科技馆业界中尤以中国科技馆为代表，它开创了不少原创科普节目，如《榕哥烙科》《科学开开门》《神奇实验室》《科技馆说》，多种展示形式在科技馆行业取得良好的反响。还有如2014年山东省科技馆与山东电视台《生活帮》栏目联合推出的暑期特别科普节目——《有趣的科学之趣味小实验》、东莞市科技馆与南方卫视合作拍摄的体验式科普益智类节目《好奇魔学堂》系列，借助地方媒体平台，科技馆对于进一步推动科学教育的传播发挥了积极的促进作用。

2. 利用综艺节目提升科技馆的知名度

综艺节目的娱乐性特点尤为突出，很多时候，综艺节目大多数被指利用于电影、音乐、电视娱乐节目，但是有些综艺节目潜在的寓教于乐教育功能是值得认可的，科技馆该如何与综艺节目进行结合呢？又该如何将科技馆的科普创作赋予娱乐行为、活动中呢？近些年，科技馆的场地优势吸引了众多综艺节目的参与，成为不少节目的取景拍摄地，比如浙江卫视《奔跑吧！兄弟》节目在 2014 年走进了重庆科技馆、2016 年走进了厦门诚毅科技探索中心、2018 年走进了山西省科技馆，还有江苏卫视《我们战斗吧》走进了厦门科技馆等，明星效应加深了公众对科技馆的认识，一定程度上有效提升了科技馆的知名度。

科技馆普及科学知识的社会责任与职责在综艺节目高热度的关注下，使更多的人注意到了科技馆，接触到了科学，并有效提高了公众对科学的感兴趣程度。

三、基于娱乐化科普创作的实践思考

现有科技馆对科普娱乐化的探索实践体现了新时代下科技馆的科普创作，科普教育应当从公众的角度出发，同时挖掘自身的科普能力，两者有效结合，才能进一步促进科普创作的创新与发展。

（一）加强科普创作的人本定位，做活科普

公众是科普创作成果的直接接收者，也是科普创作的受益者。如何让科普创作更有针对性，在创作之初直接体现的是对科普创作对象的定位，也即以人为本的把握程度。

科普创作必须贴近公众、贴近公众生活，必须围绕公众的生活和生产取材，围绕社会所关注的重点、热点、难点等科学问题选材，围绕公众的实际需求，充分考虑公众的兴奋点、兴趣点，采用人本的、快乐的、非灌输式的创作手法进行创作，以人为本，以公众为本，只有这样的科普创作才会不偏离科普方向，这样的科普作品才能够在公众中产生共鸣，得到公众认可。[2]

科技馆的科普受众主要集中于青少年群体，青少年对于接受新生事物的程度、对于前沿科学技术展示的兴趣程度都是比较高的，因而，在科普创作过程中一定要站在受众的角度，从青少年群体出发，从他们的需求出发，在创作过程中加强展品、活动的趣味性。借鉴娱乐化科普综艺节目的工作经验，有效提高科普的活力，提升受众参与的主动性和自愿性，调动人们对科学的兴趣和热情，最终实现做活科普的目的。

（二）优化科普创作的内容创新，做强科普

科技馆的科普创作只有从内容上优化与丰富，才能从实质上强化自身的科普功底。一方面，在展示形式上，科技馆的科普创作在展品方面毋庸置疑地在其体验性、趣味性方面得到了发挥，因此需要在此基础上做好与时俱进的优化与提升；另一方面，在活动上，科学实验、科学表演、科普剧等只有在内容上贴近公众，做好创新，才能进一步做强科普，提升科技馆自身的科普软实力。

（三）提高科普创作的寓教于乐，做深科普

科普的深度过深往往成为公众接触科学、学习科学的一道屏障，如何打破这个屏障？那就是把科普做到浅显易懂、公众乐于接受。科技馆借鉴娱乐化的科普创作，有效达到让公众在玩中学、学中玩，当然科普的深度建立在科学严谨的基础上，在其基础上增强科普的趣味性和娱乐性。不做简单的科学灌输，科普教育的深度也会因为科普展示形式的趣味性而变得更为大众所认可和接受，有效充分地利用寓教于乐的特点，进一步促进公众对于科学深度的把控，让科普产生更好的教育效果。

四、结语

当然，借助娱乐只是科普的一种形式，在运用过程中还必须掌握好度，否则很容易造成"泛娱乐化"现象，所以科技馆的娱乐化科普创作在激发公众兴趣的同时，应当尊重科学的严谨性，在增强科普趣味性上结合一定程度

的娱乐，同时杜绝娱乐大于科学，避免让科学成为一种陪衬。我们在肯定、借鉴娱乐化科普激发公众的科学兴趣与热情的同时，不能过分夸大娱乐在科普中的作用。公众科学素质不可能只是在看科普娱乐节目、玩科普游戏中就能得到有力提升，还需要通过自身的努力学习和多种形式的科普活动来共同积累和助推。[3]

　　科技馆科普创作的娱乐化形式下所取得的科学传播效果以及推动科学普及的发展是有目共睹的，因此，娱乐化的科普创作重点在于满足观众的好奇心，同时增强科技馆的科普活力与生命力，充分发挥娱乐化下科普教育的目的与效果，助力公众科学素质的提升。

参 考 文 献

［1］佚名.《加油！向未来》官网节目介绍［EB/OL］［2018-07-12］. http://tv.cctv.com/lm/jyxwl/index.shtml.

［2］张继红，李云海. 浅谈现代科普创作的基本理念［M］//中国科普研究所. 中国科普理论与实践探索——2010科普理论国际论坛暨第十七届全国科普理论研讨会论文集. 北京：科学普及出版社，2010：175.

［3］吴月辉. 科普可以娱乐化吗［J］. 青年记者，2017（25）：5.

数字媒体时代下公众科技安全素质提高的科普产业研究[*]

侯蓉英[1, 2]　郑　念[1]　尹　霖[1]

（1. 中国科普研究所，北京，100081；2. 华北科技学院，廊坊，065201）

摘要：随着智能手机和平板电脑的不断普及，数字科普移动阅读开始进入快速增长阶段，尤其是在当下科技传播迅猛发展的时代，数字科普移动阅读对公民科技安全素质的提高起到了至关重要的作用。本文将借鉴国外科普移动阅读的产业模式，以此对我国的数字科普移动阅读产业的整体竞争态势进行详细阐述，强调数字科普移动阅读正在颠覆着科普产业的发展，数字媒介科普内容移动化、科普资讯快捷、更新化让人们随时随地可以通过移动阅读，关注和获取大量全球最新的前沿科技成果，提升公众的自我科学素养，并将科技成果普惠化。

关键词：科技安全；数字移动阅读；科普产业

Research on Science Popularization Industry of Digital Science Popularization Mobile Reading to Improve the Scientific Literacy of the Public

Hou Rongying[1, 2]　Zheng Nian[1]　Yin Lin[1]

（1. China Research Institute for Science Popularization，Beijing，100081；

2. North China Institute of Science & Technology，Langfang，065201）

Abstract：With the popularity of smart phones and tablets，the mobile

---

* 本研究属教育部青年基金资助项目（编号：3079）；教育部社科基金青年项目（15JYC760023）；河北省社会科学基金项目（批准号：HB18FX020）；廊坊市科学技术局项目（编号：2018029045）。

作者简介：侯蓉英，中国科普研究所博士后，主要研究方向：科学传播、科普政策。e-mail: 9hry@163.com。郑念，中国科普研究所研究员，政策室主任，主要研究方向：科普政策。e-mail: 873646944@qq.com。尹霖，中国科普研究所副研究员，政策室副主任，主要研究方向：科普政策。e-mail: yinlin213@126.com。

reading of digital age has entered a rapid growth stage，which is especially characterized by the rapid development of science and technology. Digital mobile reading has also played a crucial role in improving the literacy of the public. This paper will analyze the industrial model of the foreign surgical general mobile reading，and elaborate on the overall competitive situation of the digital science mobile reading industry in China，which means that digital science mobile reading is subverting the development of the science industry. The rapid and updated science and technology information enables people to read and access to a large number of the latest cutting-edge scientific and technological achievements at any time and any place，thus enhancing the public science literacy and purifying the scientific and technological achievements.

Keywords：safety of science and technology；digital mobile reading；science popularization industry

当前我们正处于科技传播迅猛发展的时代，随着数字移动终端智能手机和平板电脑的不断普及，数字科普移动阅读不仅成为人们获取科技信息的重要手段和途径，同时也对公众科学素质的提高起到了至关重要的作用。据预测，2017 年数字阅读增长率为 25.5%，2018 年为 18.6%。[1] 通常意义上，数字科普移动阅读是指借助智能手机、平板电脑、电子阅读器等科技移动设备作为终端，在移动终端上浏览、收看或收听，并将有价值的科普信息进行收藏或与朋友分享的阅读行为活动。在这个过程中，由于数字科普移动阅读获取科技信息的同步、即时和便捷性的优势越来越突出，为公众尤其是青少年阅读带来了全新的科技体验。数字媒介终端科技内容移动化、科技安全信息普及化、科技资讯更新化的特点正在消除人们使用媒体的时间和空间限制，让人们随时随地可以通过移动阅读，关注和获取大量全球最新的前沿科技成果，提升公众的自我科学素养，同时又将这些科技安全成果普惠化。数字移动阅读正在颠覆着科普产业的发展。

一、数字科普移动阅读平台的设计与构建

数字科普移动阅读平台通过科技设计不仅实现了触、视、听多种感官相结合的交互式的阅读体验，更重要的是在阅读内容的服务上加大了科普理念与科普信息价值的嵌入。在现代社会，科技每天都在高速发展，科普信息不仅成为人们的一种思想观念，更成为现代人的一种生活方式。科技生活化的时代已经全面来临。关注科普信息，了解科技发展的思想意识已经深入人心，同时这也成为社会进步的重要力量。通过移动终端的科普阅读平台，人们在获取相关科技资讯的同时，逐渐形成了自己的科技观。不仅科学家、科研人员、媒体、相关从业者以及公共人员需要通过数字科普移动终端生产和传播科学信息，公众之间也乐于互相分享科普信息以此体现自己的超前性和社会价值。

在数字科普移动阅读终端中，手机、平板电脑、电子阅读器等科技移动设备的便携性与阅读平台的智能设计推动了数字科普阅读的发展。相较于平板电脑、电子阅读器，智能手机体形小巧、功能多样、携带便捷，成为广大移动用户最喜爱的终端。平板电脑的种类增加，性能优越，屏幕较大，在体验上相对较好。[2] 同时，一些新型阅读器待机时间长、采用 LED 屏幕、便于携带、成本低、可通过设在硬件制造商服务器上的应用软件适当进行下载等，从而真正实现了一机多用的功能。数字科普移动阅读专注科普平台与技术的结合，强调阅读产品的科技交互，交互的应用与设计给用户阅读带来了美好的科技体验。阅读平台上的多功能翻页特效，支持书签、全屏、自定义阅读文字与背景、白天与夜间看书模式、自定义缩放、自定义屏幕亮度、备份阅读历史等功能设计 [3]，给公众的科普阅读带来愉悦感和舒服感。例如，当当网的阅读界面就分为上下两个主次导航，主导航键上是目录、足迹、设置、夜间四个功能；次级导航键上是购买、分享、评论、添加书签等功能，在目录键下包含目录·笔记·书签 [4]；白天与夜间亮度切换的功能键可以设计成为快捷键，在设置功能键中有亮度、字体、背景色的调节，对于繁、简字体的切换、熄屏时间的选择、行距段落调节，用户可以实现自身的个性化

设计。先进的数字技术为科普阅读提供了强有力的硬件服务。科普移动平台在为公众满足内容服务需求的基础上，更加注重阅读的交互功能。在阅读界面的设计上，阅读功能的科技信息查询、全方位交互支撑着用户的移动阅读科技体验，比如有的在界面上插入音频、视频等多媒体，有的则提供分享、收藏等交互内容，并且形成"图片+标题+提要"式的内容导航，读者可快速点击进入正文阅读或进行分享、评论等操作。这些功能设计在很大程度上利用 HTML5 技术来实现，该技术可以充分提升读者搜索信息的质量，提供完善的多媒体功能，为科普阅读信息提供丰富的展示形式。另外，数字科普移动阅读还有数字版权管理 DRM 科技传播技术，DRM 技术在数字化环境下，主要致力于对数字科普内容的安全性与加密技术的开发，借助加密与封装等技术，使数字科普内容和权利主体获得对数字内容的控制权。

二、国内外数字科普移动阅读科普产业类型

在数字科普移动阅读的科普内容，最流行的科普资讯不仅极大地满足了公众的求知欲，同时向公众传播了最前沿的科技理念。当前拥有广泛的科技视野，已成为公众时尚生活的重要风向标，这也成为数字科普移动阅读盛行的重要原因。数字科普移动媒体产业对推动科学知识的普及发挥了重要作用。数字科普移动媒体产业不仅局限于发表科学研究领域的科研成果，同时承担着将高深、前沿的科学研究成果向公众普及，让更多的社会公众、媒体了解科技成果的价值，提升公众的科学素质，在"互联网+"的传播模式下，科技期刊的科学传播模式与传播价值应得到更多的提升。[5] 例如，《自然》《科学》为适应读者的科技资讯的信息需要，通过创建多种栏目，采用不同媒体格式，运用通俗易懂的语言将深奥的学术原理和知识加以叙述，使得非专业大众也能看得明白，同时将刊发的前沿、创新的研究成果撰改为新闻，并借助大众媒体发布，满足普通群体对科技前沿信息的关注需求。[6]

数字科普移动阅读内容丰富了公众的信息量，满足了公众的求知欲，这也是数字科普移动阅读盛行的重要原因。目前的数字科普移动终端的阅读平台不仅囊括了医药卫生、工程技术、电子通信等大量科技资讯内容，同时还

将科技生活的时尚理念渗透到了公众的思想中。目前最流行的资讯当属科技内容，拥有广泛的科技视野已成为当前公众时尚生活态度的重要标志。

在新的传播模式和需求下，数字科普移动阅读根据目标受众的媒体阅读与使用习惯，借助科普平台传播科技知识，建立了多样化的科普媒体平台，形成数字科普移动阅读的科普产业矩阵，如 APP、博客、网站、微信、电子期刊等。

国内外流行的科普 APP 相当广泛，有"starwalk""Anatomy 4D""太空达人""星图""物理感知""快看科普""十万个为什么""果壳精选""揭秘太阳系""凤凰微客体验版""鸟类科普""农作物科普""时间简史"等。科普 APP 在阅读基础上强调用户的科技交互应用和体验，便利了不同区域的人能够共同分享科技最新潮流资讯。美国很多国际知名学术期刊都发布了 iPad 电子期刊 APP 应用客户端，这些客户端应用通过精美的设计、便捷的导航、流畅的阅读体验为读者提供了最欢快的科技体验。

国外知名的科普类电子期刊有 *Scientific American*（《科学美国人》）、*Popular Science*（《科技新时代》）、*PC World*（《电脑世界》）、*Entrepreneur*（《企业家》）、*Wired*（《连线》）。国外的科普类博客与科普网站有 TechCrunch、Engadget（瘾科技）、CNET（科技行者）、9to5mac、MacRumors（苹果传闻）、Recode、ZDNet（至顶网）、VentureBeat（风投脉搏）、Futurism（未来主义科学）、How-To Geek（极客指南）、The Next Web、Techmeme 等。这些国外知名科普博客网站，有一些是致力于网络科技评论和数据分析的博客站点，有一些是关注全球最新科技前沿的，例如人工智能、增强现实、机器人、物联网等，还有一些是在新领域推出新观点的科技博客站点，其栏目有推出新产品、新发明、新的科技生活、新的科学发现等。

而国内比较成熟、专业的科普媒体网站如 DoNews、虎嗅网、钛媒体、36 氪、TechWeb、品途网、亿欧、速途网等，不仅有专业的新闻观点，内容的产生模式也比较新颖和多样化。同时，他们建立了全媒体平台。这些科技媒体有着深度的专业科技观点，评价指标有一套非常成熟的标准，他们关注创业、电商、游戏、数码 3C 硬件等。

国内科普微信类的公众号有"量子科学""京科普""Nature 自然科研"

"未来论坛""环球科学""前科技前沿""科技杂谈"等。微信阅读的本质还是科技内容的前瞻性和新奇感，会给公众阅读带来不一样的体验，因此，开发有意义的数字阅读内容是移动阅读的核心。公众通过数字移动阅读，能够在第一时间了解到科技动态、"黑科技"的资讯。可以说，谁最快速度地掌握前沿流行科技，谁将会成为社会中流砥柱。

三、国外数字科普移动阅读的科普产业模式研究

就全球来看，美国数字科普移动阅读的科普产业无疑是走在最前面的。美国数字科普移动阅读的科普产业模式主要是美国的电子科技书籍、终端阅读器生产商、技术提供商、电信和移动运营商依托科技专业领域的资源，建设数字移动资源平台，通过有效运营，为读者提供移动科技内容的阅读和信息服务，并获得盈利。在美国，数字科普移动电子书阅读非常发达，自由度和灵活度也非常高，而且科普内容的数字阅读品种异常丰富，表现形式多样，能够及时捕捉社会热点与焦点。美国很多国际知名学术期刊都发布了iPad 电子期刊 APP 应用客户端，这些客户端应用通过精美的设计、便捷的导航、流畅的阅读体验，为读者提供了最新的科普信息。

美国数字科普移动阅读科普产业内容开发模式呈现为三种形态：第一种方式是"阅读器+内容平台"的 Kindle 模式。该类型最典型的是亚马逊，2009 年，亚马逊公司推出 Kindle 电子书店，配合这一电子图书，Kindle 电子书店同时推出了基于 iPhone、iPad 和 Android 的免费软件下载，读者只需要购买一次 Kindle 电子图书，就可在已经安装了 Kindle 阅读软件的所有设备上阅读。2011 年推出搭载云服务器的平板电脑 Kindle Fire，市场反应良好。[7]第二种方式是"终端设备+内容平台"的 iPad 模式。iPad 有更广泛的兼容性，科普内容提供商可为其开发更丰富的内容资源。[8]除了苹果 iPad 的应用商店外，微软公司与英特尔于 2012 年 6 月 19 日向全球发布了 Surface 系列平板电脑，开发基于 Windows 8 系统平台的阅读应用程序。[9] 2012 年美国最大的手机社会化阅读平台 Flipboard 发布了基于 iPhone 的中文版应用。第三种方式是"海量资源+开放网络平台"的 Google 模式，它开放网络平台 Google

Editions，用户可以通过手机、上网本和电子阅读器等设备下载购买电子书。[10]

美国数字科普阅读的科普产业主要是依托专业的科技领域的资源，为读者提供科普内容和信息服务，并获得盈利。例如，Wiley-Blackwell 出版集团拥有近 500 种专业期刊，覆盖 14 个学科领域，其中在科学、技术、医学和学术出版方面的专业出版在线平台打破了传统专业期刊的局限，能够更好地满足细分人群的个性化需求，从而创造出更多的市场需求。

同样，德国也启动了"数字图书馆"（DDB）计划，该计划将把数百万本图书、影片、影像及录音档案数字化，并可在线搜寻，将有 3 万多家图书馆与博物馆参与。德国施普林格出版集团作为全球最大的科技出版集团之一，在全球范围内有 70 多家出版社，专注于科学技术、医学等出版领域。[11]德国 SpringerLink 是全球第一个跨产品的电子出版服务平台，它实现了在一个平台上同时提供电子期刊、电子图书、电子丛书和大型工具书等在线资源。2012 年，SpringerLink 平台上科学、技术和医学所有领域的各类书籍都可以通过开放获取的形式出版。SpringerOpen 书籍可在 SpringerLink 上永久免费在线获得，并在开放获取书籍目录（DOAB）内列出，提高了能见度和可发现性。[12]

日本数字科普阅读产业链由内容创作、内容提供商、内容服务商、通信运营商和读者五个环节组成，各环节分工较为明确，合作共赢顺利，收益分配基本合理。上游是科普内容提供商，其提供的科普内容贯穿于整条产业链，产业链的形成也是围绕着科普内容进行的。日本政府对数字科普内容产业的定位为"积极振兴的新型产业"。

四、国内数字科普移动阅读的科普产业链发展

目前，国内数字科普移动阅读产业的主导者主要有四种类型，第一类以互联网巨头为代表，通过收购互联网文学网站、阅读 APP 产品等来获得内容与平台，如腾讯公司旗下的 QQ 阅读；第二类为电信运营商，国内三大电信运营商都涉足了数字阅读行业，中国移动、中国联通、中国电信自有的阅读

平台分别为咪咕阅读、沃阅读以及天翼阅读；第三类主要是电商企业，通过传统纸质图书销售向数字化转型介入数字阅读行业，典型代表为京东阅读；第四类则为独立运营的数字阅读企业，通过开发自有阅读平台来分发内容、生产内容、积累用户，从而实现平台价值。[13]

在数字科普移动阅读服务平台的产业链中，主要涉及科普内容发布商、提供商的资源广度，通过数字科普移动阅读的服务界面，将科普内容以聚合、管理、发布、传递的方式传播给公众，以达到阅读的目的。目前，数字科普移动阅读的平台存在两种模式：第一种模式是借助厂商开发的移动阅读终端实现数字阅读，例如汉王电子书。汉王是目前国内最大的阅读终端设备执照商，开创了较为成功的商业化运作模式，它主要通过自己的移动终端以电子阅读器的模式完成公众阅读。[14]方正集团也是其中重要的代表，它与硬件厂商和内容提供商合作，开发数字阅读器模式，如文房阅读器、番薯网等来实现阅读。第二种模式，目前最常用的阅读方式是在手机终端或 iPad 开发移动阅读 WAP 网站、移动阅读APP 和微信阅读。这主要是中国移动电信运营商和媒介运营商作为主导和利益的分配者。国内的 ZAKER（扎客）、鲜果联播、指阅、无觅、书客等媒介平台纷纷推动数字科普移动阅读领域；一些数字出版机构、图书情报机构也都纷纷利用手机终端和 iPad 拓展移动阅读服务。中国移动通过无线接入服务与媒介运营商一起，将手机阅读向阅读器、平板电脑领域渗透，成为产业链的整合者。[15]

中国数字科普出版付费模式大多采用产品交易的形式，获取读者的直接付费收入则是这种模式的主要特征。该模式首先要签订出版电子书的合作协议，签订方涉及作者自身、电子出版商以及相关的互联网期刊出版商等。这种模式的存在形式包括以下几种：第一，收费单位为互联网论文期刊数据库，读者通过付费下载，来获得学术价值较高的研究性资料；第二，手机服务收费，可以是手机铃声或是手机报的订阅，也可以是手机小说或手机游戏的订阅，付费方式很自由，可包年、包月，涉及内容商、提供商、电信运营商；第三，专门的读书频道和一些原创的文学网站，采取前半部分免费、后半部分收费的形式；第四，电子书网站，收费方式类似于期刊数据库，库中的电子书既包括免费阅读的，又包括付费阅读的，在前半部分试读之后，是否付费继续阅读全文，由读者自行决定。[16] 国内数字移动科技传播从运营商、内容商、提供商等产业链的发展虽然模式上较为成熟，但是在原生内容上还是略显不足。

通过与国外的数字科普移动阅读比较，不难发现，中国移动阅读真正的发展除了要在科普阅读功能的体验上下功夫外，数字科普内容的开发实际上才是根本，没有好的内容黏附性，受众就会大批地流失，数字科普移动阅读也就失去了本来的意义。开发有效的科技内容是核心，有效的科普阅读形式是外在形态，只有两者有效结合，中国的数字科普移动阅读才有真正未来的发展。

目前对于中国科普内容的开发，还需要与国外资源有效联合，这既是对原有模式的一种优化和更新，同时也是优质资源的有效补充，打破跨资源、跨内容的屏障，真正颠覆性的科普移动阅读革命才会真正到来。

参 考 文 献

[1] 智研咨询. 2017 年中国数字阅读市场规模及发展趋势分析 [EB/OL] [2018-07-01]. http://www.chyxx.com/ industry/201706/537472.html.

[2] 董进. 基于用户体验的移动阅读类 APP 界面设计与研究 [D]. 长春：长春工业大学，2016.

[3] 李姗姗. 掌阅科技：用工匠精神打造阅读"神器" [J]. 中国商界，2017 (12)：75.

[4] 同 [2].

[5] 周华清. 科技期刊的移动优先出版模式研究 [J]. 科技与出版，2017 (1)：78-83.

[6] 张瑞麟，张韵，高峻，等. 移动互联网与农业科技期刊的融合发展思考 [J]. 农业图书情报学刊，2016 (7)：146.

[7] 张晗. 文化科技融合背景下的中国出版产业数字化转型研究 [D]. 武汉：武汉大学，2013.

[8] 百度文库. 关于数字出版产业发展现状及问题分析 [EB/OL] [2018-07-01]. https://wenku.baidu.com/view/b2f7381d227916888486d736.html?from=search.

[9] 同 [7]。

[10] 同 [8]。

[11] 汪忠. 数字出版的商业模式与传统出版企业的数字出版发展 [J]. 出版发行研究，2008 (8)：58-63.

[12] 杨锐. SpringerLink 数字出版物平台特点浅析 [J]. 科技与出版，2014（12）：13.

[13] 李姗姗. 掌阅科技：用工匠精神打造阅读"神器"[J]. 中国商界，2017（12）：76.

[14] 同 [8]。

[15] 同 [14]。

[16] 王冰. 移动互联背景下数字出版的商业模式分析 [J]. 出版广角，2015（8）：37.

基于量化指数的科学类展品受欢迎度评估研究

胡　芳

（上海科技馆，上海，200127）

摘要：展品作为博物馆的重要资源，也是博物馆与观众交流的纽带，对其进行评估对于博物馆的观众服务非常重要。本文首先明确了科学类展品和展品受欢迎度的定义，并基于此构建了针对科学类展品受欢迎度的量化指数，分别为展品吸引观众数量、展品吸引观众时间，以及观众满意度，每个指数均为客观、可比的无量纲化值。最后基于建构的量化指数，对具有不同特征的四件展品进行了评估实证研究，并根据实证研究的过程与结果进行了分析与总结。

关键词：展品；受欢迎度；量化指数；评估

Research on the Popularity Evaluation of Scientific Exhibits Based on Quantitative Index

Hu fang

（Shanghai Science & Technology Museum，Shanghai，200127）

Abstract：As an important resource for museums，exhibits are also a link between museums and visitors，so their evaluation is very important for the audience service of the museum. This paper first defines the scientific exhibits and the popularity of scientific exhibits，and on this basis，it builds a quantitative index for the popularity of scientific exhibits. There are three indexes：the number

---

作者简介：胡芳，上海科技馆科普研究员，科技管理工程师，主要从事科学传播与博物馆评估相关研究。
e-mail：huf@sstm.org.cn。

of visitors that exhibit attracts，the time that visitors spent on the exhibit，and audience satisfaction. Every index is objective and comparable. Finally，based on the quantitative index，the empirical research on four exhibits with different characteristics is carried out.

Keywords：exhibits；popularity；quantitative index；evaluation

进入 21 世纪以后，博物馆迅速发展，以提高博物馆质量为目标的各类评估也在博物馆中如火如荼地展开。展品是博物馆中最基本的元素，是博物馆的重要资源，也是博物馆与观众交流的纽带，因此对展品效果的评估是博物馆评估以及观众研究的重要内容之一。纵观国内外关于展览展品评估的研究，有从专家角度出发评价的，有从展品本身角度出发评价的，也有从观众角度出发评价的；有从某些方面进行评价的，也有建构完整评价体系的；有阶段性评价，也有全过程评价。

Melton 等研究了不同特征的展品吸引观众的情况，证实大型的、有声光或互动装置的展览在很大程度上比那些小型的、无声的和静止的展览更能吸引观众的目光[1, 2]。Sandifer 的研究表明，观众在非互动展品上的平均用时为30 秒，互动设施的平均用时则达到此时间的 3 倍[3]。Sandifer 的另一项研究发现，观众在技术创新类和开放类展品上花费的参观时间最长。[4] Borun 和Dritsas 研究了那些吸引家庭观众的展览及展品，并总结了它们的七大特征，分别是多角度、多用户、便利性、开放性、多元性、可读性和相关性。[5]

宋向光指出，对展览展品的评估，要包括展览目的、要素、结构、过程和效益这五方面。[6] 展览目的是对展览本身和展览观众的认识和预期，同时还反映布展者对实现这些预期所需措施的预估；展览要素包括展品、展具、说明、安全和服务等因素；展览结构反映的是通过何种视角、什么内容、何种组织方式、什么样的空间布置来呈现展品和展览；展览过程包括展览的成本控制、实施过程把控、展览现场指挥和服务、宣传推广、安全保卫等多个方面；展览效益评估指的是对展览展品社会贡献的评估，包括观众反应、社会关注、媒体反响，以及直接、间接经济效益等。李林根据评估实施的阶段，分别建立了前置性评估、过程性评估和总结性评估的指标体系，其中，总结性评估可分为六个维度和十二个具体指标。[7]

本研究主要针对科学类展品，对其受欢迎度进行评估。本文中所指的科学类展品是指具有科学性、互动性和创新性等特点，其设计目的是为了向公众传播科学原理[8]，为参观者提供独特的科学经历。展品的受欢迎度是指针对观众，从主观和客观的角度出发，评价展品是否能够吸引观众以及展品带给观众的感受。

一、研究方法

本研究分为两个部分，一是建立展品受欢迎度的量化指标，二是基于建立的指标进行评估实证研究。量化指标的构建也分为两部分，一是确定指标的计算方法，二是确定指标中涉及变量的数据采集方法，其中指标的构建采用无量纲化处理，指标中相关数据采集采用跟踪计时法与量表法。

（一）跟踪计时法

观众跟踪计时是指记录观众在展览中去了哪里，干了什么，可以得到观众的停留时间、行为数据等定量数据，可以在观众不知情的情况下进行，也可以告知观众。在博物馆中观察观众有很多方法，跟踪观察不仅要明确方法，还要明确分析单元，可以以展品为单元，也可以以展览甚至整个博物馆为单元，但以展品为单元更为常见。跟踪计时需要统计的变量可分为四类：停留行为、其他行为、人口统计学变量、环境变量。[9]停留行为是指观众去了哪里，在哪里停留，如何分配时间；其他行为是指观众在停留之外在干什么；环境变量是指对观众造成影响的环境因素，例如季节、拥挤程度等。

（二）量表法

本文对观众满意度的调查采用利克特量表，通过对展品各方面的陈述，调查观众的态度，量表采用双边测量，并对不同意见赋予分值：5=非常同意，4=同意，3=不确定，2=不同意，1=非常不同意。通过量表评估观众对于展品的参观感受，之后对观众填写量表的分值进行计算。

二、量化指数构建

本研究中的展品受欢迎度是指展品是否吸引观众，观众参观后是否满意，评估本身不涉及展品的知识内容的传递情况，也不涉及展品本身的因素，例如展品设计的艺术性、是否人性化、材料是否安全耐用等，展品自身的因素与外部因素对观众形成的影响、给观众带来的感受都包含在满意度调研中。因此，针对展品的受欢迎度，本研究构建了三个量化指标，分别为：展品吸引观众数量、展品吸引观众时间和观众满意度。为了使指标值更加客观，并具有可比性，对每个指标进行了无量纲化。

（一）展品吸引观众数量

展品吸引观众数量的计算方式为参观此展品的观众数量与参观整个展览的观众数量的比值，即参观此展品的观众数量/参观整个展览的观众数量。

用 N 表示参观此展品的观众数量，M 表示参观展览的观众数量，则展品吸引度用公式表示为

$$y_1 = \frac{N}{M}$$

（二）展品吸引观众时间

展品吸引观众时间的计算方式为观众参观此展品的时间与观众参观整个展览的时间的比值，即观众参观此展品的时间/观众参观整个展览的时间。

用 t_i 表示第 i 个观众参观此展品的时间，p 表示统计的样本数；T_j 表示第 j 个观众参观展览的时间，q 表示统计的样本量，则展品吸引度用公式表示为

$$y_2 = \frac{\sum_{i=1}^{p} t_i / p}{\sum_{j=1}^{q} T_j / q}$$

（三）观众满意度

观众满意度分为四方面，分别为展品内容满意度、展示形式满意度、展品配套服务满意度、展品配套活动满意度，通过量表得到相应数据（表1）。

表 1 观众满意度量表

序号		非常同意	同意	不确定	不同意	非常不同意
	展品内容满意度					
1	展品知识内容丰富，激发了我对相关领域的兴趣					
2	展品帮助我理解学习了相关知识					
3	展品的知识内容易于理解					
4	展品知识内容有趣					
	展示形式满意度					
5	展品展示形式新颖有趣					
6	展品展示形式数量合适					
7	展品展示形式达到了传播相关知识的目的					
8	展品展示形式易于理解和操作					
	展品配套服务满意度					
9	工作人员能够解答我关于展品的问题					
10	工作人员能耐心回答问题					
11	工作人员的答案能帮助我理解展品内容					
	展品配套活动满意度					
12	展品配套教育活动内容有趣					
13	展品配套教育活动拓展了展品的内容					
14	展品配套教育活动形式有吸引力					
15	展品配套教育活动组织有序					
16	展品配套教育活动频次合适					

对量表数据的计算方式为观众对各项内容的满意度分值之和与总分值的比值，再取参与观众的平均值。

用 r 表示测试项目数量，p 表示统计的样本量，C_{ij} 表示第 i 个观众对第 j 项测试题目的满意度分值，则观众满意度用公式表示为

$$y_3 = \frac{\sum_{i=1,\,j=1}^{p,\,r} C_{ij}}{p \times 5r}$$

三、实证研究

实证研究共评估 4 件展品。第一件展品为上海科技馆鸡年生肖展"鸡密档案"中的 1 件展品，"鸡密档案"通过 17 个有趣的问题揭开鸡形目的秘

密，评估的展品为第三个问题"世界上有多少种鸡"。其余三件展品位于上海科技馆"智慧之光"展区，该展区是一个互动性非常强的常设展区，主题是通过若干互动展品向观众阐释一些基本的物理原理。评估的三件展品分别为"辉光球""人力发电""能量穿梭机"。

选择评估的这四项展品各有特点："世界上有多少种鸡"通过音频的形式互动和进行知识讲解，"智慧之光"展区的3件展品均为互动体验项目："辉光球"展项可多人自由互动，"人力发电"可以三人同时体验，"能量穿梭机"为大型互动体验装置，在有观众互动体验的同时，允许若干观众观看，此外，此展项会定时自动演示，供观众参观。

（一）评估展品概述

1. 展品1："世界上有多少种鸡"

展示主题：该展品通过图文和语音阐释几种典型的鸡，如尾巴最长的鸡、分布最广的鸡等（表2，图1）。

表2 "世界上有多少种鸡"展品说明

展示形式	数量	说明
图文板	5块	阐释的知识主题与图片
互动模型	5组	语音的电话模型
语音	5个	知识内容的说明

图1 "世界上有多少种鸡"展品图片

2. 展品 2:"辉光球"

展示主题:"辉光球"的互动及其原理(表3,图2)。

表 3   "辉光球"展品说明

展示形式	数量	说明
图文板	1块	知识说明
辉光球	1组	互动项目

图 2   "辉光球"展品图片

3. 展品 3:"人力发电"

展示主题:观众通过互动骑自行车的项目了解能量转换的知识(表4,图3)。

表 4   "人力发电"展品说明

展示形式	数量	说明
图文板	1块	知识说明
互动自行车模型	1组	互动项目

图 3　"人力发电"展品图片

4. 展品 4："能量穿梭机"

展示主题：通过互动演示阐释势能与动能相互转换的原理（表 5，图 4）。

表 5　"能量穿梭机"展品说明

展示形式	数量	说明
图文板	1 块	知识说明
互动装置	1 组	互动项目

图 4　"能量穿梭机"展品图片

（二）数据采集

根据前文所述方法，评估中需要采集的数据为参观展区和展品的人数，观众参观展区和展品的时间，以及观众对展品的满意度评价。具体的数据采集方法为：选择一天中的 4 个时间段作为采样时间，每间隔一小时采样一次，每次采样一小时。计算每次采样时间内参观展区和展品的人数，以及参观展区和展品的时间。展区的参观时间的采集方法为：在展区入口随机选择观众发放编号牌，并记录时间，随后在展区出口回收编号牌并记录时间，同一编号牌的两次时间之差即观众参观时间。观众参观展品的时间通过对观众的跟踪计时完成。展品满意度量表通过随机选择参观过展品的观众让其填写满意度量表采集。4 项展品数据采集见表 6。

表 6　各展品评估数据采集

采集项目	世界上有多少种鸡	辉光球	人力发电	能量穿梭机
展品观众数（N）（人次）	416	363	165	105
展览观众数（M）（人次）	1885	610	610	378
展品吸引观众数量（N/M）	0.22	0.6	0.27	0.28
观众参观展品时间（t）（分钟）	1.62	2.6	2.75	7.08
观众参观展览时间（T）（分钟）	5.07	24.26	24.26	24.26
展品吸引观众时间（t/T）	0.32	0.11	0.11	0.29
观众满意度	0.28	0.91	0.92	0.83

（三）评估结果

从表 6 中可见，在观众数量方面，"辉光球"展项吸引观众人数最多，"人力发电"与"能量穿梭机"结果相似，"世界上有多少种鸡"吸引观众数量最少。在观众参观时间方面，"世界上有多少种鸡"观众参观时间最长，"辉光球"和"人力发电"观众参观时间最少，"能量穿梭机"观众参观时间居中。在观众满意度方面，"人力发电"的观众满意度最高，"世界上有多少种鸡"的观众满意度较低。

从以上结果可知，"辉光球"展项由于展品外观具有较强的吸引力，而且能够多人同时参与互动，因此能够在第一时间吸引较多观众，"世界上有多少种鸡"展项与另外两项展品相比，互动性较低，因此吸引观众人数较少。参观时间主要受展项本身的内容与形式影响，观众在较短的时间里就可以完成与"辉光球"展项的互动，"人力发电"展项只能三人同时互动，想要参与的观众需要排队等候，因此有些观众只是驻足观看，"能量穿梭机"和"世界上有多少种鸡"两个展项本身都需要观众花较多时间才能完成与展项的互动。从这四项展品的观众满意度可见，观众较喜欢外表抢眼、互动性较强的展品。能够第一时间吸引观众的展品，观众对其满意度一般也较高。

四、结语

本研究分析了与展品受欢迎度相关的三个指标，并构建了三个指标的量化指数，最后采用构建的指标和指数进行了实证研究，评估了四件展品。实证研究发现，通过对指标进行指数量化之后，操作简便易行，能够客观真实地反映展品受欢迎度，并能对不同展区、不同类型的展品的受欢迎程度进行比较。本研究构建了三个独立的指数，在实际应用中，可以根据评估需要，只对单个指标进行数据采集和评估；也可以根据评估的侧重点，对各个指标赋权值，将三个指标进行整合，最后计算出展品受欢迎度的指标值。

本研究构建的三个指数，其中参观人数和时间是完全客观的数据，观众满意度是观众的主观态度。每个指数都能从一个侧面反映展品的受欢迎度，但是得出的结果并不能完全评价展品的受欢迎度，因为这些数据还受到其他因素影响。例如，观众人数可能受到展区整体布局的影响，可能一个展品前观众人数多只是因为拥挤；而观众的参观时间也受到展品本身的内容量和展示形式的影响，并不能完全体现观众的好恶；观众满意度可能也会因为观众的个人兴趣而产生差异。然而，只要评估的样本量足够大，这些外部因素的影响就可以消除。评估的结果除了体现展品受欢迎度之外，同时呈现的这些影响因素的信息对博物馆之后的展品展览的设计布展、观众服务能力的提升也是有所帮助的。

参 考 文 献

[1] Peart B. Impact of exhibit type on knowledge gain, attitudes, and behavior [J]. Curator, 1984, 27 (3): 220-237.

[2] Melton A W. Visitor Behavior in Museums: Some early research in environmental design [J]. Human Factors the Journal of the Human Factors & Ergonomics Society, 1972, 14 (5): 393-403.

[3] Sandifer C. Time-based behaviors at an interactive science museum: Exploring the differences between weekday/weekend and family/nonfamily visitors [J]. Science Education, 1997, 81 (81): 689-701.

[4] Sandifer C. Technological novelty and open-endedness: Two characteristics of interactive exhibits that contribute to the holding of visitor attention in a science museum [J]. Journal of Research in Science Teaching, 2003, 40 (2): 121-137.

[5] Borun M, Dritsas J. Developing family-friendly exhibits [J]. Curator, 1997, 40 (3): 178-196.

[6] 宋向光. 博物馆展览的评估与达标 [N]. 中国文物报, 2001-10-26 (6).

[7] 李林. 试论原创性展览观众评估指标体系的构建 [J]. 中国博物馆, 2013 (2): 54-60.

[8] 廖红. 从展品研发角度谈科普展品创新 [J]. 科普研究, 2011, 6 (2): 77-82.

[9] Yalowitz SS, Bronnenkant K. Timing and tracking: Unlocking visitor behavior [J]. Visitor Studies, 2009, 12 (1): 47-64.

科普场馆中的科普创作之我见

胡鑫川

（上海航宇科普中心，上海，201102）

摘要： 科普创作是个大概念，也是以文字创作为基本的智力活动，其创作多样性更是与丰富多彩的表达形式相关，尤其是在新科技应用频频之时，科普创作也面临着传承和创新的冲击。在基层科普工作中，往往注重科普教育而轻视科普创作，对于大型科技馆和博物馆之外的普通科普场馆来说，个人或团队所涉及"高大上"科普创作更是难上加难。为此，从城市占比较多的普通场馆在科普创作方面有许多可开发和创新之处，不要忽视低端、小型、普通的创作，要从展教、宣传等岗位职能中挖掘，从文字、图片、声音、视频、展品等角度进行开拓，润物细无声地细化到每位进馆的受众心中，这样的创作才是有效用的，也是极有意义的。

关键词： 科普场馆；科普创作；开发创新

Personal Views on Science Popularization Creation in Science and Technology Museums

Hu Xinchuan

（Shanghai Aerospace Enthusiasts' Center，Shanghai，201102）

Abstract: Science popularization creation is a complex concept，which is also a basic intellectual activity based on word creation. Its diversity of creation is related to diverse forms of expression，especially when the application of new

作者简介：胡鑫川，上海航宇科普中心办公室主任，工程师，主要从事科普场馆管理、科普理论研究以及航空科普等方面的创作。e-mail: 1106586738@qq.com。

technology is frequent，where science popularization creation is also facing the impact of inheritance and innovation. However，in the basic work，we often pay attention to science popularization education rather than science popularization creation. For those smaller science museums，it is more difficult for individuals or teams to create higher level works of science popularization. So，there are many exploitable and innovative aspects in the creation of science popularization for the common venues in the city. Furthermore，we should not ignore small creation. Creation should be excavated from the functions of teaching and propaganda，pictures，sound，video and exhibits，so that the audiences can better understand. This kind of creation is effective and very meaningful.

Keywords： science and technology museum；science popularization creation；innovation

根据中国科普作家协会章程，中国科普作家协会是"以科普作家为主体，并由科普翻译家、评论家、编辑家、美术家、科技记者、热心科普创作的科技专家、企业家、科技管理干部及有关单位自愿组成的全国性、非盈利性的学术性群众团体。"由此可理解科普创作分为文字创作、图片创作两大类。随着新科技的大量应用，也出现了视频类创作，三者互相渗透融合，也互为补充叠加，出现了一些深受民众喜欢的"高大上"作品。从狭义角度分析，科普创作来源于作家的创作，即文学创作是最基本的科普创作，若从其他角度去剖析，科普创作定义还有更多解读。

其实避开图书、电影、戏剧等创作不谈，对于普通的科普场馆来说，科普创作更具有针对性和实际意义，把科普创作作为场馆科普教育的一部分加以促进和激励也是一件很重要的工作。但由于机制、氛围、素质、能力等多方面因素，科普创作成为场馆工作中一件极不容易的事，更谈不上能出"高大上"的科普作品。根据多年的场馆科普工作经验，笔者提出科普创作要切合场馆客观实际需要，定位倾向于场馆本身教育、传播、宣传之中的低端、小型、普通的作品创作，要融进设计要素为创作服务，包括在文字、图片、声音、视频和展品运用到展教与宣传等方面的创作活动。

一、科普创作的理解和解读

从理论上解读，创作是指直接产生文学、艺术和科学作品的智力活动，即实际通过语言、文字、符号、线条、色彩或声音等媒体表现认知的人。科普创作是创作范畴内的一部分，且有科学普及范围要求的创作。场馆的科普创作可以是一个人的创作，更应是团队的创作。

简单地划分，可把科普场馆内部的科普创作分为五类，即文字、图片、声音、视频、展品。五类科普创作有其独立的存在形式，也有多种融合交叉的形式。文学创作可以是短文或书籍形式，配合图片做文字解说，加入声音是特殊文稿为特殊受众服务，配合视频成为字幕，配合展品成为说明；平面创作可以是美术或摄影等多形式表达，在文章或书籍里成为插画，在视频中成为画面，配合展品成为图解；声音创作主要来源于文字内容，成为现代图书中的解读，视频里的对话旁白，展品里的讲解员；视频创作作为综合艺术，包括了文字、图片、声音、展品的全部，包括可以理解的电视、电影、网络创作，也包括现代科技应用的游戏、3D、多媒体等新形式的创作；展品有其独立的模型、装置等，也可以结合文字、图片、音频和视频。

把以上的创作形式赋予场馆科普工作之中，就既有传统的单页简介、讲解词、展板展项等，又有现代化的幻灯片、视频、模型等，更应该有科普舞台、微电影等科普新创作。

二、场馆创作的需求定位

这里指的科普场馆是有别于大型科技馆和博物馆规模的中小型普通或专题性科普场馆，有专题集中的优点，也有环境场地受限的缺点，最大的问题是场馆专业性人才的缺乏。但只有追求精致和专一的目标才能吸引受众，才能实现科普的效能。下面以专题性科普场馆的上海航宇科普中心为例进行需求定位分析。

上海航宇科普中心没有展教部，展教职能归科普部、工程部和技术信息部共同分担，所以没有负责科普创作的职能部门，但也在上海科学技术委员会支持下出版过《飞翔的精彩》《追寻飞翔的梦》等图书；场馆经过专题性场馆的定位改造后，由图板加实物的展示升级为多媒体相结合的现代化展示，主要是加入视频和幻灯片等；场馆宣传由文字和照片为主略加入视频，宣传平台也开始渗透到网站和微信，但依然以文字和图片为主；场馆的其他方面包括单页简介，门票也仅以场馆介绍为主，但几乎没有科普创作概念的渗入。

1. 场馆展教类的科普创作定位分析

现有固展的科普展品创作已成为场馆科普教育的主线。第一，对其再开发是科普创作定位的主要目标，即形成科普挂图、巡展展板等宣传形式的再创作；第二，是对固展内容的研究进行再创作，也是不断完善场馆科普质量的一件大事；第三，挖掘和开拓科普内容，对固展进行充实和补充；第四，以临展为场馆任务的科普创作，志在丰富场馆内容和迎合社会受众的需求；第五，是科普教育在新形式中所需求的科普创作，如舞台剧、微视频等创作。

2. 场馆宣传类的科普创作定位分析

场馆宣传类的科普创作是指展教之外的一些科普传播形式，而此类科普创作在于平台的充分利用和发挥。根据平台一般可分为两类，即场馆自有平台和利用媒体平台。场馆的科普宣传中以文字图片为主的新闻报道占较大比例，其他则以转摘为辅；而作为科普创作性质的宣传类创作并没有开发和到位，其中有许多发展和利用的空间，而关键在于文字、图片、视频、声音等方面的创作。

3. 场馆其他方面的科普创作定位分析

其他方面是包括营运过程中所利用的平台进行教育与宣传的科普创作，渗透在门票、宣传资料、介绍手册等形式之中的科普再创作，简单理解就是利用门票等微小平台进行创作型的科普传播。

三、场馆创作的开发与创新

以科普场馆为工作目标的科普创作，具有针对性和实用性，也是最容易被忽视的一种创作，依然是包括文字、图片、声音、视频、展品五方面的基础形式创作，它的开发是融入科普工作的一切环节之中，运用到展教、宣传等形式中的创新成果。

（一）基础创作的开发

1. 文学创作

文学创作是科普创作中最基本的创作，是一切创作的根本，它的开发也是至关重要的创作，包括展品标题、实物介绍、装置说明、展览内容和单页简介、门票等形式文字都需要一定的创作性存在，而这个创作具有一定的智慧、逻辑、目的性。如在上海航宇科普中心三楼"探索飞行的奥秘"主题展厅（图1）中，在每台实验装置上标注这类题目"×××演示"，而且内容并没有解读"奥秘"之意，只说明这种现象及原理，整个展厅还有航空装备、无人机、飞机制造厂等远离主题的展项内容。所以说，此展缺乏文学创作的逻辑性，是不会讲故事的展厅，有待开发再创作。

图1　上海航宇科普中心三楼"探索飞行的奥秘"主题展厅的展品展项设计

把主题展厅作为一部创作作品来解读，主题是"探索飞行的奥秘"，应该是用空气动力学解释飞行原理，如流体连续性定理和伯努利定理、举力和阻力及飞行性能、稳定操纵等。而展厅内展项为多台实验装置供人体验理解，则需要建立起二者相关联的沟通桥梁，让受众理解和感悟。还可以在设置的行走路线上下功夫，一一解惑，从中解读"飞行"中的"奥秘"。至少让观众在进入之前了解大概，在结束之后懂得其中的"奥秘"。围绕这样的创作思路进行展厅的文学创作还需要与科普相结合、与趣味相结合等。

2. 图片创作

图片创作不包括图片资料的使用，而是指作者围绕科普主题创作的照片、美术等作品，或结合这些作品制成的宣传资料、礼品等，也包括科普教育中所需要的图解流程等内容的平面设计图。这在科普场馆创作中是最欠缺的创作形式，没有形成系统化的研究和分析，偶尔在制成品方面略有创作，但总体还是有待开发。

3. 声音创作

声音创作是通过讲解、配音等方法对文字创作的新形式表达，普遍用于讲解和讲座等形式之中。随着科普形式的多样化，如小舞台、互动性教学等的兴起，声音创作也有了一席之地，但在普通场馆中的运用还是较少的，而声音的创作也越来越受到大家的喜欢。场馆的声音开发还可以是场馆背景音乐的创作，如馆歌的创作；也可以是场馆中从展项到展品的 **APP** 讲解的应用创作等。

4. 视频创作

视频创作是综合文字、图片、声音的艺术表达，也是现代受众所能接受并喜欢的方式，但在技术要求上是有一定难度和要求的创作，主要是专业人才的配置问题，从开发角度应该是有许多潜力可挖的创作。上海航宇科普中心在上海科学技术委员会资金与专业的支持下拍摄了一部短片，介绍该中心的相关情况，取得了很好的实效。

5. 展品展项创作

展品创作作为场馆最基本的创作而被忽视，由展项而成的科普作品也如文学作品一样，有主题、内容和结论，通过不同的展品来解读所要讲述的事或理。

例如，"流体流动演示"（图2）展项是通过视频、文字说明和实验装置三部分来叙述的，而视频本身是声音、文字、动画等多种艺术方式参与的，如果文字说明并没有超越视频内容的话则是多余的，实验装置没有让人亲自体验感悟的话则是失败的，这就是创作的取舍要求。所以说，展品与展项都是一部作品的创作，只有小作品与大作品之分而已。

图2 "流体流动演示"展项使用的视频、展板、装置展品设计

（二）场馆创作中的创新

1. 展教工作的创作出新

根据固展、临展和活动三方面进行创作，对固展的创作进行修改、补充和调整；挖掘和开拓科普新内容、新视角进行专题性细化的临展创作；参与

新活动形式的创作。如对"探索飞行的奥秘"展厅进行重新创作,对"流体流动演示"展项进行调整补充和修改;如针对社会热点、历史记忆等大环境需求创作"航空百年历史回顾展""抗战中的空军"等临展,也包括"航空画展""航空邮票展""飞机之心"等主题创作,根据航空主题采取不同形式和材质讲故事,传播科普。

2. 宣传工作的创作出新

在自有平台和媒体平台进行科普宣传教育的创作归为宣传工作,它的创作出新在于多出科普文章后进行的多形式转换,并用于平台上的作品。如一篇《飞机为什么会飞?》的科普文章经过再创作,可成为科普小故事,画成一幅漫画或其他形式,制作成一段 3D 作品,拍成一部微视频等。

3. 其他工作的创作出新

配合场馆的科普教育活动也需要一些创作,如门票、宣传资料、礼品、科普手册等类似的科普创作,一些大型的科技馆和博物馆都有较多、较好的经验值得学习和模仿,但需要根据场馆科普内容的自身特点进行创作才会有价值和生命力。例如,将门票与纪念品相结合进行科普内容的创作,一段航空小知识、小故事的融入,不仅使门票具有了收藏价值,而且具有了科普资料的作用;再如宣传资料与科普活动的参与相结合,在宣传资料中的故事、知识成为参与活动问题的答案源,回答正确者可以免费参观等。

四、结语

对于基层科普教育工作者来说,科普创作是有高度的一本书、一部电视,非专业人士难以达到。可能有些专家也不会将场馆简介、资料、讲解词等归为科普创作,但现实中有智慧的设计就是一种创作过程,可以引起受众的共鸣,收到良好的反馈。

开展科普活动　提高公众科学素质

——以科技馆为例

黄琨怡

（厦门科技馆，厦门，361021）

摘要：科普活动对中华民族整体素质的提高有着重要影响，而科技馆开展科普活动更是将科技进步惠及广大公众的行为，不但有利于激励青少年学科学、爱科学的热情，更有利于增强公众创新意识，提高公众科学素质，营造创新的社会氛围，培养科技后备人才。福建省科普教育基地——厦门科技馆，多年来积极开展丰富多彩的科普活动，实践证明，这些科普活动提高了公众科学素质且受公众欢迎，扫除了公众对身边科学知识的盲区。本文着重分析了厦门科技馆有效开展科普活动的实施情况，并对其形成的方式和特点进行了初步总结。希望对进一步完善我国科技馆检查评估、提高公众科学素养的相关制度和管理提供经验借鉴。

关键词：监测评估；科学素质；科技馆；公众服务

Launching Science Popularization Activities，Improving Public Scientific Literacy

——Taking the Science and Technology Museums as an Example

Huang Kunyi

（Xiamen Science and Technology Museum，Xiamen，361021）

Abstract：Science popularization activities have an important impact on the

作者简介：黄琨怡，厦门科技馆辅导员。e-mail：774763336@qq.com。

improvement of the civic scientific literacy. The science popularization activities of science and technology museums will benefit the public，which will not only encourage young people to learn science，love science，but also enhance public awareness of innovation as well as the scientific literacy of the public，and create an innovative social atmosphere and cultivate talents for science and technology reserve. As a Fujian Science and Technology Education Base，Xiamen Science and Technology Museum has been actively launching various scientific popularization activities over the past decades. It has been proved that these science popularization activities have enhanced public scientific literacy and are welcomed by the public，and have also eliminated the public's blind spots on scientific knowledge. This paper focuses on the implementation science popularization activities in Xiamen Science and Technology Museum，and makes a preliminary summary of its formation and characteristics in the hope of providing lessons for further improving the relevant systems and management of the scientific and technological museums in China to check，evaluate and improve the public scientific literacy.

Keywords：monitoring and evaluation；scientific literacy；science and technology museum；public service

为贯彻落实党的十九大精神，以习近平新时代中国特色社会主义思想为指引，统筹国际和国内两个大局，全面深入落实《全民科学素质行动计划纲要实施方案（2016—2020年）》，进一步完善公众科学素质建设的中国模式，实现我国公民科学素质跨越提升，搭建高层次科普理论和实践交流平台，我国科学技术博物馆不断展开实践摸索，探索加强监测评估系统，旨在提升公众科学素质。

国际上普遍将科学素养概括为三个组成部分，即对于科学知识达到基本的了解程度，对于科学的研究过程和方法达到基本的了解程度，对于科学技术对社会和个人所产生的影响达到基本的了解程度。目前各国普遍采用这个标准，我国也一直沿用此标准进行公众科学素养调查。只有在上述三个方面都达到要求者，才算是具备基本科学素养的公众。[1]

一、适应数字阅读时代，转变与发展科技馆科普创作

近几年来，随着新媒体的迅猛发展，数字化阅读在互联网技术、信息技术高速发展的大背景下应运而生，数字化阅读已经远远赶超传统纸质阅读方式。数字化阅读为人们带来了一种全新的阅读体验，逐渐成为人们非常重要而普遍的阅读方式，这不仅是个不可否认的事实，也是一种不可阻挡的趋势。有调查显示，多数受访者有每天阅读的习惯，而那些选择"数字阅读"的人占了 74%，仅有 20%的受访者选择了传统的纸质阅读，还有 6%的受访者选择了"两者差不多"。[2]

那么什么是数字阅读呢？简单来说就是：一是阅读对象的数字化；二是阅读方式的数字化。越来越多的人会将电子书、网络小说、电子地图、数码照片、微博微信以及各类网页作为阅读的获取源。而阅读方式的数字化则体现在手机、PC 电脑、平板电脑、MP3、MP4 以及各类阅读器的使用。

科技馆作为对公众进行科普教育、弘扬科学精神、传播科学知识以及科学文化交流活动的窗口，以激发大众特别是青少科学兴趣、启迪科学观念为目的，在科普教育上起着先锋带头的作用。随着经济的不断发展与信息化的不断深入，科技馆行业当以此为契机，在科普创作上将数字化阅读直接应用起来，让展品展示形式数字化，展品导览采用数字化讲解。目前厦门科技馆科普创作的数字化应用体现在数字化技术支持和数字化展示形式上。数字化阅读对于科普创作的积极作用不言而喻，它能让科学知识更加丰富，受众获取方式更便捷，获取手段更多样化。但是，信息烦琐、网络限制以及智能终端普及率有待提高，也是数字阅读下科普创作的不足之处。如何在数字阅读时代进一步推进科普创作的发展？概括来讲，可以归纳为优化创作、创新创作、深入创作、拓展创作和加强创作，共同促进科技馆行业科普教育事业的进一步发展，提高公民科学素质。

二、从科普活动策划与实施上优化科普活动

（一）定向

从活动策划上来说，策划方案要更具有逻辑性，符合基本要求（方案包含策划初衷、科普知识点、实验设计、舞台表演或讲解剧本、费用预算、多媒体文件）；从活动实施上来说，活动实施过程以业界专家学者现场评分为主，评分标准参照国外知名科技馆并结合我国实际做出调整；从活动频次来说，每人全年独立策划至少一次，可以采用团队合作，增强创作内容的广度和深度。

（二）定性

作为科普工作者，我们要及时了解国内外课外教育方向及优秀活动案例，能够自主开发原创活动。在活动过程中能够根据实际情况做出自我调整修改，优化活动效果，并在最后形成有效的活动总结。同时，优秀的活动产生的资料及时归档，以便改进。

三、评估

活动效果评估一直以来都是活动举办方、活动资助方以及有关部门探讨关注的话题。从科普活动角度看，我们可以从经济效益和社会效益两个方面来考虑，建立一个活动效果的评估公式[3]，也可以从三级指标来看一场科普活动。一级指标体现在活动设计、活动实施和活动效果。二级指标是目标及对象、活动内容和过程设计；执行能力、实施效果和沟通能力；目标达成。三级指标是活动目的、活动对象、科学性、新颖性、可行性、意义性、实施方式、资源利用、改进措施、内容把握、方法手段、节奏控制、氛围营造、应变能力、互动交流、差异与安全、兴趣层面、科学层面、技能层面和态度层面。

（1）教育活动以培养对科学的兴趣为活动主要的基础目标。有明确、科学、合理的"知识与技能"教学目标；有明确、科学、合理的"过程与方法"教学目标；有明确、科学、合理的"态度情感与价值观"教学目标。

（2）有明确并合适的活动对象群体。有明确的参与人数；对观众对象进行了科学、准确的需求分析和学情分析；活动内容、选题、形式适合观众对象的需求与认知能力。

（3）内容无科学错误。内容与目标吻合。

（4）内容选取、主题选择等有创新点、新颖性。内容趣味性强、有较强吸引力；结构巧妙，逻辑严谨，有助于内容展开和深化。

（5）内容通俗易懂，易于理解和掌握，最好可引发联想和思考。具备可操作性、可管理性、安全性、可执行性。

（6）有明确的主题/核心概念。有重要的教育意义和宣传、传播价值；符合预期的活动目标。

（7）依据一定的教育理论。合理、科学并灵活运用教学策略；体现先进教育/传播理念。

（8）辅助教具、器材等运用合理，易于操作，有助于体验和理解。合理利用场馆各类资源及条件，协助理解和深化活动主题与内容。

（9）有恰当的收集反馈的方法，利于发现问题和改进。

（10）围绕主题、重点突出。结构合理、层次分明；有效解释主题/核心概念；科学内容准确无误；语言表达清晰、通俗、有趣；有效诠释科学内涵；重点突出，脉络、结构、层次清晰。

（11）教学方法或手段运用合理、灵活、多样。如探究、启发、合作，以及运动新技术等；善于情境创设等，有效引导参与、思考与互动、体验、探究、发现；辅助资源、条件运用合理，使用熟练，体验/演示效果明显。

（12）时间、进度掌控合理。各环节衔接流畅，节奏张弛有度。

（13）有效创建积极参与、平等交流且活跃的活动氛围。活动对象呈现主动学习、自主学习的特征。

（14）依据教案灵活实施，不因循守旧。根据现场实施情况及时调整内容、顺序、语气等，始终保持观众学习的注意力。

（15）与活动对象进行良好的互动交流，包括提问、回答问题，延伸活动对象所提出的意见和想法。向观众提问 x 次，回答观众问题 x 次；态度端正、亲切。

（16）针对不同对象的特点和现场表现，兼顾群体与个体，灵活施教。活动过程安全，秩序良好，满足不同对象的不同需求。

（17）观众展现出对活动及知识等的兴趣、好奇、兴奋等。观众中途退场率、流失率低；观众中途退场人数：活动前期 x 人，活动后期 x 人；观众注意力集中；观众情绪兴奋饱满；观众操作、提问、交流、参与踊跃；观众表露出进一步学习相关内容或再次参加同类活动的兴趣。

（18）观众理解或掌握了活动所要阐释的科学知识、方法，观众理解或掌握了活动所要阐释的科学思想、科学精神，观众理解或掌握了活动运用的科学方法。

（19）观众发展或强化了活动中的所有技能、操作。观众有应用所学技能的倾向或能力。

（20）观众增强了接触、学习、尝试、创造新事物的欲望。观众愿意在今后实践中应用科学方法；观众对科学的价值观（如求真、实证和人与自然、科技与社会等）有一定的了解。

四、新时代提高不同年龄层次的科学素质

（一）学生

研学旅行作为素质教育的重要载体，是校外素质教育拓展的有效形式，也是知识教育与能力培养相统一的重要途径，已经越来越受到学校、家庭、社会的认可与重视。不同于传统的夏令营游学，研学旅行的师生们提前做足预备功课，目的在于在研学旅行中培养学生的团队协作能力，并从旅行中开阔视野，收获课外知识，提升科学素养。

自 2018 年以来，厦门科技馆不断接受各个学校，尤其是边远、外地学生团队来馆参观学习。与传统的参观不同的是，这种模式更突出目的性，也更

有计划性和指导性，必然成为科技馆参观的一个发展趋势。

（二）老年团

活到老，学到老。随着社会老龄化程度加深，国家越来越注重老年人的情况，不仅是身体方面的，更在于心理方面的。

信息技术的普及让许多老年人逐渐感觉跟不上时代，尤其是在与子女、年轻人沟通方面产生越来越大的隔阂。现代传媒技术的发展促进我们科普工作的普及，从周期上、形式上也可以多样化。互联网、通信技术、大数据这些现代技术将会彻底改变我们的生活，如果一个人的科学素质不高，他将来就会被社会淘汰。

厦门科技馆于 2017 年推出生命健康展区，就是特别为老年团量身定制的。我们在这两年来接待老年团 30 多次，不仅提供讲解，也请了医学专家为我们培训如何加强身体关节灵活性，从而在接待老龄团队时为他们做科普，受到这些老年人的普遍欢迎和赞赏。

（三）残障人士

为彰显社会公平与正义，关注弱势群体，保障社会公平与正义得到切实维护和实现，建设和谐社会，厦门科技馆也从多角度完善残疾人科普知识获得渠道，丰富资源供给，应用先进技术，完善网络覆盖，创新服务业态，构建全方位立体式助残文化信息服务体系，极大满足了广大残障人士日益增长的精神文化需求，全面提升了残障人士的科学文化素质，为实现社会公正、保证社会稳定、促进社会团结、推动社会和谐发挥了重要作用。

厦门科技馆携手厦门市心欣幼儿园，每周不定期安排自闭症儿童来馆参观，辅导员老师带队讲解，针对他们量身定制一套接待方案流程。此外，厦门科技馆还与时俱进，譬如为迎接 12 月 3 日国际残疾人日，11 月 21 日上午，厦门市红十字会晨露爱心服务队与禾山街道残疾人职业援助中心共同组织学员到馆参观游览。

这些残障人士关爱活动是厦门科技馆传递爱心、传播文明、回馈社会的帮扶活动。同时，也希望越来越多的社会机构参与到志愿者服务行列中来，为促进社会稳定和谐起到积极的导向作用。

五、结语

科教兴国，科普先行。科普作为传承知识的一种途径，并不单单在于科学知识的传递，更在于培养公众解决问题的能力，引导公众的价值观、世界观向正确的方向发展。只有建立公众科学素养监测制度，不定期展开公众科学素质状况调查，对科学素质状况进行跟踪观察和量化数据分析，为制定科普等方面的政策法规提供可靠翔实的信息支持，才能为提高公众科学素质提供科学依据。

科学的发展是一把双刃剑，因此引导公众正确地认识科学、合理地应用科学也是科普工作的重中之重。相信在未来，通过加强对科技馆行业的监测和评估，在科普教育的发展中对公众科学素质的提高会给我们带来更多的惊喜。

参 考 文 献

［1］戎警岁月. 论我国公民科学素质低下的原因和提高方法 ［EB/OL］［2018-02-01］. http://blog.sina.com.cn/s/blog_9ea0b1730102w0qv.html.

［2］李艳. 数字阅读主导全民阅读时代——常州市民数字化阅读状况调查 ［N］. 中国信息报，2018-07-12.

［3］hsiaohong1_304. 如何对科普活动项目效果评估 ［EB/OL］［2018-05-30］. http://wenku.baidu.com/view/fab8fc01cd7931b765ce0508763231126edb7883.html.

中日两国公民科学素质监测评估的最新发展状况及对比

黄时进[1]　王国燕[2]

（1. 华东理工大学，上海，200237；2. 中国科学技术大学，合肥，230026）

摘要： 在互联网、大数据、人工智能等科技飞速发展的当代，科学素质的监测评估既要运用新科技工具来提升调查方法的信度和效度，又要兼顾本国特点和实际需求。中日两国在引进米勒体系进行公民科学素质评估的同时，在测试内容和调查方法上都进行了本地化的调整和创新。本文概述了中日两国公民科学素质监测评估的最新发展状况，并进行了对比研究，力图借鉴相关经验，提升公民科学素质监测评估的水平。

关键词： 中日；科学素质；监测；测评

The Latest Development and Comparison of the Monitoring and Evaluation of Civic Science Literacy between Chinese and Japanese

Huang Shijin[1]　Wang Guoyan[2]

（1. East China University of Science and Technology，Shanghai，200237；

2. University of Science and Technology of China，Hefei，230026）

Abstract: In the modern era of rapid development of Internet，big data，artificial intelligence and other technologies，the monitoring and evaluation of scientific literacy requires the use of new scientific and technological tools to

作者简介：黄时进，华东理工大学人文科学研究院科技与社会研究所所长，副教授。e-mail：huangshijin@163.com。王燕，中国科学技术大学科技传播与科技政策系助理研究员。e-mail：gywang@ustc.edu.cn。

enhance the reliability and validity of the survey method，as well as the characteristics of the country and actual needs. While introducing the Miller system for the assessment of citizen's scientific literacy，both China and Japan have made local adjustments and innovations in test content and survey methods. This paper outlines the latest developments in the monitoring and evaluation of Chinese and Japanese citizens' scientific literacy and compares the difference，trying to learn from relevant experience and improve the level of monitoring and evaluation of citizens' scientific literacy.

Keywords： China and Japan；scientific literacy；monitoring；assessment

科学素质是国民素质的重要组成部分，其整体水平是衡量一个国家软实力的因素，也是一个国家创新发展的基础。如今，世界各发达国家和新兴经济体都高度重视本国公民科学素质的提升，各国的公民科学素质监测评估工作也随着互联网、大数据、人工智能等科技飞速发展，不断地更新评估的内容，创新调查的方法，不断取得新的成果与进展。中国和日本作为同属东亚的世界级经济大国，在引进米勒体系等欧美理论来指导国内公民科学素质监测评估的同时，又都根据本国国情进行了本地化调整和创新，本文将在介绍中日两国公民科学素质监测评估的最新发展状况基础上，进行对比分析。

一、中国公民科学素质监测评估的新发展和新趋势

（一）中国公民科学素质监测评估的核心力量——中国科普研究所

2006 年，国务院颁布了《全民科学素质行动计划纲要（2006—2010—2020 年）》（以下简称《科学素质纲要》），标志着我国提升公民科学素质的工作纳入了国家层面，开始了政府主导、全民参与的新时代。中国科普研究所作为直属于中国科学技术协会的中央级公益性科研院所，是中国唯一国家级从事科技传播和科普理论研究的机构。在中国科学技术协会的领导下，中国科普研究所课题组于 2015 年圆满完成了第九次中国公民科学素质调查，以及

对我国各地公民科学素质监测评估任务，取得的相关成果可以代表中国公民科学素质监测评估的新发展和新趋势。

在 2015 年第九次中国公民科学素质调查获取的第一手数据的基础上，中国科普研究所的学者们展开深度研究，取得了一系列成果：有学者通过对全国及 32 个省级行政区域的公民科学素质水平发展状况、公民获取科技信息和参与相关活动的情况及公民对科学技术的态度等方面调查数据的综合计算、分析和比较，全面客观解读 2015 年中国公民科学素质调查及其数据结果的全貌[1]；分析我国公众对转基因技术的信息来源、知识水平、态度及支持状况，分析公众对转基因的认知和态度特征，展现出我国公众对转基因的态度和看法全貌，为转基因议题的科学传播提供可靠的数据支持[2]等。在公民科学素质测评的基础上，中国科普研究所的学者们也进行了宏观层面的拓展研究，如互联网时代的科学普及[3]、我国科普产业发展现状研究[4]等。这些研究成果基本上反映了中国科普研究所在中国公民科学素质监测评估中所发挥的核心力量作用，也吸引了中国众多高校、科研院所、学会协会等相关研究领域的学者，通过科研项目加入中国科普研究所的研究团队中。

（二）科学素质评测内容的中国本地化调整及调查方式的演进和创新

美国学者米勒（Jon D. Miller）（1983）在世界率先提出科学素质的三维度测量模型[5]，从对"科学知识的概念"的理解、对"科学研究的过程"的理解以及对"科学技术对个人和社会之影响"的理解三个维度测试公民的科学素质。随后，米勒与英国学者杜兰特（John Durant）等合作[6]，在 1988 年开发出一整套考查成人对科学概念和科学研究过程理解程度的事实性科学知识量表（FSK），该套量表能够反映出受访者的科学知识框架，随后在国际上被广泛采用。由于这套评测体系具备极佳的稳定性和国际可比性，一直沿用至今，成为各国公民科学素质评测和比较的基础。

中国科普研究所在引用米勒体系及 FSK 开展中国公民科学素质调查的同时，对于科学素质评测的内容，依据《科学素质纲要》的指导，开展了一系列中国本土化的调整，特别是在近年的评测实践中，中国科普研究所的学者们对于科学素质评测量表进行了本土化调整[7]：在结构上从反映受访者的科学知识框架逐步演进到知识框架与能力并重，并对重点人群的群体属性特征进行针对性和扩展性的探索；在评测题目上参考《公民科学素质学习大纲》，开发了公民科学素质题库，同时按各科学部类进行本土化题目研发和测试，体现出我国公民科学素质评测的科学性和专业化优势。对调查方式也随着互联网技术的日益成熟展开了创新，中国科普研究所公民科学素质课题组从2014年组织开发了"公民科学素质数据采集与管理系统"[8]，该系统通过自主开发的APP采集调查的数据、录音、全球定位系统（GPS）信息等相关材料，通过将平板电脑作为前端载体，实时上传到后台的管理系统，进行调查数据和相关资料的审核与判定。这套自主研发的"公民科学素质数据采集与管理系统"，实现了入户访问和数据采集的精准控制，在调查的执行方式和质量控制方法上有力地保证了数据采集的质量和真实度。

二、日本公民科学素质监测评估的新发展和新趋势

（一）日本开展公民科学素质监测评价的力量及最新进展

一直以来，日本开展科普、提升公民科学素质工作都是由政府、产业界、学术界和社会民众来共同完成的。同样，对于公民科学素质监测评价工作，也是由日本政府文部科学省，以科研项目的形式，资助产业界、学术界和社会民众来进行的。文献调查显示，关于日本公民科学素质监测评价的最新成果，是日本京都大学人类生存能力高级综合研究院 Shotaro Naganuma 教授于 2017 年发表在《国际科学教育杂志》（*International Journal of Science Education*）上的文章《日本公民科学素质评价：开发更真实的评估任务和评分标准》（*An Assessment of Civic Scientific Literacy in Japan：Development of A More Authentic Assessment Task and Scoring Rubric*）[9]。在该文中，作者论述了公民科学素质评价（assessment of civic scientific literacy，ACSEL）的发展。在 Naganuma 的研究中，ACSEL 主要用于测量被试者使用科学证据、解释科学探索和进行决策这三个方面的情况。

关于使用科学证据基于这样的假设：具有科学素养的人不但理解科学证

据的特征，而且能够恰当地运用或者批判这些证据。Naganuma 将其细化为三个维度：①能够从科学数据中推断结论；②能够评价给定的数据是否合适；③能够说出还期望哪些数据来支持预设命题。

科学探索是科学证据的来源，因而需要特别重视。没有对科学调查的恰当理解，人们可能会对科学的能力和结果过高评价，而忽略了科学也有其自身的局限性。Naganuma 从以下三个维度来评估被试者解释科学探索的能力：①解释控制实验设计；②陈述社会对科学探索的局限性；③就所提供的信息评论其因果关联性。

当今社会中存在大量科学所不能解决的问题，被称为"跨科学"问题。Todayama（2011）[10] 和 Ikeuchi（2014）[11] 认为人们不得不从多个视角来观察问题，包括社会学、经济学、伦理学和科学等，因此科学素质是多维视野下的科学素质。[12] 基于客观信息给出结论，Naganuma 将此项指标具体化为根据科学、经济、政治、伦理等多方面客观信息阐述被试者对科学相关问题的立场。

共有 401 名 20 岁以上的日本普通公民通过网络研究系统参与本研究。首先，对 ACSEL 的信度和效度进行了检验，以进行验证是否可以实际使用。其次，作者报告每个项目的响应。最后，以个人的性别、年龄和教育背景作为研究分值以确定公民科学素质的决定因素。通过该实证研究，虽然 ACSEL 还有一定的提升空间，但 Naganuma 也证明了 ACSEL 能够有效测评成年公民的科学素质，这也为中国公民科学素质测评的进一步完善提供了有益借鉴。

（二）科学素质评测内容的日本本土化调整及调查方式的演进和创新

日本在引用米勒体系及 FSK 开展本国公民科学素质调查的探索同时，也进行了本土化调整。2001 年日本运用 FSK 测试本国公民科学素质，属于当时国际范围内公民科学素质调查的组成部分。日本学者通过公民科学素质测评也发现，不能从 TIMSS、PISA 等青少年科学素质测评结果来估计成年人的科学素质水平。在前人研究的基础上 [13]，Naganuma 对 FSK 进行了本土化调整，使其"具有可接受的信度和效度评估成年人的公民科学素质"。在调查方法上，运用网络研究系统，对 401 名 20 岁以上的日本普通公民进行了科学素质测评。

三、中日两国公民科学素质监测评估的对比

（一）中国公民科学素质监测评价所具备的优势

中国幅员辽阔，人口众多，各地经济、科技、文化差异性大，在全国范围内开展公民科学素质监测评估，需要有统筹兼顾、执行力强的专业化团队来进行。中国科普研究所作为唯一国家级的公民科学素质监测评估的核心力量，在中国科学技术协会的领导下，能够调动社会资源，吸引高校、科研院所和各学会、协会的研究力量参与，有效地保障了公民科学素质监测评估效果的科学性，以及公民科学素质监测评估工作的可持续发展。相比之下，日本政府文部科学省虽然支持公民科学素质监测评价工作，但其支持的项目分散于产业界、学术界和社会团体，研究成果呈碎片化、个性化，从宏观层面难以呈现日本全国范围内公民科学素质的整体情况，监测评估工作也呈现不连续性，从长远而言，影响研究效果和质量。

（二）日本公民科学素质监测评价的社会参与性及灵活性

由于日本公民科学素质监测评估工作的社会参与性整体比中国高，特别是日本的产业界，例如丰田汽车、发那科机器人（FAUNC）等工业巨头，都以各种方式资助及参与科普工作和公民科学素质监测评估。日本政府文部科学省通过立项资助产业界、学术界和社会团体开展公民科学素质监测评估，灵活性更高，前文中的日本京都大学 Shotaro Naganuma 教授就是得到文部科学省资助，运用网络研究系统，开展成年人公民科学素质监测评估研究的。

（三）中日两国开展公民科学素质监测评价合作的可能性

中日两国作为同属东亚的世界第二和第三经济大国，在公民科学素质监测评估方面展开合作，有以下可能性：在政府层面，中国的科学技术部、中国科学技术协会与日本文部科学省可以构建公民科学素质监测评估合作的框架协议，确定合作的原则和中长期目标；在具体操作层面，中国科普研究所

与日本科学技术振兴机构（JST）通过签署谅解备忘录和之后达成的合作共识，支持开展实质性的公民科学素质监测评估研究与合作；在学术界，中国的清华大学、中国科学技术大学、华东理工大学等可以与日本的东京大学、早稻田大学、京都大学等展开公民科学素质监测评估研究的学术合作等。

四、结语

公民科学素质是衡量经济社会发展和全社会创新能力的基础性指标，是建设创新驱动型国家的重要基础和有力保障，日益受到越来越多的国家的高度重视。发挥中国在公民科学素质监测评估方面的优势，借鉴并吸收包括日本在内的其他国家的成功经验，将有效地提升我国公民科学素质监测评估的水平，促进公民科学素质的提升，促进创新、协调、绿色、开放、共享的发展理念深入人心。

参 考 文 献

[1] 何薇，张超，任磊. 中国公民的科学素质及对科学技术的态度——2015 年中国公民科学素质抽样调查结果 [J]. 科普研究，2016（3）：12-21.

[2] 任磊，高宏斌，黄乐乐. 光荣与梦想——中国公民对转基因的认知和态度分析 [J]. 科普研究，2016（3）：59-64.

[3] 王康友，谢小军，周寂沫. 互联网时代的科学普及 [J]. 科普研究，2017（10）：5-9.

[4] 王康友，郑念，王丽慧. 我国科普产业发展现状研究 [J]. 科普研究，2018（6）：5-11.

[5] Miller J D. Scientific literacy：A conceptual and empirical review [J]. Daedalus，1983，11（1）：29-48.

[6] 任磊，张超，黄乐乐，等. 我国公民科学素质监测评估的新发展和新趋势 [J]. 科普研究，2017（2）：41-46.

[7] 同 [6]。

[8] 同 [1]。

[9] Naganuma Shotaro. An assessment of civic scientific literacy in Japan：Development of a more authentic assessment task and scoring rubric [J]. International Journal of Science Education（Part B），2017，7（4）：301-322.

[10] Todayama K. Kagaku teki Shikou no Ressun（Lesson of Scientific Thinking）[M].

Tokyo：NHK Publishing，2011.

［11］Ikeuchi R. Kagakugijutsu to Gendaishakai（Science and Technology，and Modern Society）［M］. Tokyo：Misuzu Shobo，2014.

［12］American Association for the Advancement of Science（AAAS）. Science for all Americans ［M］. Washington，DC：AAAS，1989.

［13］同［9］。

共鸣·对话·思辨

——论博物馆展览提升公民科学素质的途径和力量

惠露佳

（常州博物馆，常州，213022）

摘要：20 世纪 90 年代，博物馆展览大多采取 "雏鸟模式"（baby bird model）①，即博物馆馆员认为观众的胃口如同雏鸟般并未发育成熟，无论是学习动机还是经验，都需要馆员加以调教。[1] 然而事实并非如此，观众的期望非常广泛且复杂，灌输式展览已无法满足观众的需要，更不适用于发展至今的博物馆界。作为博物馆教育实现的首要途径——博物馆展览也逐渐从 "填鸭式" 的第二课堂发展为共鸣式、参与式、对话式、思考式等观众主动型模式。以观众为本的展览或以调动观众主观能动性为出发点的展览，对提升公民的科学素质大有裨益。

关键词：博物馆展览；博物馆教育；公民科学素质

The Power of Interaction：How Museum Exhibitions Improve Civic Scientific Literacy

Hui Lujia

（Changzhou Museum，Changzhou，213022）

Abstract：In the 1990s，most museum exhibitions adopted the "baby bird model"，that is，museum staff believed that the appetite of audiences were not mature as nestling，either in learning motivation or experience. However，this is

---

作者简介：惠露佳，常州博物馆陈列部馆员。e-mail：75412887@qq.com。
① "雏鸟模式" 观点于 1997 年由时任史密森机构研究中心的主任朵玲（Zahava Doering）提出。

not the case. The audience's expectations are very broad and complex. The infusion exhibitions are no longer able to meet the needs of the audience at the time，and are not suitable for the museum industry that has developed to this day. As the primary way to realize the education of museums，the museum exhibition has gradually evolved from the second class of "cramming" to the active mode of audience，such as resonance，participation，dialogue and thinking. Exhibitions from the audience or exhibitions dominated by the audience's own ideas are of great benefit to enhancing the scientific literacy of citizens.

Keywords：museum exhibition；museum education；civic scientific literacy

近些年，博物馆已渐渐从"神殿式"展示空间发展成亲民式休闲场所。对大众而言，紧跟博物馆展览热潮似乎成为一种时尚，前有"故宫跑"现象，后有"大英博物馆100件藏品中的世界史展"来华，再有《国家宝藏》"霸屏"。"博物馆展览热"所体现的群众基础在一定程度上给予了博物馆界信心。然而，这些展览多集中于发达城市，文化供给在东西部间和城乡之间存在极大的不平衡，展览的普及度和影响力值得商榷。这些所谓的"优质博物馆"和"高质量展览"究竟给观众带来了怎样的参观体验？是亲眼见到国宝的快感？还是发至微信朋友圈的虚荣心？抑或是人云亦云到此一游的跟风？或是被博物馆"黑科技"震撼的眼界大开？博物馆发展至今，大众依然带着"看宝物"的心态来参观博物馆，究其原因，此乃博物馆展览的导向问题。因为长期以来，博物馆以"宝物"来吸引观众，所呈现的几乎都是"宝库"的形象，已无法满足新时代新公民的需求。北京大学考古文博学院院长杭侃于2018年3月在北京举办的"新时代　新气象　新作为——全国博物馆馆长论坛"上指出："博物馆工作既要'叫座'又要争取'叫好'，在共享共有的基础上，提升发展的质量。文化是细无声的，我们只有从馆舍天地走向大千世界，才能真正实现博物馆的教育功能。"[2] 新时代的博物馆不应只是"旧遗产的投影机，还应该做新文化的发生器"。[3] 在一定程度上，博物馆展览是社会价值的映射，也是博物馆价值取向的反映，作为文化窗口，优质的博物馆展览对提升公民的科学素质有着潜移默化与不容小觑的力量。

一、博物馆展览的教育功能与其转变

教育是当今博物馆的重要角色和责任。提到博物馆教育，公众的第一反应是"博物馆中的授课式体验"——听讲解、听讲座、参加教育活动等；若让博物馆工作人员来回答什么是博物馆教育，答案也许集中在馆校合作、观众参观、展览信息、博物馆课程等。这也就印证了 20 世纪 90 年代美国博物馆协会报告之《新世纪博物馆委员会报告》中的说辞："尽管博物馆有明确的学习功能，但博物馆作为教育机构的角色以及教育在博物馆体制结构中的角色仍然在公众心目中模糊不清……教育责任牢牢地嵌入博物馆哲学基础中，但对于人们如何在博物馆里享受最佳的学习体验却没有清晰的认识。"[4] 更有甚者"轻易地把'教育'限制在狭隘的范围内——出借展示、博物馆参观，因为他们受到了教育必须在学校课堂这样正式的教学环境里才能实现的旧观念的影响"[5]。长期以来，博物馆作为儿童的启蒙室、中小学生的第二课堂、成人的继续学习空间，对提升公民的科学素质起着推动作用，但此种变相的"填鸭式"教育也容易造成参观者的博物馆疲劳感，让博物馆成为"一次性"消费空间。

在笔者看来，博物馆的教育除了直观的教育活动外，博物馆建筑、博物馆空间、博物馆展览、博物馆商店甚至是博物馆工作人员的服务都在传递着博物馆的理念，将博物馆教育之目的潜移默化地植入观众的印象中。例如，由贝聿铭亲自操刀的日本美秀博物馆的建筑外观传递出的是形式美学原理；南京六朝博物馆基于六朝建康城城墙和大型排水遗迹原地建馆，这是最身临其境的展示模式；英国维多利亚及阿尔伯特博物馆于 2017 年翻修完工的博物馆商店，尽显设计感，与其馆"艺术性与新锐感"的理念相契合。然而，并不是所有博物馆都具有得天独厚的优势，公众所及的博物馆也多是地方性或社区性博物馆，这时展览作为最容易传达教育理念的途径，其呈现状态就显得极其重要，突破"宝物展"的展览模式是实现博物馆教育的最主要方式之一。该语境下的教育除了学习知识外，更多的是通过展览引发共鸣、创造对话、激发思考，让博物馆成为激励想象和信心的场所，成为转变公众思维方式、完善价值观的助推角色。

二、博物馆为主导方的展览——旨在引发共鸣

在看东西的时候，我们看到的不是那些东西，而是看到我们自己。

——皮尔宾（David Pilbeam）[6]

当博物馆展览在提升公民科学素质发挥主导作用时，"共鸣"是关键词。亚利桑那州立大学的欧塔（Russel J. Ohta）认为，"展览只是观众的一面镜子，观众只能经验他们自己能经验的东西；观众经验他们自己"[7]。常州博物馆于 2017 年和 2018 年分别策划了以女性和儿童为目标观众的两个展览，希望通过具有语境的展览，激发目标观众的共鸣，以考察目标观众对于女性画家和昆虫的了解程度以及对展览所持有的态度。

展览之一是常州博物馆于 2017 年 3~5 月举办的"壶阁传芳——常州画派女画家精品展"，该展览从叙事性角度出发，分为"江南双绝""书香世家""金兰之谊""珠联璧合""灼灼风华"五个部分，旨在通过清朝常州画派女画家的经典画作，弘扬女性画家的力量。传统博物馆发展至今，专门展示女性艺术家作品的展览甚少，女性艺术家、女性的文化、女性的价值缺少恰如其分的展示平台。在女性藏品达到一定数量、对女性艺术家本身和其作品有一定研究的基础上，博物馆应当在适度范围内给予女性艺术家一定的关注度和展示空间，以强调她们的社会价值。基于该背景，常州博物馆特策划成展。然而，公众还是将目光集中于作品是否精美，是否具有一定的经济价值。策展人所期望的"在男权话语的展览中为公众提供文化平台，重构女性文化身份"的效果甚微，担心对"女性主义"的极度放大又甚是多余。可见，观众所见亦为所知。这是常州博物馆对"展览共鸣"问题的一次有益尝试，也是对公众科学素质的考量，对于今后展览的选题具有积极作用。

展览之二为 2018 年 7~8 月在常州博物馆举办的"虫虫世界——常州博物馆藏精品昆虫展"，观众定位为儿童。该展览是常州博物馆历经多年筹备而推出的原创科普特展，展示各类精品昆虫标本 300 多种，共计 800 余件。其

中有伸展长度达 60 厘米的竹节虫，身披盔甲体形硕大的长戟大兜虫，国家重点保护动物阳彩臂金龟、拉步甲，闪耀金属般璀璨光泽的帝王吉丁虫、青铜宝石丽金龟等一大批世界珍奇昆虫。展览内容分为昆虫基本知识介绍、精品昆虫欣赏、昆虫与人类的关系三大部分，知识面广、种类丰富、内容翔实。值得一提的是，在展览中引入了活体昆虫的展示，更能强烈刺激观众的认知和情感。与上文的"壶阁传芳——常州画派女画家精品展"不同，该展览引起了儿童的极大共鸣，与他们的所见、所闻、所学皆有关联。从提升公民科学素质的角度分析，直观的、正统的、科学性的展览更容易引发公众的共鸣。"壶阁传芳——常州画派女画家精品展"收效甚微的原因又是否在于博物馆展览对于社会议题的缺失？

对比这两个展览，我们不禁发出疑问，参观以女性为主角的展览能引起共鸣的一定是成年女性吗？儿童是否又只适合看似贴合他们年龄段的昆虫展？乔治·埃里斯·博寇认为，"我们不能把儿童当成和成年人不同的物种，而应该让儿童接触成人世界"[8]。成人的科学素养除了后天的学习外，在儿童、青少年时期的启蒙也十分重要。"每一座博物馆都把展览表现为一个独立的世界，它与博物馆之外的外在现实社会分离开来，互不相关；与此同时，博物馆在表现文化、历史、自然或技术时，也把整个世界表现为了一个展览。"[9]试想，若让儿童参观"壶阁传芳——常州画派女画家精品展"，并配以适合他们的导览，将成人的认知浓缩在展览之中，他们又通过这一浓缩的展览渐渐产生了新的认识与自我价值观，何尝不是科学素养的培育？正应史密森机构研究中心的主任朵玲（Zahava Doering）的见解："观众最满意的展览，是那些能够和他们个人经验产生共鸣，并能够提供新的资讯，借以确认和丰富他们人生观的展览。"[10]

三、博物馆为推动方的展览——旨在创造对话

博物馆的角色已不仅局限于保护藏品，博物馆还需要分享和不断地重新解读它们。

——布莱斯（Price.C）[11]

　　毋庸置疑，博物馆的展览基于藏品，如何利用藏品办展则是一个主观性和阐释性的行为。展品的选择和布展的过程"实质上就是一种虚构；就其本身而论，它是虚构者试图表现出一个物件所可能阐释的故事"[12]。换而言之，固定的藏品可以幻化出万千主题，关键在于如何解读藏品，赋予藏品故事性角色。传统博物馆认为："研究人员以艺术手法排列物件，设置解说牌借以形塑一个展览，并试图传达给观众某种新的教训；观众只要仔细欣赏展览，就能领受这些教训。"[13] 如今，博物馆更加重视公众的参与，将"受教"纳入主动性范畴。博物馆展览扮演的角色已经逐渐从"教师"变为了"辅导员"，思考型和参与型展览方兴未艾，不断实践着"让藏品活起来"的理念。在藏品"活起来"的过程中，公民应参与其中，使自身的定势思维也"活起来"。

　　故宫博物院开设了以初中以上学生为主体的"藏品阅读"课程。该课程的灵感来源于 2014 年在故宫博物院举办的针对国际博物馆人员的专业培训，在研究藏品时，强调对实物的关注。针对学生的"藏品阅读"课程，旨在让学生能够真正与藏品零距离接触，破除学生与博物馆的距离感，在教师的引导和关注下，强调学生的自主性，培养以发现和体验为核心的教育参与，增强学生的文物保护意识、综合学习能力、个人表达能力、团队合作能力、个人创造力等。例如，故宫博物院将"铜镀金戒盈持满"的复制品作为阅读对象，这是一个带支架的杯装容器，容器可在支架上自由转动。容器为空时，略向一侧倾斜；当向容器中注水，水到一定程度时，容器呈直立状；如果继续注水，水将满时，容器则会翻身。古代帝王多将此物置于案几之上，以提醒自己勿忘纳谏，也是儒家"中庸"思想的体现。[14]

　　该课程有着积极的作用，但这种"藏品阅读"的方式仅仅局限于阅读一件藏品，关注点在于挖掘单一藏品本身隐藏的信息，如材质、类型、功能、用途、保存方式、历史价值和艺术价值。英国莱斯特大学为研究生设置的博物馆课程中，藏品展示是在"藏品阅读"上的突破和升华，即由导师选取三件表面上毫无共性或关联的展品，请学员寻找联系、建立主题并策划一个展览。该学习模式也是以"藏品阅读"为基础，但突破点在于"阅读"后的发散性思维与总结。

　　大英博物馆馆长尼尔·麦克格雷格认为："不同的藏品可以让观众更了解

这个世界现在的样子，而不仅仅是过去的样子……诸如百科全书式的大英博物馆在启蒙运动中建立的伟大成就则是让某些单靠研究物品本身所无法得到的真理得以显现。"[15]藏品间的联系孕育出展览，无论是传统的时间线还是材质分类、用途分类，都是基于藏品的联系。如今，叙事性展览成为博物馆展览的新常态，吸引公众引发共鸣已是基础，鼓励公民参与，甚至和公民一起分享、研究、解读才是提升公民科学素质的有效手段，目的是激发对话，而不仅是展示内容。

四、博物馆为中立者的展览——旨在激发思辨

博物馆是这个陷于文化健忘症的时代对真实性需求的一种回应。

——珍妮特·马斯汀（Janet Marstine）[16]

长久以来，博物馆的展览以其权威性、真实性与可靠性将博物馆塑造成立体教科书空间。无论是引发共鸣的展览还是主动参与的展览，所表达的观点、形成的理论在大多数情况下具有唯一性。正如爱德华所言："展览在其展览标签中（以及展品的挑选和布局）反映出的是一个单独的权威性视角。在某种程度上，展览就是展现学术界所得出的具体结论。"[17]然而，随着博物馆的发展，以及社会民主化的进程，独一无二的权威声音已经受到挑战。从全球视野出发，现今的展览力图呈现多样视角、辩证视角，让观众聆听自己内心的声音，形成自己的价值观。

2012年伦敦博物馆的临时展览"医生、解剖和复活者"的灵感来自于2006年考古学家在伦敦皇家医院大量出土的解剖、截肢、教学所用的残骸。该处墓地于1825年投入使用，1841年废弃，主要用于埋葬经过医生解剖后的尸体。当时，为了满足外科医生进行解剖教学和训练的需要，便产生了"尸体交易"，此后这一问题愈演愈烈，甚至引发了数起杀人抢尸事件。为平息公众的恐慌，国会于1832年出台《解剖法》，对解剖尸体的来源做出严格规定。该展览讨论了外科医生为进行解剖研究与遗体捐赠者（自愿或非自愿）以及和尸体黑暗交易势力间的关系，让观众反思医学伦理和文化态度，

从而引发人们开放性的思考：你的身体到底属于谁，以及现代社会尸体解剖、器官移植是否人性化？[18]

这种跳脱"教科书式"的展览，虽然有可能会涉及争议性主题，例如人体、种族、战争、宗教、科技、殖民主义等，但当博物馆所持态度是中立的时也未尝不可。一方面，博物馆并非全知专家，由博物馆提出问题、阐释问题，并由观众解决问题、得出结论，反映了博物馆的社会性和包容性；另一方面，具有争议性的展览更容易激发公众的探索欲与求知欲。

五、结语

新时代公众的科学素质已经不局限于"知识就是力量"，科学素质更关注思维模式的转变、看待问题的辩证维度、分析问题的逻辑能力，这些是常规教育难以培养的。博物馆作为文化机构，通过其非传统的展览和公众产生动态化的交流与沟通，从社会、精神、想象、美学等多元角度去丰富观众的人生经验，促使公众世界观、人生观、价值观的再构建。

参 考 文 献

[1] [美] 史蒂芬·威尔. 博物馆重要的事 [M]. 张誉腾，译. 台北：五观出版社，2015：45.
[2] 《中国博物馆》编辑部. 新时代　新气象　新作为——全国博物馆馆长论坛发言摘要 [J]. 中国博物馆，2018（2）：45.
[3] 张茜茜. 博物馆不只是旧遗产的投影机，还应做新文化的发生器——访河南博物院院长助理翟红志先生 [J]. 博物馆·新科技，2017（2）：54.
[4] [英] 艾琳·胡珀·格林希尔. 博物馆与教育 [M]. 蒋臻颖，译. 上海：上海科技教育出版社，2017：5.
[5] [美] 乔治·埃里斯·博宽. 新博物馆学手册 [M]. 张云，曹志建，吴瑜，等，译. 重庆：重庆大学出版社，2010：177.
[6] [美] 史蒂芬·威尔. 博物馆重要的事 [M]. 张誉腾，译. 台北：五观出版社，2015：39.
[7] 同 [6]。
[8] [美] 乔治·埃里斯·博宽. 新博物馆学手册 [M]. 张云，曹志建，吴瑜，等，译. 重庆：重庆大学出版社，2010：180.
[9] [美] 爱德华·P. 亚历山大，玛丽·亚历山大. 博物馆变迁 [M]. 陈双双，译. 南京：译林出版社，2014：258.

［10］［美］史蒂芬·威尔. 博物馆重要的事［M］. 张誉腾，译. 台北：五观出版社，2015：40.

［11］Price C. Bodies building［J］. Museum Journal，2002，102（4）：17.

［12］同［9］。

［13］同［10］。

［14］范雪纯. 藏品阅读：教育参与中的学生综合能力培养［J］. 中国博物馆，2018（2）：104-109.

［15］［美］詹姆斯·库诺. 谁的文化？——博物馆的承诺以及关于文物的争论［M］. 巢魏，等，译. 北京：中国青年出版社，2014（11）：40.

［16］徐玲，赵慧君. 真实与重构：博物馆展示本质的思考［J］. 东南文化，2017（1）：116.

［17］［美］爱德华·P. 亚历山大，玛丽·亚历山大. 博物馆变迁［M］. 陈双双，译. 南京：译林出版社，2014：276.

［18］惠露佳. 从被动灌输变为主动思考——试论为观众设置具有思辨性的临时展览［M］// 江苏省文物局. 江苏省文博论文集 2015. 南京：南京师范大学出版社，2015：151.

科普创作的方法和逻辑过程

——以植物学科普创作谈科普创作的落点和文化传承

姜联合

（中国科学院植物研究所，北京，100093）

摘要： 本文从经典科学素质的三段论及提升科学素质的实践过程中演化科学普及范式，提出科普创作的方法和逻辑过程，指出科普创作的落点——科学精神及文化传承是科普创作的根基，并以当前植物学科普创作为例，从内容及语言范式上讨论实现科普创作落点的方式，分析探讨了植物学科普创作的落点、逻辑过程与发展方向。

关键词： 科普创作；逻辑过程；落点；科学精神；文化传承；植物学

Methods and Logical Process about Science Popularization Creations：Taking the Botany Science Popularization as an Example

Jiang Lianhe

（Institute of Botany，Chinese Academy of Sciences，Beijing，100093）

Abstract： This paper proposed the method and logical process of creations of science popularization based on theory and practice of scientific literacy，and indicated that scientific spirit and cultural inheritance was the root basis of science popularization creations. Taking botany creations of science popularization as an example，we analyze the way of creating works of science popularization from content and language，and analyze drop points，logical process，development

作者简介：姜联合，中国科学院植物研究所高级工程师、编审，主要从事科学传播、科学出版、科学教育和科学普及的理论研究与实践工作。e-mail：jianglh@ibcas.ac.cn。

orientation of different categories of science popularization.

Keywords：science popularization creations；logical process；drop-point；scientific spirit；cultural inheritance；botany

一、从科学素质的概念解读科普创作的方法和逻辑过程

从 1952 年美国化学家詹姆斯·科南特（James B.Conant）首次提出科学素质（scientific literacy）的概念以来，其后各个国家对其均有不同的解读。1983 年米勒（Jon D Miller）[1] 提出了科学素质的 3 个维度，即对科学原理与方法的理解、对科学术语和概念的理解、对科技的社会影响的意识和理解。1995 年，欧盟国家科学素质调查的领导人杜兰特（John Durant）认为提高公众的科学素质包括对科学知识的理解，即理解科学基本术语和基本观点；对科学研究方式的理解，即理解科学的基本研究过程；对科学到底对推动社会发展是如何起作用的理解，即理解科学对个人和社会的影响。[2] 米勒和杜兰特解读的科学素质内涵为科学研究成果进行科普转化、提高公众科学素质提供了可操作的方法。

在提升科学素质操作手段的过程中，依据科学研究成果的一般规律，姜联合 [3] 就科学研究成果转化科学普及内容提出以科学现象、科学机理、科学研究过程、科学研究结果验证、科学知识点汇集、对社会和生活的影响为主线路径，对不同的科学主题，通过恰当的科普表现形式开展了科普实践过程。

《加油！向未来》是中央电视台综合频道在 2016 年暑期档推出的科学实验节目，第二季节目（2018 年）对节目内容进行了全新升级，以电视化的方式引入了科普创作的逻辑过程，包括对科学问题的导入（提出为什么要问？）；设置问题挑战（提出问题）；问题实验验证（眼见为实），通过实验列举，用科学实验引出科技前沿；得到答案（最佳答案永远是意料之外）；究其原因（最佳解释永远是情理之中），让科学家在节目中解答，用"为什么"降低科学门槛；问题的意义（解决为什么要听？），搭建科学和生活的桥梁。[4]

二、科普创作的落点——科学精神及文化传承是科普创作的根基

科技和文化二者相辅相成，科技能够带动文化创新发展，文化同样能够丰富科普的相关内容。[5] 科学技术作为人类智慧的结晶，不仅创造了巨大的生产力，而且形成了以科学知识为基础、以科学方法为支撑、以科学思想为核心、以科学精神为灵魂的先进文化。科学文化在现代化进程中对人类社会价值观念、道德意识、思维方式、生活模式和行为规范等产生了深刻影响，为人类文明进步提供了重要的思想源泉、物质基础、技术手段和有效载体。[6] 一项好的科普创作，是科学与文化的结合，是科学与精神的结合，科学精神及文化传承是科普创作的根基。具体来说，无论是从经典的科学素质维度上看还是从科普创作实践中的应用上看，理解科学对个人和社会的影响，即科学问题的意义是科普创作的根基，这样的科普表达是完满丰厚、引人注意的，科普创作的最终目的是让科普成为人们有文化的生活方式。

如何找寻科普创作的落点，即科普所创作问题的意义是什么？要表达什么样的社会问题和个人问题？这是每一项科普创作的关键所在。

科普创作的落点诠释着不同的科普创作形式，在实践创作中，往往表现为：以逆向逻辑过程提出科学问题，科学问题表现在对个人和社会的影响上是什么？如何寻求答案？用什么方式表达？科普创作的方法和逻辑过程，表现为从什么角度诠释？规律是什么？

三、从植物学科普创作落点观科普创作的形式

植物学科普创作大致从内容上分为几类：植物系统图谱式、百科全书式、教程教案式、故事演说式、专项话题文艺式；从版式及语言表达上有：学术语言图文、文学故事语言图文、文化传承图文、引导思考图文、植物画、植物摄影等。

（一）国内外科普创作落点纵观

1. 落点为系统性科学知识传播

百科全书类，如《中国中学生百科全书》《中国少年百科全书》《中国儿童百科全书》等（图1）。这类科普创作多为学术语言，重传授科学知识。

图1　百科全书类

2. 落点为科学兴趣引导

例如，"大眼睛看世界"系列科普读物（图2），以兴趣为落点引导幼儿。

图2　"大眼睛看世界"系列

3. 落点为科学课程实践

例如，"Discovery Education 科学课"系列科普图书（图3），是由美国探索传媒集团提供授权，依据美国国家科学教育标准精心策划，专门为青少年提供的丰富、多样、独特的科学信息教育体系图书。

图 3　"Discovery Education 科学课" 系列

4. 落点为科学话题互动

例如，"商务馆·网络互动儿童百科分级阅读丛书"（图 4），针对不同儿童设置话题互动。

图 4　"商务馆·网络互动儿童百科分级阅读丛书" 系列

5. 落点为生命探索

例如，引自英国的系列科普图书 "看我们如何生活"。

图 5　"看我们如何生活" 系列

6. 落点为科学故事

例如,"蒲公英科学小百科"(图6),通过手绘、轻松故事和科学解说的方式创作科普。

图6　"蒲公英科学小百科"丛书

7. 落点为科学与文化、科学与历史的结合

例如,《餐桌上的植物史》《改变世界的植物》(图7)。

图7　《餐桌上的植物史》《改变世界的植物》

(二)科普创作落点问题讨论

纵观已出版的科普图书特点,少儿及中小学科普书翻译版多;百科全科类科普书多,单一科学点书少;科学与人文结合的科普书少;没有科学前沿科普读物;成人休闲科技图书少。

科普主要从几个角度撰写创作,包括科学史;科学研究方法、科学实验；科学奥秘；生活常识中的科学内涵；日常生活质量提升中的科学性；注重交流和感受的互动。

就目前的市场定位空缺，科普创作的落点提升及拓展可以从几个方面考虑：单一前沿和热点科学点拓展、结合科学家对科学研究的体验和感悟、未知科学点的探讨、提升学校教育中科学探索的兴趣、科技健康休闲等。

（三）科普创作逻辑过程探讨

就科普创作逻辑过程而言，包括凝练科学点，提炼科学点与生活和社会的联结，定位读者对象、选取恰当的表达方式。

1. 凝练科学点

关注植物科学领域发展的最新前沿动态，比如水稻生物学、进化与基因组学和激素生物学等领域学科发展突出；逆境生物学、发育、代谢与生殖生物学、植物代谢生物学、植物生殖生物学、蛋白质组学、光合作用与光形态建成、表观遗传调控、细胞骨架与囊泡运输、植物系统进化、植物生态与环境生物学等都有学科新的研究成果。

我国科学家在植物科学方面的研究热点主要包括 5 个方面[7]：①模式植物拟南芥和水稻的基因及基因表达研究；②植物（拟南芥和水稻）蛋白质复合物降解及转化研究；③转录因子基因家族及植物（小麦等）抗性与信号转导；④蛋白（含结构域）表达，叶绿体被膜的光合作用及组织运输机制（拟南芥和烟草等）；⑤脱落酸调控胁迫耐受性的信号通路和保卫细胞质膜的天然免疫研究。这些研究成果的取得都是科普的重要素材。

2. 提炼科学点与生活和社会的联结

科学的意义是什么？一是要推动社会进步，二是要改变人们的生活，包括物质生活和精神生活，每项科学都会有其独特的意义。提炼科学点与生活和社会的联结是科普创作的关键，也是科普创作文化传承的要点。

比如，2017 年国家自然科学奖一等奖研究成果"水稻高产优质性状形成的分子机理及品种设计"与生活餐桌紧密相连，餐桌上的高科技就是追踪的科普创作落点。

激素生物学中涉及植物的开花、发芽、结果和凋落，与生活息息相关、与人文情怀息息相通，植物激素互作与调控网络，其中的科学原理和科学过程就是科普创作的落点。

逆境生物学解答了植物与外界胁迫时表现出的强大生命力，植物抗性与信号转导就成了一个有趣的话题，其中的信号传导和应答调控表现出了植物作为生命体的精密和密码所在，这是非常有趣的科学探索问题，这样的科普创作与人类的生命状态联结。

植物代谢生物学涉及植物的多种代谢产物，比如异黄酮、苹果酸、花青素、类黄酮、类胡萝卜素、甜菜色素、叶绿素等，不仅在植物的生理上扮演着重要的角色，而且与人类的饮食与健康息息相关，这些物质表达了植物的色、香、味，与人们的审美亦联系紧密，是人类社会生活的一部分，是植物学科普创作的落点所在。

植物的系统发育与其环境密切相关，在系统发育与生物地理学中，测序技术的成熟和分析方法的应用推动了学科发展，让人们更清楚地了解了植物间的亲缘关系，寻找测序技术解答亲缘关系的科普落点无疑是一个好主题。

植物生态与环境生物学属生态文明建设的范畴，与社会发展和人类生活联系更加紧密。全球碳循环、碳储量、碳汇的研究直接为环境建设提供了科学数据，科学原理、过程及进展的普及创作，意义大，落点明确。

3. 定位读者对象、选取恰当的表达方式

需针对不同的读者采取不同的表达方式。在选取科普创作的表达方式时，在内容上依托学科发展前沿，规划科学知识点，凝练科普方向，在创作落点上要融合人文科学精神，采用启发式写作或拟人方法，注重读者心灵的沟通与互动，注重出版市场交互式拓展，包括科学点、专家、教育及休闲的融合。

4. 落点好的科普创作特点

落点好的科普创作往往表现为引人入胜，扣人心弦，科学视野宽，灵感启迪妙，被科普者是主动的，而非被动参与。以植物为例，可拟定一次科普旅行："叶的呢喃：介绍叶的生长、脱落的奥秘""听树干诉说历史：介绍年轮的知识""绽放的秘密：介绍花色的形成及基因调控""果实与珠宝：介绍菩提等果实的奥秘""植物的神经系统：根系的触动"。

四、科普创作的新契机

十九大报告提出，要推动社会主义文化繁荣兴盛，其中普及科学知识是重要的一环[8]，在科技创新中，科研与科普两个轮子要一起动，在国家层面上为科普创作带来新的契机。2017 全国优秀科普作品《酷蚁安特儿总动员》作者霞子认为：我们正处在一个科技飞速发展的时代，科技的发展必定会给文化的繁荣带来新的契机和诉求。科学文艺是科技发展的产物，不仅能给文艺创作注入鲜活的时代风貌和科学精神，其寓教于乐的特质，也能融合青少年的核心素养教育。[9] 科普创作在新媒体时代的一个最大的特征是，特定内容向特定人群的定向推送以及特定人群对特定内容的主动定制[10]，从而使科普创作在内容上做到定向化。具体表现就是，在科普创作的方法和逻辑过程中找准落点，延展科学精神，传承科学文化。

参 考 文 献

[1] Miller Jon D. Scientific literacy: A conceptual and empirical review [J]. Daedalus, 1983, 112（2）: 29-48.

[2] 郭传杰，汤书昆. 公民科学素质测评的理论与实践 [M]. 北京：科学出版社，2009: 2-3.

[3] 姜联合. 从科学研究成果的归属看科学传播的实践与本质 [M] //中国科普研究所. 中国科普理论与实践探索——第十九届全国科普理论研讨会论文集. 北京：科学普及出版社，2013: 120-125.

[4] 爱奇艺. 《加油！向未来》第 2 季 [EB/OL] [2018-07-02]. http://www.iqiyi.com/a_19rrh7682t.html?vfm=2008_aldbd.

[5] 肖嘉琪. 科普活动在群众文化中的作用与意义 [J]. 科技展望，2017，27（14）: 266-267.

[6] 白春礼. 弘扬科学精神，发展科学文化 [J]. 求是，2012（6）: 6-7.

[7] 陈凡，钱前，王台，等. 2017 年中国植物科学若干领域重要研究进展 [J]. 植物学报，

2018（53）：391-440.

［8］李艳艳. 十九大，理论新视野［EB/OL］［2018-03-16］. http://www.g5.m.cnr.cn.

［9］魏九玲，高春静，张帅. 迎接科普创作新时代！［EB/OL］［2018-04-28］. http://www.5yedu.com/b292886.html.

［10］沙锦飞. 新媒体时代的科普创作与创新［EB/OL］［2018-07-02］. http://www.docin.com/p-1753377161.html.

新时代对晋城市全民科学素质工作的思考

焦 勇 宋安太

（晋城市全民科学素质工作领导小组办公室，晋城，048000）

摘要： 科学素质是决定人的思维方式和行为方式的重要因素，是人们过上美好生活的前提，更是精神文明建设、生态环保健康、实施创新驱动发展战略的基础。公民具备基本科学素质一般指了解必要的科学技术知识，掌握基本的科学方法，树立科学思想，崇尚科学精神，并具有一定的应用它们处理实际问题、参与公共事务的能力。提高公民科学素质，对于增强公民获取和运用科技知识的能力、改善生活质量、实现全面发展，对于提高国家自主创新能力，决胜全面建成小康社会夺取新时代中国特色社会主义伟大胜利，都具有十分重要的意义。

关键词： 全民科学素质；强化保障；活动途径；行动；思路

The Thinking of Implementation of National Scientific Literacy Program in Jincheng in the New Era

Jiao Yong   Song Antai

（Jincheng National Scientific Quality Leading Group office，Jincheng，048000）

Abstract： Scientific literacy is an important factor in people's way of thinking and behavior，it is the premise for people to live a better life and the basis for spiritual civilization building，ecological environment protection，implementation

作者简介：焦勇，山西省晋城市全民科学素质工作领导小组副组长、市科学技术协会党组书记、主席。e-mail: jcskx@163.com。宋安太，山西省晋城市全民科学素质工作领导小组办公室主任、市科学技术协会办公室主任。e-mail: sxjcsat@126.com。

of the strategy of innovation-driven development. Citizens with basic scientific quality generally refer to understand the necessary scientific knowledge, master basic scientific methods, have scientific thoughts, and respecting the scientific spirit, and it also means he should have the basic ability to deal with the actual problems and participate in public affairs. It is of great significance to improve citizens' science literacy, so as to enhance the ability of acquiring and using science and technology knowledge, improving the life quality, and improving the country's capacity for independent innovation, achieving balanced and sustainable economic and social development, and building a harmonious socialist society, it is also a decisive victory for building a moderately prosperous society in all respects and winning a great victory for socialism with Chinese characteristics in the new era.

Keywords: national scientific literacy; strengthening and protection; way of activities; action; thoughts

科学素质是决定人的思维方式和行为方式的重要因素，是人们过上美好生活的前提，更是精神文明建设、生态环保健康、实施创新驱动发展战略的基础。[1] 党的十九大报告强调弘扬科学精神，普及科学知识。[2] 进入新时代，科普事业肩负着神圣使命，满足人民群众对美好生活的向往，践行以人民为中心的发展理念，以全民科学素质的持续提升构筑未来发展新优势。

晋城市位于山西省东南部，东枕太行，南临中原，西望黄河，北通幽燕，区位适中，交通便捷，是山西通往中原的重要门户，总人口为232.08万人，矿产资源丰富，特别是煤、铁的储量十分可观，有"煤铁之乡"之美称。自2006年2月国务院正式颁布《全民科学素质行动计划纲要（2006—2010—2020年）》（以下简称《科学素质纲要》）[3] 以来，晋城市坚持"政府推动、全民参与、提升素质、促进和谐"的方针，实行大联合、大协作的工作机制，大胆实践、勇于创新，积极探索我市公民科学素质建设的有效方法和途径，扎实有效地推动了《科学素质纲要》的实施。全民科学素质建设取得显著成效，重点人群科学素质行动扎实推进，基础能力建设不断加强，公共服务水平明显提升。我市具备基本科学素质的公民比例逐级提升，从 2006 年的 1.25%提高到了 2010 年的 2.9%。经过抽样调查，全市具备基本科学素质公民的比例已由"十一五"末的 2.9%，提升到了 2013 年的 4.04%，由 2013 年末的 4.04%提升到了 2015 年的 5.3%。"十三五"中期抽样调查显示，我市具备基本科学素质的公民比例达到了 7.1%，为完成"十三五"末达到 10%的目标奠定了基础。

一、提高全民科学素质需要强化"四项保障"

新时代，世界各国都把科技创新和国民科学素质建设作为综合国力竞争的核心要素。如何把开展全民科学素质行动的动力和机制转化为提升公民科学素质途径的重要保障，全面推进公民科学素质建设意义深远。

（一）加强组织领导，强化实施保障

晋城市高度重视全民科学素质建设，认真贯彻实施《科学素质纲要》，始终把普及科学知识、弘扬科学精神、传播科学思想和科学方法、提升重点人群科学素质作为一项重点工作来抓。从 2006 年成立全民科学素质工作领导小组以来，一直由市政府分管科技教育的副市长兼任组长。市领导小组每年定期召开年度工作会议，听取各县（市、区）、各成员单位《科学素质纲要》实施工作汇报，对《科学素质纲要》实施工作进行交流、总结、检查，及时研究解决有关重大问题，督促各县（市、区）、各成员单位《科学素质纲要》实施工作的完成，为《科学素质纲要》实施工作提供了强有力的组织保障，并下发了晋城市年度科学素质工作要点，对领导小组各成员单位责任分工进一步细化，各项行动计划目标责任得到层层分解落实，促进了科学素质工作迈上制度化、规范化、正规化的良性发展轨道。

（二）加强制度建设，强化政策保障

新时代新要求，"十三五"以来，我市从健全制度入手，建立了一系列行之有效的工作机制，紧扣工作大局，根据国家、省《科学素质纲要》实施方

案，结合实际，研究制定了《晋城市全民科学素质行动计划纲要实施方案（2016—2020 年）》，确立了"十三五"时期晋城市科学素质的重点任务、工作方针、发展目标、主要行动，形成了比较完备的持续提升我市公民科学素质的社会体系，逐步建立了相对完善并具有较强自我更新能力的全民共同监测发展的评估机制，促进人的全面发展和中国梦的预期实现。

（三）加大资金投入，强化经费保障

我市高度重视科普经费的投入，认真贯彻落实《科学素质纲要》精神和要求，并逐年加大对科普工作的经费投入和保障力度，人均科普经费从 0.5 元逐年提高到了 0.8 元，每年还列出 10 万元全民科学素质工作专项经费，并纳入财政预算，支持全民科学素质工作持续、稳步发展。全市 6 个县（市、区）科普经费均已列入预算，高平市、阳城县人均科普专项经费达到 0.5 元，城区、泽州县、高平市、沁水县财政每年拨付 3 万~5 万元全民科学素质工作专项经费。陵川作为全市唯一的贫困县，科普专项经费也在逐年增长，为全民科学素质工作的顺利开展提供了经费保障。

（四）狠抓队伍建设，强化人才保障

为确保《科学素质纲要》实施工作的正常运行，我市以科技工作者和科普志愿者队伍为抓手，狠抓科普队伍建设，广泛动员科技工作者、社区党员、干部和农村科技带头人加入科普志愿者队伍中来，逐步建立了专业队伍和居民志愿者队伍相结合、具备一定专业素质、热心科普工作的科普志愿者、科技专家服务团、中小学科技辅导员和青少年科普志愿者等多支科普队伍。市委组织部、市人才办就加强人才队伍建设和使用保障专门出台人才引进意见，同时广泛建立健全职业学院、高级技工学校、中等职业学校教育培训机制，为科普工作开展提供人才保障，使全市科普宣传受众覆盖率逐年攀升。

二、坚持主题科普活动是提高公民科学素质的主要途径

科学技术教育、传播和普及，是让公民了解、理解科学技术的最佳途

径。科普传播的程度，决定着国家科技创新的发展水平和公民的科学素质，科普能否适应新时代发展和公民的需求是关键。多年来，我市在体制、内容、机制、手段、形式、渠道等方面，实现科普主题活动的创新发展，是提高全民科学素质的突破口。

（一）开展丰富多彩的主题科普活动

针对群众关注的社会经济生活热点和产业发展需要，加强与成员单位的联合协作，突出主题和特色。鼓励动员各成员单位创新形式、团结协作，积极组织开展了各有特色的群众性、社会性科普活动，使科普宣传"活起来""动起来"。在全国科普日、科技活动周、安全宣传月、世界环境日、世界气象日、中国土地日等重大纪念日期间，各成员单位都要广泛开展经常性、社会性、群众性的大型科普宣传活动，大力宣传和普及节约能源资源、保护生态环境、保障安全健康、促进创新创造的理念和科学知识，示范引导科普活动创新形式，充实内容，实现科普工作常态化。努力为公民获得基本的科学素质提供平等的条件，保障全市公民都有机会和条件具备基本的科学素质，进而获得参与以知识为基础的社会发展机会，避免被边缘化。

（二）持续开展"三下乡"活动

坚持政府推动行为，我市科学素质成员单位宣传部、文化局等积极组织开展全市文化、科技、卫生"三下乡"活动，改变过去下乡挂挂标语、披上彩带、发发资料的传统做法。积极组织科技专家深入农村田间地头，推广新技术的应用，开展现场咨询、专题讲座，与农民的需求有效对接，把科学知识和实用技术送到农村、送给农民。同时，还根据农民群众所需适用技术，聘请专业技术人员，深入田间地头，释疑解惑，举办适用技术培训班，推动了科技"三下乡"等活动常态化、制度化。通过形式的改变，提升全民科学素质行动计划要面向全体公民，涉及社会各个方面，其实施不是一个或几个系统、部门所能主导的，需要上升为政府行为。

（三）品牌活动持续开展

我市和中国科学院老科学家科普演讲团连续合作举办了 6 年的"晋城科普大讲堂"活动，已经成为我市提升重点人群科学素质行动的明显标志。2017 年在市财政经费压缩的情况下，又拿出近 10 万元举办了 25 场科普报告活动，邀请 5 名中国科学院老科学家，走进全市中小学校和社区，开展各类科普宣讲报告会，受益学生和市民达 3 万余人，活动受到了学校师生和全社会的广泛好评。"晋城科普大讲堂"已经成为我市提升重点人群科学素质活动的品牌工程，这一活动主要针对青少年，从实际效果看，我们对未成年人的科学素质的监测很缺乏，对于未成年人的科学素质现状不能做到最具体和贴切的掌握。于是，我们加强了对科学知识的了解和科技原理在日常生活中运用的了解程度，开展了课堂互动，提问加解答，赠送中国科学院院徽，激发他们的兴趣，提高检测青少年对学习内容的理解。

三、以全民科学素质工作使命与职责推动重点人群行动

（一）以活动为抓手，推进重点人群科学素质提升

1. 实施未成年人科学素质行动

全民科学素质工作领导小组办公室联合市教育局，加快推动学校科学教育的开展，广泛开展多种形式的课内外教育活动，坚持贴近青少年、贴近实际、方便学习、灵活高效的原则，重点围绕学生喜闻乐见的科普知识开展活动，增强青少年的创新意识和实践能力，全面提高青少年的科学素质，营造广大青少年学科学、爱科学、用科学的良好氛围。每年 5 月，市科协、教育局、科技局会在全市中小学校开展学生科技月活动，活动期间，举办"晋城科普大讲堂走进校园活动"；举办"晋城市青少年科学素质知识竞赛"活动，全市近 2 万名在校学生参加了此次竞赛活动，拿出 3 万元用于奖励获奖学生；举办了"第十六届青少年科技创新大赛"活动，参赛作品达到 10 万多份，经过评审有 3 万份作品获奖。学生科技月系列活动的开展，激发了青少

年的科学兴趣，培养了科学思想和科学精神，促进了我市未成年人科学素质的全面提高。

2. 实施农民科学素质行动

各成员单位结合工作实际，广泛开展新型职业农民培训和适用技术培训，取得了良好的培训效果。城区农委联合职业培训学校，对北石店镇刘家川村 70 余名当地农民开展职业农民培训；泽州县农委和高平市农委加快构建新型农业经营体系，开展新型职业农民培育工程果树专业培训班。阳城县 2017 年电子商务新型职业农民培训开班；阳城县农委围绕农民创业、农产品网络营销和营销沟通技巧等基础知识，举办电子商务新型职业农民培训，推动电子商务在农村的普及。截至目前，全市各地开展职业农民培训 10 余场次，培训人数达 8000 人次。

联合市农委以加强新型职业农民培训为抓手，以实现农业现代化为目标，坚持精准培训，有力提升了农民科学素质提升，推进了农业增产增效、农民收入增加。坚持经常性的科技、文化、卫生"三下乡"活动，组织科技工作者深入农村，开展科普宣传，接受群众咨询，向现场群众普及文化、科技和卫生知识，实现"三下乡"向"多下乡""常下乡"转变。市农委积极承办全省新型职业农民科技知识培训班，促进农业生产转型，助推农民增收。依托农村劳动力转移培训"阳光工程"，开展农民科技培训和实用技术推广，根据不同类型农民的从业特点及能力素质要求，因材施教地开展培训。

3. 实施城镇劳动者科学素质行动

市人力资源和社会保障局就业培训指导中心针对失业人员举办的职业技能培训班陆续开班，电工、月嫂等技能培训深受广大失业人员欢迎，目前已举办各类培训班 20 余期，培训人数达 2000 人次。市总工会以技能比武、"五小"竞赛为抓手，举办了职工技能大赛，弘扬劳模精神和工匠精神，并对优秀选手记功表彰。联合科协、团委广泛开展"五小"竞赛活动，通过活动激发城镇劳动者的创新、创造热情。

市工会、团市委等多部门，以激发广大青年和职工队伍创新活力、促进技能水平提升为宗旨，在全市上下营造了"尊重技术、尊重人才、崇尚劳动、崇尚创造"的浓厚社会氛围。市职业技能培训中心以"培训激发创业，创业带动就业"为抓手，广泛开展劳动力转移就业、再就业工作，建立了以政策宣传、学员筛选、培训管理、模式创新、后续服务"五位一体"的培训模式，创业带动就业成效显著。

4. 实施领导干部和公务员科学素质行动

科学素质成员单位市委组织部，坚持每年按月在全市开展"干部素质提升工程"，举办领导干部和公务员提升素质大讲堂，近两年已经邀请到国内知名人士在全市做素质提升报告 20 余场，成为我市提升领导干部和公务员科学素质的又一品牌活动。

我市充分发挥各类学习载体在领导干部和公务员科学素质培训中的阵地作用，采取多种形式，积极营造氛围，整合教育资源、创新培训渠道、改进教育手段、创新培训内容，增强干部教学效果，全市领导干部和公务员在学习掌握科学知识和科学决策、执行能力上有了显著提高。积极依托党校、教育基地等培训机构，举办不同类型的县处级、科级干部培训班学习已经成为常态。

（二）提升科普服务能力，推进"六大基础工程"

1. 强化教师队伍培训

我市大力加强学校教师队伍的培训，坚持提高学生科学素养教师先行的工作理念，积极为开展科学教育与培训提供基础条件支持。利用暑期，对全市农村中、小学校骨干班主任德育教学及职业能力提升进行了专题培训，健全完善农村学校班主任队伍专业化建设，提高农村学习教学水平和综合管理能力，探索交流中小学德育与班主任工作的新途径、新模式、新经验。市教育局还不定期地举办教师技能大赛，展示检阅教师教学能力水平，发现差距，以比赛促提高，通过研究促教学，通过实践促创新，进一步提高了我市教师队伍的教育教学技能。

2. 精心编印科普读物

积极鼓励支持各级各部门,以及更多的科技、教育、文化、传媒等各界工作人员积极参与科普宣传和创作,合力推进全民科学素质工作,不断繁荣我市科普创作事业。每年编印提升科学素质系列读物《身边的科学知识读本》,发放各类科普图书。

3. 充分发挥新媒体作用

手机、互联网、微信等新媒体传播科学知识、提升科普素质的比重快速上升,成为公民获取信息渠道的又一主要来源。针对新形势、新变化,我市积极发挥网络、广播、电视等新闻媒体的作用,动员、协调各地各成员单位,在本单位、本部门网站开辟"社会主义核心价值观""科学素质提升"等科普宣传专区,为提高广大市民的科学素质水平、普及科普知识传递提供了"快速车道"。围绕普及科学知识、倡导科学生活为主题,在公共场所增加了 LED 屏幕科普宣传内容,每天循环播放相关科普知识,图文并茂的形式让公众一目了然,易学易懂易会,已渐渐地获得了市民的广泛认可。在市电视台开办"科普中国"栏目,通过讲述生活中的科技知识、创意发明、专家故事、传奇人物等内容,展现科学知识、科学方法,帮助大众认识科学技术在改变百姓生活、推动时代发展过程中的神奇魅力。在全国文明城市创建中,科技馆建设也步入了快车道。

四、影响晋城市公民科学素质的主要因素分析

(一)思想认识有待提高

在《科学素质纲要》实施工作中,部分单位对全民科学素质工作重视不够,对本单位、本系统所承担的全民科学素质工作未能进行很好的细化、分解和落实;各地、各部门开展全民科学素质工作不够平衡,工作中存在畏难情绪,缺乏主动性和积极性,工作进度快慢不一;对科学素质工作的全面性和内在联系认识不足,缺乏创新精神,协同配合、形成工作合力的愿望不强,距离构建大联合、大协作的工作格局还有一定的差距。

（二）体制、机制需要进一步完善

全民科学素质工作领导小组都是由政府分管领导担任组长，领导小组办公室设在科协，具体承担协调指导组织实施工作。由于科协本身的性质和职能限制，工作实施过程中缺乏有效抓手，难以实现科协作为社会团体承担政府职能工作的协调统一，成为制约我市公民科学素质提升的瓶颈。

（三）科学素质战略部署亟须提升

我市公民科学素质水平与发达省、市相比仍有较大差距，全民科学素质工作发展还不平衡，面向农民、城镇新居民、偏远贫困地区群众的全民科学素质工作仍然薄弱。从上到下在部署提升科学素质工作的政策法规制定和重要性上不突出，致使科学素质工作部署轻、开展难、落实差。

五、新时代晋城市全民科学素质工作思路对策建议

（一）弘扬科学精神

以习近平新时代中国特色社会主义思想为指引，深入学习贯彻十九大精神，落实《晋城市全民科学素质行动计划纲要实施方案（2016—2020 年）》要求，扎实推进全民科学素质工作，激发大众创业、万众创新的热情和潜力，广泛开展科学普及宣传教育活动，深入基层、深入群众，突出部门特色，推动以广泛性、群众性为主题的科普活动的开展。结合正在大力开展的全国文明城市创建活动，把提高公民科学素质的软硬件建设纳入创建文明城市系统工程中。可以说，科学精神是科学知识与科学方法之母，提升公民科学素质，就是要不断提高公民的科学精神，使之不断融入自己的价值观念、思维方式和行为方式之中，为夺取全面建成小康社会决胜阶段的伟大胜利筑牢公民科学素质基础。

（二）普及科学知识

围绕我市创新驱动发展和"转型综改示范区的先行区""能源革命排头兵

的领跑者""对外开放新高地的桥头堡",开创新时代美丽晋城高质量转型发展新局面的新要求,深入学习宣传贯彻党的十九大精神,深入贯彻落实《科学素质纲要》,发动和组织各级力量广泛开展科学素质工作行动,动员全社会大力弘扬科学精神,普及科学知识,营造尊重科学、崇尚科学的浓厚氛围,激发广大公众的科技兴趣和创新、创造、创业的热情,筑牢创新驱动发展战略和实现"三大战役"的科学基础,进一步提高"四大重点人群"的科学素质。建议政府重视科学素质提升工程建设,在图书馆、文化馆、博物馆等公共场馆中增加科学元素,对市民开放,加强推进科技馆建设,让市民在兴趣爱好中潜移默化地提升科学素质,真正实现科普资源共建共享。

(三)创新科学方法

继续按照服务大局、突出重点、继承创新、跨越发展的工作思路,认真做好"十三五"的中后期工作。深入贯彻落实党的十九大精神,以习近平新时代中国特色社会主义思想为指导,认真总结实施工作的成绩和经验,深入分析存在的问题和原因,大胆改革,勇于创新,扎实工作,充分认识提高全民科学素质工作在实施创新驱动发展战略中的基础作用。围绕公众关切、政府需求、服务好全市经济社会发展的目标,扎实推进重点人群科学素质工作,突出新时代要求,提高科学方法,精准发力;充分利用信息技术快速发展的新机遇,以信息化手段推动全民科学素质工作,使广大公民成为科学思想的拥有者和受益者。也只有在学习科学知识的同时,注意科学方法的掌握,才能使自己跟上新时代科学发展的步伐,闯出一条新时代具有鲜明特色的提升公民科学素质的新路子。

参 考 文 献

[1] 秦大河. 提高公民科学素质是紧迫任务 [N]. 人民日报, 2015-04-10 (23).
[2] 习近平. 决胜全面建成小康社会　夺取新时代中国特色社会主义伟大胜利——在中国共产党第十九次全国代表大会上的报告 [M]. 北京: 人民出版社, 2017.
[3] 全民科学素质行动计划纲要 (2006—2010—2020 年) [M]. 北京: 人民出版社, 2006.

论工业遗产的科学传播在提升公民科学素质中的地位和作用[*]

亢宽盈

（中国科普研究所，北京，100081）

摘要：本文首先阐明了工业遗产的内涵；其次，着重论述了工业遗产的科学传播在新时代背景下，为提升公民科学素质，不但提供了重要的、有效的途径、形式、模式和机制、体制，而且提供了重要的、宝贵的、丰富的、独特的内容和资源。通过工业遗产，可以向公众进行基础科学方面的传播，科学研究及其应用方面的传播，科学技术史方面的传播，科学方法、科学思维方式、科学思想、科学精神、科学文化、创新文化方面的传播，科学技术与社会（science，technology and society，STS）、科学技术哲学、科学技术社会学、科学技术伦理学、科学技术管理学方面的传播等，从而更好地提升公民的科学素质。因而，工业遗产的科学传播在提升公民科学素质方面具有非常重要的地位和作用。

关键词：工业遗产；科学传播；公民科学素质；地位和作用

Analysis on the Position and Function of Scientific Communication of Industrial Heritage in Improving the Scientific Literacy of Citizens

Kang Kuanying

（China Research Institute for Science Popularization，Beijing，100081）

Abstract：This paper first clarifies the connotation of industrial heritage.

* 本研究是由中国科普研究所资助、亢宽盈负责的"工业遗产的科技传播在 STEAM 教育中的作用之研究"项目的研究成果之一（项目编号：2018LYE020603），属于基本科研业务费项目。
作者简介：亢宽盈，中国科学院理学博士，中国科普研究所副研究员，主要研究方向：科学、技术与社会，科技哲学，科技史，科技政策，科学社会学，科技传播，科学普及等。e-mail：kangkuanying@126.com。

Secondly，it focuses on the scientific and technological communication of industrial heritage. In the context of the new era，in order to improve the scientific literacy of citizens，it not only provides important and effective ways，forms，modes，mechanisms and systems，but also provides valuable，rich and unique contents and resources. Through the scientific dissemination of industrial heritage to the public，the public can know more about basic science，scientific research and its application，the history of science and technology，as well as scientific methods，scientific thinking，scientific points，scientific spirit，scientific culture，etc，so as to better enhance the scientific literacy of citizens. Therefore，the scientific and technological communication of industrial heritage plays a very important role in improving the scientific literacy of citizens.

Keywords：industrial heritage；communication of science and technology；civic science literacy；status and role

一、引言

近年来，工业遗产的保护和利用越来越引起了人们的重视，并且已经成为一个热门话题和重要的研究领域，但是工业遗产的科学传播在提升公民科学素质中的地位和作用的研究却是非常之少，人们对这个问题的重视程度不够或者说相对比较薄弱。针对这种情况，本文专门研究和探讨了工业遗产的科学传播在提升公民科学素质中的地位和作用。

二、工业遗产的内涵

在参照已有文献资料的基础上，尤其是在《关于工业遗产的下塔吉尔宪章》[1]和《无锡建议——注重经济高速发展时期的工业遗产保护》[2]等国内外重要文献资料的基础上，笔者经过进一步分析和研究，对工业遗产的定义做了补充、修正和完善。在本文中笔者给出的工业遗产的定义为：工业遗产是指具有历史的、社会的、科学的、技术的、工业的、工程的、建筑的、文化的、审美价值的、环境价值的、景观价值的、经济价值的、情感价值的工业文化遗存。这些遗存主要包括工厂、车间、作坊、磨坊、仓库、店铺等工业建筑物，以及矿山、矿场、相关加工冶炼场地、提炼加工场，能源生产、转化、传输及使用场所，交通、运输和所有它的基础设施，相关工业设备（机械、机器设备等）及其运行的科学原理、技术原理、工作原理和保养、维护、维修的方法和技能，产品的制造方法和技能、生产工艺和工艺流程、技术规范、操作技能，与工业生产相关的社会活动场所（如职工住房、教育和培训场所、体育活动场所、休闲和娱乐场所等），以及企业档案、数据记录、企业规划和发展战略、企业文化、企业精神、工业文明、工匠精神，以及企业家、工程技术人员和工人的品质、意志、毅力、理想、信念、理念、追求和精神等物质和非物质文化遗产。

三、在途径、形式、模式和机制、体制方面的重要地位和作用

工业遗产的科学传播为提升公民科学素质提供了重要的、有效的途径、形式、模式和机制、体制，在提升公民科学素质方面发挥了重要作用，具有非常重要的地位。在新时代背景下，工业遗产的科学传播为提升公民科学素质提供了有效的途径、重要的手段、相对廉价便捷而又实用的形式、模式以及崭新的机制和体制，扩展和丰富了公民科学素质教育的资源范围和内容，而且在一定程度上对于缓解我国公民科学素质在东部、中部、西部之间发展不平衡、高质量的科学素质教育资源不充分等问题具有重要的意义和作用。

（一）把工业遗产开发为文化设施

通过把工业遗产开发为文化设施对公众进行科学传播，这样就为提升公民科学素质提供了一种重要的途径、形式和机制、体制，从而在提升公民科学素质方面发挥了重要的功能，具有非常重要的地位和作用。根据工业遗产原有产业及产品性质，充分利用工业遗产的资源，把工业遗产开发为各种门类的、专门的或包含工业遗产在内的工业科学技术博物馆、专题博物馆、科

技馆乃至科学中心，或者设立各种门类的厂史展览馆或展示馆、企业纪念馆，或者把工业遗产开发为科普教育基地、科普展示基地、科普文化基础设施、科普旅游场所（同时把对工业遗产的保护和利用纳入公共科普服务体系，特别是纳入科普基础设施建设规划中），或者把工业遗产开发为文化创意产业园区、艺术馆、社区文化中心等，来对公众进行科学传播，从而提升公民的科学素质。这样进一步拓展、挖掘和丰富了公民科学教育的场馆资源和内容资源，从而为提升公民科学素质提供了更加广阔的途径、形式、渠道和模式，创新和创造出了更加灵活、有效的机制和体制。比如，沈阳铸造博物馆是目前国内比较典型的由工业遗产改造的工业科技类博物馆，在沈阳铁西老工业区搬迁改造过程中，沈阳铸造厂决定对现存的工业遗产予以保护，把该厂铸造一车间保留下来，将其改建成充分反映沈阳铁西老工业基地工业技术发展历程的铸造博物馆。[3]该博物馆在对公众进行"铸造"方面的科学技术的教育、传播和普及方面具有极其重要的功能和意义，在提升公民科学素质方面发挥了重要的作用。

（二）设立工业遗址公园

通过设立工业遗址公园对公众进行科学传播，这样就为提升公民科学素质提供了一种重要的途径、形式和机制、体制，从而在提升公民科学素质方面发挥了重要的作用，具有非常重要的地位。对于大型和特大型工业遗产的保护，设立工业遗址公园可以成功地将旧的工业建筑群保存于新的环境之中，从而达到整体保护的目的。可以将那些具有典型性的工业遗址作为展现科技发展和保留历史记忆的载体，以工业遗产主题公园的形式保留下来，这样不仅利于工业遗址生态修复、循环利用，还对城市生态与经济的可持续发展有着重要的促进作用。更重要的是，利用工业遗产主题公园还可以对公众进行科学传播，进行科学技术教育、工业科普等，从而提升公民的科学素质。公园中废弃的工矿、旧设备和工业空置建筑是旧的生产方式的标志物，人们穿梭在旧工业厂房、旧机器中，可以见证和感受到科学技术发展的变迁，完成一段跨越时空的科技之旅。比如，中山市将粤中造船厂改建为岐江公园，铁轨、烟囱等标志性工业设施成为公园中的景观符号，形成独具特色的城市人文景观。[4]该公园在向公民进行科学传播和提升公民科学素质方面发挥了重要的作用。

（三）工业遗产旅游

工业遗产旅游是一种从工业考古、工业遗产保护而发展起来的新的旅游形式。其特点为在废弃的工业旧址上，通过保护性再利用原有的工业机器、生产设备、厂房建筑等，形成能够吸引现代人了解工业科技和工业文明，同时具有独特的观光、休闲功能的新的文化旅游方式。通过工业遗产旅游对公众进行科学传播，这样就为提升公民科学素质提供了一种重要的途径、形式和机制、体制，从而在提升公民科学素质方面发挥了重要的作用，具有重要的地位。

四、在内容和资源方面的重要地位和作用

工业遗产的科学传播为提升公民科学素质提供了重要而又丰富的内容和资源，在提升公民科学素质方面具有非常重要的地位和作用。在新时代背景下，通过工业遗产向公众进行科学传播，可以向公众进行基础科学方面的传播，科学研究及其应用方面的传播，科学技术史方面的传播，科学方法、科学思维方式、科学思想、科学精神、科学文化、创新文化、企业文化方面的传播，科学技术与社会、科学技术哲学、科学技术社会学、科学技术伦理学、科学技术管理学方面的传播等，从而更好地提升公民的科学素质。在通过上述科学传播的这几个方面从而促进公民科学素质的提升上，工业遗产为它提供了重要的、宝贵的、丰富的、独特的内容和资源，具有非常重要的地位和作用。

（一）在基础科学的传播方面

工业遗产在基础科学的传播方面，为提升公民科学素质提供了重要而又丰富的内容和资源，具有非常重要的地位和作用。工业遗产是人类科学发现、科学进步和技术发明、技术创新等的重要见证，是科学技术的物化，工业遗产中的生产设备、工艺和产品等包含着大量的科学知识、信息，包含着许多科学价值。而工业遗产中包含的技术更多地体现为在科学理论指导下形

成的技术，无论是生产设备、生产工艺还是技术产品等，均包含着相应的、基础的、基本的科学知识、科学方法、科学原理等，这些都为提升公民科学素质提供了重要而又丰富的内容和资源，在提升公民科学素质方面具有非常重要的地位和作用。

通过工业遗产对公众进行科学传播，公众可以更加直观地了解科学技术有关的基础知识以及它们的应用，因为工业遗产中的一些厂房、机器设备、生产线、技术、工艺、产品等都是活生生的教材，这些比教科书上的文字、图片或影像资料或档案资料等更加直观和鲜活，更易于让人理解和学习，更加有利于对公众进行基础科学的教育，更好地培养和提高公民的科学素质。

工业遗产在向公众传播基础的科学技术知识、机器设备的结构和构造、机器运行的科学原理和技术原理及工作原理、产品的制造方法、生产工艺和工艺流程、技术规范、操作技能等方面，以及使公众了解科技发明、技术创新等方面具有不可替代的重要作用。

比如，位于四川乐山犍为县境内的"嘉阳小火车·芭石铁路"，就为公众了解蒸汽窄轨载客火车及蒸汽机的有关科学技术知识、工作原理、机器设计原理、运行原理、操作原理等提供了可贵的、活的标本。嘉阳小火车"作为当今世界唯一还在正常运行的蒸汽窄轨载客火车"，凭借对原始技术独特性和稀缺性的保护和利用，"以其不可再生性和独特性"，不仅"无可争议地成为工业革命的一个活化石"[4]，而且成为公众了解第一次工业革命尤其是蒸汽机有关内容的一个活标本，在提升公民科学素质方面发挥了重要的作用。

（二）在科学研究及其应用的传播方面

工业遗产在科学研究及其应用的传播方面，为提升公民科学素质提供了重要而又丰富的内容和资源，具有非常重要的地位和作用。工业遗产是工业活动的产物，是科学技术的物化，尤其是许多工业遗产是当时最新或者比较新的科学研究成果在工业上的应用，因此通过工业遗产对公众进行科学传播，可以使公众了解到当时不少的科学研究成果及其应用，从而为提升公民科学素质提供重要而又丰富的内容和资源，具有非常重要的地位和作用。尤其是某些工业遗产也具有当今科学技术可以借鉴的价值，其中实物遗存尤其占有重要地位。工业遗产本身所包含的科学知识、技术知识可以成为科技人员最为直接的研究范本，其中的技巧、工艺、技艺等更可以成为后人从事科学研究和技术创新的重要借鉴[5]；同时，通过工业遗产的科学传播，能更好地促进公众理解科学、公众理解科学研究及其应用，从而可以成为培养和提高公民科学素质的成功的、典型的教材和教学案例等。

（三）在科学技术史的传播方面

工业遗产在科学技术史的传播方面，为提升公民科学素质提供了重要而又丰富的内容和资源，具有非常重要的地位和作用。工业遗产是科学技术及其发展的见证，记录着特定的、大量的科学技术史信息，记录了科学发展和技术创新的轨迹，见证了科学发明和工业活动对历史和今天所产生的深刻影响，反映了科学、技术、工业、工程、经济甚至社会、文化发展的历史等。工业遗产这种承载着科学技术深刻变革的物质证据，对公民认识科学发展、技术发明、工业活动及其发展历程，了解工业技术、工业组织、工业文明的价值观、工业文化等，具有普遍性的科学技术史的教育功能和价值，这是其他文化遗产无法替代的。这些都为提升公民科学素质提供了重要而又丰富的内容和资源，在提升公民科学素质方面具有非常重要的地位和作用。

工业遗产对于向公众传播科学技术史的知识、提高公民的科学素质等都具有不可或缺的、独特的功能和意义。通过工业遗产，可以更好地向公众传播科学技术史的知识，更加有利于公民了解科学技术的发展脉络及经济社会文化的发展状况等，从而更好地提升公民的科学素质。

比如，福州马尾造船厂的旧址是清末洋务运动的一个重要遗存，是我国重要的造船工业遗产，其中的"轮机厂（车间）是国内保存最完整且仍在继续使用的近代船厂的生产车间，第五批全国重点文物保护单位"[4]。该工业遗产具有重要的科学技术史教育功能和价值，它为公众从某一个方面了解我国近代造船工业、船舶科技及其人才培育的发展史提供了难能可贵的资料和素材。马尾造船厂创办于1866年，是我国最早、当时远东最大的造船厂，中国第一艘铁甲舰艇和第一架水上飞机均在这里诞生，第一批近代科技专科学校——船政学堂、电报学堂、飞潜学校在此奠基……马尾造船厂为近代中国的船舶制造、海军建设、科技人才培育以及诸多工业领域的奠基和开拓做出了重大贡献，在中国近代史上留下了光辉的篇章。[6] 马尾造船厂作为中国近代造船基地、近代海军发祥地、产业工人发源地、航空业摇篮和引进西方先进科技先导的历史地位，被史学界誉为"中国近代史的活化石"[7]。

（四）在科学方法、科学思维方式、科学思想、科学精神、科学文化、创新文化、企业文化等的传播方面

工业遗产在科学方法、科学思维方式、科学思想、科学精神、科学文化、创新文化、企业文化等传播方面，为提升公民科学素质提供了重要而又丰富的内容和资源，具有非常重要的地位和作用。工业遗产不仅具有重要的物质价值，而且具有重要的精神价值。工业活动在创造了巨大的物质财富的同时，也创造了丰富的精神财富。工业遗产中的生产设备、生产工艺、产品等，不但包含着相应的科学知识、科学原理、科学信息，而且包含或蕴含着丰富的科学方法、科学思维方式、科学思想、科学精神、科学文化等内容。工业遗产是工业文化和工业文明的载体，它不但承载了人类创造出的科学知识和新技术及其成果，而且承载了丰富的精神文化价值。工业遗产是工业活动中科学方法、科学思维方式、科学思想、科学精神、科学文化、创新文化、企业文化，乃至民族文化、民族精神的重要体现和载体。工业遗产所承载的科学精神、工匠精神、企业文化与科学家、企业家、产业科技人员和产业工人的优秀品质和崇高精神等构成了当时科技创新、创新文化和工业发展的重要的时代标志，工业遗产中所蕴含的务实创新、包容并蓄、励精图治、锐意进取、精益求精、注重诚信、团队合作等工业生产中铸就的特有品质，成为一种永不衰竭的精神气质。这些都为提升公民科学素质提供了重要的、宝贵的、丰富的内容和资源，在提升公民科学素质方面具有非常重要的地位和作用。

我国近代以来的工业遗产本身承载着我国近代一百多年的开拓、进取、奋斗和创新历程，它记录了我国科技创新的足迹，记录了科技、经济、政治、社会、文化的变迁，同时记录了科学方法、科学思想、科学精神、科学文化、创新文化、企业文化等的发展和变迁。中国一百多年的工业化历程经历了从屈辱到自强奋斗的过程，工业遗产本身就是这样一个见证。近代以来，我国涌现出

大批富于创新精神、创业精神的著名的科研机构和卓越的科学家、优秀企业和杰出企业家、工程技术人员、工人等，他们在当时艰难的环境和条件中所表现出来的求知创新的精神、百折不挠的顽强意志和毅力、奋发向上的精神、强烈的爱国主义精神以及所取得的巨大成就等都是一笔宝贵的精神财富，这些孕育出了具有鲜明特色的文化，凝聚为一种尚德守信、务实创新、自强不息、锐意进取的精神。工业遗产非常有利于公众了解科学家、企业家、工程师、工人等的科学探索和技术创新的精神等，有利于向公众传递科技创新驱动发展的科学思想等。在新时代背景下，在倡导科学方法、科学思想、科学精神、科学文化、创新文化、企业文化、民族文化、民族精神的今天，工业遗产的科技传播对提升公民科学素质具有十分重要的作用和意义。

（五）在科学技术与社会、科学技术哲学、科学技术社会学、科学技术伦理学、科学技术管理学等的传播方面

工业遗产在科学技术与社会、科学技术哲学、科学技术社会学、科学技术伦理学、科学技术管理学，尤其是企业管理学、工业管理学的传播方面，为提升公民科学素质提供了重要而又丰富的内容和资源，具有非常重要的地位和作用。工业遗产是科学技术的物化，是工业活动的产物，它见证了人类的科学技术活动对社会各个方面所产生的深刻影响；见证了科学的发展以及科学怎样变成技术（同时也见证了科学、技术的区别和联系），技术怎样变成产品，变成生产力，变成工业化、规模化的生产；见证了科学技术通过工业活动怎样改变人们的生活方式、生产方式、管理方式，以及促进经济发展及发展方式的变更；见证了科学技术通过工业活动怎样改变社会关系、社会结构，改变人们的思维方式、思想观念、世界观等；见证了科学技术与政治、经济、文化、社会制度、战争等方面的关系及其相互作用、相互影响等。因此，工业遗产在科学技术与社会、科学技术哲学、科学技术社会学、科学技术伦理学、科学技术管理学，尤其是企业管理、工业管理的传播方面，为提升公民科学素质提供了重要的、宝贵的、丰富的、独特的、不可或缺的内容和资源，在提升公民科学素质方面具有非常重要的地位和作用。

五、结语

工业遗产是文化遗产中重要的、不可替代的组成部分和内容，是工业文化和工业文明的载体，是科学技术物化的成果，是科学技术及其发展的物证，是人类科学发现、科学进步和技术发明、技术创新等的重要见证，它记录了科学发展和技术创新的轨迹，见证了科技发明和工业活动对历史和今天所产生的深刻影响。工业遗产是工业文明的历史体现，是记录一个时代科技进步、工程技术、产业水平、经济、社会的发展等方面的文化载体，承载着宝贵的物质价值和精神价值。在新时代背景下，工业遗产的科技传播为提升公民科学素质，不但提供了重要的、有效的途径、形式、模式和机制、体制，而且提供了重要的、宝贵的、丰富的、独特的、不可替代的内容和资源。通过工业遗产向公众进行科学传播，可以向公众进行基础科学方面的传播，科学研究及其应用方面的传播，科学技术史方面的传播，科学方法、科学思维方式、科学思想、科学精神、科学文化、创新文化、企业文化方面的传播，科学技术与社会、科学技术哲学、科学技术社会学、科学技术伦理学、科学技术管理学，尤其是企业管理学、工业管理学方面的传播等，从而更好地提升公民的科学素质。因而，工业遗产的科技传播在提升公民科学素质方面具有非常重要的地位和作用，值得人们通过各种途径、方法、手段和渠道进一步地挖掘和实现这些作用、功能、价值和意义。

参 考 文 献

[1] 寇怀云. 工业遗产技术价值保护研究 [D]. 上海：复旦大学，2007.
[2] 同 [1]。
[3] 谭超，任福君. 我国工业遗产中潜在科普设施利用初探 [M] //中国科普研究所. 中国科普理论与实践探索——2010 科普理论国际论坛暨第十七届全国科普理论研讨会论文集. 北京：科学普及出版社，2010：301-302.
[4] 单霁翔. 关注新型文化遗产——工业遗产的保护 [J]. 中国文化遗产，2006（4）：13-35.
[5] 陈凡，吕正春，陈红兵. 工业遗产价值向度探析 [J]. 科学技术哲学研究，2013（5）：75.
[6] 谢红彬，高玲. 国外工业遗产再利用对福州马尾区工业旅游开发的启示 [J]. 人文地理，2005（6）：54.
[7] 陈道章. 马尾船政文化丛书——马尾揽胜 [M]. 福州：榕新出版社，2002：22-23.

微博科普研究

孔 莉

（中国科学技术大学，合肥，230026）

摘要：进入 21 世纪，随着互联网快速进步涌现出大量的新兴媒体，并迅速成为人们接受信息的主要渠道。中国互联网络信息中心（CNNIC）第 41 次《中国互联网络发展状况统计报告》显示，截至 2017 年 12 月，我国网民规模达 7.72 亿，互联网普及率为 55.8%，手机网民规模达 7.53 亿。"两微"的代表——微博，作为新媒体时代重要的传播渠道，在科普中发挥着重要的作用。本文就新媒体环境中微博科普的特点及存在的问题进行分析，并对微博科普的发展趋势进行预测。

关键词：微博科普；特点；优势；问题；趋势

Science Popularization Research on Weibo
Kong Li

（University of Science and Technology of China，Hefei，230026）

Abstract： In the 21st century，with the rapid progress of the Internet，a large number of new media emerged，which quickly became the main channel for people to receive information. According to the 41st Statistical Report on China's Internet Development Status of China Internet Network Information Center （CNNIC），as of December，2017，the number of Internet users in China reached 772 million，the Internet penetration rate was 55.8%，and the number of mobile Internet users reached 753 million. As a representative of "two micro" as well as

---

作者简介：孔莉，中国科学技术大学研究生。e-mail: kongl@mail.ustc.edu.cn。

an important communication channel in the new media era，Weibo，plays an important role in science popularization. This paper analyzes the characteristics of micro blog science in the new media environment，and analyzes the development trend of micro blog science popularization.

Keywords：science popularization of micro blogging；characteristics；advantages；problems；trends

　　微博是一个基于用户关系信息分享、传播以及获取的平台。用户可以通过 Web、WAP 等各种客户端组建个人社区，以 140 字（现在已没有字数的要求）的文字更新信息，并实现即时分享。

　　根据传播学的"5W"模式，微博科普的主要构成也分为五个要素，即微博科普的传播主体、微博科普的传播内容、微博科普的传播客体、微博科普的传播效果四个部分。"微博+科普"的传播方式既有微博与科普各自的特点，也呈现出自身新的特点。

一、微博科普的特点

（一）科普的主体影响力特点

　　微博平台上科普传播的主体与科学效果的影响力呈正比，即科普传播主体影响力越大，科普传播效果越强。在这个鼓励内容创造的社交媒体时代，任何一个用户都有成为科学传播主体的可能性。此外，到了 Web 2.0 时代，微博的强社交属性，改变了传统的自上而下的金字塔模式，每个原创科普内容的作者都可以是自媒体的主人，拥有自己的麦克风、广播站或电视台，每个评论转发者都拥有对原博发表言论的机会和权利，也都是原作者的纠错人和扩散人。在 Web 2.0 的微博平台，科普传播主体间的联系越紧密越能产生"强强联合"，这种基于"主体间性"的"强联系"传播活动越能唤起一般用户的认同，甚至如一般用户对于出自果壳网、科学松鼠会等具有强烈共同体意识的用户群体一样，产生一种类似对偶像的崇拜。

（二）科学传播与热点事件的关系特点

由于网络热点事件的发生都是实时进行的，所以网络热点事件中传递的科学知识、科学方式等科学传播和热点事件一样也是正在进行时的。从另一个方面来说，科学传播也是一种未完成时，所以可能会有几种科学说法、几种科学知识在同一时间段出现在微博这一意见平台上。这种讨论，一方面，依附于微博热点事件，以微博热点事件为着手点，进行科学传播；另一方面，也是推动热点事件热度向着积极的方向发展，使用户能够透过热点事件看到其中透明、公正、科学的一面。

（三）科学传播内容的亲和力特点

科学传播内容的亲和力越强，科学传播效果越强。虽然科学传播中的亲和力强弱的评判标准更多的是一种主观偏向的，相较于生冷、刻板、晦涩的科学传播主体和内容，受到用户喜爱的科普博主都更想要建立彼此地位上的平等，更多地与客体进行沟通互动，以用户喜爱的语言或方式，以一种发自内心的平和善良，以简单易接受的文本进行传播。

在个人认证用户中，如果壳网、科学松鼠会的主体群体，与任职于政府机构或是大学院校的微博博主相比，更具有亲和力；同样来自医生群体，更受到用户喜爱的是能够生产具有创造力与趣味性内容的科学传播主体。而在机构认证用户中，从政府机构、传统媒体到互联网，亲和力是依次递增的状态。

（四）科学传播内容的形式特点

科学传播内容的形式越多样，科学传播效果越强。微博平台提供了多元的内容传播的表现方式，科学博主们就有可能将这类丰富、自主、便捷的编辑手段巧妙地融入内容创造与传播之中。例如拥有 720 万粉丝的著名心理学领域科普博主"科学家种太阳"，在搜集他近 100 篇科普文章中，100%的科普文章都能够使用文字、图片、超文本链接的形式，少数文章辅以视频、音频等形式进行补充，排版讲究、文字直白，极具可读性。此外，多样传播方式的综合应用能够带来更多感官的刺激，科普知识在得到传播的同时，娱乐性质也得到了提升，可谓是寓教于乐。

（五）科学传播话题的发散性特点

科学传播内容话题的发散性越强，科学传播效果越强。在 Web 2.0 时代，事件传播过程不再是集中在某单个事件与单个链条，在某一热点事件的传播过程中通常也会伴随着其他事件的传播，在一个话题或者事件的传播过程中会发散出其他的话题。

2016 年 2 月 11 日，美国激光干涉引力波天文台宣布于 2015 年 9 月首次探测到引力波的存在，此后一周时间内，微博上关于引力波的各类话题层出不穷，例如，"人类首次直接探测到引力波，这意味着什么""科学家宣布发现引力波广义相对论最后预言获证""科学家究竟如何发现引力波的""引力波被发现，人类首次直接观测双黑洞系统"，关于引力波的两分钟科普视频《碰撞的黑洞和引力波》、科普动画《三分钟弄懂引力波》，同时出现在微博平台上的还有众多相关长微博文章等内容；此外，关于引力波的文学描述也是感性居多，饱含情怀，例如"哪怕我们所创造的一切都将化为灰烬，我们依然能知道宇宙初生的那个黎明，和宇宙最终灭亡的那个夜晚"；2 月 19 日，一个关于"诺贝尔哥"郭英森 5 年前参加《非你莫属》节目的视频上了微博热搜榜，非常火爆，再次掀起一波关于引力波与科学话题的大讨论。而对于一些以娱乐内容为主的博主，也与当下网络亚文化相结合，迎合引力波热点，进行"草根"营销炒作。

二、微博科普的优势

基于微博开展的科普活动给了用户与微博博主相互交流的平台，随着技术的发展，用户的场景体验越来越成为可能。这样，一方面，可以使得用户更好地理解科学原理与知识；另一方面，也可以不断深化对展品的认识和理解。

（一）具有更强的引导性

科普人员在微博中是用户的助手，一开始可能并不会直接给出答案，有着游戏般的效果，如强调剧情的发展或者有着很强的逻辑关系，观众会产生强烈的代入感和参与感。这种强烈的代入感启发引导着观众领悟科学知识中存在的科学原理，对用户的科学传播可以以探究的形式进行，公众想要深刻理解科学就要亲身参与到科学活动中。

（二）强调探究过程

微博平台在很大程度上扩展了用户的学习空间，强化了对于过程的探究，如在线下的科技馆中，学习环境受到限制，因此缺少探究过程。对于某一科学原理而言，虽然现实中图文版面很丰富，还配有模型，但是有的用户看到原理还是不能理解，就不能启发思维，而在微博平台上可以更好地引导他们了解原理。有微博博主为增强用户的探究过程，在微博中建立了科学原理的三维结构模型，不仅承载科学原理、科学知识，还依托图文、动画、模型、实物拍摄等方式，进行科学普及。

（三）互动性更强

科学传播在当下的网络空间综合是一种双向的传播，各领域的科学博主向公众传播科学，公众有着充分的选择权利，不需要盲目接受。科学知识自身就来源于人的实践活动，其本身没有绝对性，因此当下科学传播是公众与科学博主甚至科学界的双向互动。微博平台提供了这样一种功能，消解了科学与普通人之间的隔阂，以一种通俗易懂的方式，使得科学传播在更广泛的范围内进行。

三、微博平台科学传播存在的问题

以微博热点事件为基础的科学传播，仍然存在着很多困难和阻碍。这些问题产生的原因是多方面的，如受到传播主体本身、微博环境、传播技巧、国家政策、资金来源以及其他各方面原因的限制，导致关于热点事件相关的科学传播效果还不理想，或者没有达到传播者自身的目的。

（一）科学传播主体与热点事件联系模糊

科学传播的主体与热点事件关系模糊，传播效果模糊。从一般用户的角度来看，每天可能接收到各个领域不同意见领袖的私信和评论，而相同信息也可能来自不同的意见领袖，在微博平台中两级或者多级传播是确实存在的。由于这些"大V"有着可以选择的广泛的内容题材，兴趣爱好偏向不同，科学素养参差不齐，所以他们能够做到的也只是将相关信息在第一时间传播出去，其是否具有科学性以及科普内容深度尚不明确，因此科学传播的效果也就得不到充分的保证。同时，由于科学传播内容的门槛很高，而科学传播博主又可能因为其工作性质、网络地位、粉丝偏好以及个人兴趣等原因，在生产相关科学内容时在时间上存在极大的滞后性，甚至直接造成没有创造出相关科普传播内容的情况。这种情况的发生就会造成一般用户仅能对相关事件了解甚少，也就无法深入探究科学传播内容的本质，真正受益。以上多个因素相互影响与制约，造成科学传播效果得到削减。

（二）科学传播缺乏人文关怀

科普传播不仅包括科学知识的传播，在进行传播的过程中更应当将人文思想与人文关怀融入其中，提倡科学精神。然而，在当前的微博平台上，无论是具备极强科学素养的科学家还是一般的科普博主，他们的微博内容大多数都是向一般受众普及科学知识，科学传播只是在理念上重视科学知识的普及，与科学知识相比而言，科学的方法、科学的思想等精神的传播更应当引起科学传播工作者的重视，正如古语所说，"授人以鱼不如授人以渔"。与此同时，因为自然科学的可见可闻可听可感可用的直接反馈，科普博主出于迎合用户兴趣的考虑，或是科学家们出于自身专业的限制，大都选择对自然科学进行普及，而对用户可能会造成直接影响的社会、人文科学，并没有进行及时相关的科普。

（三）科学传播中的谣言与伪科学问题

在科普传播中，由于信息的生产环节、传播环节和接受环节行为主体的影响，不管是有意还是无心，造成科学传播整个过程科学的要义偏离，但这种偏离的直接影响就是会造成伪科学和科学谣言的产生。科学谣言与伪科学这种传播现象，就是打着科学的旗号，但是和科学精神与科学规律却完全背离。关于每年的朋友圈谣言的问题，或依附于本年度的热点事件，或与人们的日常生活有着密切的关系，或依据人们普遍存在的生活误区而产生。在微博平台上，人人都拥有参与信息传播再进行多次加工的权利和能力，而且可运用多种传播途径，因此网络空间充斥的很多科学信息的可靠性是值得怀疑的。甚至，一些个人或营销团体出于自身利益的考虑，对科学知识进行刻意扭曲，故意传播错误信息，制造科学谣言，传播伪科学，而这类科学谣言与伪科学在互联网社交属性的媒体中又十分迅速地扩散开来，那些不具备足够分辨能力的用户就会上当受骗，甚至对人身和财产安全产生危害，造成社会危害性后果的范围极大。

（四）传播内容缺乏层次性

在微博上，不仅有中间层级的用户，拥有高级专业知识的用户和对新奇娱乐的追求用户群体也都大量存在，但是目前科普新闻的内容对于这两个极端的受众群体顾及仍然较少。在题材宽度的拓展上，科普新闻的内容也依旧缺乏层次感。有的新闻题材需要进行深度挖掘，需要有深度的科普知识来满足高端专业受众的需求；而有些新闻题材需要扩展的是广度，需要涵盖丰富的知识点来使新闻新奇有趣，从而满足用户猎奇的需要。如科普微博"谣言粉碎机"发布的一则消息："【婴幼儿用药大误区】养育宝宝的过程中，家长们恨不得都自学成才，成为用药高手，但你知道吗？宝宝感冒了并不需要马上用药，抗生素不能滥用但也不是少用就好，给宝宝用中药并不安全……"大多数受众对于抗生素的滥用、中药的副作用等新闻点早已熟知，在这类新闻中，只有挖掘更多的知识点才能激发受众的兴趣。这样的新闻就会让高层次的用户觉得科普新闻内容浮浅，没有实质性的东西，而低层级的用户群体又会觉得科普新闻无聊，没有吸引力，科普新闻因此也会流失大量受众。

（五）科学传播中的利益相关问题

在 Web 2.0 时代，互联网社交性功能日益显著，商家与品牌商借助社交网络平台进行传播的确也是一种切实可行的盈利模式，尤其是在微博具有很强的社交性的平台上，对相关品牌进行口碑营销、精准营销传播等，已经成为当下网络发展现实。但是这种营销方式和科学传播所要秉持的中立、科学、独立、客观的价值理念相背离。用户基于自己的身份与利益进行传播活动，其传播行为一定具备利益的相关性，不管怎样标榜自身的客观中立性，其微博始终有着对本企业、本雇主有利的倾向。因此，当科学传播与商业宣传有着密切联系时，资本"求利"与科学"求真"的价值观不可避免地会产生碰撞，科学传播的真实性与权威性也必然会受到影响。此外，与传统媒体上存在的明显商业广告相比，微博平台中的广告可能存在更为隐性的商业行为，如软文这种形式，即使是非直接受聘于雇主的用户，也可能短期或间接地有意或者无意地进行商业行为的传播，这种传播行为更为隐蔽，对一般用户而言更难分辨，对于科学传播的真实性与权威性有着更强的损害。

四、微博上科普新闻可能的发展趋势

随着人们知识水平的提高，科学知识对人类社会发展和民众自身生活产生的影响力越来越大，科普新闻也逐步变成社会关注的热点话题。科普新闻受到的关注度，与社会的进步以及民众生活的改善有着密切的关系，它们在社会进程中正在逐步变成重要的角色之一。可以预见，科普新闻的受关注度将会不断上升，会变得更紧密地贴合受众的需要和社会发展的要求，成为国家综合实力提高的重要推动力。而从当前的形势来看，微博上的科普新闻可能会朝着以下几个方面发展。

（一）从线上发展到线下，从"新闻"转向"常识"

线上到线下的发展科普的模式要从"新闻"向"常识"的层面转变，要从被受众看到、听到过渡到被受众切身感受到，从线上的虚拟传播演变为线下的实体体验就将成为一种必然的趋势。在以微博为代表的新媒体平台上，乃至在其他大众媒体上，科普都是被作为新闻传播的一种类型，它或许与用户的生活紧密贴合，或许对用户的生活起到很强的指导作用，但它只是虚拟地存在于媒体的宣传中，在用户的生活中无法感受到实体，线上的传播对科普新闻的普及和日常化来说是远远不够的。

微博上的科普博主也早已认识到这个问题，一些发展比较成熟的科普微博，如科学松鼠会、果壳网等，不仅充分地利用微博这个线上平台，而且积极地开展一些线下活动，让受众可以参与科学传播，亲身体会科学的乐趣。例如，科学松鼠会已经开始举办大型的科普节，还利用微博平台经常发布相关的线下活动的信息，如举办科普讲座、科普研讨会等一些互动性较强的活动。从这些发展转变较快的科普微博中可以看到，科普从线上传播信息走向线下用户体验将会成为一个发展趋势。科普走下虚拟媒体平台，渐渐走向受众的实际生活中，是其日常化、亲民化的特质的表现，这样不仅方便科普新闻融入受众生活，还满足了受众的需要。

（二）媒体间的合作更为密切

在微博上，科普新闻与其他媒体平台有两种合作方式，分为纵向合作方式与横向合作方式。在纵向合作方式中，科普新闻在微博平台上与传统媒体或其他新兴媒体进行交流互动，进行信息交换。同时，科普微博可以学习借鉴其他媒体有效吸引用户的新闻制作手法，使科普新闻在不断的发展过程中结合各家所长，取长补短，发展创新。在横向合作方式中，科普微博可与其他领域的权威微博博主展开协作，共同学习多种新闻表达方式，形成"强强联合"共同来开展活动，吸引用户主动参与。横向合作方式也利于科普微博更加全面地了解用户感兴趣的其他话题，更多地了解用户的需求，对用户进行精准的刻画，从而更好地迎合用户感兴趣的点。与其他媒体协作、共同发展是科普微博最明显的发展趋势之一。只有媒体间有效良好地互动，才能完成信息的交流，实现互惠共赢。只有在媒体间的共同协作中，科普新闻才能弥补自身的短板，成为媒体新闻报道中的常态新闻，对社会和受众生活更有影响力。

（三）微博科普更具特色和原创性

科普微博的原创性也会得到进一步的增强，而不是再单纯建立在对国外文献的引进翻译或整合国内新闻上。科普作者的原创想法会更加受到重视，原创的科学新闻微博也会更频繁出现，新闻内容不仅是第一手信息，其正确性、客观性、时效性以及权威性也都会有所保障，那时，科普新闻的质量将会得到提高，其特色也会更加鲜明，特征也会越来越广泛。

科普特色小镇的创建与探索

——以温州为例

赖　颖[1]　戴本云[1]　郑卫东[1]　李建明[2]　余子真[2]　苏合岩[2]

（1. 温州市科学技术协会，温州，325009；

2. 浙江省数字科普研究所，杭州，310012）

摘要： 科普小镇是科普产业化发展的一个新载体，目前已引起中国科学技术协会和各地方政府的浓厚兴趣。在分析科普小镇的内涵和特征基础上，本文主要以浙江温州的矾山镇和腾蛟镇为例，深入探索科普特色小镇的功能定位和规划重点，并在此基础上探索以创新融合、多元聚合为重点的全生态科普小镇开发路径模式。

关键词： 科普；科普小镇；科普产业

The Construction and Exploration of the Characteristic Towns of Science Popularization：Taking Wenzhou as an Example

Lai Ying[1]　Dai Benyun[1]　Zheng Weidong[1]　Li Jianming[2]

Yu Zizhen[2]　Su Heyan[2]

（1. Wenzhou Association for Science and Technology，Wenzhou，325009；

2. Zhejiang Digital Research Institute for Science Popularization，

Hangzhou，310012）

Abstract： The science-popularization town is a new carrier for the development

作者简介：赖颖，温州市科学技术协会党组书记、主席。戴本云，温州市科学技术协会党组成员、副主席。郑卫东，温州市科学技术协会科普部部长。李建明，浙江省数字科普研究所所长、高级工程师，主要研究方向：科普与科学文化研究。余子真，浙江省数字科普研究所副主任，主要研究方向：科普宣传与文化教育。苏合岩，浙江省数字科普研究所项目助理，主要研究方向：科普资源创作。

of science popularization，which has aroused great interest of China Association for Science and Technology and some other local governments. This paper takes Fanshan Town and Tengjiao Town in Wenzhou as an example，analyzes the connotation and characteristics of science-popularization town and explores the development path model of the ecological science-popularization towns with innovation and integration.

Keywords：science popularization；characteristic towns of science popularization；science popularization industry

一、科普小镇的理论基础与现实意义

科普小镇的概念来源于特色小镇，2016 年 10 月，国家发展和改革委员会发布《关于加快美丽特色小（城）镇建设的指导意见》，明确了特色小（城）镇包括特色小镇、小城镇两种形态；特色小镇和小城镇相得益彰、互为支撑，是推进供给侧结构性改革的重要平台。2016 年 10 月 11 日，住房和城乡建设部印发《住房城乡建设部关于公布第一批中国特色小镇名单的通知》，公布第一批 127 个国家级特色小镇名单。2017 年 8 月 22 日，住房和城乡建设部印发《住房城乡建设部关于公布第二批全国特色小镇名单的通知》，公布第二批 276 个国家级特色小镇名单。2017 年 12 月，国家发展和改革委员会、国土资源部、环境保护部、住房和城乡建设部四部委联合发布《关于规范推进特色小镇和特色小城镇建设的若干意见》，再次明确了概念内涵：特色小镇是在几平方公里土地上集聚特色产业、生产生活生态空间相融合、不同于行政建制镇和产业园区的创新创业平台。特色小城镇是拥有几十平方公里以上土地和一定人口经济规模、特色产业鲜明的行政建制镇。

《中国科协 2018 年工作要点》提出"创新科普社会动员模式，促进科普产业发展""开展科普小镇创建工作调研，探索依托大科学装置、重大工程及地域文化、乡村生态等共同建设科普小镇"。其中明确指出了以大科学装置，比如拥有 500 米口径球面射电望远镜（FAST）的贵州平塘；重大工程，比如列入工业遗产保护名录的工业遗产；以及地域文化和乡村生态为特色的江南小镇等，都可以成为科普小镇重点目标。因此，科普小镇的建设需要围绕各地最有基础、最具潜力、最能成长的特色优势产业，结合"特色小镇+产业整合+互联网延伸"全方位平台化的理念，通过对科普特色小镇的打造，紧扣产业发展趋势，整合资本文化和环境要素，培育出具有科学、人文韵味和生态魅力的完整的科普产业生态圈。

二、温州市科普小镇建设的优势资源

统计显示，目前我国已建的特色小镇从数量上来看，浙江省最多，达到了 315 个。早在 2015 年，浙江省就正式提出了特色小镇的建设目标，旨在通过建设一批产业特色鲜明、人文气息浓厚、生态环境优美、兼具旅游与社区功能的特色产业小镇，促进经济新常态下的浙江省的区域创新发展。其目标在于针对浙江区块经济发达但产业转型升级滞后、城镇化速度较快但城镇景观缺少特色等问题，寻求一种促进浙江产业、空间双升级的新型发展空间平台。

2015 年，温州出台《温州市特色小镇规划建设三年行动计划（2016—2018 年）》，计划在 3 年内争取培育创建 50 个左右的省、市级特色小镇，并通过 3～5 年的努力，实现市级以上特色小镇累计固定资产投资达 800 亿元左右，其中特色产业投资占比不低于 70%。

（一）"世界矾都"科普特色小镇优势分析

矾山镇位于苍南县西南部，占地 97.1 平方公里，下辖 23 个村，9 个居民区，人口 4.77 万人。矾山，因矾得名、因矿成镇。其采炼明矾始于宋朝后期，至今已有 640 余年，是浙江省历史文化名镇之一，其探明的明矾储量约占全国明矾储量的 80%、世界明矾储量的 60%，素有"世界矾都"之称。

矾矿至今留存的 5 大类、100 多处炼矾遗址以及一大批建于 20 世纪 60～70 年代的苏式建筑等属于全省乃至全国都罕见的特色旅游资源。另外，温州矾矿连绵不绝的地下矿硐群，采空区面积近 300 万平方米。政府努力把矾山建设成为国家工业遗产基地和国际工业遗产旅游目的地。矾山镇于 2016 年被列入省级旅游风情小镇创建名单，2017 年加入中国工业遗产保护联盟，并上榜全省第四批非遗旅游景区。同年，矾矿遗址被工业和信息化部列入首批国家工业遗产，被国土资源部列入第四批国家矿山公园创建名单。

1. 工业科普资源

明矾的采炼生产给矾山留下独特的工业印记，矾矿至今仍沿用的"开采—煅烧—风化—溶解—结晶"的"半机械、半体力"炼矾工艺，被认为是浙江省级文物保护单位中首个仍在生产的工业"活遗址"，是矾矿采炼技术发展、工艺变迁"活的教科书"。2015 年，炼矾技艺被列为省级非物质文化遗产，矾矿工业遗存小镇被列入温州市首批文化特色小镇。

沿山而建的福德湾是一座因采矿炼矾而生而盛的村落，是矾矿遗址的重要组成部分，也是矾山城镇形成最早的雏形，著名的煅烧炉遗址就是福德湾的标志性建筑。矾矿各时期采炼生产、生活系统的留存，大量特色民居和矿石屋的保留，"矿硐（采矿区）—生活区—炼矾区"的基本布局，使福德湾形成了工业村落民居风格，既是近现代工业遗产与乡土建筑的集合体，也是最具特色和开发价值的工业文化遗产。经过持续的保护修缮和合理的开发利用，福德湾先后入选"国家传统村落""中国历史文化名村"，并于 2016 年荣获联合国教育、科学与文化组织颁发的亚太地区文化遗产保护荣誉奖，2017年创成省级 3A 景区精品村庄和国家级 3A 景区，是一座开展工业科普教育的"天然基地"。

2. 矿硐遗迹资源

最早的采炼明矾时期，半山窑、水尾山和福德湾是矾山三个最有名的采炼点。因采炼而形成的地下矿硐环环相套、层层相叠，硐内常年恒温 16℃，冬暖夏凉。最为外界所熟知的 312 矿硐就在鸡笼山下的南洋居，内采空面积约 69 万平方米，356 万立方米。矿硐内有天井、斜井、盲斜井等一系列设施，构成完整的生产、运输和安全系统，采空的地下矿硐，面积小的有数百平方米，面积大的有数千平方米。而位于宜矾村的深洋矿硐则隐藏在水尾山的山腹中，开采后遗留下的矿硐遗址，不仅有白蜡石、雪花石、大花子等多种矿石，更形成了独特的洞天世界，让人惊叹不已。它们既是大自然的鬼斧神工，更是活着的历史遗存，大放光彩的工业遗址和矿硐遗迹，将成为浙江旅游发展新亮点。

3. 明矾工艺资源

640 余年的采炼历史，形成了当地独有的工艺美术品种——矾塑，用金属丝扎系成各种模型，辅以彩线，浸入矾水池中，结晶而成为立体造型工艺品，俗称"矾塔"。矾塑造型的表层覆盖着一层晶莹的明矾晶体，通透闪亮，剔透玲珑，"透明的含蓄"是矾塑工艺独特的艺术之美，这既是矾山人的民间智慧，也展示了矾山人含蓄淡雅的特有性格。2006 年，苍南矾塑被温州市人民政府认定为首批传统工艺美术品种和技艺之一，2007 年又被列入省、市非物质文化遗产名录。

（二）苏步青数学科普小镇的优势分析

腾蛟镇具有丰富的名人文化资源和历史文化资源，名人苑沿带溪而建，长长的堤岸上一字儿矗立着腾蛟镇历史上著名人物的雕像，并有他们的事迹简介。有北宋谏议忠训大夫薛昌荣，南宋著名爱国诗人林景熙，宋"六君子"之一林则祖，太平天国将领白承恩，清朝武科进士林桂芳，瓯派人物画鼻祖苏昧朔，化学家苏步皋，百岁棋王谢侠逊，数学泰斗苏步青等。同时，腾蛟的红色旅游资源也随处可见，境内的包垟山是红色革命根据地的摇篮。

数学科普特色小镇的宗旨是寓学于乐，寓教于游。腾蛟镇辖区内数学元素突出，各个数学主题场馆档次高、有特色、硬件设施好，具备良好的创建科普特色小镇的条件。苏步青故里文化旅游区总投资 3 亿元，包括游客服务中心及配套工程、数学奥妙体验馆建设工程、亭子街外立面改造工程、亭子古街美食风味小吃一条街、卧牛山数学户外拓展营地（数学园）等，通过建设，全力打造一个集文化景观与自然景观相融合、爱国教育与户外休闲体验于一体的 4A 级文化旅游景区。此外，还有苏步青故居与苏步青励志教育馆，其中苏步青励志教育馆位于温州市平阳县腾蛟镇腾带村，是平阳县委、县政府和腾蛟镇全力打造的一处青少年爱国主义教育基地。建筑内部主要由展陈厅、公共大厅、报告厅、技术用房及办公用房组成，集科普教育、现代时尚、娱乐休闲于一体。

三、温州市科普小镇的功能定位和规划重点

科普小镇暂时还是个比较新的理念，目前大部分处于前期探索阶段，对科普小镇的概念进行全面的分析和研究，深入挖掘其内涵特色，明确规划重点是前期的必要环节。科普小镇的特与新的结合、传统与现代的结合，对资源整合和品牌建设提出了更高的要求，旨在通过全产业链的升级不断提升基层科普建设能力，推动科普产业的综合发展。

（一）以特色主题科普为主线，贯穿整个小镇创建

温州矾山将以国家特色科普小镇为目标，具体实施"十个一"创建工程：打造一个"矾"科普广场；打造一个"矾"科普园区；打造一条"矾"科普长廊；打造一个"矾"科普工作站；打造一所科普特色酒店；打造一系列科普节庆活动；打造一套科普特色美食；打造一个科普基地；打造一个科普馆；打造一条科普特色街区等。在具体的规划设计中，定位摈弃"散、弱"，力求聚合性，重在"特、强"，利用原有矾矿老厂房建设的矿石、奇石馆和矾客工厂，以及世界矾都国家矿山公园博物馆建设，打造集"地质历史+炼矾工艺+科技创新+教育实践+展游研宣"为一体的科普特色小镇。在品牌建设方面，以当地明矾文化旅游节、上元文化节和杜鹃花节等为载体，举办科普小镇现场会、申遗"高峰论坛"、矿工文创大赛和科普知识大赛等活动，不断提高科普特色小镇在国内外的影响力和美誉度。

（二）以科普文化旅游区建设为载体，建设科普服务功能完善的特色小镇

温州腾蛟规划了数学科普特色小镇的十大工程，包括投资 3 亿元的苏步青故里 4A 级文化旅游区、卧牛山文化园苏步青数学园、数学奥妙体验馆项目、建设数学科普长廊、线上科普平台、数学文化街区、科普风情街等。

其中，卧牛山文化园苏步青数学园经过 7 年的研究，已获得 4 项专利和 3 项设计奖等多项荣誉。其总体规划充分体现了数学特色，包括入口园、幻方园、数与诗园、割圆术园、几何分割园等 9 个主题园，除入口园和出口园外，其他 7 个园用 18 世纪著名数学难题"哥尼斯堡七桥"问题形成总体布局，用 7 个奇妙的数学问题作为 7 座桥，连接红、黄、蓝、绿两座岛屿和两块陆地，用生动有趣的景观符号，形象地展示抽象理性的数学知识，人们能无遗漏、不重复地走遍 7 座桥又回到出发地。9 个主题园目前已开工，其余 6 个尚处于招标前期，2018 年年底完成 9 个子园的建设。

数学奥妙体验馆项目计划总投资约 1 亿元，占地面积 17.811 亩，总建筑面积 8500 平方米。全馆的设计与建造，将以国际视野、数学元素、娱乐休闲、乡土文化四要素为根基，全力围绕并突出"数学奥妙"这一展示主题，结合虚拟现实（VR）技术，将数学的概念定义、趣味知识、数学特点、领域应用等，以游戏体验与数学元素相结合的方式，与游客产生良好互动。营造寓学于乐、寓教于游的体验氛围，带领观众体验一场如"爱丽丝梦游仙境"一般的奇妙数学之旅。现已开始钢结构组装，约完成工程整体进度的 50%，2018 年 8 月底完工。

四、科普小镇全生态产业模式探索

从政策机制、规划要求和现有条件出发，科普小镇的重点研究内容包括产业功能、开发路径、空间建构、特色塑造以及动力机制五大方面，五大规划重点紧紧围绕科普小镇建设，并将立体与延展、多元与聚合、创新与融合为设计主线贯穿至小镇策划规划的各个环节中[1]（图 1）。

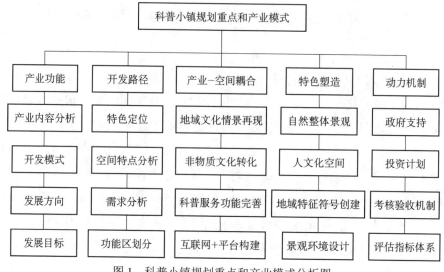

图 1 科普小镇规划重点和产业模式分析图

（一）科普产业功能和开发路径研究

开发路径规划和产业功能分析是科普小镇规划的前提和核心，《浙江省特色小镇创建导则》中，明确要求每个特色小镇都要有明确的产业定位，并将产业定位转化为可以实现空间落地的功能与项目。对小镇进行科普产业定位及其内容分析是起点，需通过编制专项规划等方式，并以产业报告作为空间规划依据。

把握自身资源确定发展方向，以多元融合作为科普小镇的重要特点，进行空间布局的优化，进行深度的需求分析，划分科普小镇综合功能区，比如焦点区、体验区、创作区、休闲区、社交区、交易区、趣乐区、直播区等，使得产品功能多元化。

（二）空间建构模式和小镇特色塑造[2]

科普小镇的特色塑造和内涵的差异性构建是重点，作为立体化功能平台，其空间建构既要符合科普特色，又要充满人文韵味和生态魅力。通过充分发挥科普产业、文化与旅游功能的叠加效应，积极推进融合发展，强化特色发展，是科普小镇创建的重要原则。例如，卧牛山文化园苏步青数学院作为全国唯一的数学主题文化公园，设计者以数学问题为主题进行布景，从平面上看，整个纪念馆就像一个"北斗七星图"，7个主题馆像7颗星星，中间用7座桥相连接，贯穿不同时期的数学文化。由此可见，以科学、历史和自然景观有机结合的整体空间形态和景观风貌塑造是科普小镇的灵魂所在。

在文化内涵挖掘和文旅空间建构方面，创建重点应处理好乡村文化和地域文化的情景再构以及现有物质空间资源的保护、非物质文化遗产的整理转化，包括工业等产业文化的历史内涵和现代应用，将其转化为现代科普创新文化的素材。比如，温州矾山聚集"矿、硐、山、海"为一体的发展潜力，以及留存众多苏式建筑的老厂房老车间、矿区矿硐多年开采后形成的石文化景观和巨大采空区的绵延巷道。在保有原真性、完整性和延续性的基础上，将"矾"素材融入当地自然的整体风貌、人性化的空间尺度、建筑景观引导以及特色地域文化特征标识符号设计之中去。

（三）温州科普小镇存在的问题

科普小镇作为一种特殊的"政策功能区"，顶层设计很大程度上决定了地方层面的建设方向。在土地利用日益精细化的背景下，科普小镇从政策驱动到投资驱动再到要素驱动向创新驱动转变，空间利用方式由简单依赖增量扩张到更加高效精细的存量提升转变，能够实现发展动力路径的转型。

1. 科普小镇概念的理论先行

科普小镇目前在全国范围内还没有真正的标准，其概念和内涵的挖掘还不够充分，虽然在近年来的城乡建设实践中已经融入了科普内容，但是创建特色科普小镇工作需要历经哪些阶段、每个阶段需要完成什么任务、最终要达到什么样的目标还没有具体方案。此外，对科普小镇的发展水平评价也是一个具有重要现实意义的工作，需要综合运用城乡规划学、城市经济学、产业经济学、环境科学、生态学、公共政策理论和系统科学，通过科学的分析方法，提出反映科普小镇发展综合水平的一整套指标体系，准确体现科普小镇的特点，形成一个有机的评估系统。

2. 科普小镇建设的政策和资金问题

特色科普小镇不仅涉及科普产品研发、科普项目建设、科普设施配套以及后期管理运营等方面，更涉及大量基础设施新建，特别是前期需要重点开展的基础设施完善、引导性项目建设等。在这个方面，首先，涉及建设用地指标和农转问题，需要政府政策的大力支持；其次，需投入大量资金，乡镇财政基础薄弱，特色的老工业区财政状况不佳，仅凭地方力量难以承担建设经费支出。科普产业化的深度融合是科普小镇发展的核心问题，通过政府主导和市场运作有机结合，实现发展动力和路径的转型，才能保障科普小镇近期项目实施和远期项目发展目标的有效衔接和综合性发展。

（四）科普小镇的可持续发展

特色小镇多处于城乡接合部，或是城末乡头的乡镇边缘，是实施乡村振兴战略的重要平台和有效载体。建设特色小镇，对于加速乡村振兴、促进城乡融合发展、推进农业农村现代化都具有不可忽视的作用。

依托当地特色科学自然和技术文化遗产资源、红色旅游景点景区、大型公共设施、知名院校、科研机构、科教场馆等文化教育资源，发展以科教为核心，并与旅游相结合的产业特色化、功能集成化、环境生态化的特色科普小镇，其规划建设可与美丽乡村创建紧密结合起来。通过科普特色小镇的产业链外延，将小镇建设与旧村改造、"五水共治"相结合，以产业发展及基础设施建设带动区域经济社会发展，作为优化农村生态环境、挖掘乡村特色文化的新载体。同时，以乡村的现代化和新农村建设丰富科普小镇建设的内容，完善科普基础设施，保证生态功能支持、生活功能支持，打造城乡无缝对接的新模式，促进城乡统筹发展。通过实施科普助力乡村振兴行动，反过来推动科普产业的可持续发展。

参 考 文 献

[1] 赵佩佩，丁元. 浙江省特色小镇创建及其规划设计特点剖析 [J]. 规划师，2016
（12）：57-62.
[2] 陈立旭. 论特色小镇建设的文化支撑 [J]. 中共浙江省委党校学报，2016（9）：14-20.

[3] 刘磊. 市场经济背景下科学与公众的沟通——科普产业创新发展的基础与规范 [J]. 科普研究，2013（4）：15-20.

[4] 李黎. 我国科普产业协同创新发展研究 [D]. 合肥：中国科学技术大学，2014.

[5] 易开刚，厉飞芹. 基于价值网络理论的旅游空间开发机理与模式研究——以浙江省特色小镇为例 [J]. 商业经济与管理，2017（2）：80-87.

对防震减灾科普工作的思索

——基于用户搜索行为的视角

蓝　姝　谢　明

（福建省地震局，福州，350003）

摘要：地震灾害以其突发性强、破坏性强、容易引发各类严重次生灾害等特点，被称为"群灾之首"，受到用户的高度关注。本文以百度海量用户行为数据为基础，利用百度指数研究特定关键词"地震"的搜索行为趋势和搜索特点，进而洞察用户需求变化和媒体舆情趋势，以此探讨防震减灾科普工作的优化策略。

关键词：防震减灾；科普；思索

Reflections on the Popularization of Science and Technology in Earthquake Prevention and Disaster Reduction：Based on the Perspective of User Search Behavior

Lan Shu　Xie Ming

（Earthquake Administration of Fujian Province，Fuzhou，350003）

Abstract：The earthquake disaster is characterized by its sudden，destructive nature and is prone to cause the serious secondary disasters，which is known as "the first of the group disasters" and highly concerned by the users. Based on Baidu's massive user behavior data，this paper uses Baidu index to study the search behavior trend and search characteristics of specific keyword "earthquake"，and

作者简介：蓝姝，福建省地震局工程师，主要从事防震减灾科普工作。e-mail：94659555@qq.com。谢明，福建省地震局主任科员，主要从事灾害风险与脆弱性方面的研究工作。e-mail：fjxm1818@163.com。

then we can understand the changes of user demand and media public opinion trends so as to explore the optimization strategy of earthquake prevention and disaster reduction science work.

Keywords：earthquake prevention and disaster reduction；popularization of science；reflections

一、引言

防震减灾科普工作是防震减灾工作的重要组成部分，其开展对提升公众科学素养，促进经济社会发展，实现突发地震事件的主动防灾、科学避灾、有效减灾有着极其重要的意义。

2012 年，《关于进一步做好防震减灾宣传工作的意见》（以下简称《意见》）中指出，公众普遍了解地震常识，具备防震减灾意识，掌握防震避震技能，引导全社会共同参与防震减灾活动，是增强防震减灾综合能力的根本途径。《意见》还提出了倡导抗震救灾精神、宣传国家政策法规、普及防震减灾知识、弘扬防震减灾文化四项重点任务。2014 年，中国地震局与科学技术部联合印发《关于进一步加强防震减灾科普工作的意见》，提出了普及防震减灾知识、推进防震减灾科普基地建设、发挥防震减灾示范工程和活动的作用、繁荣防震减灾科普作品创作、增强大众传媒防震减灾科普传播能力、开展防震避险和自救互救技能培训、完善地震应急科普宣传机制、强化国际科普交流与合作、加强防震减灾科普人才队伍建设九项重点任务，为进一步做好防震减灾科普工作指明了方向。

二、防震减灾科普研究现状

当前，对防震减灾科普的研究可以分为两类，一类是从宏观的角度提出开展防震减灾科普工作的一般方法，对这个话题讨论的较多，近几年主要是从加强组织领导、完善政策保障、加强投入机制、完善队伍建设、增强服务能力等方面进行讨论。例如，刘子一从搭建工作平台、加大基础设施建设、细分受众群体、把握热点事件等方面总结了上海市防震减灾科普工作的成功经验。[1]王英等从完善工作体系、规范宣传流程、畅通宣传渠道、丰富科普作品等方面介绍了河北省防震减灾科普工作的做法。[2]郑轶文分析了地震监测台站在开展防震减灾科普工作中的独特优势，提出从丰富宣传内容、加大政策支持、提高宣传针对性、重视人员培训几个方面加强防震减灾科普工作。[3]另一类是从特定的角度出发进行研究，或针对某一地区的用户或某一特殊群体开展调查，或结合实践对科普信息化、科普产品、科普活动、科普基地建设进行探索，体现了科普工作者对这一领域的思考。例如刘英华等[4]、刘子一等[5]、韩飞等[6]分别针对北京市公众、上海市学生群体和鲁西南地区中小学生群体开展防震减灾科普知识调查。李红梅等对我国防震减灾科普产品现状进行调研。[7]闫璐璐提出了基于 Android 的防震减灾科普宣传移动 APP 的设计与开发思路。[8]总的来说，以上研究都是从管理部门的角度出发的。截至目前，还没有发现有学者从用户的搜索行为出发对防震减灾科普工作进行研究。另外，在调查方法的使用上，由于受到成本、技术、地域等多方面因素影响，已有研究的数据覆盖面和质量都受到了一定限制。

在互联网环境下，通过网络搜索获取科学文化知识已成为用户获取科普信息的主要途径之一。中国互联网络信息中心（CNNIC）发布的第 38 次《中国互联网络发展状况统计报告》显示，截至 2016 年 6 月，我国搜索引擎用户规模达 5.93 亿，使用率为 83.5%，在整体用户中，搜索引擎是仅次于即时通信的第二大互联网应用。[9]中国科学技术协会联合百度数据研究中心联合发布的 2015 年《中国网民科普需求搜索行为报告》也指出，在 2015 年中国用户科普搜索热词中，"地震"位居第一，例如 2015 年 1 月 14 日四川乐山 5.0 级地震、4 月 26 日西藏日喀则 5.3 级地震、5 月 22 日山东威海 4.6 级地震，相关科普搜索指数均在 400 万以上。但限于篇幅，《中国网民科普需求搜索行为报告》并未对"地震"相关的搜索行为和特征做进一步的分析。

我们衡量一项工作是否符合公众预期，是否切中公众需求的痛点，一个比较直观的评价指标就是看它是否得到公众的关注。在互联网环境下，反映用户关注的搜索数据作为舆论热点的风向标、民众心态的晴雨表，可以说是对防震减灾科普工作的有力回应。本文通过百度指数这一分析工具，从用户主动搜索的角度出发，在更多、更广的数据基础上对"地震"相关的搜索行为和特征进行研究与分析，从不同的角度管窥目前防震减灾科普工作的现状和存在的不足，并提出有针对性的建议，以期为有关部门和机构开展相关工作提供有益的参考。

三、用户搜索行为特征

（一）搜索趋势

搜索指数是以搜索次数为基础，以关键词为统计对象，通过计算关键词搜索频次的加权和，反映关键词的被关注程度及其搜索热度变化趋势。以"地震"为关键词，统计 2011 年 1 月～2016 年 6 月期间共 22 个季度的搜索指数，并以每一季度内日均搜索频次为参考依据，对"地震"网络关注度的时空演变特征进行研究。图 1 中纵坐标为"地震"的搜索指数，横坐标为时间，揭示了"地震"关键词的搜索在网络空间中的信息流状况。

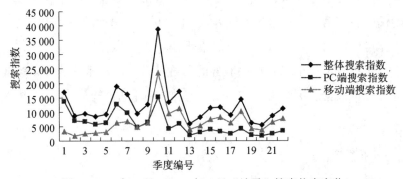

图 1   2011 年 1 月～2016 年 6 月"地震"搜索热度变化

可以看到，近 6 年来我国用户对"地震"的整体搜索与显著地震事件呈正相关，同时与该地震事件的影响范围、强度在量上有相关性。尤其在 2013 年 4 月 20 日四川芦山 7.0 级地震发生后，搜索指数出现爆发式增长，呈现"几"字形。

从搜索终端上来看，PC 端搜索指数缓慢下降，移动端搜索指数平稳快速增长。在 2013 年之后，用户使用无线端进行"地震"搜索更加活跃。近几年，智能终端的普及奠定了移动互联网硬件的坚实基础，而应用服务的日趋完善则进一步推动了移动市场规模的扩张。如何为用户提供准确、便捷的地震信息及相关服务，是防震减灾科普工作要面对的重要课题。

（二）搜索主体

选取 2013 年 9 月～2016 年 6 月的数据，观察用户对"地震"搜索的性别及年龄分布。在性别上，男性用户占 76%，明显高于女性用户。在年龄上，30～39 岁用户占据了最大搜索份额，为 43%，20～29 岁用户占 31%，40～49 岁用户占 13%，19 岁及以下用户占 8%，50 岁以上用户占 5%。

选取同样的时间段，观察用户对"地震"搜索的主要地区分布。从省份看，前五名依次是四川省、吉林省、北京市、浙江省、福建省；从区域看，依次是华东、西南、华北、东北、华南、华中、西北；从城市看，成都、北京明显高于其他城市。

我们可以初步得出这样的结论：第一，用户对"地震"的搜索行为数据覆盖面广，包括了我国大部分区域、省份、城市，涵盖了不同年龄段，具有较好的代表性；第二，网络搜索行为以 30～39 岁的男性用户为主，防震减灾科普工作可以针对这一群体的特点开展调研，进一步开发符合该群体特征的应用，逐步提升地震信息及相关服务的品质；第三，对于搜索需求较低的省份和地区，可根据实际情况，在科普信息推送和传播平台的建设上予以适当倾斜。

（三）搜索热点

上升最快相关检索词，指某一时间范围内的搜索指数环比上升最快的相关检索词，反映该关键词的影响力或轰动效应。[10] 选取 2015 年 10 月～2016 年 6 月间共 8 个月的数据，统计每月排名前十的"地震"上升最快检索词（共有 80 个不同的上升最快检索词）。通过人工对同类词、同义词进行合并，可以直观地发现：以"地名+地震（最新消息）"的组合检索词出现了 18 次，是出现频次最多的；地震异常及地震预报相关检索词出现了 11 次；地震基础知识相关检索词出现了 8 次；汶川大地震相关检索词出现了 5 次（表 1）。

表 1　总频次排名靠前的上升最快的检索词

序号	人工分类	上升最快的检索词举例	累计频次
1	地震最新动态	南京地震了吗、南京地震最新消息、南京地震、日本地震、日本九级地震、日本地震最新消息、天津地震、天津地震了吗、天津 2.8 级地震	18
2	地震预报相关	预报、减灾、地震监测预报、唐山大地震监测、李有才、台网预测、地震鱼、地震预言帝	11
3	基础知识	主震、震中、强震、2.8 级地震是什么概念、成因	8
4	汶川大地震	汶川大地震、汶川大地震感人事迹、汶川地震空降兵、5.12 汶川大地震纪实	5

从表 1 中我们可以看出关于"地震"的搜索热点分布特征：一是在地震发生后，对震情的需求热度高，用户迫切需要在第一时间内获知地震的最新消息。二是对地震预报相关事物的关注度高，对地震预警关注度低。目前，虽然相关部门付出了巨大的努力，但地震预报的方法还很不成熟，对这一点要有清醒的认识。三是对地震知识的搜索集中在基础问题上，整体而言，这些问题的专业性不强、难度不大，说明防震减灾科普工作还有很大的发挥空间。四是兴趣广泛，对汶川大地震相关的影视作品、文艺作品、新闻话题有一定兴趣。

统计过程中，我们还发现比较奇特的检索词，如"地震鱼""地震预言帝""星露谷物语"等。以上这些检索词都是融科普知识、新闻舆论、休闲娱乐于一体的检索词。随着移动互联网的发展，成本低廉且更有效率的网络检索让信息获取变得空前容易，用户在满足了最基本的信息需求后，便开始对网络检索提出更高、更快、更新的需求。也就是说，用户对"地震"新事物的关注很大程度上是出于信息追逐和好奇心理的驱动。好奇的心理是人的共性，网络检索则进一步成全了这种心理。

《地震预报管理条例》规定，"省、自治区、直辖市行政区域内的地震长期预报、地震中期预报、地震短期预报和临震预报，由省、自治区、直辖市人民政府发布。新闻媒体刊登或者播发地震预报消息，必须依照本条例的规定以国务院或者省、自治区、直辖市人民政府发布的地震预报为准"。我们应该告知用户，地震科研和地震预报是两回事，不能根据单次预测是否准确来判断地震预报水平高低。民间的预测结果应提交地震部门，经省级地震预报委员会评审，提出预报意见后上报。[11]

（四）问答社区

"问答社区"是对网络搜索结果的重要补充。选取 2013 年 11 月～2016 年 6 月排名前十位的"百度知道"相关提问，发现用户的提问主要集中在地震事件及基础知识上，包括自救互救、地震异常及地震预报、唐山大地震与汶川大地震等。统计时，我们还发现一些有争议性的问答，比较典型的就是李四光预测四大地震带。从专业角度看，有些回答无法考证或有失严谨，存在较大的争议，但仍被采纳并获得好评，这有可能会造成用户理解上的偏差。但不可否认的是，"问答社区"对防震减灾科普起到了一定的推动作用。

（五）媒体关注

网媒的报道在很大程度上代表着社会舆论的导向，可成为"地震"相关舆情监测和防震减灾科普工作策略优化的重要参考依据。选取 2015 年 1 月～2016 年 6 月共 18 个月的数据，对比在此期间的"地震"媒体指数和搜索指数，发现媒体指数呈波浪式地高低起伏，与搜索指数相比差距较大。这说明，网络媒体对"地震"的关注度较小，对用户搜索行为的影响较小。

选取 2013 年 1 月～2016 年 6 月间的数据，统计每一季度中排名前十的新闻头条，共有 80 条新闻头条；通过对每一条新闻进行 3 个关键词的标注，得到了相关新闻的分布特点（表 2）。第一，地域分布广泛，包括了中国的贵州省、青海省、台湾省、海南省，美国，日本等。第二，内容集中在地震三要素、伤亡情况、次生灾害等方面。此外，地震巨灾保险是近年来防震减灾领域的新事物，也受到媒体的关注。第三，来源广泛，包括新浪网、搜狐网、腾讯网、网易网等大型综合门户网站，新华网、中国新闻网、凤凰网等重要新闻网站。其中，在大型综合门户网站中，新浪网、泡泡网对"地震"的相关头条报道较多；在国内重要新闻网站中，新华网对"地震"的相关头条报道较多。建议相关部门加强对新浪网、新华网等网站的"地震"相关舆情分析。

表 2 出现频次较多的新闻主题

序号	新闻头条	来源媒体	相关新闻数
1	台湾花莲近海凌晨发生 4.4 级地震	新浪网	265
2	高雄地震台南多处楼房倾倒　马英九抵应变中心	泡泡网	203
3	贵州剑河县 5.5 级地震：附近多县有震感　伤亡情况正在核实	新华网	155
4	地震巨灾保险条例预计今年底出台　原有规划提速	新华网	79
5	云南景谷发生 6.6 级地震	新浪网	81
6	美国加州西部海域发生 6.9 级地震又连发三次余震	新浪网	60
7	海南地震局：琼州海峡没有大地震前震震例记载	中国新闻网	34
8	山东平邑县（塌陷）发生 3.1 级地震，震源深度 0 千米	凤凰网	24
9	青海玛多 5.2 级地震暂未造成人员伤亡	网易新闻	16
10	日本青森县发生里氏 4.4 级地震未引发海啸	凤凰网	15

四、讨论与启示

社会的需要就是我们工作的动力，如何使广大用户第一时间获得正确的地震相关信息，科学地普及防震减灾相关知识，真正提高全民族防震减灾的能力，需要我们做好相关的研究分析。本文通过目前国内最常用的百度搜索进行大数据分析，了解用户对"地震"及相关事物的关心程度和关注热点，研究的结果对防震减灾科普工作有着很好的启示。

（一）重视用户信息需求特点

从用户对"地震"的搜索行为可以看出：第一，用户在接受信息时的地位有所提高，对地震信息及相关服务的需求不再是被动接受，而是积极的、有主见的，强调自我价值的实现。百度上对"地震"相关信息的搜索就是"自我"意识的具体体现。第二，用户根据个体差异，即根据自身在信息需求、受教育程度、认知水平、职业与工作性质、行为经验、人格特征等方面的差异，决定接受或拒绝某种"地震"信息及相关服务。第三，虽然网络媒体有着强大的感染力和广泛的受众，但对用户"地震"搜索行为的影响较小。

在移动互联的环境下，网络搜索行为往往是用户在自愿情况下的自由表达，更加强调"自我"意识。建议相关部门在提供地震信息及相关服务的过程中，要注意尊重用户的感受，增强用户参与性和互动性，而不是让用户以旁观者的角度被动接受防震减灾科普内容。无论是建设地震信息服务平台还是运营新媒体，都应重视用户尤其是移动端用户捕获、消费信息的方式和习惯，着重加强震情信息的发布和用户交互平台的建设。此外，对防震减灾科普相关大数据的监测和分析应进一步完善，形成常态，从而帮助相关部门及时、准确了解用户诉求。要高度重视那些用户关注总量高、增长幅度大、持续时间长的内容，让大数据成为防震减灾科普工作的有益补充。[12]

（二）把握科普工作时间节点

从搜索趋势看，地震的发生就是用户的搜索热点。从搜索热点看，用户对震情信息的需求热度高，对地震预报的期望值高，对地震预警的关注度低，对地震知识的搜索集中在基础问题上。事实上，地震预报是对未来破坏性地震发生的时间、地点和震级及地震影响的预测，是根据地震地质、地震活动性、地震前兆异常和环境因素等多种手段的研究与前兆信息监测所进行的现代减灾探索。[13]地震预警是在地震发生后，利用震源附近地震台站观测到的地震波初期信息，快速估计地震参数并预测地震对周边地区的影响，抢在破坏性地震波到达周边地区之前，发布各地地震强度和到达时间等预警信息，使企业和用户能够提早采取地震应急处置措施，进而达到减少地震人员伤亡和减轻地震灾害损失的目的。目前人类还不能准确地预报地震，地震预报和地震预警完全是两回事。[13]

当前的防震减灾科普工作要把握好时间和节点。一方面，要不断完善地震应急信息服务流程模式，在日常情况下，通过自动推送技术发布国内外地震速报信息，包括地震三要素（时间、地点和震级）及防震减灾科普知识；在地震应急的情况下，除了以上内容之外，还应组织相关技术人员在第一时间发布大震应急信息，及时播报地震现场的情况，组织权威专家对用户高度关注的内容进行科学解读，力求有效地引导用户舆论的方向。另一方面，要加大地震基础知识的普及力度，重点开展以利用地震预警信息减轻地震灾害为核心内容的防震减灾科普工作，加强对地震预警概念、原理、应用领域、发挥作用的条件和局限性的了解，把用户对地震预报的过高要求转化为包括地震监测预报、震灾预防和地震应急救援在内的防震减灾正确认知。[14]

（三）实现科普信息精准推送

从搜索行为趋势看，2013 年之后，用户使用无线端进行科普搜索更加活跃；在搜索主体中，30～39 岁的用户占据了主要的搜索份额，且男性用户比例高于女性用户；在搜索地区上，华东地区的搜索需求远高于西北地区的搜索需求。

防震减灾科普工作应该针对以上群体和地区的特点，尝试通过基于 iOS 系统和 Android 系统开发基于移动设备的地震信息服务平台，将各类防震减灾科普资源精准地推送到用户面前，使用户能够通过自己的喜好，利用零散的、碎片化的时间进行地震信息查询，保持其对防震减灾科普信息的关注度。目前，由福建省地震局开发的地震微信用户服务平台已正式上线运行，这一平台针对用户地震震情服务及震后应对需求，利用微信用户服务平台技术，结合地震烈度衰减模型、地震应对模型及基于位置服务（LBS）震情快速产出方法，能主动为用户提供震情信息、避震行为指导和防震减灾科普信息服务。此外，福建省地震局已完成基于电脑的地震预警信息接收终端软件，完成了基于智能手机的预警信息接收终端软件开发，提供了良好的人机交互界面。这些新思路、新举措可以极大地满足用户的新需求，值得借鉴。

（四）跑好科普"最后一公里"

对于初级的网络用户而言，他们的信息行为大多是从浏览、被动获取信息开始的。在浏览相关资讯的过程中，网络用户如果对防震减灾科普信息有特定需求，会通过搜索行为提升需求层次。从搜索热点和"问答社区"看出，部分用户在"地震"信息的获取上出现了中断，转而求助于搜索引擎。搜索引擎这种基于互联网信息的呈现方式存在很大弊端，搜索结果往往良莠不齐、真假难辨，使用户很难借助人机交互找到、辨别所需信息。

目前，中国地震局及其下属单位在地震信息的发布渠道上是权威的，也一直通过多种形式向用户提供相关的地震咨询服务，但部分用户仍没有很好地利用这些信息平台。建议相关部门在运用新媒体开展防震减灾科普工作的过程中，要注重末端的服务链，重视细节和衔接，解决好"最后一公里"的问题。[15] 要通过多种手段引导用户关注科学的防震减灾科普平台。可以尝试通过以下几种方法：一是通过搜索引擎目录提交科普网站链接；二是在"地震"的相关头条报道较多的权威网站上，增加一些与"地震"关键词相关的科普平台链接，或在同一主题的权威媒体报道中增加相互链接，方便用户查找；第三，要主动加强与主流媒体的联系，尤其是在大震事件中要能够沟通联动、积极配合、减少或消除用户的质疑，共同做好有关新闻、事件动态、防震减灾科普信息的发布工作。

（五）推动科普作品创作

在统计过程中，我们发现了"地震鱼""地震预言帝""星露谷物语"等比较奇特的检索词，也发现了用户对汶川大地震相关的影视作品、文艺作品、新闻话题有一定兴趣。

了解用户对地震相关事物的关心程度和关注热点是做好防震减灾科普的一个必要途径，主动与媒体合作也是让广大用户接受防震减灾科普的有效方式，两者互补，才能推动防震减灾科普工作的开展。不久前，一部《我在故宫修文物》的纪录片掀起网络用户的关注热潮，也使文物修复这门冷僻学科得到了社会的重视。故宫的文物怎么修，需要什么技术，隐含什么理念，这些冷僻的问题成了用户关注的焦点。从中我们看出，媒体对社会热点有着较高的敏锐度和捕捉力，更加了解用户的喜好和需要。相关部门应该主动促进与媒体的合作，提升防震减灾科普作品的创作水平。当然，在这个过程中，要注意把握好正确方向，防止部分科普作品片面追求高点击率，使用户对地震的理解产生偏差。[16]

参 考 文 献

[1] 刘子一. 上海市防震减灾科普宣传工作初探 [J]. 中国应急救援，2014（4）：54-56.
[2] 王英，李巧萍. 锐意进取　积极创新　促进防震减灾宣传工作跨上新台阶——河北省防震减灾科普教育特色与实践 [J]. 防灾博览，2014（1）：18-29.
[3] 郑轶文. 地震监测台站开展防震减灾科普宣传的实践探索 [J]. 防灾科技学院学报，2016（4）：79-83.

［4］刘英华，常建军，刘爱华，等. 北京公众防震减灾科普知识现状调查与分析［J］. 城市与减灾，2016（6）：39-42.

［5］刘子一，赵甜，李奇超. 上海市学生人群防震减灾科普工作现状调查研究——以初中生群体为例［J］. 国际地震动态，2015（6）：13-19.

［6］韩飞，张宇隆，游本跃，等. 鲁西南地区中小学生防震减灾科普认知及需求研究［J］. 国际地震动态，2015（6）：20-28.

［7］李红梅，王立军，王恬恬，等. 我国防震减灾科普宣传品现状调研［J］. 城市与减灾，2013（4）：24-26.

［8］闫璐璐. 基于 Android 的防震减灾科普宣传移动 APP 设计与开发［D］. 成都：成都理工大学，2015.

［9］中国互联网络信息中心. 第 38 次中国互联网络发展状况统计报告［EB/OL］［2018-08-03］. http://www.cnnic.net.cn/hlwfzyj/hlwxzbg/hlwtjbg/201608/t20160803_54392.htm.

［10］百度指数. 百度指数名词解释［EB/OL］［2018-07-14］. http://index.baidu.com/Helper/?tpl=help&word=%B5%D8%D5%F0#wmean.

［11］张晓东，张国民. 关于地震预警的思考［J］. 国际地震动态，2004（6）：42-46.

［12］孙毅，吕本富，陈航，等. 基于网络搜索行为的消费者信心指数构建及应用研究［J］. 管理评论，2014（10）：117-125.

［13］李山有，金星，马强，等. 地震预警系统与智能应急控制系统研究［J］. 世界地震工程，2004（4）：21-26.

［14］蓝姝，谢明. 大学生对地震预警的认知调查［J］. 中国应急救援，2016（6）：55-58.

［15］张加春. 新媒体背景下科普的路径依赖与突破［J］. 科普研究，2016（4）：18-26，44，94.

［16］邓铎，胡耀. 地震突发事件的舆情引导研究［J］. 中国应急救援，2016（5）：12-14.

国外科技博物馆教育理论和方法在我国馆校结合中的启示与应用

李 宏

（黑龙江省科学技术馆，哈尔滨，150018）

摘要：本研究运用比较教育、文献研究等方法，从系统、理论的角度对国外的教育模式进行了梳理和研究。通过研究发现，在国外现有研究中，主要呈现出强调经验和情境教育、学生的探索行为方法研究、建构主义、STEM等新型教育理论。通过国际视野下科学教育理论与方法的研究，提出了加强不同群体观众研究、构建科学完善的馆校结合教育模式、开发多元馆校结合教育项目和实施策略、多途径加强馆校合作、培养专门人才的对策和建议。

关键词：馆校结合；比较教育；教育模式；科学研究

The Enlightenment and Application of the Education Theory and Method of Foreign Science and Technology Museums in the Combination of Museums and Schools in China

Li Hong

（Heilongjiang Science and Technology Museum，Harbin，150018）

Abstract: Using comparison method，documentary method，this paper has an in-depth research in educational mode of science centers in developed countries systematically. According to the results，foreign research emphasizes experience，situational education，the act of finding the new of students，constructivism，

作者简介：李宏，黑龙江省科学技术馆副研究馆员，主要研究方向：科技教育及场馆活动开展。e-mail: zxg4506627@163.com。

STEM and other new educational theories. Through the study of scientific education theories and methods from an international perspective，we have proposed corresponding strategies like：strengthening the research of different groups of audiences，building a scientific and complete "combination of museums and schools" education model，developing multiple "combination of museums and schools" education projects and implementing strategies，and strengthening cooperation through multiple ways.

Keywords：combination of school and museums；comparative education；education model；scientific research

近年来，作为学校科学教育的重要补充，以强调互动性和体验性的新型科技博物馆逐渐在世界各国发展起来，在公众理解科学的活动中扮演着越来越重要的角色。与此同时，馆校结合教育模式也已成为科技博物馆公共价值实现的重要途径。我国现有的馆校结合教育模式研究，领域涵盖范围较广，不同教育方式、影响因素，其具体效果存在分歧和模糊。与西方发达国家相比，我国科技博物馆在参观者体验、科学传播效果、公众认知度上还存在一定差距，因而借鉴西方先进经验，变革现行的馆校结合教育模式成为解决这一问题的重要思路。

一、科技博物馆教育

美国学习改革委员会在 1994 年的"为个体学习而设的公共机构"国际学术会议上，首次将"博物馆"界定为"各种与科学、历史、艺术等教育有关的公共机构，如自然博物馆、科技馆、天文馆、历史博物馆、美术馆、动物园、植物园、水族馆等"。科技博物馆教育就是在与科学有关的场馆中开展的教育活动，是对学校教育的重要补充，它将枯燥、抽象的课本知识以生动、直观、互动的形式展示出来，学习过程强调探究、体验，并产生多元的学习结果，能有效弥补学校教育的不足，解决学校课堂教育不易解决的问题。

1999 年，美国科学教育研究联合会成立了非正式环境科学教育专门委员会，主要负责组织和研究学校以外的科学教育，该组织的设立和运作进一步推进了场馆科学学习研究的发展。2004 年，来自美国、英国、加拿大和澳大利亚的场馆科学教育研究者回顾和总结了该领域自 1994 年以来的研究成果，并讨论了后续研究的方向，为观众更好地进行场馆学习提出建议，为增强场馆设置的教育性提供建议。[1]

二、馆校合作的意义

2016 年 1 月 21 日，中共中央办公厅、国务院办公厅印发的《关于进一步加强和改进未成年人校外活动场所建设和管理工作的意见》中提出："积极探索建立健全校外活动与学校教育有效衔接的工作机制。各级教育行政部门要会同共青团、妇联、科协等校外活动场所的主管部门，对校外教育资源进行调查摸底，根据不同场所的功能和特点，结合学校的课程设置，统筹安排校外活动。要把校外活动列入学校教育教学计划，逐步做到学生平均每周有半天时间参加校外活动，实现校外活动的经常化和制度化。"[2] 从国内现有的实践效果来看，馆校合作有效地解决了学校教学资源不足、教学方法单调、教学方式不够灵活的问题，有效地发挥了学生学习的积极性，引发了学生对学习内容的兴趣，同时也改变了学生学习的方式，这对我们的现代教育来说具有积极意义。因此，如何运用先进的教育理念和模式，有效发挥科技博物馆和学校两种不同管理理念与运营机制的教育机构的合作，最大化地发挥科技博物馆的教育功能，促进科技博物馆的可持续发展和社会价值的实现，值得我们重点关注和研究。

三、科技博物馆教育理论基础综述研究

（一）强调经验和情境学习模式

场馆情境学习模型是由美国学者 Falk 和 Dierking 于 1992 年提出的，即影响场馆学习效果的三大情境——个人情境、社会情境、物理情境，并认为这

三大情境之间的互动为参观者创造了新的体验，促发了场馆学习行为（图1）。

图1　情境学习模型

场馆的情境模型为研究场馆学习提供了一个研究框架，它认为场馆学习行为是一个存在于三大情境中的复杂学习行为，是在三大情境中多重影响因素的共同作用下，将展品呈现的信息传递到参观者，并实现概念化的过程。其中，个人情境是个体个性特征（包括基因）的集合，个体的先前知识、经验与兴趣对场馆学习有明显作用，参观者的动机和期望决定参观行为的计划性，参观者对参观行为的可选性和可控性是场馆环境中自由选择学习的基本体现；社会情境对场馆学习的影响体现在参观者的社会互动行为（与同伴、场馆解说员、指引者和示范者的交流讨论）；物理情境中有效的物理空间引导直接影响参观者参观行为的有序性，作为智力导航的先行组织者能够支持参观者的学习活动，场馆学习效果同样受到后续强化活动和场馆外体验的影响。[3]

（二）从"科学探究"到"科学实践"教育观念的转变

作为全球科技创新的核心，美国历来重视科学教育，致力于促进学生科学素养的全面提高，其中一项重要的目标是帮助教师在教学中通过科学探究的方式，促进学生理解科学概念。1996年，美国发布了第一套《美国国家科学教育标准》，提出以"科学探究"作为科学教育的核心理念，让学生在"做科学"中理解科学并且培养和发展探究能力。此后，对科学探究的理论和实践研究成为国际科学教育的热点问题。2011年，美国国家研究委员会发布了《K-12科学教育框架：实践、跨学科概念、核心概念》（以下简称《框架》），提出"科学实践"的概念，并确立该概念在科学教育中的首要地位。[4]

从"科学探究"到"科学实践"改变的背后不是理念的颠覆，而是渗透着研究者对课堂中僵化的科学探究做出的一种改进，正如《框架》中指出的，"科学实践"一词取代"科学探究"是为了更好地给科学探究正名。"科学实践"能否为我国中小学科学探究的开展注入新的力量，让科学场馆在学生参与科学实践的过程中真正达到提升学生科学素养的能力，还需要我国科普教育专家和广大科技教师的共同努力。

（三）重视新媒体技术的教育应用

目前，移动技术、资源开发、管理技术和虚拟技术已经成为场馆教育的支撑技术。信息技术在场馆教育领域被广泛应用，极大地加强了场馆学习的互动性、体验性和高效性，充分发挥了非正式学习的魅力与作用，为场馆教育提供了丰富的教学资源。关于场馆中可以用到的典型技术主要有：互联网技术（网站、微信公众号、APP 客户端、数字科技馆等）、虚拟现实技术、高清图像拼接技术、位置传感器等。

20 世纪 90 年代初期，波音公司的 Tom Caudell 和同事最早提出了增强现实技术。增强现实技术可以把毫无生气的恐龙化石骨架转变为有血有肉且可以移动的恐龙。在伦敦自然历史博物馆举办的一场展览中，观众只要在自己的 iPhone 上安装相关软件，在参观过程中就能看到英国广播公司电台流行节目主持人詹姆斯·梅恩为博物馆做虚拟讲解。

此外，作为人机交互方式的体感技术也得到了突飞猛进的发展，如北京天文馆"月球·陨石"展区就是运用体感技术模拟月球行走展项，进而提高展项的趣味性，增强观众的喜爱度，最终实现寓教于乐、优化科普教育的效果。

（四）学生的探索学习行为研究

探索学习型教学法是 20 世纪 60 年代美国心理学家布鲁纳提出的。这种学习法认为学习是一个主动的过程，学习者在主动学习的过程中，心智与外界信息不断发生交互作用，并产生变化。早期美国科学中心创立及其发展即应用了此种理论，当时美国科罗拉多大学物理学教授弗兰克·奥本海默批评了传统博物馆"被动的教育方法",并亲自创建了著名的"旧金山探索馆",其"做中学"理念,标志着探索学习型教学法开始在博物馆被应用。[5]

许多博物馆都有类似"发现屋""探索角"的教育活动区域,参观者通常可以在工作人员的指引下,在其中进行探索和研究。活动的重点在于强调引导观众主动探索并提出问题,而不是被动得到直接的结论。我们可以援引一句中国谚语来形容探索学习型教学法,即"授人以鱼不如授人以渔"。

(五)建构主义理论对学习方式转变的影响

建构主义最早的提出者可追溯至皮亚杰,随着研究的深入,建构主义学习理论越来越受到科学教育界的推崇,科学场馆非正式科学教育作为科学教育界的有机组成部分,因其独特条件,在运用建构主义学习理论上具有明显优势。建构主义源自儿童认知发展理论,可以比较好地说明人类学习过程的认知规律,无论是从学习的含义还是学习的方法来看,建构主义学习理论都适宜博物馆教育活动。[6]从学习含义上看,建构主义学习理论认为情境、协作、会话和意义建构是学习环境中的四大要素;从学习方法上看,建构主义提倡在教师指导下的、以学习者为中心的学习。科技馆实验教育活动与博物馆教育活动一脉相承,建构主义学习理论同样适宜指导科技馆实验教育活动,科技馆有利于构建理想的学习环境,也容易突出学习者的主体地位。建构主义理论要求博物馆要策划、设计、制作具有观众参与性的陈列展览或其他活动项目,使人们不仅可以亲自动手操作,还要用脑思考,从而对有关内容获得真正的认知。

(六)基于科学与工程实践的跨学科探究式学习

STEM 教育出现于 21 世纪初,即科学(science)、技术(technology)、工程(engineering)和数学(mathematics)教育的统称。但它并不仅仅是把这 4 个词堆叠在一起,而是指教育探究及学习被安排在情境之中,学生们解决真实世界的问题并且可以为自己创造机会。STEM 创新教育科技目前处于科技发展的成长期,具有很强的生命力,是 21 世纪科技发展的重点。STEM 名称缩写以科学开头,暗示了 STEM 教育中科学教育是最为重要和核心的部分。

四、国外科技博物馆教育理论对我国馆校结合的启示和实践

博物馆和学校之间的合作由来已久,西方博物馆和学校之间的合作很早就开始了,20 世纪中期两者之间的关系尤为紧密。而在我国博物馆和学校之间的合作教育还处于起步阶段,很多科技博物馆与学校的合作不够深入,不能进行有效的教育共享,影响教育效果的提升。实际上,科技博物馆教育功能和学校教育之间存在着很强的兼容性和互补性,如果将先进的教育模式和教育理念应用于科技博物馆和学校,就能找到博物馆和学校教育的契合点,从而有效地促进学校教育的提升。

(一)加强不同群体观众研究

由于各类观众群体是场馆教育设计、实施的基础,同时相较于学校教育而言,场馆教育的观众群体流动性较大,因而更需要把握各类观众群体的一般特征,从而更好地实现自身的教育价值。现有的西方场馆教育研究,传统意义上的教育方式研究、学习研究所占的比例较小,大多数研究都是结合特定的观众群体展开的;而中国观众研究尤其是针对不同群体的观众研究,仍然几乎处于空白状态,因而有很大的提升空间和国际交流空间。

分众化、分层次的探究是博物馆实现教育功能的途径。学校教育以班级授课制为主,教师面对的学生群体固定,学生在年龄、认知程度等方面也较为接近。与此不同,在博物馆的教育活动中,活动组织者面对的受众对象通常不确定性较大,受众的年龄、认知水平参差不齐,甚至可能与目标人群相去甚远。所以科技博物馆需结合学校科学课程标准,同时考虑不同年龄段受众的需求,分别设计符合其理解和发展的教育活动。

(二)构建科学完善的馆校结合教育模式

对于科技博物馆而言更是如此,科学自身快速发展的特质决定了科学场馆的知识传播不再是教育者向受教育者的单向传播,而应该是双向交流、互动影响,科学场馆需要树立起一种积极互动、启发引导式的教育理念,激发公众参与的兴趣,从而深度挖掘科技藏品背后的科学知识和科学精神,而这

也正是我们需要从西方科学场馆的教育方式中汲取的精华。

引导教师将学生放在教学的主体位置上，引导学生去积极学习，增强学生学习的主观性，改变学生被动接受知识的学习方式，让学生能够主动去探索科技博物馆当中的文化知识，并且将其与在课本上学到的知识联系起来，从而发展学生在学习方面的能力。教师在教学评价上也同样可以采取多样的评价方法，让教学评价在能够促进学生学习水平提升的同时，促进学校教育质量的提升。

（三）开发多元馆校结合教育项目和实施策略

科技博物馆开展教育活动本身就是为了调动学生的学习热情和主动性，吸引学生积极探索和思考，因而在教育活动形式上更要灵活，综合运用探究式学习、发现式学习、体验式学习、情境式学习等力求用学生喜闻乐见的方式进行教育活动。如利用故事或角色扮演来营造探究的情境，用"提问"引发学生思考和讨论，开展探究、体验、认知、表演等不同类型的教育活动。探究多感官学习模式，让学生去主动搜索展品的相关知识，查询展品的相关资料，并且教师可以配合分小组来进行，这样实现自主合作学习，增强学生的实践学习能力，同时让学生在合作学习当中培养自主探索和合作精神。

（四）多途径加强馆校合作，培养专门人才

美国史密森学会组织了"青年参与科学"项目，它激励青少年追求STEM 相关的职业生涯。学生通过与专家 80 个小时的互动实习，学习开展研究的技能，理解专家们的工作。英国在小学阶段就已经开展了科技教育课程，教师经常把学生带到科技馆内进行科学启蒙教育。科技场馆同时为教师开展培训课，教师将科技场馆内的科学学习方式带回学校。例如，曼彻斯特科学与工业博物馆对应的学校的培训教育服务对象有 12 万；墨尔本科技博物馆与学校拥有长期合作的关系，学生可以经常到科技博物馆内做各种科学实验，内容非常有趣，深受学生的喜欢。此外，日本、韩国、新加坡等国家的科技博物馆均按照学校的教学大纲组织各种培训实验活动，真正成为学生校外学习的课堂。

五、结语

我国科技博物馆和学校自成立之日起就肩负着教育的职能，但是，在科技博物馆发展进程中，其教育功能在不断地发生变化。与国际上的发达国家相比，我国馆校结合的教育职能还远远没有得到充分的发挥。我们需要从国际尤其是西方国家教育理念、研究方法、教育项目的策划特点中汲取有益的经验，期望通过国际视野下科学教育理论和方法的研究，构建科学完善的馆校结合教育模式，开发多元的馆校结合教育项目和实施策略，提升馆校结合的效果和教育优势。

参 考 文 献

[1] 伍新春，曾筝，谢娟，等. 场馆科学学习：本质特征与影响因素 [J]. 北京师范大学学报（社会科学版），2009（5）：13-14.

[2] 中华人民共和国中央人民政府. 中共中央办公厅　国务院办公厅印发《关于进一步加强和改进未成年人校外活动场所建设和管理工作的意见》的通知 [EB/OL] [2018-09-10]. http://www.gov.cn/gongbao/content/2006/content_291935.htm.

[3] 唐小为，丁邦平. "科学探究"缘何变身"科学实践"？——解读美国科学教育框架理念的首位关键词之变 [J]. 教育研究，2012（11）：141-145.

[4] George. E. Heim. Learning in the Museum [M]. New York：Routledge，1998.

[5] 王师师. 将建构主义理论应用于博物馆社会教育活动中的实践研究 [D]. 长春：东北师范大学，2009.

[6] 张淑华，朱启文，杜庆东，等. 认知科学基础 [M]. 北京：科学出版社，2007：4-5.

基于大数据技术的科普资源库建设模式研究

刘德飞[1]　任飞翔[2]

（1. 西南大学西南民族教育与心理研究中心，重庆，400712；

2. 云南行政学院信息中心，昆明，650111）

摘要： 随着互联网技术的快速发展，科普由传统纸质为主导媒介正逐渐转变为以大数据为基础的多种数字媒体相融合。当前，科普正面临着几何递增的海量数据、多种类型数据资源、实时数据交互、个性化学习需求等诸多变化，这些都是大数据背景下科普亟待解决的问题。构建基于大数据的科普资源库以满足任何人在任何地方进行任何资源的学习，是当前科普数据库的建设任务。本文通过文献研究、个案研究，了解前沿科普资源建设现状与大数据技术、构建以科普受众为中心的科普资源库模式。选取国内外成功案例讨论模式的科学性和可行性，探究大数据背景下科普资源库建设新动向和新思考。

关键词： 科普；科普资源库；科普资源库建设；大数据

Research on the Construction Mode of Science Popularization Database Based on Big Data Technology

Liu Defei[1]　Ren Feixiang[2]

（1. Southwest University National Center for Ethnic Education and Psychology，Chongqing，400712；2. Yunnan Academy of Governance，Kunming，650111）

Abstract： With the rapid development of Internet technology，science

作者简介：刘德飞，西南大学西南民族教育与心理研究中心讲师，主要研究方向：科普信息化。e-mail：185169861@qq.com。任飞翔，云南行政学院信息中心讲师，主要研究方向：教育技术学。e-mail：rfx1988@yeah.net。

popularization is gradually changing from a traditional paper-based medium to a variety of digital media based on big data. At present, popular science is facing a lot of changes, such as massive geometric data, multiple types of data resources, real-time data interactions, and personalized learning needs, which are problems that need to be resolved in the context of big data. The construction of a science library based on big data to meet anyone's learning of any resource anywhere is the main task of building a current science database. Through literature research and case studies, we will understand the status quo of cutting-edge science popularization resources and big data technologies, and build a science resource repository model centered on science audiences. The scientificity and feasibility of the successful case discussion model at home and abroad was selected to explore new trends and new thinking in the construction of the science library.

Keywords: science popularization; science popularization resource database; the construction of science popularization resource database; big data

一、引言

自从 20 世纪 50 年代中期互联网产生并迅速发展，人类便进入了互联网时代。随着云计算、大数据、物联网、虚拟现实等互联网新技术的发展，科普正急剧进入大数据时代。由传统的以线下为主转为以线上为主、线上线下相结合的大数据科普模式。

2015 年中国科学技术协会发布的第九次中国公民科学素质调查结果显示，互联网已成为公民获取科技信息的主渠道，已经有超过 50%的公民利用互联网及移动互联网获取科技信息。[1] 公民利用互联网及移动互联网获取科技信息的比例达到 53.4%。比 2010 年的 26.6%提高了一倍多，已经超过了报纸（38.5%），仅次于电视（93.4%），位居第二。[2] 调查还发现，在具备科学素质的公民中，高达 91.2%的公民通过互联网及移动互联网获取科技信息，互联网已成为具备科学素质的公民获取科技信息的第一渠道。[3] 根据调查结果，科普已经进入了以互联网为主导的大数据时代，科普受众通过互联网了解科技信息的趋势日趋增加，个性化科普需求更加强烈，这是当前科普工作亟须解决的问题。

大数据来自英文的"big data"，是互联网信息急速发展兴起的一个概念。一般意义上，大数据是指无法在一定时间内用常规机器和软硬件工具对其进行感知、获取、管理、处理和服务的数据集合。[4]网络大数据则是指三维主体"人、机、物"相互交互产生的数据，简称网络数据。大数据具有"4V"特点，即海量数据（volume）、快速增长（velocity）、多样数据类型（variety）、巨大价值（value）。在大数据时代背景下构建科普资源库，就是要充分考虑大数据的相关特点，同时也要兼顾受众的个性化需求。

二、研究动态

（一）聚焦前沿

2018 年 4 月通过中国知网（CNKI）输入检索式（SU="科普" AND SU="大数据"）查询到科普中使用大数据研究的文章共计 75 篇，2013 年有 2 篇，2014 年有 8 篇，2015 年有 21 篇，2016 年有 28 篇，2017 年有 13 篇。从近些年发文情况来看，大数据在科普中的应用有成为研究热点的趋势。学者的研究主要聚焦于以下三个方面：一是大数据网站建设及科普资源开发；二是大数据的相关应用（APP、微信、语义分析、3D 技术、微课等）；三是大数据与前沿科学的整合（统计学、计算机科学、传播学、天文学等）。

2018 年 4 月在 Web of Science 中以标题（Popular Science）或（Popular Science and Big Data）搜索最近三年的相关文章，其中 2015 年有 33 篇，2016 年有 26 篇，2017 年有 26 篇，国外的大数据科普主要集中在科普资源的开发和传播媒体的研究。[5, 6]

仅从研究趋势来看，大数据技术背景下对于建设科普资源库的研究尚有不足，如何利用大数据技术建设科普资源满足科普受众个性化学习的需求是当前科普亟待解决的重要问题。本文结合最新的大数据技术和科普相关研究成果，试图构建科普资源库建设模式。

（二）理论探讨

经文献梳理，有关大数据背景下的科普资源库研究主要聚焦于大数据科普信息化建设及科普资源开发。杨思思、宋微、陈航等从五个角度出发，深入研究了当前环境下科普网站与传统科普网站建设的差异、建设重点和建设趋势，为科普网站今后的建设指明了方向。[7] 梁思聪提出大数据在馆校的科普教育方面有着不同的应用方式，馆校间的合作能使大数据威力进一步发挥，甚至能协助学校改变教育现状。[8] 许建智、徐有法、冯珂在《原创趣味面向公众——江苏省电子文件管理科普读本和学习游戏诞生记》中探究了数字档案。[9] 戴力从科普挂图、展览系统开发、互动体验、数据统计、监测评估等应用工作出发，并结合实践案例，进行了有益探索与实践。[10] 梅林运用大数据及科普信息化手段开发科普场馆的科普资源，构建网络化的科学传播平台。[11] 张璐就大数据时代，结合科技馆的工作实际探讨如何进行科普信息化建设和科普工作。[12]

科普工作者积极革新技术，以适应大数据背景下的科普工作，深入研究科普 APP、微信、3D、微课、慕课（MOOC）等技术在科普中的应用。鹿继敏利用微信 APP 平台提升博物馆公共文化服务。[13] 黄冬以微时代的信息传播为逻辑起点，通过分析微信的传播特性，结合我国科技传播的现状和存在的问题，尝试提出基于微信平台的科技传播的路径和对策。[14]

综上，学者根据研究问题和研究视角阐述了科普资源库的建设方案，解决了部分科普资源建设问题，但更多局限于使用传统技术和媒介解决科普当前问题，缺乏对科普资源库建设的宏观设计，欠缺对大数据背景下科普受众的个性化需求考虑。

本文结合当前科普资源库的动态采集需求，以建设时间为逻辑，分析科普资源库的结构与过程。以受众为中心，根据受众的个性化需求和最新的大数据技术，构建基于大数据的科普资源库建设模式。其优势在于：此模式的科普资源库是动态实时更新，满足个性化需求。表现在同步获取、整理和分析科普受众的数据，以达到符合科普受众的个性化需求，满足科普受众的良好学习体验。同时，此模式可为科普工作者在大数据背景下如何建设科普资源库提供参考。

三、科普资源库的结构分析

以科普受众为中心的大数据资源库构建兼顾大数据的 4V 特征及其需求。结合文献和案例研究,科普资源库由科普资源收集与分析、科普受众、大数据技术组成。

(一)科普资源收集与分析

科普大数据的来源包括:①科普主体交互信息。科普专家、科普工作者和科普受众在大数据时代会频繁留下海量信息,微博、微信、QQ 等社交媒体数据,受众的学习记录等都构成了科普大数据的重要组成部分。②网络科普产生的信息。科普教学资源中有科普专家的慕课、微课、讲座、碎片化学习信息、科普资料、发表论文等,呈现形式表现为:图像、音频、视频、数据流、文本、网页等。③科普专题活动。包括正式科普活动,如:教学实践活动、科普宣传日、科普交流、科普讨论,以及非正式科普活动,如社区和家庭的相关活动。

科普大数据的技术要点:①目标导向性。科普大数据的收集复杂,分析更复杂。而收集到的科普数据数量多、类型复杂。数据需要清洗、去噪之后进入数据库。②采集技术。利用物联网感知技术、互联网采集平台技术、音视频录制技术、图像识别技术、网络爬虫技术、自适应系统(推荐系统)及自媒体和个性系统。③分析技术。运用 R 语言或 Python 语言和 RapidMiner 数据分析预测与分析有较高的价值信息。

(二)科普受众分析

科普受众的个性化需求在大数据时代更具特点。由传统以被动接受科普信息为主逐渐转向主动参与。国内用户主要表现在微信、QQ、微博上。根据第 41 次《中国互联网络发展状况统计报告》,截至 2017 年 12 月,我国手机网民规模达 7.53 亿,网民中使用手机上网的比例达 97.5%,手机在上网设备中占据主导地位。台式电脑、笔记本电脑、平板电脑的使用率均出现下降，手机不断挤占其他个人上网设备的使用，形成了以手机为中心的智能设备群。手机成为"万物互联"的基础，车联网、智能家电促进"住行"体验升级，构筑个性化、智能化应用场景。移动互联网服务场景不断丰富、移动终端规模加速提升、移动数据量持续扩大，为移动互联网产业创造更多价值挖掘空间。[15] 而国外用户主要在 Facebook、Twitter、LinkedIn 等社交网站和平台。[16]

（三）科普大数据技术分析

1. 物联网技术

物联网技术具有全面感知、可靠传递、智能处理等特征。根据统计数据，未来科普工作者利用科普受众的物联网的穿戴设备技术可直接收集、采集个体信息，在科普受众进行科普虚拟现实（VR）、增强现实（AR）等体验时实时收集相关信息。

2. 数据挖掘技术

大数据挖掘技术是通过一系列软件收集、存储、管理、处理、分析、共享并可视化技术的集合，是当前科普大数据化的核心技术表现。数据的挖掘是连通科普工作者和科普受众的纽带和构建适应科普受众、服务型智能化科普资源库的基础。其相关的数据挖掘更有利于了解科普受众的兴趣、性格与个性需求信息。

3. 通信网络技术

泛学习已经成为时代的主流，通信网、物联网、互联网、移动互联已经出现了高度的协同和整合，并呈现跨网络、跨专业、多技术整合与协同。以上技术的实验和支持是真正实现科普受众在任何时间、任何地点都能共享互联网信息资源的根本保障。

4. 社交媒体技术

微信、QQ 空间、微博等社交媒体成为移动互联的重要传播手段，应深入研究开发与科普相关的 APP、微信、3D、微课、慕课等在科普中的应用。

四、科普资源库模型理论构建

对科普资源库的结构分析，增加了对资源库构建的核心要素和现有的相关技术的了解。建构以科普受众为主体的资源库，需优先考虑科普受众的需求和学习，还需结合当前技术兼顾资源库的可行性，综合研究构建以下数据库模型（图1）。

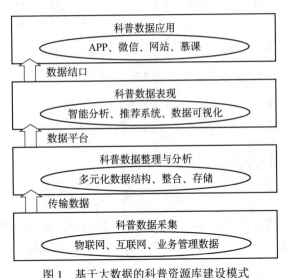

图 1　基于大数据的科普资源库建设模式

（一）科普数据采集

数据采集是大数据科普资源库建设的第一步，也是较为关键的一步。通过物联网技术，可以从穿戴设备或智慧城市级用户授权，采集到用户基本信息，收集科普信息，更好地满足个性化的传播科普知识需求。其操作模式主要表现在，一方面，可以通过科普相关机构共享信息，发挥已有资源并通过邀请科普专家、科普工作者进行访谈、录制、讲座、历史数据收集；另一方面，可以运用网络爬虫获得最新前沿的资源，整理分类、学习、借鉴。当然，还应该记录好科普主体在科普过程中产生的业务数据获取相关信息。

（二）数据整理与分析

多元化的数据结构。随着大数据时代的传统的关系型数据库已经无法满足大量用户访问、多类型的数据结构的存储，一些社交网络和大数据公司，例如 Facebook、谷歌利用非关系型数据库（Not Only SQL，NoSQL），用以解决大量动态存储。科普数据库建设也面临着同样的问题。

数据的整合与分析。一方面，把来源于不同地方、不同类型的数据进行整合，如物联网采集的数据、网页爬虫获取的数据，将多种格式的视音频数据、多种格式的数据进行整合；另一方面，要把不同结构类别的数据整合分析。

数据存储。当数据存储比较大的时候，单个服务器已经无法满足需求，可增加服务器。当服务器增加时，需要采用数据分片技术，把数据分割到多个独立数据存储中，这样既能满足大量数据的访问，又可以设置相互备份提高数据安全。为了便于管理数据，应该兼顾本地和远程的分片管理。

（三）数据可视化和应用

利用开源的 Hadoop 系统管理海量数据、数据仓库进行智能化分析、数据可视化分析工具展现海量分析信息、R 或者 Python 呈现智能分析推荐，让科普受众有更好的友好访问界面和科普学习体验。科普网站、APP、微信、微博等应用给用户带来更好的社交体验和平台。

五、科普资源库案例分析

利用大数据的技术构建科普资源库模型。研究模型构建的核心技术、大数据存储与分析、大数据应用三维指标选取个案网站进行个案研究，以探析模型的可行性和必要性。

（一）大数据采集案例

国内外比较知名的百度、谷歌就应用了爬虫技术采集网络海量资源，并把采集到的资料存入本地网站镜像。当用户进行搜索时能得到最新最全的URL 信息，通过搜索引擎连接到自己需要查找的资源，每天都需要采集和处理海量的资料。根据中国科学技术协会科普部、中国科普研究所、百度品牌数据中心发布的 2017 年第三季度《中国网民科普需求搜索行为报告》，目前日均请求达 60 亿次。通过网民科普需求搜索行为的大数据挖掘，可以准确地了解网民科普需求的实时动态、精准刻画有科普需求网民的独有特征，为科普信息化建设的宏观决策、科普的精准推送服务提供决策依据。[17]这是大数据背景下数据采集的成功案例（图 2）。国外数据采集软件 DIFFBOT 简单、可视化强、采集效率高。国内采集有"火车头"，其功能较完善，有高速采集能力，支持多数据库、多识别、采集监控系统等。如果科普资源库还需要一些特殊的需求，可采用 Python 或者 R 语言编写爬虫采集。

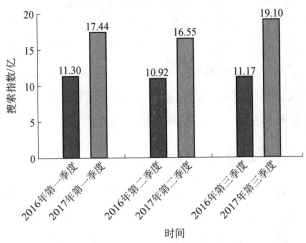

图 2　中国网民科普搜索指数变化趋势

数据来源：百度指数

（二）大数据存储案例

根据 2015 年全国科普数据统计中的数据分析，科普媒介主要包括科普作品、科普图书、科普期刊、科普报纸和科普网站，这些数据在大数据时代下将有数字化倾向。而随着大数据的发展，非关系型数据库越来越重要，而MongoDB 以敏捷、可扩展、友好界面得到了各个行业的使用。根据MongoDB 官方介绍，其已经在政府、零售业、高科技、金融服务及其他产业有了较成功的案例。其中有我们较为熟悉的全球最大的国际贸易电子平台之一易贝（eBay），这为我们科普数据库的建立提供了案例支持。

当数据库构建完成后亟须处理海量数据的存储，任何硬盘都会有容量限制，更换硬件远远没有扩展便捷。而 MongoDB 利用分片技术能有效解决这个矛盾：分片技术可以实现将数据分散到多台机器，而不影响使用者的交互感觉，运用时就和单一的数据库运行一样。这样，科普数据库的存储、扩展和升级就更加便捷，同时 MongoDB 擅长动态负载自动调节增大和减小容量，这对于未来大数据数据库建设是非常适用的，这也是 Facebook 每天面临处理超过 3 亿张照片时采用的解决方案。

不同学者从不同研究角度对科普资源有不同的定义。从国内研究来看，大多数学者都认同科普资源包括科技财力、人力、物力、信息、制度、组织资源等多个要素。无论是广义上的科普资源还是狭义上的信息资源，都面临着多类型、非线性、复杂化困境，而针对这一困境，MongoDB 提供了解决的可能。就信息资源而言，图片、文字、声像、不同格式的数据均可以由不同电脑承担存储任务和备份，大大提高了科普的效率。

（三）大数据可视化和应用案例

应用层是直接和用户交互较为直接的一层，需要充分考虑交互界面、用户体验、便捷服务。由于科普受众对移动互联网的需求不断增加，本文主要从手机 APP、微信公众平台、网页展示三方面进行论述。

手机 APP 是在大数据背景下应运而生的智能设备的第三方应用程序，能满足当前快速增长的科普受众的需求。依托科研机构开发的科普 APP 具有科技研发和资源使用的优先权。国内外的 APP 技术相对比较成熟。美国国家航空航天局（NASA）就开发了流星计数器（Meteor Counter）APP，可以记录观察到流星的详细情况，如时间、数量、经纬度等，并上传到服务器与专家进行互动。国内"科普中国"APP 提供科学、权威、准确的科普信息资讯，链接了我国部分网站、科普栏目、移动端科普应用等。"科普中国"不仅开发了科普网站，也开发了科普 APP 和"科普中国"微信平台，并嵌入微网站，为科普受众呈现了科创新知、少数民族科普、热点活动、真相辟谣、微博互动等栏目。"科普中国"是中国科学技术协会为深入推进科普信息化建设而塑造的全新品牌，旨在以科普内容建设为重点，充分依托现有的传播渠道和平台，使科普信息化建设与传统科普深度融合，以公众关注度作为项目精准评估的标准，提升国家科普公共服务水平。"科普中国"于 2015 年 9 月 12 日上线运行，截至 2018 年 4 月，百度已收录了 96 749 个网页，有较强的科普信息资料，并取得了较好的传播效果，为科普资源库的建立提供了较好的研究案例。

综上所述，在大量的案例和研究基础上，建立科普资源库模型是可行的且有较深远的意义。

六、结语

本文从大数据的技术和视角，对当前科普资源库建设模式进行了初探，通过对科普资源库的结构分析，结合大数据技术，以科普受众为中心，构建了大数据科普的资源库模式。借鉴国内外大数据技术应用成功的案例，验证了大数据科普的资源库模式的必要性和可行性。研究发现，基于大数据技术的科普资源库模式，可指导资源库建设，以动态实时更新获取科普受众信息，满足科普受众个性化学习需求，为大数据时代的科普资源库建设提供另一个视角。因国内外对大数据科普研究资料不多、科普资源库建设以大数据技术的发展为基础，实践研究尚有不足，且科普与大数据的融合还处于探索阶段，笔者仅是对科普资源库的建设模式进行思考与探索，期待更多专家学者结合工作实际和最新技术，完善科普资源建设模式，以适应未来科普受众个性化需求和科普资源建设模式升级的需要。

参 考 文 献

[1] 中国科协科普部. 中国科协发布第九次中国公民科学素质调查结果 [J]. 科协论坛，2015（10）：37-38.

［2］同［1］。

［3］同［1］。

［4］李国杰，程学旗. 大数据研究：未来科技及经济社会发展的重大战略领域——大数据的研究现状与科学思考［J］. 中国科学院院刊，2012（6）：647-649.

［5］MacNamara A，Collins D. Twitterati and Paperati：Evidence versus popular opinion in science communication［J］. British Journal of Sports Medicine，2015，49（19）：1227-1228.

［6］Morcillo J M，Czurda K，Robertson-von Trotha C Y. Typologies of the popular science web video［J］. Jcom-Journal of Science Communication，2016：A024.

［7］杨思思，宋微，陈航，等. 大数据背景下科普网建设趋势研究［J］. 中国商论，2016（32）：124-125.

［8］梁思聪. 科普场馆及学校在科普教育上的大数据应用与合作模式［M］//中国科普研究所. 全球科学教育改革背景下的馆校结合——第七届馆校结合科学教育研讨会. 北京：科学普及出版社，2015.

［9］许建智，徐有法，冯珂. 原创趣味　面向公众——江苏省电子文件管理科普读本和学习游戏诞生记［J］. 中国档案，2014（4）：32-33.

［10］戴力. 大数据背景下科普信息化的探索与实践——以科普挂图、展览互动监测为例［M］//中国科普研究所. 中国科普理论与实践探索——第二十二届全国科普理论研讨会暨面向2020的科学传播国际论坛论文集. 北京：科学普及出版社，2015：7.

［11］梅林. 大数据与科普信息化在科普场馆科学传播中的探索和实践——以"科普游楚天"为例的分析［M］//中国科普研究所. 中国科普理论与实践探索——第二十二届全国科普理论研讨会暨面向2020的科学传播国际论坛论文集. 北京：科学普及出版社，2015：5.

［12］张璐. 大数据时代科普信息化建设的思考［J］. 科技展望，2015，25（18）：1.

［13］鹿继敏. 利用微信APP平台提升博物馆公共文化服务的探析［J］. 创新科技，2016（6）：76-78.

［14］黄冬. 微时代下科技传播的现状、问题及对策——以微信传播为例［J］. 科技传播，2014（2）：193-195.

［15］CNNIC. 第41次中国互联网络发展状况统计报告［R］. 北京：中国互联网信息中心，2018.

［16］宋青. 为受众需求而改变——新媒体环境下国外广播节目发展特点及趋势分析［J］. 中国广播，2013（6）：12-16.

［17］中国科协科普部，中国科普研究所，百度品牌数据中心. 中国网民科普需求搜索行为报告［EB/OL］［2018-07-01］. http://index.baidu.com/special/kepu/kepu2017Q3.pdf.

加强自然科学类博物馆教育活动中的思维训练

刘 菁

（北京自然博物馆，北京，100050）

摘要：本文阐述了思维训练在自然科学类博物馆教育活动中的作用和意义，从教学目标、教学过程和教学评价三方面探讨了自然科学类博物馆教育活动加强科学思维启迪和逻辑推理训练的方法。通过发散性思维训练、逻辑性思维训练、批判性思维训练、联想性思维训练以及辩证性思维训练的加强，学习者不仅可以了解相关知识，还可以对其知识范畴的理论、内容及发展等都具有相当的认识，逐渐建立起自主探究的技能，提高独立思考与研究的素质。

关键词：博物馆；教育活动；思维训练

Strengthening the Training of Thinking in the Educational Activities of Natural Science Museums

Liu Jing

（Beijing Museum of Natural History，Beijing，100050）

Abstract：This paper expounds the role and significance of training of thinking in the educational activities of the natural science museums，and probes into the methods of strengthening scientific thinking and logical reasoning in the educational activities of natural science museums from three aspects：teaching objectives，teaching process and evaluation process. Through the training of divergent thinking，logical thinking，critical thinking，associative thinking and

作者简介：刘菁，北京自然博物馆副研究馆员，主要研究方向：科普教育。e-mail：liujing7812@163.com。

dialectical thinking，the learners can not only understand the related knowledge，but also have a considerable understanding of the theory，content and development of the category，and gradually establish the skills of independent inquiry and the quality of independent thinking.

Keywords： museum；educational activities；training of thinking

一、自然科学类博物馆教育活动的繁荣

（一）数量多、涉及面广

人类文明最近的一百多年间，科学技术呈爆发式增长，人们的生活方式随之改变。于是，作为社会教育的重要组成，博物馆尤其是自然科学类博物馆有极其丰富的知识迫不及待地要传授给公众。各博物馆除了常设展览外，都开始重视教学活动的开展。以北京市科普基地优秀教育活动展评为例，2015～2017年共收到 157 项教育活动方案，其中在 61 项来自博物馆的活动案例中，自然科学技术类活动案例占比 77%（图 1），这些活动案例囊括了天文、气象、航天、机械、环境、鸟类、昆虫、生态、古生物、化学、医学等多个领域。由此推测，公众对自然科学与技术的科普需求非常大，自然科学与技术类博物馆也确有讲之不尽、授之不竭的知识素材可用于设计教育活动。

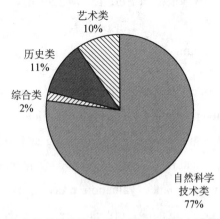

图 1　2015～2017 北京市科普基地优秀教育活动展评中博物馆案例分类及占比

（二）教育专业性增强

博物馆的科普工作者结合一线经验，不断摸索科普活动的开展方式，使得近年来科普活动的设计水平逐年提高，融入了现代教育学理论及原则，包括以下四方面。

1. 娱乐性原则

以北京自然博物馆的"回到中生代"（北京市第二届科普基地优秀教育活动展评二等奖）为例，当一个具有正常比例、活灵活现的疾走龙"大奔"登场时，公众都会兴奋地惊呼起来，争着给"大奔"喂食，为"大奔"梳妆打扮，"大奔"也开心地向大家鞠躬致谢。通过互动环节，大家不仅记住了淘气、有个性的仿真恐龙"大奔"，而且学习到了关于疾走龙的特征、习性、生活环境等知识。

2. 直观性原则

以北京自然博物馆的"赛先生来了"（北京市第一届科普基地优秀教育活动展评一等奖）为例，这是一个以博物馆馆藏标本、模型及图片等手段结合讲解员讲解设计的一系列互动式讲解活动，让公众能够通过触摸、观察，与讲解人员进行言语、肢体互动，调动学习者的多种感官，直观地对科学知识有更切身的了解和感知。

3. 活动性原则

以北京自然博物馆的"模拟灭火器"（北京市第一届科普基地优秀教育活动展评二等奖）为例，该活动通过引导学习者亲自动手，混合酸和碳酸根盐，了解泡沫灭火器的化学原理，在了解知识的同时还锻炼了动手能力。

4. 理论联系实际原则

著名教育学家杜威曾说过"教育即生活"，知识来源于生活更要应用于生活。博物馆选题配合时事热点、理论在生活中运用的活动设计举不胜举，例如中华航天博物馆的"中华航天好少年"、北京中医药大学中医药博物馆的"保健灸及传统艾条的制作"、自来水博物馆的"自来水科普大讲堂"以及中国铁道博物馆的"我是火车工程师""探寻火车的奥秘"等。活动越是贴近生活，越能引起学习者的兴趣和共鸣。

二、博物馆教育活动中缺失的环节——思维训练

（一）现阶段教育的通病

如果把教育问题比作疾病，那么，就让我们从症结、症状、病症分析及治疗思路三个方面分别分析。

1. 症结

在科普教育活动一片繁荣的背后，有一个问题不可否认，这也是我国社会教育中仍在延续的通病，即将重心放在知识注入，科学思维启迪和逻辑推理训练不足。

2. 症状

试想一下，我们大多数人都学习过三角函数、解析几何、遗传定律、氧化还原反应、力学定理、电磁定律，但多年之后又有几人还能记得这些内容？拿到国际奥林匹克物理竞赛、化学竞赛、生物竞赛金牌的中国人很多，但获诺贝尔奖的却寥寥无几。因此我们应当反思，我们一直以来的教育目的是否有所偏差？如果教育活动的重点放在知识注入，其结果只能是：随着知识的遗忘什么都没有留下，不会思考，只能人云亦云。

3. 病症分析及治疗思路

此处并非否认知识的传授，只是纵观人类科学史，欧洲学术界在一千多年的时间里奉亚里士多德理论为金科玉律，但在几百年前被哥白尼、伽利略和牛顿的理论颠覆；而牛顿定律在我们认为无懈可击的时候，又被爱因斯坦

的相对论证明了其局限性。由此可见，知识不是一成不变的。再者，随着信息的发展，各方面的知识可以通过检索得到，而思维能力则需要通过多年的训练培养出来。因此，不应妄想给公众的大脑塞满知识，而应以知识为媒介，教会其思辨，在其心中点亮一个个火花。

（二）思维的可训练性

身体可以通过锻炼变得强健，人的头脑亦是如此。可逆性是思维的本质属性，思维过程富含可逆性，思维过程因其可逆性而具有可训练性。[1] 在科普活动设计中，教育者应当借助现有知识，引导学习者进行思维训练。从对方所熟知的具体事物和现象开始，通过提问，揭示对方的自相矛盾之处，如此层层推进，直至最终得出合理的结论。通过思维体操的锻炼，学习者不仅可以了解相关知识，还可以对其知识范畴的理论、内容及发展等都具有相当的认识，具备自主探究的技能和独立思考与研究的素质。

（三）思维训练在教育活动中的运用

1. 发散性思维训练

发散性思维是指从不同角度、向不同范围、沿不同方向寻求大量多样性答案的思维方式，其任务被广泛应用于创造力的研究。[2]

在教学活动设计中，可以鼓励学习者"一题多解""一事多写""一物多用"，培养其发散性思维能力。例如，通过吹风机吹乒乓球使其悬浮空中，以及在两个乒乓球中间吹气使其靠在一起的动手活动，学习者获得了伯努利定理的基本原理。如果活动仅以了解原理为目的而就此结束，那就浪费了大好的思维训练机会，设计者可以在此处加入一次发散思维体操训练，引导学习者说一说生活中还有哪些利用伯努利定理的实例，并做出解释。不论想到的是飞机机翼升力的产生还是地铁安全线的设定，抑或是体育运动中的旋转球，甚至是利用水流进行干燥的漏斗，当学习者开始思考的时候，思维体操就已经在发挥作用了。

2. 逻辑思维训练

逻辑思维是人们在认识事物的过程中借助于概念、判断、推理等思维形式能动地反映客观现实的理性认识过程，又称抽象思维。只有经过逻辑思维，人们对事物的认识才能达到对具体对象本质规律的把握，进而认识客观世界。逻辑学所提供的是重要的科学研究方法，它不仅是人类共同的思维工具，也是人类理性思维的基石。[3]

在教学活动设计中，可以给学习者设置"提问—猜想—验证—总结"的过程。例如，鸟类繁殖课程中关于鸟蛋的形状，与其直接告诉学生鸟蛋一头大一头小的卵圆形是为了防止从高处滚落，不如设计一个逻辑思维的训练，先让学习者观察多种鸟蛋，让其描述鸟蛋的形状，并思考为什么鸟蛋不是球形，可以提出多种猜想；启发学习者利用鸡蛋、乒乓球进行多次实验，验证猜想；最后由学习者自己归纳实验结果，总结出一头大一头小的卵圆形能够使鸟蛋仅在原地打转，防止掉落的作用。

在这个活动过程中，能否记住鸟蛋形状的作用不是最重要的，重要的是学习者获得了一次逻辑推理的机会，这种逻辑思维能力未来可以运用到多个方面，帮助个体进行自我学习。当然，经过自己推理获得的结论肯定也是难以忘怀的，只是知识的获得不应是我们教学的主要目的。

3. 批判性思维训练

批判性思维是对思维的再思考，包含不懈的质疑、多元的意见和理性的判断[4]，反对依靠权威和流行观点。试想，如果没有哥白尼质疑地心说，没有达尔文质疑上帝造物论，我们的世界将会停滞不前。即使是我们现在的科学技术也一定有它的局限性，但人类的学习不就是不断试错的过程吗？因此，活动设计应当培养学习者独立思考的能力、怀疑和批判的精神。2015年，一篇《北京市恶性肿瘤发病及生存报告》中就近年来的恶性肿瘤相关数据进行了如下统计：2014 年北京市户籍居民共报告恶心肿瘤新发病例 43 485 例，发病率为 328.22/100 000，比 2013 年（315.8/100 000）增长 3.9%，2005~2014 年发病率年平均增长 1.6%（图 2）。

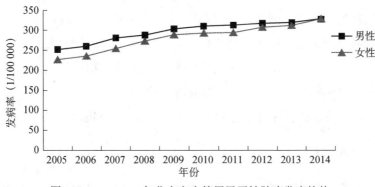

图 2 2005～2014 年北京市户籍居民恶性肿瘤发病趋势

该报告不失为一个训练学生批判性思维的好素材。活动设计者可以提出一个看似合理的结论，如恶性肿瘤的发病率升高由近年来空气污染引起或与食品安全相关等，请学生找出命题的逻辑漏洞并提出证据证明。如有学生质疑，年龄越高肿瘤发病率越高，会不会是人口的老龄化造成恶性肿瘤发病率的升高呢？于是就可以围绕人口老龄化进行调研，通过其他文献查阅同时期人口平均年龄的变化趋势和老化程度。恶性肿瘤发病率抵消掉年龄老化率的部分，才可以考虑多种外因的影响。

此类活动环节可以激励并教会学习者质疑，突破僵化的思维，以崭新的视角独立地观察问题与处理问题。

4. 联想性思维训练

联想就是根据当前感知的事物、概念或现象，想到与之相关的事物、概念或现象的思维活动。[5]联想性思维是创造力的关键，是人脑对旧知识的几乎随机的重新组合。表现为打破惯常解决问题的程序，重新组合既定的感觉体验，探索规律，得出新思维成果的思维过程。乔布斯曾说过"Creativity is just connecting things"，创造力是把东西连接起来而已。200 多年前，达尔文通过对比加拉帕戈斯群岛物种与南美大陆物种的相似性与差异性，通过联想，结合他的好朋友地质学家查尔斯·赖尔的《地质学原理》，最终得出了举世闻名的"进化论"。

以自然博物馆的科普活动"化石的形成和发现"为例，与其一开始就讲述"古生物死亡—埋藏—石化—露出地表—被发现"的过程，不如先给公众一份在喜马拉雅山上发现鱼类化石的报道，根据已有知识让公众去联想和推断鱼儿游上山的成因，如果学习者能够将水中泥沙沉积、地壳运动等已有知识联想在一起，就不难推导出化石形成的过程。

因此，活动设计者应给学习者充分的机会去思考和联想。

5. 辩证思维训练

辩证思维是指将辩证法特别是唯物辩证法应用于思维过程和思维方式的一种总体性的思维方式。[6]世间万物之间是互相联系、互相影响的，而辩证思维正是以世间万物之间的客观联系为基础，要求在观察问题和分析问题时，以全面、发展、联系的眼光来看问题。一切科学问题最终会上升到哲学层面，这也是学术研究性博物学位被称为哲学博士（philosophic doctor，PHD）的原因。因此，博物馆科学教育也应注重培养学习者的辩证思维。例如，当讲到全球气候变暖的问题时，不妨让学习者向上追溯一下气候变暖的原因，向下分析一下气候变暖的连锁反应，最后探讨该如何做才能减缓气候变暖（图3）。思路环环相扣，让学习者了解每一个细微的变化都如蝴蝶效应般影响着全局。虽然对"二氧化碳导致全球变暖"一说也有质疑的声音，但可以作为批判性思维进行训练，这里暂且略过。我们仅以此观点作为辩证思维训练的素材之一加以利用。

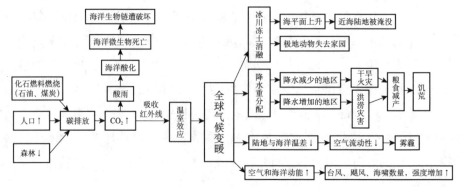

图 3　全球气候变暖的连锁反应

（四）思维训练在教学目标和评价反馈环节的体现

以上探讨了教学活动过程中思维能力训练的方法，是教育活动的核心内容。当然，一个完整的教学活动方案还少不了教学目标和评价反馈。

教学目标为整个活动指明方向，但包括国家课程标准在内的教学目标仅包含了知识、能力、情感态度价值观三个维度，教育活动中的思维训练未被提及，也因此一直被我国的教育所忽视。因此，博物馆的教育活动应当规范和明确活动设计中的教学目标，从知识、能力、情感态度价值观和思维四个维度开展。行业内规范、明确的标准有助于引导博物馆的教育工作者在教育活动设计中全面涉及这四个维度，弥补以往教育活动思维训练的不足。

评价反馈是检验教育活动效果的重要环节，是找出实际工作与理想目标差距的最好办法。[7]此外，评价反馈除了具有评价作用外，还具有激励、调解和教学的作用。博物馆教育活动反馈最有效的方法莫过于学习单了。学习单由概括本次活动内容的问题组成，一方面，可以帮助学习者检测自身学习效果，并梳理活动内容；另一方面，可以帮助博物馆教育人员评估活动设计、组织、执行的效果，以便为今后的工作提供参考，不断提高工作质量。既然教学目标需要设置思维维度，教学内容需要加入思维训练，那么学习单就要能反映思维训练的效果。在具体操作中可以增加开放性问题，比如，抛给学习者与主题相关的命题或伪命题，让其证明。这就需要学习者通过查阅资料、搜集证据、独立思考、推导等环节来完成，进一步给批判性思维、逻辑推理、辩证思维提供培育环境。又如，让学习者列举引发一个结果的尽可能多的原因，或者一个因素会引发哪些后果，鼓励学习者的发散性思维和联想性思维。学习者反馈回来的学习单可以帮助博物馆教育工作者了解其思维训练效果，从而进一步制订后期教学计划。

当思维训练渗透进教学目标、教学过程和评价反馈这三个环节中后，就形成了一个较为完善的教育活动设计。它将作为一把钥匙，打开学习者心中的智慧之门，释放出创造的天性。

（五）教育是一种智慧

《老子》中有"授人以鱼，不如授之以渔"，意为一个称职的教师，不但要给学生以知识，还要教会学生自学的方法。子曰"不愤不启，不悱不发"，意谓教师应该在学生认真思考并已达到一定程度时，恰到好处地进行启发和开导。苏格拉底认为知识不是他传授给学生的，他所做的无非就是把学生心中的真知唤醒并挖掘出来。著名教育家叶圣陶先生提出"凡为教者必期于达到不须教。教师所务惟在启发导引，使学生逐步增益其知能，展卷而自能通解，执笔而自能合度。"古今中外，教育家的教育思想都有着异曲同工之妙。

因此，针对提升公众的科学思维高度，建议如下：①自然科学类博物馆的教育工作者加强思维训练相关方法的学习，增强自身业务素质，冲破固有模式，将思维训练融入活动设计当中，点亮学习者心中智慧的火光。②强化创新类大赛，弱化知识竞赛，引导学习者注重思维训练和对知识的融会贯通。③教育主管部门将课程标准中的知识、能力、情感态度价值观三维目标修正为四维目标，加入思维目标，从而指引学校教育和社会教育对思维训练的重视。

最后，让我们以德国教育家雅斯贝尔斯的名言共勉：教育就是一棵树摇动另一棵树，一朵云推动另一朵云，一个灵魂唤醒另一个灵魂。

参 考 文 献

[1] 李其维，谭和平. 再论思维的可训练性 [J]. 心理科学，2005，28（6）：1333.
[2] Cropley A. In praise of convergent thinking [J]. Creativity Research Journal，2006，18（3）：391，404.
[3] 王春丽，何向东. "以人为本"与逻辑思维素质培养 [J]. 西南大学学报（社会科学版），2010，36（6）：49.
[4] 武宏志. 论批判性思维 [J]. 广州大学学报（社会科学版），2004，3（11）：10-16.
[5] 谢刚. 归纳与联想教学法在专业课教学中的应用 [J]. 黑龙江教育（高教研究与评估），2000（4）：75.
[6] 冯国瑞. 辩证思维及其当代意义 [J]. 北京行政学院学报，2010（5）：53.
[7] 翟立原. 公民科学素质建设的实践探索 [M]. 北京：科学出版社，2009：70-78.

科教扶贫必将成为解决贫困问题的共性措施

刘平刚

（遵义市播州区科学技术协会，遵义，563100）

摘要：本文论证了在农村开展科教扶贫是一种有效的战略扶贫方式，提出了在农村，在镇、村建立科技扶贫网，利用科技活动周、科普日、科技赶场等科技活动开展科教扶贫的主要形式，并阐述了把钱物扶贫与科教扶贫结合起来的重要性和意义。

关键词：科教扶贫；解决贫困；共性措施

A Common Measure to Eliminate Poverty：the Poverty Alleviation with Science and Education

Liu Pinggang

（Science and Technology Association of Zunyi，Zunyi，563100）

Abstract：This paper demonstrates that the implementation of science and education projects in rural areas is an effective strategy for poverty alleviation. It is proposed to establish a science and technology poverty alleviation network in towns and villages in rural areas，and take advantage of science activities such us Science and Technology Week，Science Popularization Days，Science and Technology Rounds，to alleviate poverty. It also expounds the significance of combining poverty alleviation with science and education and poverty alleviation with properties.

Keywords：poverty alleviation with science and education；poverty alleviation；

作者简介：刘平刚，遵义市播州区全民科学素质纲要工作业务办公室主任。e-mail：1319241750@qq.com。

common measures

一、科教扶贫是一种有效的战略扶贫方式

世界上的一切问题都需要人去解决，人的素质是解决问题的关键。一个没有文化、不懂科学技术、不学习科技知识的人，靠刀耕火种发展传统农业的农民，你要帮助他脱贫致富是非常困难的。扶贫先扶智，治穷先治愚。赠人千金，不如授人一技；家有千金，不如一技在身。送你一条鱼只能解决一顿美餐，学会钓鱼将使你终身受益。钱物扶贫是解困，科教扶贫是提能；钱物扶贫只能解决一时，科教扶贫可以解决一世。

没有文化、文化水平低、不懂农业科学技术的农民，只能发展经济效益低的粗放型农业。只有具有较高文化、懂得农业生产技术、具有市场经营意识的高素质农民，才能发展优质高效的现代农业。

一位农技人员对农民进行农技培训，培训结束后，这位农技人员与一位农民聊天，问农民家有几亩地，种了些什么，这位农民说他家有 5 亩地，每年都种水稻。农技人员说，你怎么不用点地来种其他经济作物呢？这位农民说他种水稻种了几十年，习惯了。农技人员问这位农民种地是为了吃饭还是赚钱，农民说这年头怎么还会缺饭吃，主要是为了赚钱。农技人员对这位农民说："你用两亩地种水稻，解决一家人的吃饭问题，用三亩地种辣椒，看看这五亩地的经济效益会怎样。"这位农民按农技人员的意见办了，他种的一亩辣椒的经济效益是一亩水稻的 3 倍以上。

有一位农民用一亩山水田种水稻，年年种，收成很少。一天，有一个村干部问他："你年年用这块山水田种水稻，怎么不用这块田种烤烟呢？"这位农民说："我怕没饭吃。"这位村干部说："你种烤烟，把烤烟卖了，再用钱把米买回来不是一样吗？"这位农民觉得这个村干部说得有道理。第二年，就用这块山水田种烤烟，一年种烤烟的经济效益比种两年水稻的经济效益还要高。

由于种植技术不同，辣椒的产量可悬殊一半，甚至 3/5 的产量，质量就更不要说了，效益是可想而知的。一棵果树，由于农民掌握的技术不同，修

枝方法不同，田间管理不同，施肥和病虫害防治方法不同，产量可相差几倍以上。有的农民养殖的畜禽经常死亡，有的农民养殖的畜禽能健康成长。农民要致富，学习先进的农业生产实用技术很重要。

向农民送钱送物，会让一部分懒惰的农民越来越懒；向农民提供农业实用技术和文化知识，可迫使农民劳动。懒惰消耗钱物，勤劳创造财富。科教扶贫是一种战略性的治本扶贫形式。

开展科教扶贫，加强对农民的科技培训，提高农民的科技文化素质；向农村老师提供教育教学方法，帮助农村老师提高教学水平；向农村学生提供学习方法，帮助农村孩子提高学习效率和学习成绩；提高农民和农村未成年人的科学文化素质，是一种有效的战略扶贫方式。

世界上的一切竞争归根结底都在于人的素质的竞争，只有加强科教扶贫，不断提高农民的科学文化素质，才能从根本上解决农民的贫困问题。

二、在农村开展科教扶贫的方式

（一）在镇、村建立科技扶贫网

现在是信息时代、网络时代，很多农民都有智能手机，在农村以镇、村为单位，收集农村打工回乡青年、农村科技能手、大专院校毕业生、农村经纪人、退伍军人、中青年党员、村民组长、热爱农业科技的农民的智能手机号码，利用短信、微信、QQ 网络平台，编印《农科致富信息》科普报，在镇、村建立科技扶贫网，利用网络和科普报向农民提供农业实用技术、致富方法、党和政府的惠农政策，帮助农民学科技、用科技，不断提高农民的科学文化素质。

（二）引导农民开展科学种植、养殖试验示范

不比不知道，一比吓一跳，有比较才有区别，有区别才知好坏，知好坏才能去劣从优，学习先进的农业实用技术。在农村引导热爱农业科技的农民，利用自有的田土、养殖场开展科学种植、养殖对比试验示范；在示范成

功的基础上带领农民就近参观，召开致富能手经验交流会，推广先进的农业生产技术和应用农业优良品种，帮助农民提高农业生产技术水平，发展优质高效农业。

（三）以"学报用报，对话教学"的方式，加强对农民的科技培训

农民是农业经济发展的主体，农民的科学文化素质是农业经济发展的关键。很多农民由于文化水平低，在接受培训的时候，很多知识都学不懂、记不牢，今天学的知识，明天大部分都还给老师了。以"学报用报，对话教学"的方式，在农忙前后有针对性地加强对农民的科技培训，具有较好的培训效果。把对农民培训的内容刊登在报纸上，培训时赠送给农民，农民上课时没听懂、记不了的，可带回去慢慢看，慢慢学，不但自己可以学，还可以送给亲朋好友学，具有较好的社会效果。

有一次，一位科技人员在开展科技培训时，把培训的内容刊登在报纸上，培训时赠送给农民。那天下着小雨，培训结束后，他和一位农民交谈，这位农民从衣袋中取出烟时不小心把装在衣袋里的报纸弄到了地上，报纸沾了少量泥水。农民立即用衣袖将报纸上的泥水擦干，折叠后放入衣袋。科技人员对那位农民说："报纸弄脏了，你怎么不把它扔掉呢？"农民说："这张报纸对我有用。"农民很需要浅显易懂、具有操作性的农业实用技术。

（四）在农村中小学建立"家校互动教育教学网"，帮助农村孩子成长成才

青少年是国家的希望、家庭的未来，培养孩子成才是一个家庭未来的幸福。提高全民科学文化素质时，提高未成年人的科学文化素质很重要。父母是孩子的第一任老师，没有父母的教育，老师很难把学生培养成德智体美劳全面发展的创新型人才。在农村中小学建立"家校互动教育教学网"，让老师、家长共同研讨教育教学方法，帮助农村孩子学习、成长、成才，也是一种有效的扶贫形式。

凡事都有一个方法问题，方法对了就会事半功倍，方法不对就会事倍功半，父母教育孩子，老师教育学生也如此。父母教育孩子的方法也不是天生

的，来源于后天的研讨和学习。名师出高徒，优秀老师更能培养出优秀的学生。教材都是一样的，优秀教师就在于使用教学方法的不同。收集农村老师、学生家长的手机号、QQ 号码，利用微信、QQ 网络平台，以中小学为基本单位，建立"家校互动教育教学网"，同时创办《创新励志教育》科普报，老师、家长共同研讨教育教学方法，网上网下加强教育教学方法的研讨和传播，有利于减少学校和家长之间的矛盾，共同提高教育教学水平，把孩子培养成德智体美劳全面发展的创新型人才。

（五）利用科技活动周、科普日、科技赶场等科技活动开展科教扶贫

全国各地每年都在开展科技活动周、科普日、科技赶场等科技活动，利用这些活动向农民赠送科技图书、科技报刊、科普资料，开展科技培训，加强科技宣传，扩大科技扶贫的社会影响力，也是一种有效的科技扶贫方式。

（六）利用农村科普图书室、科普 e 站、远程教育站点、村（社区）家长学校开展科教扶贫

农村村级图书室有很多农业科技图书，这些农业科技图书上有一些实用的农业技术，将其提供给科普"二传手"，供他学习，由他们学习后选择适合本村农业经济发展的实用技术，有针对性地向本村农民宣传推广应用，会取得较好的科技推广效果。

随着科普事业的发展，一些村建立了农村科普 e 站。科普 e 站中有很多农业实用技术和致富信息，把这些实用技术和致富信息经过筛选，重新处理，针对本村农业经济发展实际，选择实用技术和致富信息向农民宣传推广应用，可以让农民用较少的时间学习实用技术和致富信息，获得最大的收获。

随着远程教育的开展，很多村都设立了远程教育站，远程教育服务点配有工作人员、办公设备。远程教育也有加强对农民进行科技培训的职责，村级组织可以利用远程教育站收集和发布农业实用技术、教育教学方法，开展科教扶贫。

很多村（社区）都建有家长学校，村级组织可以加强与有关科技、教育部门的合作，利用家长学校对农民进行农业实用技术培训和教育方法的传播。

（七）建立村级科普站，招聘科普"二传手"，加强农村科技服务

农村打工回乡青年、科技能手、退伍军人、大专院校毕业生、农副产品经纪人、村民组长、务农的村干部、中青年党员及热爱农业科技的农民是农村相对优秀的人才，在农村建立村科普站，把他们招聘为科普"二传手"，加强对他们的科技培训、科技试验示范，引导他们立足当地实际发展农业经济，带领更多的农民共同致富。

三、将钱物扶贫与科教扶贫结合起来

科技降成本，科技提品质，科技增产量，科技提效率，科技促发展，科技增效益。农民是农业经济发展的主体，提高农民的科学文化素质是解决农民贫困问题、促进农村经济发展的根本措施。

科学技术是第一生产力，只有被人们学习和应用，用来解决学习、生活、工作中的问题，才能变成生产力。科学技术的发明创造很重要，科学的普及推广应用更重要。

科技必须通过教育才能传播，才能转化为社会生产力，教育的发展又能促进科技进步，科教是不可分离的。科教扶贫者，通过加强科技培训、科技试验示范，研讨教育、教学、学习方法，普及推广农业实用技术和教育、教学、学习方法，不断提高农村劳动者的科学文化素质、农村父母教育孩子的能力、农村老师的教学水平、农村孩子的学习能力，帮助农民增收致富，帮助农村孩子学习、成长、成才，才有利于帮助贫困者从根本上消除贫困。

钱物扶贫是解困，科教扶贫是提能。钱物扶贫容易养懒汉，科教扶贫能迫使贫困者劳动。钱物扶贫是扶现在，科教扶贫是扶未来。钱物扶贫是贫困者急需、懒惰者最欢迎的扶贫方式。科教扶贫是贫困者不急需、懒惰者最不欢迎的扶贫方式。勤劳创造财富，懒惰消耗钱物。钱物扶贫是治标，科教扶贫是治本。扶贫要用科教来提高劳动者素质，迫使劳动者劳动，才能从根本上解决穷人的贫困问题。

扶贫包含物质扶贫与精神扶贫两个方面。送钱送物的物质扶贫是救助、

解穷人燃眉之急。加强对穷人的科技培训和农村教育教学方法传播的精神扶贫是帮贫困者提能，助贫困家庭的孩子学习、成长、成才。一个不想劳动、没有志向、不想致富的人，你要帮他发展，助他致富，那是非常困难的。

扶贫的方法有个性，也有共性。根据贫困者的贫困原因有针对性地对其进行帮助是扶贫的个性措施。根据贫困者的农业生产实际，有针对性地加强对贫困者的培训，不断提高贫困者的科技文化素质，提高其劳动生活技能，是帮助每位贫困者脱贫致富的共性措施。扶贫必须把寻找贫困者的贫困原因，给钱给物的物质扶贫与科教智力扶持结合起来，正规教育与非正规教育并举，标本兼治，才能从根本上解决农民的贫困问题。

赠人千金，不如授人一技；家有千金，不如一技在身。送你一条鱼只能解决一顿美餐，学会怎样钓鱼将使你终身受益。助人学技和提高文化水平与送钱送物会带来不同的扶贫效果。用钱物帮穷人解困，用科教提高穷人的劳动技能和文化水平，把钱物扶贫与科教扶贫结合起来，是标本兼治、从根本上解决贫困问题的一种有效方式。

农村有多少贫困者是高中以上文化程度的人？有多少贫困者是农村种植、养殖方面的科技能手？人的经济收入和社会生存能力与一个人的文化程度和掌握的技术有很大的关系。不提高穷人的文化水平和技术水平，穷人很难致富。现在穷不等于未来穷，现在富不等于未来富。穷人学文化、学科技，未来会富。富人不学文化、不学科技，未来也会穷。

科教兴国，人才强国。科教扶贫，利国利民。科教发展，提升国力。科教传播，人人有责。乡村要振兴，科教应先行。脱贫攻坚，科教扶贫，提高全民科学文化素质，使命神圣而艰巨。

内蒙古自治区公民科学素质发展现状与分析

王海洋　王梦捷　胡新菲

（内蒙古自治区科学技术馆，呼和浩特，010010）

摘要： 通过对 2015 年第九次全国公民素质调查和内蒙古自治区 2015 年度科普统计数据的对比研究，本文分析了内蒙古自治区公民科学素质在发展过程中的特点与存在的问题，并针对上述问题与特征，提出相应的对策和建议。

关键词： 公民科学素质；比较研究；科学普及

The Status Quo and Analysis on the Development of Civic Scientific Literacy in Inner Mongolia

Wang Haiyang　Wang Mengjie　Hu Xinfei

（Inner Mongolia Science and Technology Museum，Hohhot，010010）

Abstract： This study analyses the exhibited characteristics and the exposed problems in the development process of Inner Mongolia civic scientific literacy based on the comparison between the Ninth National Civic Scientific Survey and National Science Popularization Statistics in 2015，and puts forward some corresponding countermeasures and suggestions for those problems.

Keywords： civic scientific literacy；compare research；science popularization

作者简介：王海洋，内蒙古自治区科学技术馆馆员。e-mail：wanghaiyang137400@163.com。王梦捷，内蒙古自治区科学技术馆馆员。e-mail：1031760711@qq.com。胡新菲，内蒙古自治区科学技术馆馆员。e-mail：604569724@qq.com。

一、研究背景

公民科学素质水平是决定一个国家整体素质的重要指标，全面提升公民科学素质对社会经济发展具有重要意义。公民基础教育、社会政治、经济环境因素以及公民对于科学的兴趣度对公民科学素质的整体发展起到制约作用。[1]因而，中国科学技术协会连续进行了九次中国公民科学素质调查，确定我国的公民科学素质标准，考虑我国经济社会发展、科学技术的发展对公民科学素质的要求。[2]然而，以内蒙古自治区公民科学素质为对象的研究较少，缺乏内蒙古自治区与其他地区的对比研究。

二、内蒙古自治区公民素质发展比较研究

为了更有效地研究内蒙古自治区公民科学素质的发展特征，本文对比了内蒙古自治区、西部地区及全国的公民科学素质发展水平。从图1中我们可以发现，在内蒙古自治区2010年的第八次全国公民科学素质调查以及2015年第九次全国公民科学素质调查中，2015年内蒙古自治区公民具备基本科学素质的比例达到5.14%，比2010年的3.04%提高了2.1个百分点；西部地区公民具备基本科学素质的比例达到4.33%，比2010年的2.33%提高了2个百分点；全国公民具备基本科学素质的比例达到6.2%，比2010年的3.27%提高了2.93个百分点。[3]2015年，内蒙古自治区的公民科学素质低于全国平均水平，但高于西部地区平均水平，在西部省（自治区）中排名第二。内蒙古自治区公民科学素质比例提升的增长幅度为70%，低于全国90%的平均水平，也低于西部地区85%的增幅。

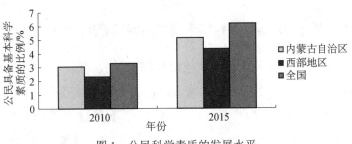

图1 公民科学素质的发展水平

三、内蒙古自治区公民科学素质发展问题研究

通过对内蒙古自治区公民科学素质发展情况（图2）的比较研究，我们可以对内蒙古自治区公民科学素质发展状况做一个大致的梳理，同时运用数据整理、案例研究等多种研究方法，结合内蒙古自治区实际，对内蒙古自治区公民科学素质发展中出现的问题进行分析，以期能够有针对性地提出解决方法。

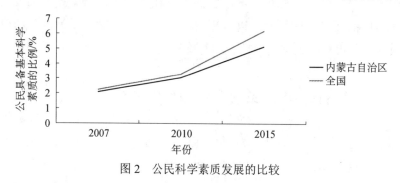

图 2　公民科学素质发展的比较

（一）内蒙古自治区公民科学素质发展现状总结

内蒙古自治区公民科学素质发展速度稳健，有效完成了"十二五"末4.75%的目标，但与全国平均水平和发达地区相比仍有差距。2015年第九次全国公民素质调研数据表明[3]，内蒙古自治区公民科学素质在全国位于第18位，处于全国中等水平；在西部地区位于第二位，但由于西部地区公民科学素质起点较低，所以即使在西部地区处于相对领先的水平，与全国平均公民科学素质仍有一定的差距。公民科学素质增幅较慢，相较于全国及西部地区公民素质发展水平，有待提高。

（二）内蒙古自治区公民科学素质发展问题分析

（1）内蒙古自治区公民科学素质受地域、经济发展水平及基础水平低等因素限制，低于全国发展水平。内蒙古自治区于1996年公布了《内蒙古自治区科学技术进步条例》，2002年颁布了《内蒙古自治区科学技术普及条例》，2016年发布了《内蒙古自治区全民科学素质行动计划纲要实施方案（2016—

2020年)》，对内蒙古自治区的科学普及工作具有一定的促进作用，对提升公民科学素质会起到更加积极的作用。

（2）内蒙古自治区区内，不同公民之间的科学素质差距仍然较大，分布比例较不平衡。[4-6] 这主要是因为内蒙古自治区地域辽阔，东西距离远，人口分布不均衡，以至于提升和改善公民科学素质的各项工作和发展水平也存在不平衡现象。主要表现为：农牧民、城镇新居民、老少边贫地区群众的科学素质较低，面向这类群体科学素质提升的工作亟待加强。

（3）内蒙古自治区区内科学普及资源没有得到充分的开发（表1）。

表1　内蒙古自治区科普资源开发现状

		科普资源	内蒙古自治区	全国平均
科普人力资源	科普专职人员	专职人员/人	5 682.00	3 963.80
	科普兼职人员	兼职人员/人	39 467.00	23 142.80
		注册科普志愿者/人	34 846.00	77 049.40
		农村兼职科普志愿者/人	13 261.00	18 340.60
科普物力资源	科普场地	科技馆和科学技术博物馆数量/个	38.00	28.70
		科技馆和科学技术博物馆当年参观人数（万人/次）	208.59	304.38
		城市社区的科普（技）专用活动室/个	1 281.00	2 361.40
		农村科普活动场地/个	4 785.00	13 373.90
		科普宣传专用车/辆	216.00	61.90
		科普画廊/个	2 263.00	7 655.50
	科普传媒	科普图书出版总数/种	269.00	227.20
		科普图书出版总册数/万册	208.00	210.32
		科普期刊出版总数/种	50.00	26.50
		科普期刊出版总册数/万册	562.00	500.70
		科普（技）音像制品出版总数/种	140.00	173.55
		科普（技）音像制品发行总量/万张	4.70	24.65
		科技类报纸年发行总份数/万份	523.00	1 096.95
		科普网站个数/个	178.00	68.60
		发放科普图书和读物份数/万份	1 061.00	2 340.24
科普活动情况	科普讲座	举办次数/万次	1.55	2.62
		参加人数/人	265.00	522.82
	科普展览	展览次数/次	1 854.00	4 107.90
		参观人数/万人	225.00	646.94

续表

科普资源		内蒙古自治区	全国平均
科普竞赛	举办次数/次	581.00	1 574.90
	参加人数/万人	25.00	174.41
举办实用技术培训	举办次数/万次	2.24	2.62
	参加人数/万人	240.00	351.81
大学、科研机构向社会开放	开放单位数/个	110.00	162.40
	参观人数/万人	6.00	24.36
举办重大科普活动/次		1032	906.70

从表 1 中可以看到，内蒙古自治区绝大多数的科普资源低于全国平均水平。内蒙古自治区的科普资源分布不均匀，科普场馆多集中在呼和浩特市、包头市、鄂尔多斯市等经济发达地区，而经济欠发达地区的科普场馆较少。内蒙古自治区的科普专职人员和科普兼职人员数量都高于全国平均水平，但注册科普志愿者和农村兼职科普志愿者的数量远低于全国平均水平，因而如何广泛招募志愿者，尤其是在农村牧区招募合格的科普志愿者，对现有的科普资源进行进一步挖掘，对当下内蒙古自治区薄弱的科普资源的部分进行强化提高，对已有的科普资源进一步发展，对内蒙古自治区公民科学素质的提升具有重要作用。此外，全区科普经费投入持续增长，政府拨款是主要投入渠道，科普经费支出主要用于建设科普场馆基地和开展各类科普活动。

四、内蒙古自治区公民科学素质提升建议

2016 年 12 月，内蒙古自治区实施了《内蒙古自治区全民科学素质行动计划纲要实施方案（2016—2020 年）》，提出到 2020 年，全区科技教育、传播和普及长足发展，形成比较完善的公民科学素质建设的组织实施、基础设施、条件保障、监测评估等体系，全区公民具备科学素质的比例达到 10% 的目标，实施"四大行动""六项工程"。"四大行动"是：①青少年科学素质行动：推进义务教育阶段、高中阶段、高等教育阶段科技教育，开展校内外结合、困难青少年主体科技教育，利用信息技术促进科技教育资源均衡配置；

②农牧民科学素质行动：开展农牧业科技教育培训、农村牧区科普活动，加强科普公共服务、科普信息化建设；③城镇劳动者科学素质行动：开展城镇劳动者职业培训，营造创新创造社会氛围；④领导干部和公务员科学素质行动：加强科技教育培训，开展科普活动，完善考核激励机制。"六项工程"是：①实施科技教育与培训基础工程：加强教师队伍建设、教材建设、基础设施建设，改进教育教学方法；②社区科普益民工程：开展科普活动，改善社区科普设施；③科普信息化工程：实施"互联网+"科普行动，创新科普传播形式、创作研发，建立科普资源共享机制；④科普基础设施工程：推进现代化科技馆体系建设、科普教育基地建设，推动社会资源开发开放；⑤科普产业助力工程：完善政策，产品研发创新，培育发展市场；⑥科普人才建设工程：完善人才制度、专门人才培养，专业队伍建设，志愿者队伍建设，加强科普人才继续教育。

对此，结合上述关于内蒙古自治区公民科学素质发展问题的分析，以及《内蒙古自治区全民科学素质行动计划纲要实施方案（2016—2020年）》提出的目的和要求，笔者认为，内蒙古自治区需要有的放矢地进行调整和设计，从而为内蒙古自治区公民科学素质快速平稳高质量地发展做出贡献。

（一）深入挖掘区内科普资源，提高科普资源的利用效率，扩大科普资源的惠及人群

科普资源是科普工作的基础和前提，提高公民的科学素质，首先必须要提高科普资源的利用效率，加大科普资源的开发力度，充分挖掘全区各个盟市的科普资源，利用科技馆、博物馆、科技活动中心、少年宫等科学普及场馆，利用内蒙古自治区的高等院校、研究所、科技创新企业等研究机构的科普资源，做到政府、高校、企业联动。同时，应该做好科普资源开发相关的研究工作，针对内蒙古自治区区情设计更加有效的科普资源开发的设计方案。扩大科普资源的惠及人群，要广泛招募科普志愿者，有针对性地开展科普教育活动，组织引导社区居民、农牧区居民参加科普活动，充分发挥人、财、物的效力，进而扎实提高公民科学素质。

（二）均衡提高区内公民科学素质，针对贫困地区人口，精准施策，科普扶贫

区内不平衡的公民科学素质在很大程度上将对内蒙古自治区公民科学素质的提升产生极为严重的阻碍作用，针对这一情况，应该进行充分的调研分析，找出哪些群体是科学素质薄弱的人群，如女性群体、农村牧区群体、老人群体等，分别研究他们科学素质的薄弱项，针对不同群体获取科普知识的渠道、接受知识的媒介与使用习惯，精准施策，进行科普精准扶贫。发展壮大科学传播专家团队和农村牧区科普队伍，加强科普人才的培养。对农村牧区居民加强双语科普传播，保证少数民族居民能够更加方便准确地获取科学知识。

（三）进行定时的科学素质调研，观测的力度、频次，保证可以制订更加准确的提高科学素质的行动计划

充分的调查数据对准确制订科学素质行动方案至关重要，内蒙古自治区地域东西跨度大，人口分布及科学素质都不均衡，应因地制宜，加大科学素质调研的力度，增加观测的力度、频次，充分研究与利用研究数据，避免无效调查。在加大调研力度的同时，需要深入制定调研内容，保证依据研究结果制订可行的公民素质提升方案。

（四）保证科学素质高质量稳健发展，避免只体现在数字上的提高

内蒙古自治区公民科学素质的提高还需要注意符合事物发展的规律，不可急功冒进，保证公民素质的提高稳健发展。首先，在有针对性地查漏补缺的同时避免个别群体或只在个别领域的科普知识快速发展，造成整体上的科普工作的失衡；其次，保证夯实科普基础工作，才能在之后的科普发展中持续发力，而不是只注重发展速度提高或公民科学素质高数据。

（五）保证科普工作的发展需要提高科普经费投入水平

根据内蒙古自治区 2015 年度科普统计数据，内蒙古自治区的科普经费主要依靠政府拨款，资金来源结构较为单一。只有吸引更多的社会主体和社会资源加入和参与到公民科学素质提高工作中，才能为公民科学素质的提高提供更多驱动力，组织和实施更多丰富的科普活动，从而进一步鼓励和吸引更多的社会资本投入公民素质建设。

参 考 文 献

［1］Miller J D. Toward a scientific understanding of the public understanding of science and technology［J］. Public Understanding of Science，1992（1）：22-26.

［2］任福君. 中国公民科学素质报告（第二辑）：第八次中国公民科学素养调查报告［M］. 北京：科学普及出版社，2011.

［3］何薇，张超，任磊. 中国公民的科学素质及对科学技术的态度——2015年中国公民科学素质抽样调查结果［J］. 科普研究，2016，11（3）：12-24.

［4］聂馥玲，任玉凤. 从内蒙古地区大学生科学素养调查看科学素养的性别差异［J］. 科普研究，2010，5（6）：38-44.

［5］连新. 内蒙古农村牧区妇女科学素养现状分析［J］. 西北民族研究，2015（2）：79-87.

［6］任玉凤，聂馥玲. 内蒙古地区大学生科学素养调查的本土化尝试［J］. 内蒙古大学学报（哲学社会科学版），2009，41（6）：64-69.

浅谈场景化科普教育形式在科普场馆中的运用

王梦捷　杜兴苗　王海洋　云　倩

（内蒙古自治区科学技术馆，呼和浩特，010010）

摘要： 本文从传播学理论角度分析和研究现阶段科普传播技术的发展变化，并就新技术所提供的新的科普传播可能性进行讨论。将体验式科普模式与场景化思维相结合，提出发展新形式的科普，即最大限度地利用虚拟技术，融合多平台，创造多层次、深度化的场景化科普教育形式，打造更加真实的模拟体验。提出包括利用新技术重塑原始场景，实现沉浸式体验；创造系列场景化通关游戏模式；创造结合了新技术与直播答题于一体的答题闯关模式；同步开发网络线上游戏等方式在科普场馆的实践优势。通过发展用户生产内容（user-generated content，UGC）的科普传播内容生产模式，由受众创造场景，随时添加或删减模块，提高或降低难度，随时更新、互动，吸引更多的参与者。打破传统大型场馆所需巨大面积、巨额投入的模式，加快场景更新升级速度，利用娱乐的吸引力和兴趣点真正将科普传播融入现代生活。

关键词： 科普传播；科普场馆；场景化科普

Assumption of Constructing a New Form of Scenario-based Science Popularization under the Perspective of Communication

Wang Mengjie　Du Xingmiao　Wang Haiyang　Yun Qian

（Inner Mongolia Science and Technology Museum，Hohhot，010010）

Abstract: This paper studies the present development of science popularization

作者简介：王梦捷，内蒙古自治区科学技术馆馆员，主要研究方向：科普理论传播。e-mail: 1031760711@qq.com。杜兴苗，内蒙古自治区科学技术馆馆员，主要研究方向：科普理论传播。e-mail: 598053988@qq.com。王海洋，内蒙古自治区科学技术馆馆员，主要研究方向：科普理论传播。e-mail: wanghaiyang137400@163.com。云倩，内蒙古自治区科学技术馆馆员，主要研究方向：科普理论传播。e-mail: yunqianjane@qq.com。

from the perspective of the communication theory. By combining the mode of experiential science popularization and the scenario-based thinking，we put forward the use of virtual reality，the fusion of new technology and multi-platform so as to break the limitation of traditional popularization of science，and create a multi-layer and deep scene of science popularization education. That is to make the maximum use of virtual technology and create more real simulation experience in order to improve science popularization. It includes using new technologies to reshape the original scene and create the immersion experience，creating a series of scenes-based customs clearance games，and a mode of answering questions with the combination of new technologies and live streaming-quiz, as well as synchronizing the development of online games in order to attract more participants by updating and interacting at any time. We also propose to develop the UGC content production mode，which means that the scenes can be created by the audience：add or delete modules，improve or reduce the difficulty at any time，it can also break the pattern of traditional venues which need large area and huge investment，speed up the updating and upgrading of the scene，and turn it into the business model. It is necessary to make full use of the attraction and interest of entertainment to truly integrate the popularization of science into the modern life.

Keywords： communication of science popularization；science museum；"scenario-based" popularization of science

一、总述

现代科学技术是一个极其庞大而复杂的立体结构体系，具有丰富的内涵和多种社会职能。科学技术发展日新月异，推动着社会不断进步，科学知识和技术的传播渠道由最初随着生产发展的应用传播，逐渐转变为利用媒介进行以传播科学知识和技术为目的的科普传播。

大众传播媒介给科普传播带来突飞猛进的进步，从报纸、广播、电视的全方位覆盖到互联网新媒体的普及，知识看上去触手可及。然而，随着新媒体时代的到来，科普传播加入了交互性、即时性、共享性、个性化、社群化等特点。科普网站、科普微博、各类信息公众号、学习型 APP 等新型技术手段纷纷应用于科普信息的传播，不仅提高了科学普及的便捷性和及时性，而且提高了科普信息传播的趣味性和有效性。

但我们同样需要看到的是，在新媒体铺天盖地的笼罩下，人们被淹没在海量的信息当中，想要抓取足够的用户注意力来进行科普传播的任务越来越艰巨，科普教育的传播模式、课程设置、活动模式都发生了改变。

二、现阶段科普传播技术的发展

（一）传播方式随技术进步而改变

在大众传播时代，随着信息的大量化、多样化传播，报纸、杂志、图书、广播、电视、电影等媒介纷纷在科普传播的发展进程中占据举足轻重的地位，大众传播科普的模式也使得更多的人参与到科普传播活动中来。报纸的科普版面、讲述科学知识的杂志、各类百科全书、科学技术工具书、科普读物、养生知识的广播、讲座、中医药电视节目、科普专题电影等，无一不在向人们展示着科学的重要性。

经济社会的迅速发展和人们生活水平的提高，带来的是对生活的精细化、科学化要求。受众对科学信息的需求日益增强，科普传播的发展也随着社会的进步大跨越发展，尽可能地满足社会公众对科学知识的需求。随着新媒体时代的到来，科普传播加入了交互性、即时性、共享性、个性化、社群化等特点。科普网站、科普微博、公众号、APP 等新型媒介纷纷应用于科普信息的传播，不仅提高了科学普及的便捷性和及时性，而且提高了科普信息传播的趣味性和有效性，但同时也在无形中加大了知识和信息鸿沟。

（二）新的传播技术和手段大范围应用于科普宣传

新的传播技术，如增强现实（AR）、虚拟现实（VR）技术[1]等，以及网络直播、现场连线等方式都被大范围应用于科普宣传。以成立于 1925 年的故宫博物院为例，它是在明朝、清朝两代皇宫及其收藏的基础上建立起来的中国综合性博物馆，也是中国最大的古代文化艺术博物馆，新媒体时代的故宫博物院，同样也在利用着各种手段扩大受众的覆盖面，提升吸引力。故宫博物院的官方网站，包含了对于故宫的虚拟全景介绍、展品介绍、VR 环游，以及视听馆提供的音频、视频等一手资料。更有专属的故宫博物院青少年网站，漫画的风格，互动的游戏，各项手工艺品的制作参与体验活动等。[2]

新兴科学技术的更新换代速度不断加快，新媒体环境下人们的注意力转移速度也在增加，再好的科技场馆，对于大多数人来说也只是浏览游玩的场所。为了使科普传播的速度跟上人们兴趣点转移的速度，新技术被越来越多地应用于科普传播当中。线上、线下相结合的传播手段，以及将新技术应用于科普传播当中的教育方式，便更加具有灵活性和机动性，随着社会热点与人们的兴趣进行更新换代的转变。《中国科学技术协会事业发展"十三五"规划（2016—2020）》中指出，科普信息化迈出新步伐，中国特色科技馆体系建设和集成科普工作取得明显成效，我国公民具备科学素质的比例达到 6.2%。同时，要推动科技馆体系创新升级，建设虚拟现实科技馆和推动实体科技馆的建设，完善流动科普设施，实施科普传播协作工程，包括大众传媒科技传播、传统媒体与新兴媒体的深度融合。[3] 这都为科普未来的发展指明了方向。

（三）科普信息传播由单向转为多向

拉斯韦尔提出的 5W[4] [传播者（who），传播内容（says what），传播渠道（in which channel），受众（to whom），传播效果（with what effect）] 传播模式在以往的科普传播过程中，传播者与受众之间的互动不明显。随着传播技术的进步，交互的传播技术和传播意愿使受众逐渐地转化为信息的生产者，不再仅仅是信息的接受者，科普信息开始进行双向传播，内容也逐渐更加多元化。以知乎网络问答社区为例，在问题页面中，用户通过提出问题、回答问题等方式，在知乎网站上围绕某一感兴趣的话题进行讨论，并且满足用户分享的渴望。这样的交互信息传播过程，模糊了受传双方的界限。用户进行的提问、用户提供的专业知识，都是其感兴趣和擅长的话题与知识领域，利用 UGC 模式生产内容，进一步提高了用户的黏性。这样的发展，促进和带动了科普传播营利模式的改变，从单纯的社会属性向商业属性过渡。

知识付费时代的来临，也催生出更多以营利为目的的科普传播模式，更多的人愿意为自己想要了解的知识进行分享、付费、交换。传播内容的生产模式也由专业生产内容（professionally-generated content，PGC）向 UGC 模式转化。例如知乎、果壳网（"在行分答"）、喜马拉雅 FM、"得到"等知识付费平台，以及各类线下科学辅导班的相继出现，都代表了知识付费在社会对于知识需求的爆发和对于认知盈余的分享意愿下产生和发展。

（四）科普信息有效传播难度加大

新媒体背景下，海量的信息和数据在给人们带来检索便利的同时，也加剧了人们获得有效信息的难度，更多的人淹没在碎片化的海量信息中。有限的注意力被无限的信息消费，真正重要的信息无法抓取受众注意力，影响力降低。传播的基本要求是使受众获得信息，进而才能探讨信息的内容、传播的手段、传播的效果等。在拉斯韦尔的 5W 模式中，to whom 即传播的对象，由其所衍生出来的受众研究是其他研究进行的基础。面向广大受众进行的科普传播过程更是如此。如何吸引更多的用户，提高关注度，提高用户黏性和参与感成为各大科普场馆面临的共同问题。新媒体创造的即时、交互、共享、个性等特点，使受众接触信息的渠道变广，可供选择的信息数量和内容增加，这一切更加加大了抓取受众注意力的难度。如何在这样的信息环境中广泛而有效地进行科普信息的表达成为至关重要的一环。

网络社群的发展也在慢慢营造"信息茧房"[5]，人们只关注和分享自己感兴趣的信息，形成信息传播的桎梏。科普信息的传播急需更加有效的表达形式，转变传播形式和角度来满足全年龄段的不同受众，以增加影响力和效果。

（五）基于不同平台的科普传播活动相结合

2018 年"5·18 国际博物馆日"以"超级连接的博物馆：新方法、新公众"为主题，实践博物馆教育功能的新方法，拓展博物馆社会服务的新空间，开启博物馆与观众连接的新模式。这些新的探索和实践发挥了科普传播线上线下相结合的优势。

例如，南京博物院举办的传统技艺与技能传帮带拜师仪式、"舞动一座博物院"活动、"博物馆奇妙夜"活动等，采用这些"新方法"连接更多的"新公众"，呈现博物馆为公众带来的更多可能性。[6]浙江博物馆也通过"迷你砚屏制作体验""十全十美五彩粽""黄杨木雕大师体验日活动"等活动，力争打造行走在时尚中的博物馆。[7]陕西历史博物馆举办"穿越古今梦长安"博物馆之夜亲子互动体验活动，"聆听历史、对话丝路"讲解研习营，"盛世唐风、丹青画语"研学活动等。中国科技馆开展展厅活动介绍古代占星术时，就首先通过辅导员演出清宫剧的方式，作为古代占星学知识介绍活动的引入。《人民日报》微信公众号定期更新的科学知识板块、百度的辟谣平台、《博物》杂志的微博知识问答和多种类型的研学夏令营，以及各类介绍科学知识的电视节目《机智过人》《加油！向未来》等，都利用着不同的平台共同传播着科学知识。各大科普场馆、科普网站、微博、微信公众号、微视频，以及书籍、杂志、研学夏令营等，将基于不同平台的科普传播活动结合在一起。

（六）科学传播发展程度不均衡

2018 年 5 月，上海科普教育促进中心牵头联合同济大学等有关部门和机构，在全国范围内开展"科学传播发展指数"研究工作，发布全国首份《科学传播发展指数报告》。该报告显示，上海市与北京市形成了全国科普事业发展特别突出的第一梯队，全国其他各省（自治区、直辖市）科学传播发展程度呈现不均衡状态，发展较好的区域的指数值是排名较后省（自治区、直辖市）的 7～14 倍。经济发展较快的较发达地区科普事业发展也较好，东部沿海省（自治区、直辖市）总体情况好于中西部地区，西北地区各省（自治区、直辖市）的指数排名相对靠后。

经济和社会发展的不均衡导致科普教育的投资力度和重视程度出现差距，这些差距又将进一步加大科普教育的两极分化。[8]

三、场景化科普的概念

场景化科普是在结合场景化思维、情景学习、体验式科普等概念下提出的，作为一种新型体验式科普活动形式，秉承个性化定制、沉浸式体验、场景化构建的原则，打造技术和体验感并存的科普场馆传播模式。

场景化思维模式，主要强调未来的信息技术将不再通过内容影响受众，而是通过改变场景来塑造人们的行为，要求传播者根据用户要求，满足用户对于场景化的需求。结合教育学领域"情境学习"（situated learning）、"情境教学"（situational approach）、"情境认知"（situated cognition）[9]、"多感官学习"[10]（multi-sensory learning，又称多感官认知）"、"体验式学习"、"做中学"等教育理论，以及博物馆学领域的"博物馆情境"[11]学习模型（contextual model of learning，又称场馆情境学习模型）的理论和方法，以及"体验式科普"（即"在科普活动中融入体验要素，运用体验的观点和模式重新规划科普活动，科普受众在科普活动中体验到科学知识的魅力"[12]）的教育模式作为科普事业发展的未来方向，目的是向受众传达科学知识，更加强调传播手段和形式的多样化，强调全面结合科学性、娱乐性，让受众亲自参与到科学认知过程中，自主获得对科学知识的发现和对科学精神的认同。

场景化科普满足人们对于科普传播的新要求，在传播新技术的发展前提下，将科普传播转化为传播内容的个性化定制，有利于在海量信息及娱乐化媒介环境中抓取用户注意力。在科普场馆的展教活动中，通过构建不同虚实结合的科普场景，并按照受众的需求进行个性化定制，转变人们对于学习科学知识的态度和行为理念，打破空间、时间的限制，对科学场景进行重塑。传播过程和内容不局限于最新科技，结合科学发展的历史、故事等，打造更加逼真的场景体验效果，增加学习的趣味性和灵活性。通过场景加强体验感，通过情景塑造沉浸感，通过体验达到自主学习的目的，因此，构建场景、情境和体验的目的即可转化为科普信息传播的目的。为了使情境、体验、直接经验、认知等更好地切入受众的记忆点，构建场景就显得尤为必要了。置身其中的沉浸感所带给受众的精神及感官上的实际体验与单向传播模式不同。例如，在打造情景的过程中，真实地对场景进行还原和模拟，将会营造更为直观的临场感和沉浸感。

四、探索场景化科普教育形式

基于场景化科普传播模式的特殊性及针对性，笔者认为，在科普场馆中进行场景化科普教育形式的实践运用，有利于加强科普场馆的吸引力，提升传播优势。

（一）利用新技术重塑场景，打造沉浸式体验

利用新技术手段，增强现实技术、虚拟现实技术等，进行现场的重构和还原。[13] 打破唯技术论单纯利用技术手段的传播模式，真正将技术与内容相结合，既利用新技术传播前沿科技，同时也注重于对于基础科学的概念还原。

在科技馆的科普教育过程中，根据展项所展现的科学概念，重塑发明或技术创造之初的沉浸式场景体验，使参与者可以身临其境地感受科学发明的过程、思考的步骤、科技进步带来的改变和意义。参与者可以选择从第三人视角近距离地观察科学家的发明、实验过程，了解科学进程的历史；也可以通过第一人称的角色扮演科学家，在提示中亲身进行实验的发明和创造，更好地体验科学思维的过程，达到学习与娱乐的全面结合。例如，在讲述电能的发现、产生、利用等过程的展览过程中，使观众可以通过虚拟技术手段，模拟富兰克林进行风筝实验，或者作为爱迪生的助理，从第三人称视角观察电灯发明时所进行的各项实验等。

而将场景化科普概念运用在博物馆科普当中，则可以通过虚拟现实等技术，打造360度虚拟的全景式场景，使受众切身融入其中。例如，在展示农业工具的发明时，可以通过模拟原始农耕的过程，引导和鼓励观众发散思维、操作道具等，体会农业工具的发展历程。在文物的展示过程中，可以通过新技术，打造互动的历史体验，结合《国家宝藏》节目对于文物前世今生的还原模式，通过虚拟现实技术，带领观众真实体验并了解国宝、文物的历史故事。

（二）利用游戏模式，打造系列化场景

将游戏中常用的通关模式等引入场景化科普教育形式当中，合理设置通关，可以提升用户的黏性，使用户保持参与过程中的体验感和情感的投入。利用新型传播技术、视觉技术、游戏技术，搭建虚实结合的科普游戏体验平台，针对不同年龄层面的受众设置体验多样化情节，以保证游戏方案可供个性化选择。游戏内容、角色的生产创造可采用"PGC+UGC"模式，由专家与用户共同完成，进一步加大用户对于游戏的投入程度，从而加大传播效果。

在科技馆的科普教育过程中，游戏内容的设置可以结合科学知识、科学原理等，观众通过自主控制进行，如实验、调整、操作、改进等，在游戏中通关。保证每一关卡的连贯性，从而达到吸引循环、连续、多次参与的目的。同时，可以对参与人员的资料、游戏数据进行保存，随时可以读取档案，并进行游戏成绩的实时累计和排名，给予优胜者奖励。例如，在介绍化学元素周期表、化学实验等内容时，通过虚拟实验室，模拟化学实验的过程，实验成功则解锁下一关。参考线上网络游戏模式，结合搭建实景及虚拟技术，随时开发和更新游戏内容，加强体验感，寓教育于娱乐当中。

将场景化游戏模式运用在博物馆展览当中，建立由虚拟场景和实体场景相结合的闯关模式。例如，在关于恐龙化石的参观展览中，观众可坐在轨道车中，利用光影、声效模拟前行、倒退探索原始空间领域，参与回答问题、做互动游戏等，过关斩将。

（三）线上游戏同步开发

总结场景化科普教育在科普场馆中的体现形式，建立专属的宣传网站等，开发线上游戏，用精细的制作、丰富的情节，吸引受众。[14]发挥博物馆教育中的娱乐功能，先利用娱乐的手段吸引用户，再结合教育的目的做进一步的知识传播，最终达到传播科学知识的教育目的。随着技术和社会的发展，媒介的定义也在进一步扩大化，不再局限于电视、报纸、网络等实体媒介，凡是带有信息且具备传播功能的物体都可以被看作媒介，这标志着我们已进入全媒介时代。因此，将传播效果扩散到移动终端，可以更好地利用受

众碎片化的时间和注意力，达到吸引参与的目的。例如，总结科技馆场景化科普教育活动，以科学探秘或某一具体学科内容为主题，综合游戏性与科学性；或总结博物馆场景化科普教育活动，打造穿越时代的历史文化旅行等游戏模式，寓知识于娱乐中。

五、结语

场景化科普教育形式，要求科普场馆最大限度地利用新技术，打造更加真实的模拟体验。随时可以更新、互动，吸引更多参与者。采用 UGC 的内容生产模式，场景可由受众自行创造，改进、添加或删减模块，提高或降低难度。将科普学习融入人们的休闲日常，更加注重其娱乐功能的发挥，利用娱乐的吸引力和兴趣点，真正将科普传播融入现代生活。

参 考 文 献

[1] 张选中，迟宇辰. 颠覆教育的虚拟现实技术（VR）探究——评《VR+教育：可视化学习的未来》[J]. 中国教育学刊，2018（8）：144.

[2] 张牡婷. 浅谈新媒体在博物馆展览中的应用 [J]. 艺术科技，2014，27（3）：139-139.

[3] 中国科学技术协会. 中国科学技术协会事业发展"十三五"规划（2016—2020）[M]. 北京：中国科学技术出版社，2016.

[4] 郭庆光. 传播学教程 [M]. 北京：中国人民大学出版社，2011.

[5] 陈庆怡. 如何冲破大数据下的"信息茧房"[J]. 现代交际，2018（16）：246-247.

[6] 宋燕. 博物馆与青少年——南京市博物馆宣教工作的探索与收获 [J]. 大众文艺，2010（3）：199-200.

[7] 林如诗，郑霞. 多媒体触摸屏如何更好地服务于观众学习？以浙江省博物馆青瓷馆为例 [J]. 科学教育与博物馆，2017，3（6）：407-413.

[8] "全国科普场馆发展研究"课题组. 全国科普场馆发展研究报告 [M] //科技馆研究报告集（2006—2015）（上册）. 北京：中国科学技术馆，2017：19.

[9] 张梅. 情境认知理论视阈下角色扮演法在本科教学中的应用研究 [J]. 科教文汇（中旬刊），2018（5）：32-33，39.

[10] 常娟，霍菲菲. 多感官学习在科技馆展览辅导中的应用 [J]. 自然科学博物馆研究，2016，1（3）：49-55.

[11] 吴子珺，朱翔宇，王雪. 智慧博物馆情境感知微型学习模式研究 [J]. 科技广场，2017（10）：172-177.

［12］任广乾，汪敏达. 体验式科普及其行为机理理论综述［J］. 科普研究，2010，5（4）：22-27.

［13］朱幼文. 科技博物馆应用 VR/AR 技术的特殊需求与策略［J］. 科普研究，2017，12（4）：69-76，108.

［14］张文娟. 博物馆 APP 中游戏元素与教育学、传播学的结合［J］. 自然科学博物馆研究，2016，1（2）：52-57.

精准科普的实现机制探讨[*]

王 明 郑 念

（中国科普研究所，北京，100081）

摘要：精准科普就是实现科普受众的需求表达与科普主体的服务供给有效对接。提升科普的精准性，需要基于互联网建立科普人才信息库和科普组织信息库，构建科普联盟。在此基础上，以数据分析推动科普需求精准识别，通过众包方式推动科普项目精准实施，以发展科普产业增强科普服务精准供给，以信息技术推动科普内容的精准传播。

关键词：精准科普；科普联盟；供需对接；精准实施

Research on the Mechanism of Precise Science Popularization

Wang Ming   Zheng Nian

（China Research Institute for Science Popularization，Beijing，100081）

Abstract：Precise science is to achieve the effective connection between the demand of the science audience and the service supply of the science popularization subject. Thus，it is necessary to establish a talent database and an organization database of science popularization based on the Internet to build a science alliance. On this basis，we will promote the accurate identification of science needs with big data technology，promote the accurate implementation of projects through crowd-sourcing，enhance the accurate supply of science popularization services with the

---

* 本文是中国科普研究所项目"众包科普的运营机制研究"。

作者简介：王明，中国科普研究所博士后，湖南科技大学法学与公共管理学院讲师。e-mail：wm5299@126.com。郑念，中国科普研究所研究员。e-mail：zhengnian515@163.com。

science popularization industry, and promote the accurate dissemination of science popularization content with new media.

Keywords: precise science popularization; association of science popularization; matching of supply and demand; precisive implementation

一、精准科普的内涵及其现实背景

近年来，"精准"作为一个热点关键词在多个领域受到关注，出现精准农业、精准扶贫、精准治理、精准生产等诸多概念。精准意味着精确化、精细化和精益化，这是精准管理不同阶段的工作要求和目标导向。精确化是精准管理前期阶段的要求，即对目标对象及其特征的准确识别，这是实施精准管理的前提；精细化意味着服务方式及其服务内容的精准性，即按照对象的实际需要进行针对性的服务供给，属于精准管理在实施阶段的工作要求；精益化是工作总结阶段的要求，也是对整体目标的要求，即通过科学的工作成效评价不断总结以往不足并加以修正，追求精益求精，促进管理服务走向更高水平。基于对"精准"一词的理解，笔者认为，精准科普就是根据不同地域、不同人群的受众特征，分析其科普需求的差异性并开展针对性的科普服务，实现科普受众的需求表达与科普主体的服务供给有效对接。

科普服务作为推动国家科技创新的重要一翼，历来备受党和国家的高度重视，但是一直存在与公众需求不均衡、供给不充分的矛盾。有数据显示，自 2006 年以来，国家科普能力虽然一直在上升，但是，每年基本保持在 0.1～0.2 的小幅增长，2016 年的科普能力指数仅为 2.10，总体仍然偏低。[1]笔者认为，从精准科普视角，其原因可归纳为以下几点：第一，以往科普工作主要依赖从上而下的行政化推动，科普服务仍然处于一种粗放式供给状态，对不同地区、不同人群的科普需求的差异性缺乏充分的认识或者有效的科普服务精准对接；第二，科普供给主体比较单一，市场化、社会化科普服务主体发育不充分，科普服务尚未形成多主体相互协同、公益科普与商业科普互为促进的格局，导致科普服务种类和产品不够丰富，公众按需选择的空间有限，这种缺乏多元化的供给机制无疑也影响了科普精准性和有效性；第三，科学家群体"有科难普"与媒体"有普缺科"的脱节现象依旧存在，彼此缺乏成熟的合作机制，导致现有科普在内容精准性与传播精准性上难以做到二者兼顾；第四，在传播媒介上，对互联网时代层出不穷的新媒介传播缺乏及时跟进，导致传统科普在内容设计、形式表达和传播方式上滞后于公众的媒介使用习惯，传播精准性尚有不足。反观现实，不少善于内容设计与传播策略的"伪科学"正在"蹭"借各种"热点"泛滥于网络，"俘获"了不少信以为真的公众，给国家科普工作带来更为严峻的挑战。基于移动互联网时代的媒介新生态，如何抢占传播高地，针对这些伪科学进行精准性反击，起到正本清源的作用，从内容设计和新媒介传播等方面完善现有科普机制是十分必要的。

进入新时代，党和国家对加强公民科学素质建设提出了更高的要求。2016 年，习近平在全国科技创新大会、中国科学院第十八次院士大会和中国工程院第十三次院士大会、中国科学技术协会第九次全国代表大会上对国家科普工作的重要性及其发展方向作出了明确指示。基于对新时代科普工作使命的思考，在 2017 年第二十四届全国科普理论研讨会上，中国科学技术协会副主席徐延豪呼吁，要加快改变惯有的单向投入型公共科普服务供给机制，构建以公众需求为导向的双向互动型供给机制。尤其要加强需求回应机制的构建，根据公众需求来调整国家和地方的基本公共科普服务供给。笔者认为，这里提出建立双向互动型供给机制，其实质就是加快科普资源的精准化配置，推动精准科普，进一步提高公众的科普参与性、获得感和满意度。就发展方向而言，提升国家科普服务能力、实现 2020 年公民科学素质 10%的目标需要围绕"精准科普"而发力。

二、构建科普联盟是实施精准科普的前提

（一）建立科普联盟的必要性

根据中国科学技术协会颁布的《科普人才发展规划纲要（2010—2020年）》中的相关论述，科普工作的范畴可以概括为七个关键领域：科普内容创

作与设计、科普传媒、科普基础设施建设与运营、科普活动策划与组织、科普人才教育与培养、科普研究与开发、科普产业经营。这七类科普工作将各类科普主体联系起来，形成了所谓"科普大系统"或者是"科普主体网络"。传统意义上的科普就是各类科普主体基于自身的科普资源和工具对科普对象进行科学传播活动。现实的问题是，由于科普活动的开展特别是大型科普服务项目的实施往往需要多主体协作，科普工作涵盖面如此宽泛，任何单一主体都无法在所有领域见长，也无法包揽一切工作，"单打独斗式"科普难以有效聚合分散的科普资源，形成整体合力，因此，为了提升国家整体科普能力，有必要建立各类科普主体的联盟。各类科普组织或个体可以通过联盟平台寻求与其他主体进行资源互换、共建和共享，通过合作达到优势互补，实现社会整体科普资源的最大化利用。这就要求，以各级科学技术协会为主的有关科普机构需要充分发挥"互联网下抓机遇"的担当，集成各方面资源和力量，充分调动公众创造能力，进一步建立完善大联合大协作的科普公共服务机制。[2]

（二）发展科普联盟需要建设两类信息库

发展科普联盟需要自下而上、分级分地域建设两类信息库：一是科普工作者信息库，二是科普组织信息库。其中，各级科普工作者信息库用于采集并登记本地区从事科普工作的人员信息资料，包括专业领域、科普经历、科普作品及其他科普资源信息等；科普组织信息库主要收录本地区从事上述七类科普行业工作的组织，包括各种公立或私营的科技展馆、科普产品生产企业、科普创客组织等。入库信息主要包括该组织的主营业务、产品或服务类别、优势与特色资源等。在信息库建立和管理过程中，以中国科学技术协会为主的科普管理部门需要制定统一的入库条件、标准和管理办法，明确信息登记规范与审核要求，建立认证、评级和推荐等制度。

（三）动态管理信息库并促进业务合作

依托两类信息库对科普组织和科普人员进行动态管理。一是各级在库科普人员可以在线不断更新自我信息数据，包括科普工作业绩、新创作的科普作品等；各级科协相关部门可以在线对其年度审核和考评，建立科普认证和评级制度，依据评价结果向上一级人才库推介入库人选。二是各类科普组织可以通过登录科普组织信息库平台，及时更新组织信息，比如新设计或生产的科普产品、新推出的科普服务项目、可以推广的科普技术或专利等。同时，可以通过该系统检索到满足自身合作需求的其他组织信息，以便开展业务合作。例如，在地方科技馆建设上，可以通过该系统查询到专业的场馆设计、相关科普设备供给商的信息，通过合理的遴选机制，选择与其中某些组织建立合作关系，更好地完成场馆的设计、建设与运营。

三、基于科普联盟提升精准科普的建议

（一）以数据分析推动科普需求精准识别

需求是供给的依据，精准识别需求是实施精准科普服务供给的前提。在互联网时代，通过数据分析可以精准识别不同地域的公众科普需求方向、不同人群对科普主题、科普方式以及科普媒介的偏好等信息。科普需求精准识别就是要坚持用户思维和需求导向，通过大数据分析的技术赋能，打造"互联网+精准科普"新模式。一方面，加强大数据管理在公众科普需求识别领域的应用，精准描摹科普受众画像，比如绘制全国性多层次的科普需求地图，也可以周期性地分析不同地域的社会公众科普需求的变化；另一方面，为了更好地推动科普需求的主动识别，各级科协可以建立公众科普需求在线表达平台，公众通过各种渠道表达科普需求，各级科协通过智能统计技术，阶段性地对公众的科普需求数据分地域、分人群或以其他自定义方式进行分析，从而科学把握本地区公众的科普需求状态。除此之外，还可以借助专注数据服务的企业通过各种筛选技术进行公众科普搜索行为数据的追踪分析或在线调查统计，从而进一步提高科普需求识别的精准性。在应对涉科学议题的公共舆情事件时，通过数据分析精准把握公众的科普需求动态是针对性开展释疑解惑工作的重要依据。

（二）以众包模式推动科普项目精准实施

随着共享经济的发展，与之俱来的"众包模式"已逐渐从企业生产、科技创新、商业运营等领域渗透到公共服务与社会治理等其他领域。首创者杰夫·豪（Jeff Howe）认为，所谓"众包"，是利用外部各类主体的智慧和行动解决本来属于组织内部的事务。从广义上而言，众包包括众智、众创、众投、众筹等多种行为活动。Chao-min Chiu 等认为，众包的实施可以有效改进组织决策，更有效率地完成烦琐的任务。[3] 在科普项目的实施上，发展众包科普可以有效整合分散的科普主体及其拥有的资源，特别是公众智慧和能力，创设各类社会主体及公众参与科普的机制和渠道。无论是政府主导的公益性科普项目还是企业开发的商业性科普项目，其组织者均可以依据目标设计相应的众包科普机制，通过科普联盟的网络平台对科普项目涉及的全部任务或部分任务进行科学"分包"，选择优秀的合作伙伴，更高效地开展科普产品的设计、研发与生产、科普活动的策划与组织、科普市场的开发与运营等活动。针对网络伪科学传播问题，同样可以运用众包的思维加以治理，例如，仿效日常生活中利用广大公众的标记来识别骚扰电话的方式，对各种网络平台尤其是社交圈中转发的伪科学视频或图文，分散于网络各个角落的广大科技工作者、专业科普人士可以及时给予评论、贴标签或举报，那么，普通公众则可以通过其标记或专业评价结果来判断该内容是否属于伪科学。这种集体纠错的做法正是众包治理的一种方式，在一定程度上可以有效抑制伪科学"病毒式"扩散，减少其危害。总体而言，众包模式既可以成为科普联盟的一种内部协同工作机制，也可以成为吸纳公众参与科普的一种方式，有利于获取内外部各种科普资源，共同推动科普服务的精准化实施与管理。

（三）以科普产业增强科普服务精准供给

2016 年，国务院办公厅发布的《全民科学素质行动计划纲要实施方案（2016—2020 年）》中曾明确强调，要促进科普产业健康发展，大幅提升科普产品和服务供给能力，有效支撑科普事业发展。之所以强调发展科普产业，是因为传统政府主导的公益性科普服务正在面临主体单一、运营资金短缺、供需失衡等困境。随着知识消费时代的来临，社会公众对科普类服务产品有着强劲的需求，而且趋向个性化和多元化。为了满足公众日益细分的科普需求，仅凭公益性科普无疑是不充分的，有必要推动市场化科普服务的发展，通过丰富科普产品的供给，为消费者提供多样化的选择，从而提升整体科普的精准性。笔者认为，发展科普产业，一方面，需要积极推进现有科普供给体制改革，将政府主导的科普转向与民生相关的公益性和基础性科普服务，例如中小学生的基础科普教育、公民的健康安全和防灾减灾等基本科学素质教育等；另一方面，加强政策和资金引导，引领和带动其他市场化主体参与商业性科普资源的开发与经营，以科普为内核，在观光旅游、文化教育、娱乐休闲等成熟产业中植入科普元素，打造交叉融合型科普服务产品，激发公众需求，发展科普业态，最终使公益科普与商业科普各有侧重，互为促进，通过供给的丰富性来提升科普服务的精准性。

（四）以信息技术提升科普内容的精准化传播

以信息技术提升科普的精准化传播就是要瞄准受众媒介使用习惯，深耕内容资源并优化传播途径，以公众能接触、好理解和易学会为目标去发展信息化条件下科学传播新路径。一是，充分利用信息化的条件开展科普。在"科普中国"的建设框架下打造集成性中国在线科普超市，分门别类建立各类科普知识库，其知识呈现可以是图文、视频和动画演示等多种形态，公众可以利用电脑、手机及其他终端设备进行按需检索与自我科普学习。引导更多的科普组织、机构或个体建设科普自媒体平台，开发公众参与型、体验型、互动型科普栏目或活动。二是，开展科普服务需要充分考虑不同受众对象的新媒介使用特征及其科普偏好的差异性。为此，可以基于信息技术进行在线科普需求调查或网民搜索行为分析，以此来确定目标受众的科普需求，进而针对性设计科普主题、内容和表达形式，最后选择与之契合的科普媒介、传播方式和传播时机。紧跟当前智能化、移动化、社交化的信息传播特征，运用直播围观、点赞打赏等时尚流行的互动方式吸引受众，提升科普在传播上的精准度。以健康科普为例，对于阅读能力强、健康素养好的受众，可以适当在健康科普中加入医学、健康领域的专业术语，但是，年幼的小朋友会觉得文字枯燥、乏味，老年人也可能难以对文字类的健康科普产生兴趣，因此，就需要改变健康科普的方式，运用更加通俗易懂和趣味性的语言，或运用图片、视频等多媒体，更高效地进行健康科普。[4] 三是，完善城市科普信息化设施，有条件发展数字科普示范街区和数字化科普场馆，包括公共场所具有地域性科普主题的数字科普体验馆、公共电子科普屏媒、电子科普画廊等，丰富公益性科普的信息化载体。基层科协及其他科普部门可以围绕当地民生关切、社会热点和易发灾难等问题，挖掘地域特色的科普题材，运用信息技术创作直观性和趣味性强的科普内容，投放于官方科普媒介或其他本地主要社会媒介，增强公众的感知度和接受度，以此提升科普的精准性。此外，还可以基于信息技术探索建立科普服务成效的评价机制，科普受众可以通过各种网络平台对其享受的科普服务质量进行反馈式评价，反过来督促并提升科普供给的精准性。

四、结语

科普是一种专业性传播活动，实现精准科普可以推动科普供给与科普需求有效对接。研究认为，提升国家科普服务能力、实现 2020 年公民科学素质10%的目标需要围绕"精准"发力，包括以数据分析推动科普需求精准识别，利用众包模式推动科普项目精准实施，以科普产业推动科普服务精准供给，以信息技术推动科普内容精准传播。

参 考 文 献

[1] 王康友. 国家科普能力发展报告（2017~2018）[M]. 北京：社会科学文献出版社，2018：28-31.
[2] 童庆安. 科普信息化时代下的精准化服务 [J]. 科技导报，2016，34（12）：74-77.
[3] Chao Min C, Ting Peng L, Efrain T. What can crowdsourcing do for decision support? [J]. Decision Support Systems，2014，65：40-49.
[4] 吴一波，刘喆. 健康科普如何实现精准化 [N]. 科技日报，2017-10-20（03）.

钱学森科普思想研究

王文华

（中国核工业集团公司 814 厂，成都，610051）

摘要：钱学森不仅是一位杰出的科学家，也是一位热心传播科学新知识的科普大师。他认为，科学普及是一项伟大的战略任务，是科技工作者的历史责任；科学的普及往往会开创一个崭新的领域；号召把自己掌握的科学技术知识传授给各级领导干部和广大人民群众；希望有更好的科普作品问世；研究科学技术普及工作的规律，大力加强科普工作。

关键词：钱学森；科学技术普及；思想认识；任务；责任；开创新学科

Research of Thoughts of Qian Xuesen on Science Popularization

Wang Wenhua

（China National Nuclear Corporation No.814，Chengdu，610051）

Abstract：Qian Xuesen is not only an outstanding scientist，but also a science popularization master who is eager to spread science and new knowledge. He believes that the popularization of science and technology is a strategic task，and it is the historical responsibility of scientific and technological workers. The popularization of science tends to open up a new field，which calls on the scientific and technological workers to spread scientific knowledge all levels of leading cadres and the masses of the people，in the hope of arousing better science popularization works and better promoting communication of science popularization.

Keywords：Qian Xuesen；popularization of science and technology；

作者简介：王文华，中国核工业集团公司 814 厂高级工程师。e-mail：Wangwenhua802@163.com。

ideological understanding；responsibility；create new subjects

一、引言

钱学森投身科学技术事业，在应用力学、喷气推进与航天技术、工程控制论、物理力学、系统工程、系统科学、思维科学以及现代科学技术体系与马克思主义哲学等领域做出卓越的贡献，甚至对现代科学技术的发展产生了极其深远的影响。

翻开科学技术史，我们可以看到，不少杰出的科学家在从事科学研究并取得辉煌成就的同时，也致力于科学普及工作，钱学森更是如此。他不仅是一位杰出的科学家，也是一位热心和善于宣传普及科学新知识的科普大师。

二、科学普及是一项伟大的战略任务，是科技工作者的历史责任

钱学森从切身的体会中深刻地认识到，让人民大众有科学知识，理解现代科学技术，这是非常重要的一件事情。对于促进科学技术的飞速发展，培养和造就优秀的科学人才具有特别重要的意义。科学普及工作是提高广大人民群众科学素质的大事，也是社会主义精神文明建设的大事。钱学森早在少年时代，就非常喜欢看通俗的自然科学普及读物，特别是如爱因斯坦所写的《狭义与广义相对论浅说》。爱因斯坦对开创物理学新纪元的相对论的通俗而有趣的描述，像磁石吸铁一样吸引住了钱学森，直到他进入耄耋之年都没有淡忘了该书。就是这本书，不仅使他得知了科学巨人爱因斯坦，而且从此立下了探索自然界奥秘的大志。

1980年《科普创作》第二期发表了四川省科学普及创作协会周孟璞、曾启智两位同志所写的《科普学初探》一文，该文追溯了人类科学文化发展的过程，考察了科学普及发展的历史规律，提出了关于建立科普学的问题。正值中国科学技术协会第二次全国代表大会期间，钱学森看了这篇文章后，专门会见了周孟璞、曾启智等同志，与其进行了一个半小时的谈话。钱学森肯定了《科普学初探》一文的观点。他说："你们提出的科普学，也就是搞好科

学技术普及的学问，这是一个大问题啊！"[1] "'科普学'属于社会科学，是学校教育之外的社会教育。"[2] 接着，他就世界范围从历史上阐述了科学普及的重要性，对为什么要有科普，什么是科普的对象，科普的内容范围，如何开展科普工作和建立科普学等问题谈了自己的看法。他说，科学普及实际上是一个改造社会的任务；科普可使科学技术转变为生产力，科普的一个目的是要使群众掌握科学技术，从而使群众变成现代巨大的生产力，因此，科普的对象是人民群众；他指出科普的内容范围有两个方面，不仅是普及一般的科学技术知识，还需要普及正确的世界观。后来，钱学森对科普的基本内容做了更深刻的阐述。他指出："今天人类发展、进步到这么一个时期，掌握知识、智力，或者说掌握认识客观世界和改造客观的本身才是最根本的，不然的话，你就站不住脚，也不能前进。我们的科普责任也就是这个，这是个需要好好认识的大问题。我们要认识客观世界和改造客观世界，科普就不能只限于自然科学技术的普及。人不了解社会是不行的，我们现在有很多问题，固然有自然科学技术方面的因素，但是很多是由于不了解社会，不知道社会发展规律造成的。提高整个现代科学技术的知识水平是我们科普的任务，现代科学技术就是从人认识世界和改造世界而来的。"[3]

1984 年 8 月 31 日，钱学森在庆祝中央人民广播电台科普节目开播 35 周年的茶话会上，再次强调了科普的重要性，他说："没有科学技术知识，很难设想我们怎样来建设社会主义的'两个文明'，最后实现四化。所以，让人民大众有科学知识，理解现代科学技术，是非常重要的一件事情。"[4]

钱学森以"科普作者都要认识自己的社会责任"为题，在《科普创作》1985 年第 3 期著文。1985 年 7 月 30 日，钱学森在与中国科普创作研究所和上海科普研究所部分研究人员座谈时又提出，科学普及是科普工作者的社会责任，并做了深入阐述，他说，来自世界的种种信息表明，一个国家如果到了 21 世纪仍不能科学技术立国，就不能在世界之林立足。美国里根总统提出的战略防御计划（即"星球大战"计划），西欧 17 国宣布的"尤里卡"计划，以及日本领先研制第五代计算机，实质上都是一些抢占科技领先地位、到 21 世纪仍能占据世界科技前列的战略部署。因此在我们这个时代，科普工作者的社会责任，就是要使人们认识这个正在急速发展变化中的客观世界。

如果不是全体人民对世界的认识达到很高的水平，我们就不可能进入改造世界的自由王国。科普研究，必须研究客观世界的全貌。

1996 年 6 月钱学森在一次谈话中进一步指出："小平同志说科学技术是第一生产力。科学技术工作这么重要，但你怎么让人家了解你的工作，支持你的工作？这就需要科普，需要科技人员做科学普及工作。"[5]诚然，科普可使科学技术转变为生产力，但要用到生产上去，要去发展生产。

1980 年以后，钱学森先后出任中国科学技术协会副主席、主席和名誉主席，对科普事业的关注、支持和指导就更多了。他出席过第一届和第二届全国优秀科普作品颁奖大会；莅临过第一届全国科普美展；指导过《航空知识》和《太空探索》（原名《航天》）的办刊，以及科教片《向宇宙进军》三部曲的创作；听取过农村科普工作、厂矿科协工作的汇报；接待过科普学研究者、科普史研究者和科学小说创作者的来访；给众多科普作者、编者亲笔写了回信。20 世纪 80 年代初，钱学森曾要中国科普研究所所长章道义和汤寿根同志去向他汇报组建科普创作队伍的情况。听完汇报之后，他鼓励章道义和汤寿根同志说："三中全会以来，同志们做了很多工作，成绩是主要的。在这么一个大好形势下，出现一些问题，可以总结经验教训。""中国科协有一个科普创作研究所，又有一个科普出版社，要把力量组织好。""要看到 21 世纪是一个终身学习的新世纪，农民、工人、干部和知识分子都要不断地更新自己的知识、技能和思想观念，科普工作面临着巨大的社会需求，要发挥科普组织的引领作用。"[6]

三、把自己掌握的科学技术知识传授给各级领导干部和广大人民群众

钱学森倡导科学普及，重视科学普及工作，他自己就是这样身体力行的。1955 年 10 月 8 日他回到祖国以后，总是抓住一切机会，满腔热情地通过各种方式，把自己掌握的科学技术知识传授给各级领导干部和广大科技人员。

1956 年 4 月 13 日，刚刚回国不久的钱学森，在由周恩来总理主持的军

委扩大会议上向共和国的总理、元帅和将军们谈了在我国发展导弹技术的规划设想，以他那科学家的远见卓识，深入浅出的讲解，使人们看到了必胜的将来，赢得与会的元帅和将军们的全力支持。党中央果断决策，要研制自己的战略导弹。同年 10 月 8 日，以钱学森任院长的我国第一个导弹研制机构——国防部第五研究院宣告成立。当时，火箭导弹和航天技术，对我国广大科技人员还相当陌生，钱学森亲自主持开办了"导弹扫盲班"，给年轻技术人员和干部职工讲授导弹概论和星际航行概论。"导弹扫盲班"一连办了 3 期，占用了钱学森很多时间。从火箭技术的原理、三个宇宙速度，一直讲到卫星飞船的结构、导航和载人航天。为了让更多的人掌握火箭和航天知识，钱学森在讲稿的基础上整理出一部 34 万余字的《星际航行概论》，由科学出版社出版，面向全国发行。这既是一部专业技术人员的入门专著，又是一本优秀的高水平科普佳作。航空航天战线的广大科技人员反映，苏联、欧美有关火箭和航天的科普图书，在知识的翔实、系统和深入浅出方面，可以说都比不上钱学森的《星际航行概论》。20 世纪 60 年代前期，在我国航空学院的火箭系里，从教师到学生几乎人人都把钱学森的这部佳作列为参阅必备。可以说，正是钱学森的这本《星际航行概论》，造就了中华人民共和国第一代航天专家。

就在这一年，党中央提出向科学进军的战略决策，并着手制定第一个 12 年科技发展规划。钱学森参加了这次规划的制订工作，并发挥了重要的引领作用。为了配合国家的这项重大举措，使广大干部群众理解这项工作的紧迫而又深远的意义，并了解当时的世界科技发展态势，全国科普协会特地为中央国家机关干部举办了一系列世界科学技术新成就讲座，钱学森主讲的是"从飞机、导弹说到生产过程的自动化"，他简明扼要并生动地告诉人们：飞机经过怎样的改进，它的速度才接近声音；又克服了什么困难，才能比声音跑得更快；飞机为什么要发展成为自动控制的导弹。他还告诉人们，怎样给火箭装上"眼睛"，使它自动找到目标；自动化工厂、机关、图书馆，为什么几乎不要人管理，而能够准确地进行工作。这些在当时都是新鲜有趣的知识，真是让人们大开眼界。

同年 10 月，全国总工会和全国科普协会在北京召开全国职工科普积极分子代表大会，邀请了几位著名科学家到会做科普讲演。钱学森做了一个最为简短也最适合广大职工需要的讲演，题目是"从自己的业务中学习科学"，全文只有900字，但却把怎样学习科学，应当注意些什么讲得一清二楚。

他说："在科学的道路上，我过去是一个学生，现在也还是一个学生。我学习科学是有一个计划的，但不是一个完整的、详细的计划。我不过是订了一个大纲，决定了大致朝哪一个方向走，这是顶要紧的。我们不能订一个死板的计划，一定要今天做到这里，明天做到那里……哪一天未完成计划就着急，就认为失败，这是不合适的。我们每天要走多少路，是要看情况决定的。正如天有不测风云一样，在科学的道路上，有许多不测的障碍，很难预料。有时候没有障碍就可以走得快些，有时候遇到了障碍就得先除去障碍，那就只好走得慢些。这也就是说……订出来的计划总不免有些主观，执行学习计划就必须在实践中根据实际情形加以修订。因此，要坚决地进军，也要灵活地进军，不能蛮干。"[7]

接着，他强调"在订学习计划的时候，必须尽可能地利用我们已经取得的经验和知识，来帮助我们学习新的知识。我们已经取得的经验和知识是我们的本钱，是从实践中得来的，是最宝贵的东西。在学习中要利用它们，也就是把学习和自己的业务结合起来，在不断地改进自己的工作方法和提高自己的业务能力中去学习科学。从自己所熟悉的一面着手，就能熟门熟路，比较容易体会科学的规律。不要认为只有坐下来啃一本本的厚书才算是学习科学，这是不对的。"[8]

然后他进一步强调："'门门出状元'，每一项业务中都有科学，每一门科学都是我们所需要的。只要能从自己日常所接触的事物开始，先学习文化和基础科学知识，达到一定的水平，就能够了解事理；然后逐步提高，最末了就能够成为本门业务的专家，那就是科学家了。这种业务中的专家一点点都不比一个物理学家或数学家差。他们同物理学家或数学家一样重要。因为这些业务中的专家有丰富的实践经验，他们的学识是经验的总结，也就是新的东西，也就成为科学进展所不可缺少的一部分。"[9]

钱学森的这些认识和论断，对正在意气风发地向科学进军的广大职工来说，是多么及时、务实而又令人茅塞顿开的指点啊！同时，又是多么的鼓舞人心，"能够成为本门业务的专家，那就是科学家"，而且"一点点都不比一个物理学家或数学家差"，从而受到了听众的热烈欢迎。如今，半个多世纪过去了，他的这些至理名言，对想要有所作为的广大职工来说，仍不失为一条确实可行的成才之路。

1961年，文化部组织6家出版社编辑出版一套给干部、青年阅读的"知识丛书"，其中自然科学部分由科学普及出版社负责。我国知名的科学家李四光、钱学森、竺可桢、侯德榜、周建人、严济慈、华罗庚、高士其等，都被聘请参加编委会。一贯积极倡导、热心科普工作的钱学森身体力行，积极认定选题，并撰写稿件。后因"文化大革命"开始，这套丛书有的书稿终未能与读者见面，有的直到20世纪70年代前期才得以出版。钱学森等著名学者在逆境中为我国荒芜的科普园地大声疾呼，亲自耕耘，至今令不少科普工作者感动不已。

1963年，中国航空学会向广大群众普及航空航天知识的桥梁——《航空知识》杂志复刊，钱学森受邀为《航空知识》第一期撰写发刊词，他欣然命笔，写道："我国人民在中国共产党和毛泽东主席领导下，发奋图强、自力更生，正在从事于伟大祖国的社会主义建设，我们也一定要掌握全部的现代航空技术！除了建设专业的航空技术队伍外，普及航空科学技术知识也是一件非常重要的工作，而后者就是《航空知识》的光荣任务。"他还写道："作为一个力学工作者，我的工作与航空技术有着密切的联系，因此对《航空知识》的复刊感到特别高兴，并在此表示祝贺，祝《航空知识》在这一项重要的科学技术普及工作中取得成就。"[10] 由此可见，在钱学森看来，科学普及工作是"非常重要"的。与此同时，钱学森还指导朱毅麟等几位年轻的科技工作者另外写了一篇介绍星际航行现状和发展的文章，笔名为钱星五，隐含在钱学森指导下五个人合作撰写的星际航行科普作品之意，该文也发表在《航空知识》上。

1964年2月，钱学森在北京友谊宾馆就如何办好《航空知识》杂志问题，与《航空知识》编辑部副主任谢础同志进行了谈话。他说，看你们杂志办得怎么样，有一个很简单的办法，就是把它同西方资本主义的刊物比较，如果你同它们不同，有自己的特色，那就好。他的意思是指，科普刊物在内容上要全面地把科学性、思想性和趣味性体现出来。

1973年夏天，重新恢复活动和出版的《航空知识》杂志社又向钱学森约稿，希望他支持一下当时百花凋零的科普界。钱学森组织了几位在国防科委情报所工作的中青年科技工作者，合写了一篇题为"航空·航天·航宇"的长篇文章，发表在《航空知识》1974年1月号上，这篇文章发表时用的笔名是郭放晴，隐含由国防科委情报所几位同志合写。在这篇文章里，钱学森首次提出划分三个科学名词的概念思想，即：把在大气层内的飞行活动称为航空，把在地球大气层以外太阳系以内的飞行活动称为航天，把飞出太阳系到广袤无垠的宇宙空间去称为航宇。这是"航天"这个词在中国大陆出版物中首次面世。1982年5月，全国人大常委会接受了这个名词，并决定将第七机械工业部改名为航天工业部。

1976年年初，钱学森致信《航空知识》编辑部，同时寄去朱毅麟同志写的一篇文章，题目是"关于使用'航天'名词"。钱学森在信中说，他认为"航天"这个词值得推广，朱毅麟同志的文章写得也不错，建议能在《航空知识》上刊用，以广宣传。这篇文章发表在《航空知识》1976年3月号上。钱学森的支持和朱毅麟的文章客观上对推动我国航天技术名词的统一起了积极作用。

钱学森一贯坚持运用马克思主义哲学指导自己的科研工作和社会活动，他也经常教导各界年轻同志这样去做。20世纪70年代中后期到80年代初期，他几乎对《航空知识》杂志每年的选题计划都给予指导。例如，他在给《航空知识》编辑部的一封信里这样写道："我要向同志们检讨！去年我在你刊选题计划上写了'用马克思列宁主义，毛泽东思想的立场、观点和方法，来总结半个多世纪以来航空技术在资本主义国家和社会主义国家中的发展，然后明确我国航空事业的任务。'这个题目显然太大，我又未加说明，使同志们难办！现在我来说明一下：……"他在这封长信的后半部分继续写道："我去年说的总结外国的经验，找出我们自己的出路，主要想的是以上讲的这个问题。不知道这样看问题对头不对头？我向同志们请教，错了请批评。""如果说的是对的，那《航空知识》就要宣传飞机在工农业生产上的应用，就要宣传'土法'造飞机。关于这个'大题目'就说到这里。"[11]像钱学森这样一位大科学家，如此关心和爱护，并具体指导一本科技普及杂志，实属难能可贵。

四、科学技术的普及往往会开创一个崭新的领域

科学技术普及的作用，不仅仅在于把深奥的科学知识通俗地介绍给人民大众，科学史上不少事实证明，科学的普及还往往会开创一个崭新的领域。1944 年，奥地利科学家薛定谔的科普著作《生命是什么？》出版，却为沃森和克里克提出主要遗传物质的 DNA 螺旋结构模型奠定了基础，成为现代分子生物学的先声。1962 年，美国著名女科普作家蕾切尔·卡逊的《寂静的春天》出版，她用文学的笔触揭露了美国滥用农药的事实，对环境污染情况进行了抨击，一门新兴的综合性科学——环境保护学由此兴起，成为国际生态学时代的起始标志。

20 世纪 70 年代后期，在我国大地上崛起的一门新兴的组织管理的技术——系统工程，当初就是发端于科学普及。粉碎"四人帮"以后，钱学森和许国志、王寿云等在交谈中认为，推广组织管理的技术，培养组织管理的人才，是搞好经济建设的关键所在。而系统工程，就是组织管理的技术。于是他们合写了一篇文章，把当时人们还比较陌生但又十分重要的系统工程，通俗地介绍给广大职工、干部、科技工作者、经济工作者和各级领导。该文在 1978 年 9 月 27 日的《文汇报》上发表后，果然是"风乍起，吹皱一池春水"。科学、教育、工业、农业、军队等各方面的许多同志竞相学习，不少地方将该文用作培训干部的教材。接着，钱学森等学者又应邀为中央人民广播电台举办的系统工程节目撰稿，钱学森还应中央人民广播电台的邀请，亲自做了介绍系统工程的播讲。又为中央电视台举办的系统工程普及讲座承担了讲稿的组织审阅和讲课任务。全国各地纷纷开展系统工程的普及活动，为此，年逾古稀的钱学森，足迹遍及祖国的大江南北，仿佛就是一台系统工程科学的播种机，走进机关、学校、科研院所、工矿企业和部队等，到处播撒着系统工程的种子，全国十余所高校开展了系统工程的教学和研究工作，中国系统工程学会应运而生。系统工程在神州大地方兴未艾，在经济建设中已

发挥了组织管理的效能。

学术界一致公认钱学森是我国系统工程的开拓者。钱学森等的肇始之作《组织管理的技术——系统工程》，自然也是得到了社会的尊重，1981年3月12日，中国科学技术协会、国家出版事业管理局、中央广播事业管理局和中国科普协会四个单位联合举办的"新长征优秀科普作品"（1976年10月～1979年12月发表的作品）评奖活动举行了颁奖大会，钱学森等的作品获得一等奖，同时还获得上海市"新长征优秀科普作品奖"。

如果说，以往由科普而开创新学科领域，并非作者的初衷，只是一种意料之外的收获的话，那么，今后我们就应该自觉地利用科普的平台，开创更多的新学科、新领域。

五、希望有更好的科普作品问世

科技普及之所以能开创新领域，是因为它适应了时代的需要，一旦社会对科学技术有了需要，就比一百所大学更能推动科学技术的进步。而优秀的科普作品，犹如重要的精神食粮，可以使如饥似渴的人民大众止饥解渴，可以使迷茫的人心明眼亮。优秀的科普作品，可以为科学的前进打下广泛而坚实的群众基础。钱学森对此有着深刻的认识。

钱学森强调搞好科普工作，需要解决几个认识问题。第一，科普的对象不只是工农群众和青少年，还应包括专业科技人员和广大干部，即所谓"高级科普"；第二，科普工作不仅是专业科技人员给专业知识少的人普及，在广大群众的发明创造中往往有许多科学道理，恰恰是科学技术上的新课题或生长点，可供进一步研究、提高；第三，要达到普及的效果，一定要做到深入浅出，引人入胜。

很早以前，钱学森就在多个不同场合倡导过一个富有远见卓识的观点："作为一个科学工作者，应该有这样的本事，能用通俗的语言向人民（包括领导），讲解你的专业知识。研究生在撰写论文的同时，最好再写一篇同样内容的科普文章，这应该作为（学位）考核的一项重要内容。这有利于打破死啃书本、只会讲行话的弊病。"[12]他的这一建议后来多次为媒体引用报道。这应该作为广大科技人员和理工大学生的努力方向。

钱学森曾在一次讲话中说:"文学和科学技术的结合,美术和科学技术的结合,电影、电视、广播这一些跟科学技术的结合,就能使我们科学普及工作有更大的、更好的效果。要达到更好的效果,就很有必要动员我们的文艺工作者跟我们一起搞。"[13] 1981年他还讲过:"在中国科普家中,我喜欢高士其同志的作品;在外国科学文学家中,我喜欢美国的蕾切尔·卡逊的作品……后者似有中译本叫《寂静的春天》,她的作品是把科学同文学中的散文融合在一起了。"[14] 他指出:"我向往的是这类高级作品,它代表了科学与艺术结合的光辉前景。据说,国际上知名的中国血统作家韩素音也在讲,科学与艺术的结合是新方向。"[15] 在这里,钱学森希望科学普及的手段和方法更加灵活多样,形式更加丰富多彩、喜闻乐见。他为科普读物的写作提出了更高的要求,同时也表达了希望有更好的科普作品问世的强烈心愿。

普及科学技术的手段以科普美术最为直观、通俗、有趣,因而受到广大人民群众的广泛欢迎。1980年,钱学森在一次讲话中明确指出:"我觉得美术工作者有广阔的园地可以做工作,一个园地就是把科学技术上能够实现,但现在还没有做出来的东西,用画面把它表现出来,这叫作科学画吧……比如说月球上是怎么回事,你说了半天并不形象,你若画张月球的景象,那不是很形象吗?现在有一些探测器到火星上去了,火星也怪,天不是蓝的,而是红的,那你画一张火星的景象嘛!再有我们要建设一个大工程,现在还没有建设起来,设计图已经有了,是不是可以画一个建成的情况?这样的画是可以教育人鼓舞人的,也是一个很生动的科学技术普及教育。"[16]

1982年2月,钱学森在自己的办公室专门就科学与美术结合的问题,同科普美术家张博智同志进行了一次长谈。钱学森首先说:"你的画我看了不少,耐人寻味,很有意思。可是有时画的有些粗,出现大笔触……"[17] 这几句话,就使张博智心悦诚服了。这位蜚声中外的大科学家对一个普通美术编辑的作品,竟然了解得如此细致入微,并切中要害地指出了其中的不足之处。

接着,钱学森又意味深长地说:"你们作为艺术家就要搞懂绘画历史和各种流派画法,才能进行借鉴。搞艺术不像搞数学那样,3+1=4有个公式。搞艺术很难，要知难而进，要坐下来系统研究。"[18]

然后，钱学森把话题转到美术与科学的相互关系方面，说道："我呼吁过科学与美术结合的问题。你们搞美术的，要参加科学试验工作，主动为科学研究服务。在实际工作中，用艺术为科学服务会更生动些。四化建设需要科学在前。科学与艺术结合，需要我们共同努力去实现……"[19]

钱学森还风趣地比喻说："我喜欢艺术但又不会作画，若会画画就给我插上了翅膀。"[20]钱学森在谈话中的幽默比喻，给了张博智很大启发。

钱学森学识上的博大精深，事业上的卓越贡献，可以说众所周知。他在进行高深的专门知识研究的同时，不拒涓涓细流，坚持从科普中吸收新的知识。1978年春天他读了徐迟同志著名的报告文学《哥德巴赫猜想》等之后，对蓬勃兴起的科学文艺给予了很高评价，他说："我们文艺界的同志，有志于表现科技领域，这对于中国，对于世界，都会有很大影响，也是'尖端工程'。"[21]读了黄宗英同志的《大雁情》之后说："黄宗英同志的《大雁情》写得好，把科学家心中内在的东西刻画得很好。"[22]20世纪80年代，年逾古稀的钱学森每日黎明即起，坚持收听中央人民广播电台6点钟的"科学知识"讲座，数年如一日。电台的同志疑此是传闻，偶然一个机会，当面问他：今天早上"科学知识"节目讲的是什么内容？钱学森脱口而出：讲的是南京紫金山天文台的趣事。面对这一回答，问者惊讶不已，听者感慨丛生。钱学森这种追踪新的科学信息和科学知识的激情，着实叫人钦佩。真可谓"海不辞水，故能成其大；山不辞土石，故能成其高"啊！

总之，钱学森希望广大的文艺和文化工作者能一起来搞科普。他说，要调动文学、美术、电影、电视、广播等各种手段与科学技术更好地结合起来，多出版一些图文并茂的科普书籍；多拍一些完整的系统地介绍某一门科学技术的长篇电影，也拍一些真正能说明某一问题的好的电视科教短片；要利用各种现代化的手段，把科普展览办成艺术性和科学性都很强的生动活泼的演示展台；美术工作者要把科学的预见和成就，用形象生动的画面表达出来；还要利用自然条件，开辟各种天然的科学公园；在全国每一个县都建立包括展览馆、试验室、报告厅、会议室以及必要的生活设施、旅馆和科协、学会机构在内的科技活动中心。我们只有有这样的雄心壮志，才能最大规模地深入地搞好科学技术普及工作，完成提高整个中华民族科学文化水平的任务。

六、研究科技普及工作的规律，大力加强科普工作

研究科学普及工作本身到底有哪些规律性的东西，科学普及中有哪些特有的概念和范畴，它的结构层次如何，搞清这些规律、概念、范畴和结构层次应该如何表述，才能有的放矢地促进科普研究的发展，促进科学普及工作的开展。1986 年 7 月 17 日钱学森在给科普工作者王天一同志的信中全面阐述了科普工作的三个层次。信中说："……我近来同中国科协的同志谈，科学普及工作在今天已有发展，可以分为两大方面，一方面是大面积的科普，另一方面是对广大机关工作干部的科普。前者又可分为农村及小集镇的'大农业'（即农、林、牧、副、渔、工、商贩、运输）的科普，和为城市的'大工业'（即工业生产、第三产业）的科普。这种大面积科普对提高劳动生产率关系极大，可以大大提高生产技术，叫产值翻番。这方面我们不是发明人，我们是从资产阶级那里学来的，但我们要加以发展罢了。现在这项重要工作由省、市、地、县、乡的科协在抓。科技工作者的任务是提供教材。

"后一方面对干部的科普，也可以归入干部的继续教育，这也非常重要，'科盲'是当不好干部的。这里也是一个提供教材的工作；科协出版的《现代化》杂志可以进一步充实为面对干部的科学教育刊物。我以前称此工作为'中级科普'。

"从前，我还有一档，叫'高级科普'，即为了科技专家们了解非各自领域的新发展，以开阔思路用的。我现在看，这个名称太泛，没有表明其特性，所以应改为'宏观学术交流'。

"这样经典意义的科普是上面讲的大面积科普，对象在我国有几亿人。派生出来的是对干部的科学教育，对象有千万人。至于宏观学术交流，那不是科普，是一种跨学科、跨行业的学术活动。"[23]

科普宣传和科技推广，是利用各种宣传形式和推广手段来普及推广各种科学技术知识的活动，它要直接与普及对象见面，它与生产实际联系最紧

密。怎样提高科普宣传的质量和科技推广的效果，不是一件简单的、低层次的事，是一个值得研究和探讨的问题。

钱学森曾呼吁中国科学技术协会等单位要注意培养专门的科学记者，同时也希望广大新闻记者要多与科学家交朋友。他还具体地指出："记者学习科学知识要过两关，一是'行话关'，二是'目录学关'。学了目录学还要弄清各学科、各门类之间的相互关系。""在学习科学知识方面，对记者的要求不能像科学技术工作者那样……但是，记者了解的面应该很宽很广，这主要是指当代科学技术的方向、内容、目的和问题。"[24] 钱学森的这些建议，对我国科技新闻报道、科普宣传和科技推广是很有参考价值的。

科普宣传的选题至关重要，要想收到良好的效果，必须要根据科普形式和科普对象的层次来考虑。20 世纪 80 年代前期钱学森在给中央人民广播电台"科学知识"节目组宋广礼同志的一封信中着重谈了这个问题，信中说："科学发展的大方向和主流，是重要问题。'科学知识'节目要讲现代科学技术的宏观趋势，人认识客观世界有哪些主攻方向……我国广大干部尤其需要这方面的知识。"[25]

1986 年，钱学森在编写"国防科普"丛书的报告中更具体地指出："我希望他们在书上能体现辩证唯物主义和历史唯物主义，不要只就技术讲技术，要看的远一些。应该讲讲系统工程和 C3I 等。"[26] 这些意见无疑给科普创作进一步指明了方向。

1996 年 6 月 17 日，钱学森在家里会见四川绵阳市从事科普工作的汪志同志时，以他的亲身经历和体会，兴致勃勃地与其畅谈了一个多小时，强调了科普工作的重要意义，并着重说明，科普工作的要害是要让人喜欢看，听得懂。他说：做好科普工作并不那么简单，科技人员要把一个专业化的问题向外行人讲清楚并不容易。我在美国那么长时间，知道他们那里没有这个本事不行。美国的科研人员要争取基金会的经费支持，就要参加董事会的会议，向董事们做 10~15 分钟的讲解，在限定的时间里把他要报告的事情讲清楚，要不他就得不到经费。这就是一个社会要求，也是一种压力。要求科技工作者对不在行、不懂的人介绍你的工作，我觉得是很需要的。但是许多很有学问的人为什么做不好呢？一般说是口才问题，实际上是不会用非本行人的思维逻辑和通俗易懂的比喻，用形象的语言来表达你要说的科技问题。前几年有这样一件事，豆科植物的根部有固氮的根瘤菌，有位同志想把它移植到其他植物上，像麦子什么的，这对粮食增产有很大的作用。他搞出了成果，写信告诉我某日某时电台要广播。我特意听了，结果是一点儿也没讲清楚是怎么回事，让人听了莫名其妙，这就是一个问题。你至少要让人家听懂百分之七八十吧！我始终认为我们社会主义国家这样子是不行的，我们的科研体制对科技人员缺少这方面的压力。我们国家重视出成果是对的，但还要重视培养科技人员三言两语讲清问题的能力，要培养这样的人。[27]

据章道义介绍，1978 年 11 月 14 日，钱学森在中国科学技术协会一届二次全委会上，就如何加强科普工作进一步发表了自己的见解与建议。他首先算了一笔账，按 10 亿人口计，每人每月参加两次科普活动，全年就得有 240 亿人次的活动。按 1 个点，1 次可容纳 100 人，1 天搞 2 次活动，全年可接待 7 万人计，全国就得有 30 多万个科普活动点。另一种算法，这 240 亿人次中，有 1/10 去科技博物馆参观，按 1 个馆 1 年接待 240 万观众计，就得有 1000 多个大型科技博物馆。方毅副总理多次提到的那个西德科技博物馆，规模相当大，1 年只接待 150 万观众，可见我国的科普任务是何等巨大！

最后，钱学森坦诚并郑重地提出了一个常人想都不敢想的建言："要完成上述历史使命，必须有一定的物质基础。现在先进的发达国家，在科技方面的投资占工农业总产值的 2%～3%，我国科技落后，在科技上花的钱，应占 3%，而其中的 1/3 应花在科学技术的普及上，即占工农业总产值的 1%。这样经过若干年努力奋斗，就能完成中央交给我们的科学技术普及的任务。"[28] 对钱学森的这个发言，与会人员报以热烈的掌声，表示完全赞成。

早在 35 年前钱学森就号召，"一定要把科普当成一项伟大的战略任务来抓。每一个科协的会员，每一个科学技术工作者都有科普的责任。"[29] 祖国和时代赋予我们的使命，必将由一茬又一茬的新人，继续推向前进！

参 考 文 献

[1] 钱学森. 把科普工作当作一项伟大的战略任务来抓——记钱学森同志的一次谈话 [J]. 科普创作，1980，2：1.

［2］钱学森. 把科普工作当作一项伟大的战略任务来抓——记钱学森同志的一次谈话［J］. 科普创作，1980，2：2.

［3］钱学森. 科学的艺术与艺术的科学［M］. 北京：人民文学出版社，1994：254.

［4］钱学森. 科学的艺术与艺术的科学［M］. 北京：人民文学出版社，1994：247.

［5］钱学森. 钱学森同志谈科普［N］. 光明日报，1996-06-28.

［6］章道义. 追忆钱学森对我国科普事业的深情关注［N］. 光明日报，2010-10-31.

［7］钱学森. 从自己的业务中学习科学［N］. 人民日报，1956-11-03.

［8］同［7］。

［9］同［7］。

［10］钱学森. 祝《航空知识》复刊［J］. 航空知识，1963，1.

［11］王文华. 钱学森学术思想［M］. 成都：四川科学技术出版社，2007：558-559.

［12］杨达寿. 时代要求科普，科普要求人才［J］. 科普创作，1988，3：4.

［13］王文华. 钱学森学术思想［M］. 成都：四川科学技术出版社，2007：231.

［14］同［13］。

［15］同［13］。

［16］崔金泰. 科学与美术喜结良缘——记科普美术家张博智［J］. 科普创作，1989，1：25.

［17］同［16］。

［18］同［16］。

［19］同［16］。

［20］同［16］。

［21］王文华. 钱学森的情感世界［M］. 成都：四川人民出版社，2002：437.

［22］钱学森. 把科普工作当作一项伟大的战略任务来抓——记钱学森同志的一次谈话［J］. 科普创作，1980，2：3.

［23］钱学森. 钱学森给科普工作者王天一同志的信［N］. 成都晚报，1986-08-05.

［24］于庆田. 宣传无名英雄的业绩——试论国防科技新闻报道中的几个问题［J］. 科普创作，1988，3：24.

［25］王文华. 钱学森实录［M］. 成都：四川文艺出版社，2001：373.

［26］林仁华. 当代国防科普创作特点的探讨［J］. 科普创作，1989，5：14.

［27］同［5］。

［28］同［6］。

［29］同［22］。

探讨移动短视频作为信息化科普传播方式的发展前景

王 宇 范 磊

（内蒙古自治区科学技术馆，呼和浩特，010010）

摘要： 随着我国移动网络建设的不断推进和信息技术的迅猛发展，利用信息化手段促进科普工作已成为一种新常态。移动短视频作为一种新兴的信息化科普传播方式，重要性日益凸显。笔者通过文献研究法、文本分析法和案例分析法，在本文中总结了移动短视频的概念、特点及发展现状，分析了移动短视频作为信息化科普传播方式的优势，探讨了应用移动短视频进行科普传播的策略。

关键词： 科普信息化；移动短视频；传播方式

The Discussion for the Development Prospect of Mobile Short Video as an Informational Science Popularization Mode

Wang Yu　Fan Lei

（Inner Mongolia Science and Technology Museum，Hohhot，010010）

Abstract： With the continuous advancement of China's mobile network construction and the rapid development of information technology，the use of information technology to promote science popularization has become a new normal state. As a new mode of popular science informatization，mobile short video is becoming more and more important. Through literature research，text analysis and case analysis，the author summarizes the concept，recent

---

作者简介：王宇，内蒙古自治区科学技术馆高级工程师。e-mail：419242938@qq.com。范磊，内蒙古自治区科学技术馆展陈策划部部长。e-mail：626985722@qq.com。

development and characteristics of mobile short video in this paper，then analyzes the advantages of mobile short video as an information technology popularization mode and probes into the strategy of applying mobile short video to science popularization.

Keywords：popular science informatization；mobile short video；mode of communication

一、绪论

（一）研究背景及意义

科普工作是科技工作的重要组成部分，科学普及与科技创新对于科技的进步同等重要。伴随着信息技术的迅猛发展，利用信息化手段促进科普工作已成为一种新常态。《中国科协关于加强科普信息化建设的意见》中明确指出，要创新科普传播形式，顺应信息社会科学传播视频化、移动化、社交化等发展趋势，综合运用音视频等多种形式，实现科普从可读到可视、从静态到动态的融合转变。[1]

移动短视频作为一种新兴的信息传播方式，与传统的文字、语音、图片等传播方式相比，能够承载更大的信息量，是一种集生产与分享于一体，实现了视觉传播与听觉传播相融合的灵活高效的信息传播方式，具有强大的传播力，因而研究移动短视频作为科普信息化传播方式的发展前景有着积极的意义。

（二）研究方法与理论

本文主要通过文献研究法、文本分析法和案例分析法，从移动短视频的概念、特点及发展现状出发，对移动短视频这一科普信息化传播方式进行具体的分析与研究。

二、移动短视频的概念、特点及发展现状

（一）移动短视频的概念及特点

本文所提及的移动短视频，是指视频长度在 5 分钟内，在移动互联网环境下，依托移动短视频应用（APP）拍摄制作、上传观看、分享互动的视频短片，是继文字、图片、传统视频之后新兴的一种内容传播方式。[2]与其他传播方式相比，移动短视频主要具有以下三个特点。

第一，创作门槛低。与传统影视视频的创作相比，移动短视频的创作对拍摄内容的编排、拍摄技巧和设备的要求较低，往往只需要一部智能手机或者一台平板电脑就能完成整个视频的拍摄、剪辑与后期制作，操作通俗易懂，普通用户也能方便地参与到移动短视频内容的创作之中。

第二，传播速度快，社交属性强。移动短视频由于时长较短，天然地具有尝试成本低且完成率高的特点，因而便于用户在碎片化的时间里进行消费传播和分享，且极易通过用户的社交关系进行多次传播，具有很强的社交属性，是继图文社交后的一种新的社交方式。

第三，生产者与消费者之间存在较强的转化性。移动短视频的内容创作者和消费者存在较大程度的重合，在视频内容的不断传递过程中，用户逐步从"被动的内容接收者"转化为"主动的内容创造者"，参与到内容的创作当中。[3]

（二）移动短视频的发展现状

近几年，随着移动互联网用户对移动视频内容消费的持续发酵，移动短视频也获得了爆发式发展，具体表现为如下几点。

1. 用户规模不断扩大

得益于技术环境的日益成熟和用户需求的日趋多样，移动短视频的用户规模不断攀升，增长迅猛。一方面，我国移动网络环境的不断改善和高性能

移动智能终端设备的大量普及，为移动短视频的发展奠定了坚实的基础；另一方面，用户使用移动社交媒体已逐渐成为习惯，从文字、图片到视频，用户对自我表达形式的要求越来越高，加之内容制作、上传和分享的门槛越来越低，所以移动短视频的用户增长十分迅速。

艾瑞移动 APP 指数显示，截至 2018 年 5 月，快手、抖音短视频、火山小视频、西瓜视频等移动短视频平台的活跃用户规模均超过 1 亿人；而在对用户时间的占用上，快手、抖音短视频、西瓜视频的月使用时长均超过 20 亿小时，其中抖音短视频的用户黏性增长迅猛，环比增长 20.44%。[4]

2. 平台日趋成熟

目前看来，互联网用户的行为已经明显地呈现出移动化特征，各类新兴移动短视频平台不断涌现，在定位和玩法上不断探索和创新，而传统的短视频平台也在不断转型，以适应移动时代下短视频的发展需求。

从横向发展来看，移动短视频平台在功能和内容布局上不断丰富和优化，为用户带来了更好的体验；从纵向发展来看，移动短视频平台不断拓展上下游业务，在内容生产、内容分发和内容变现等环节均注入了更多的生命力和创新力。移动短视频平台自身的不断发展和探索，驱动了整个行业的丰富化和成熟化。

3. 内容生态蓬勃生长

移动短视频在内容建设方面，表现出内容生态搭建日益完善、优质内容支持行业发展的总体态势。

首先，是内容数量的增加。随着移动短视频观看需求的不断增长、技术门槛的不断降低和平台对内容创作者扶持力度的不断增加，移动短视频的内容数量和内容创作者数量都获得了显著增长，大量的内容生产填补了移动短视频行业快速发展下的需求缺口。

其次，是内容质量的上升。一方面，行业监管制度日趋完善，力度逐渐加强，极大地净化了内容创作的环境；另一方面，内容创作更多的是以组织化、机构化的形态出现，专业媒体人入局，优质内容门槛提升，加之平台扶持内容创作者孵化优质内容，帮助创作者树立自身品牌，完善商业变现模式，吸引了更多用户的关注和参与，实现了内容创作的良性循环。

最后，是内容类型的丰富。移动短视频内容从最初的以娱乐搞笑为主扩散到更多内容类型当中，新闻、美食、美妆、运动等更多垂直细分领域内容被挖掘和生产，满足了用户差异化的需求。[2]

三、移动短视频作为信息化科普传播方式的优势

随着我国移动网络条件的不断提升和移动终端设备的快速发展，人们对移动端产品的使用已不仅局限在等车、睡前等零碎时间当中，而是将越来越多的时间投入移动端。在这种大趋势的变迁中，科普工作者应当转变思路，顺应潮流，积极探索如何在新形势下更好地发挥科普效能，做好科普工作。移动短视频作为一种新兴的信息传播方式，实现了从文字、图片到视频的全面升级，内容丰富形式多样，一定程度上打破了当前的社交产品形态，在进行科普传播方面具有明显优势。

（一）时长较短，符合人们"碎片化"的阅读方式

如今，我们正处于一个信息过载的时代，人们的有效注意力时间在进一步缩短，不断"碎片化"。研究表明，2000 年时，人的注意力集中时间是 12 秒；到 2012 年，人的注意力集中时间已经下降到 8 秒[5]，人们平均每小时切换应用程序约 36 次，每天会登录约 40 个网站，在 17% 的网页上的停留时间少于 4 秒，近 2/3 的人在做一件事的同时还会做其他的事情，时间被分割得越来越短，越来越零碎，造成越来越多的人选择用移动终端获取资讯，打发时间，"碎片化"的阅读习惯已经成为整个社会越来越普遍的趋势。

著名的"麦肯锡 30 秒电梯理论"认为，凡事要直奔主题、直奔结果，好的东西一定要在 30 秒内吸引到他人，获取他人有限的注意力。而移动短视频的时长往往限定在 30 秒以内，在传播科学知识时能够做到开门见山、直奔主题，较之冗长的视频、文字，更容易吸引人们的注意力，让人们产生情感共鸣，从而形成持久有效的传播力和影响力，达到普及科学知识的目的。[6]

（二）传播迅速高效，受众范围广

随着移动互联网的普及和成熟，人们对基于移动互联网的内容消费和网络社交需求不断增大，消费习惯逐渐成熟，传统的文字和图片形式已经不能满足人们当下的需求，移动短视频成为人们更加偏好的内容传播方式。2018年"5·18国际博物馆日"期间，7家国家一级的博物馆联合出品的移动短视频《第一届文物戏精大会》，在短短的4天内，累计播放量突破1.18亿，是大英博物馆2016年全年参观总人次的184倍[7]，凸显出巨大的传播能力。这一成功案例表明，利用移动短视频在网络上进行科普传播的的条件业已成熟。

首先，在科普内容创作上，一方面，移动短视频可以让科普内容创作者仅用一部手机或平板电脑，通过简单的拍摄、上传等操作，即可完成科普内容的创作和分享，而且声音和画面更加丰富，承载的信息量更大，产生强大的冲击力；另一方面，移动短视频往往有限定严格的以秒为单位计算的视频时长，科普内容创作者往往需要主动删减干扰信息和无用信息，精炼和发布重要且有吸引力的内容，从而增加了科普传播的强度。

其次，移动短视频平台依托大数据资源和优化算法，对用户的需求进行了精准定位，能够帮助科普内容创作者将优秀的科普短视频准确、迅速地推送到目标用户当中。这种观点鲜明、内容集中、直奔主题、指向定位强的推送内容，非常符合当前快节奏生活和高压工作下多数人自由截取信息的生活习惯和追求短、平、快的阅读方式，极易被受众所接受和认可，科普信息的送达和接受程度更高。而且更易被转发、评论、分享、点赞，产生科普内容的二次传播，在移动网络环境下快速扩大受众范围，达到迅速且高效地进行科普传播的目的。

（三）时效性强，便于热点新闻和突发事件的科普宣传

当今时代，信息的传播越来越多地呈现出传播主体多、空间广、速度快的特点，网络上时常会出现一些热点新闻和突发事件，其中不少与科学技术相关，比如神舟系列飞船、日本核电站爆炸、浒苔爆发、发现引力波、屠呦呦

获得诺贝尔生理学或医学奖等，而这些新闻和事件的出现也伴生了一些谣言、造假、虚假宣传等现象，这些伴生现象产生的原因在于，信息发布的来源太多，内容良莠不齐，信息甄选、审核工作没有做到位，而一些低龄人员和科学素养水平不高的成年人，很难在第一时间辨别消息真伪，致使一些不必要甚至是违法的科普事件频频发生，对社会秩序造成了严重危害。

在热点问题和突发事件的科普宣传方面，移动短视频相较于单纯的文字图片，包含的声音、画面可以将无法直接描述或描述容易产生歧义的内容直接表现出来，同时连续不间断的画面内容也比静态图片、剪辑后的视频画面更加生动、丰富、可靠性强，更具冲击力。信息丰富、形式简洁直观的移动短视频能够全景式反映事件，不仅可以使科普传播变得更真实、更严谨，公众也能在较短时间内了解事件真相，从而有效遏止网络谣言的蔓延。

四、应用移动短视频进行科普传播的策略

移动短视频的出现使得科普信息化传播方式有了更多的选择空间，对科普信息化建设有着积极的推动作用，但不可否认的是，类似《第一届文物戏精大会》这样的移动短视频科普文化产品还停留在简单尝试的阶段，仍需根据科普信息化工作的目标和需求，结合移动短视频的特点及优势，进行深度生产和创新。

（一）与传统科普传播方式相依相存，互为补充

虽然目前看来，我国的移动短视频社交应用的用户增长十分可观，日活跃用户已达千万级，总播放量也以百亿为单位，但相比传统媒体对社会的影响力还是有限，加之移动短视频对时长限制严格，在内容表达的丰满程度上与传统的报纸版面和长视频相比存在先天不足。所以可以预见的是，移动短视频的发展带给传统媒体的很有可能不是颠覆，而是一种有益的补充。[8]

传统的科普传播方式如报纸、杂志等，本身还拥有专业优势、人才优势，在科普内容的生产上也更为专业，而且在受众认可度上有着长年累月的积累，有很强的话语权；而随着移动网络的发展以及智能手机的普及，具有

移动互联网短、平、快信息特点的移动短视频将是未来科普工作中不可忽视的一种传播方式，因此在科学普及的道路上，我们不能顽固地坚守传统的传播方式，拒绝新方式；也不能过分强调新方式，忽略传统方式；只有新旧方式融合使用才是最佳的出路，也是必然的趋势。

（二）加强制度建设，保证宣传内容的科学性

移动网络时代公众获取信息的渠道大大拓宽，而移动短视频制造和传播科普知识的门槛很低，许多非专业人士也可以轻易介入科学传播的过程当中，表达自己的观点，话语权的下放容易导致其被滥用，再加上移动短视频碎片化的表达方式容易使人对信息产生误解，这就可能导致科普知识的科学性和准确性大打折扣。而新技术带来的革命性改变使得传统的监管模式漏洞百出，以致很容易就能够将一个不准确的或错误的科学信息通过移动短视频发表出来，在网络上迅速传播，产生极大的影响，诸如"2012年是世界末日"、"核辐射传言"导致疯抢碘盐、"超级月亮引发日本地震"等这样甚嚣尘上的错误观点或谣言均属此类。所以，在应用移动短视频进行科普传播时，需要加强制度建设，多管齐下，保证内容的科学性与真实性。

首先，在科普内容监管方面，虽然政府监管的力度在逐年加大，但却始终停留在通过发放信息网络传播视听节目许可证等手段规范移动短视频平台的层面上，难以在内容生产的层面进行监管。这就需要进一步完善监管体系建设，在现有网络监管体系基础上，加强政府、产业和网民的良性对话，引入自下而上的、自发的、互动的管理机制，约束内容乱象。

其次，在科普内容编创方面，需建立科普人才培养机制，提高内容编创水平。在"人人都有麦克风"的信息时代，公众在科普方面拥有更多的参与权和话语权，每个人都是科普知识的传播者和接受者，区别和界限逐渐模糊。[9]在这种大趋势下，我们应当大力加强科普人才队伍建设，密切与相关科技企业、科研单位、各专业学会、对科普感兴趣的媒体及"意见领袖"的联系合作，重视培养既具备科学素养又具备技术能力的复合型科普人才，探索利用移动短视频表现深奥晦涩的科学知识的方法，提高科普内容的编创水平。

五、结语

我国《全民科学素质行动计划纲要（2006—2010—2020 年）》中明确提出要"加大各类媒体的科技传播力度""发挥互联网等新型媒体的科技传播功能"。移动短视频作为信息化的科普传播手段，对科普传播工作有着巨大的促进作用，利用移动短视频进行科普传播必将提高科学普及的效率和效果，为科普事业贡献力量。

参 考 文 献

[1] 中国科协. 中国科协印发《中国科协关于加强科普信息化建设的意见》的通知［EB/OL］［2018-06-25］. http://www.cast.org.cn/n200556/n200920/n200940/c359781/content.html.

[2] 艾瑞咨询. 中国短视频行业研究报告［EB/OL］［2018-06-26］. http://www.199it.com/archives/ 670553.html.

[3] 36 氪研究院. 短视频行业研究报告［EB/OL］［2018-06-26］. http://www.199it.com/archives/672181.html.

[4] 艾瑞数据. 移动 APP 指数［EB/OL］［2018-06-26］. http://index.iresearch.com.cn/app.

[5] 邓建国，张琦. 移动短视频的创新、扩散与挑战［J］. 新闻与写作，2018（5）：10-15.

[6] 张露锋. 短视频作为新闻传播新方式的发展前景［J］. 新闻知识，2016（7）：38-40.

[7] 陈汉辞. 博物馆奇妙物语："文物戏精"为何成爆款？［N］. 第一财经日报，2018-05-24（A01）.

[8] 赵军，王丽. 新媒体在科普中的应用及相关问题研究［J］. 科普研究，2012，7（06）：46-51.

[9] 沈静. 新媒体对科普宣传的影响与提升［J］. 新媒体研究，2018，4（02）：19-20.

转基因食品：公众关注的焦点应该在哪里？

吴成军　陈　香

（人民教育出版社/课程教材研究所，北京，100081）

摘要：是否选择转基因食品，是一个个人决策的问题；参与转基因食品是否安全的争议，是公民参与社会决策的重要表现；理性对待转基因食品的安全性争议，是公民科学素养的重要体现。转基因食品是否安全，首先需要公民根据已有的生物学知识来进行初步的判断，然后寻找科学事实和科学证据进行证明，用理性的分析和论证来替代盲目的争议。目前已有的事实和呈现的证据证明，转基因食品是安全的，公民应该将关注的焦点转移到转基因作物种植和监管的法制上来，共同推动转基因技术的进步和发展。

关键词：转基因食品；安全性；科学素养

Genetically Modified Foods：Where Should Public Concern Be？

Wu Chengjun　Chen Xiang

（People's Education Press/Institute for Curriculum Materials，Beijing，100081）

Abstract：Whether to choose genetically modified food is a matter of personal decision，the dispute on whether to participate in the safety of genetically modified food is an important manifestation of citizens' participation in social decision-making. Whether genetically modified foods are safe or not requires citizens to make preliminary judgments based on existing biological knowledge，then find scientific facts and scientific evidence to prove them，and use rational

作者简介：吴成军，人民教育出版社编审，资深编辑，课程教材研究所研究员。e-mail：wucj@pep.com.cn。陈香，人民教育出版社副编审，主任编辑，课程教材研究所副研究员。

analysis and argumentation to replace blind disputes. The present facts and evidence show that genetically modified foods are safe. Citizens should shift the focus to the legal system of transgenic crops planting and supervision in order to promote the progress and development of transgenic technology.

Keywords： genetically modified food；safety；science literacy

转基因食品其实并不是一个新生事物，自 1994 年美国第一例耐储存番茄被批准上市算起，已有 20 多年的历史。尽管有专门的科学机构对拟批准上市的转基因作物进行严格的安全性评估，但是，随着转基因技术的应用越来越广泛和新媒体的发展与崛起，转基因食品是否安全成为普通民众关注的焦点。

一、质疑的主要焦点有哪些？

目前，质疑转基因食品安全性的观点大致可以归为两类：一是认为转基因食品会危害人体健康，二是认为基因转移违背自然规律。持前一种观点的人认为，食物中增加了外来基因，这些基因可能会侵入人的身体，甚至会导入人的细胞，插入人的基因，从而有可能使人的基因结构发生改变；持后一种观点的人认为，人为进行基因转移违背天意和自然规律，自然界中是不存在基因转移的，纯自然的食品才是最好的、无害的。

二、你清楚这些基本的科学知识吗？

认为食品中存在人为转入的基因就会有害的观点，是缺乏相应科学知识的表现。首先要弄清楚两个讨论的前提：一是转入的基因是自然界中已经存在的，而且对于人体是无毒害的；二是要对基因的表达过程和产物进行分析与研究，也就是要对这些食品进行安全认证，即对它进行生理生化分析，以确定其无害，这在技术上是可行的，而且也是转基因食品批准上市的前提。在这两个前提下我们才能进行理性讨论。

第一，人每天所食用的食物中有各类粮食、蔬菜、肉类和水果，它们本身就是由一个个细胞构成的，细胞里面有的是基因，也就是说，人体每天要吃进很多基因。这些基因在胃肠中会被消化分解成小分子物质，吸收进入人的血液中，最后进入细胞中参与人体复杂的代谢活动。自从人类文明以来，这样的事实每天每时都在发生，从来没有人认为这些混杂在一起的外源基因是有害的，会整合到人体的基因之中。如今，人为地将一种无害的可以食用的基因转入作物中形成新的品种，并且证明这种基因和这种食品是无害的，那么，由这种转基因技术所生产的食品，其意义等同于人们进食多种食物，何况这种食品还得进行加工烹饪，改变其中的物质结构和性质。因此，从消化和吸收的过程看，转基因食品是不存在安全问题的。

第二，自然界中本来就广泛存在着基因交流现象，这是物种多样性的重要原因之一。人类几千年的农业育种历程就证明了这一点。经过杂交、汰劣留良，已经从事实上改变了许多物种的基因。例如，异源六倍体小麦的基因就是来自三个不同的物种；袁隆平院士的杂交水稻最初来源于野生稻与常规稻的杂交，常规稻的基因得到了改良。改变农作物的基因，让其包含更优质、更丰富的营养物质，这本身就是人类的一种巨大进步，即人类进步过程中包含着对基因的利用和改进。再者，在自然状态下，土壤中的农杆菌可以将自身质粒上的基因转到植物体内，可见转基因是自然界本来就存在的现象。目前，转基因在抗虫、抗病毒、抗逆和改良作物的品种等方面都有着良好的表现。制药工业中常常对细菌、酵母菌进行基因的改变。例如，胰岛素、干扰素、白细胞介素等一系列的人类蛋白药物的生产都依赖于转基因技术，将正常基因借助灭活病毒导入基因异常的人体而进行的基因治疗也早已成功进行。这些都是自然界中和人类生产生活中广泛存在的基因交流现象。

传统的、自然生产的食品就一定好吗？请你吃一吃野生的桃、梨和葡萄，尝一尝野生的小麦和水稻种子，也请你尝一尝传统的小粒玉米，你就有可能改变想法，得出科学合理的结论。而且，我们不能忽视这样的基本事实：有机食品针对的是种植和管理条件，其作物的品种是经过人类选育过的，其基因组成也是基因交流的产物。

三、事实和真相是什么？

互联网上广为流传的关于转基因食品安全问题的事例有多起。例如，2010 年 9 月 21 日，《国际先驱导报》报道称，"山西、吉林等地因种植'先玉 335'玉米导致老鼠减少、母猪流产等异常现象"；2012 年 9 月 19 日，法国分子生物学家塞拉利尼（Seralini）教授及其同事在《食品与化学毒物学》杂志上发表一篇论文[1]，报告了喂食转基因玉米 NK603 的实验鼠寿命比正常实验鼠短，且前者出现肿瘤的概率更高；等等。这些报道成为反对转基因人士的"有力武器"，也是普通公众怀疑转基因食品对人体有害的"直接证据"。

事实上，它们是不真实的，更是不科学的。[2, 4] 当这些没有经过证实的流言广泛传播时，需要用事实和真相来说明，更需要科学、理性的分析。中国农业科学院生物技术研究所针对常常被引用的包括上面两个事例在内的共十个"转基因安全事例"逐一分析，找到这些事件的原始出处和权威机构的最终论断，指出这些"转基因安全事例"均缺乏科学的依据。[5]

科学研究和实践证明，自转基因食品问世以来，并无一例被证实是有害的，无论是对环境还是对人畜都是如此。因此，应当认为经过科学评估的转基因食品是安全的。英国环保人士马克·林纳斯（Mark Lynas）曾坚决反对转基因技术，然而在学习了转基因相关知识后，改变了原有的态度，并于 2013 年 1 月 3 日勇敢地站出来为自己以前的错误言论和行为道歉，疾呼结束关于转基因问题的争论。

许多国际权威机构，如联合国粮食及农业组织、世界卫生组织、美国食品药品监督管理局、欧洲食品安全局等普遍认为"转基因食品与非转基因食品同样安全"。[6] 欧盟最近发表的一份报告表明，在 500 多个研究组历经 25 年做了 130 多个课题研究的基础上得出的结论是，生物技术特别是转基因技术，本身并不比常规植物育种方法更危险。

四、为什么要发展转基因作物？

有些人可能会有这样的疑问：既然部分民众对转基因食品的安全性存在

疑虑，我国为什么要研发转基因作物呢？看看下面的事实就能明白我国面临的严峻形势。我国从 1995 年开始进口非转基因大豆，从 1997 年开始进口转基因大豆，近几年来每年都要进口 5000 多万吨大豆，这些大豆按现有的品种和技术水平测算，需要 4 亿多亩的耕地，而我国没有这么多的后备耕地资源。为了缓解我国粮食需求增加和耕地资源有限之间的矛盾，利用转基因技术提高作物的产量和品质是一个较好的解决途径。

从另外一个角度来看，由于转基因技术，美国大豆产业大大降低了种植成本，从美国运到中国的大豆价格低廉，质量优，对我国的大豆产业造成了巨大的冲击。我国从一个大豆原产国和出口国快速转变为如今 80% 的大豆都依赖进口的国家。可见，转基因技术的发展关系到国家的粮食安全。可以预见的是，如果我们不从事转基因作物的研究，让出这块大有可为的领域，我国的粮食安全最终可能会受制于人。

目前，我国共发放了 7 种转基因植物的安全证书，即 1997 年发放的耐贮存番茄、抗虫棉安全证书，1999 年发放的改变花色矮牵牛和抗病辣椒（甜椒、线辣椒）安全证书，2006 年发放的抗病番木瓜安全证书，2009 年发放的抗虫水稻和转植酸酶玉米安全证书。基于公众舆论的压力及其他原因，目前只有抗虫棉进行了大面积种植（吴孔明院士经过 10 年的调查研究，认为我国大规模种植抗虫棉是安全的[7]）；抗病番木瓜在广东有少量种植，其余的均未生产。而为了满足国内的市场需求，我国进口了大量的转基因作物用作食品加工原料，如大豆、玉米、油菜、甜菜等。根据国际农业生物技术应用服务组织（ISAAA）在 2014 年 2 月 13 日发布的一份报告，我国种植转基因作物的面积居全球第 6 位，位于美国、巴西、阿根廷、印度、加拿大之后，而在 1997 年我国位居全球第四。

基于以上事实和理由，转基因技术及转基因作物（食品）不是应不应该发展的问题，而是如何发展的问题。

五、公民关注的焦点应该在哪里？

转基因食品和任何新生事物一样，都需要经历一个逐渐被公众认识和了解的过程。在这个过程中，对于转基因食品的质疑和争议是客观存在的，也是必要的。今天的科学研究离不开政府的经费资助和大量的公共资源，因此，它理应受到舆论的监督和约束。再者，公民积极参与转基因食品安全性的讨论是公民关注社会的一种积极现象，是公民意识的觉醒，值得鼓励和肯定。

但是，要证明转基因食品的安全，需要通过科学的研究和评估，不是公众讨论所能解决的。目前公众提出的所有问题，科学家在一开始就都提出来了，因此，要信任科学家和科学研究工作者，让他们有相对宽松的研究空间。因为他们掌握较多的科学知识，有最真实可信的实验数据。如果我们还是相信自己的判断，也没有关系，我国实行对转基因食品进行标识的政策，即严格标明转基因食品的种类、成分和来源，公众有知情权和自主选择权。有人可能会担心，非转基因食品会被转基因食品完全取代，从市场上消失。实践表明，有些转基因作物品种在生产中有较大的优势，会逐步占据市场主导地位，如转基因大豆；而有些转基因作物品种相对于常规育种的品种没有明显的优势，会逐步退出市场，如转基因甜椒和耐储存番茄。[8]

需要指出的是，公众之所以质疑转基因很大程度上是因为公众不了解，而大多数科学家忙于做研究，与公众交流不够，政府相关机构也缺乏相应的政策说明。公众获取信息的渠道主要是媒体，而媒体在发布相关报道时，如果未进行仔细核实、多方查证，只考虑吸引公众眼球，很可能会造成社会的恐慌和不安，也会增加公众对科学研究的误解，从而阻碍科学技术的发展。因此，媒体应客观公正地向公众传播科学知识，科学家应承担起向公众进行科学普及的社会责任，政府应建立面向公众开放的信息发布和监测平台，而公众则应该保持理性科学的讨论态度。

同时，我们还应清醒地认识到，任何科学技术在发展过程中都存在一定风险，科学认识也可能会存在一定的局限性。例如，20 世纪 30 年代 DDT 被合成出来，40 年代作为一个杀虫剂产品推向市场，其发明者于 1948 年还获得了诺贝尔生理学或医学奖，但是到了 50 年代就发现它有很多问题。因此，在发展转基因技术的同时，必须加强对它的管理和监督，对于获得安全证书的转基因作物品种和已经推广种植的转基因作物品种还应长期跟踪监测，一且发现问题应该立即处理。另外，现实生活中，可能还存在未经安全评价和正式批准就非法种植转基因作物的情况。这都需要公众以及媒体积极地参与监督。

科学技术是一把双刃剑。就技术而言，其本身并不存在对错之分，但是利用技术的目的是存在对错的，一种技术可能被用来造福社会，也可能被用来危害社会，就像核技术可以用来发展核能，也可以用来制造原子弹。因此，正确利用转基因技术，推进转基因食品安全的法制化管理和监督，应该成为公众关注的焦点，也是打消公众疑虑的重要途径。

六、为什么科学素养非常重要?

做出正确的个人决策，是科学素养的重要方面。在现代社会，每个公民都会对个人生活做出决策，小到每天吃什么最健康，穿什么衣服最合体，大到工作变迁、结婚、买房等重要事项。不仅如此，参与公共决策，为社区、工作集体和国家的发展献计献策，都是公民社会的重要内容。但是，不少公民做出的是盲目的决策。例如，听说多吃食盐可以抗核辐射，就到处抢购食盐；听人说多喝绿豆汤可以治百病，就花高价抢购绿豆；听说生吃茄子可以除去人体肠胃中的油脂，尽管生茄子难以下咽，但还是照吃不误；听说 PX 项目危害人的健康，就盲目跟随别人抗议。盲目决策反映出行为的荒唐可笑，不仅影响个人的生活质量，而且影响他人的生活，严重的还会影响到社会的稳定，这都是缺乏科学素养的明显体现。

科学素养的一个重要的方面，就是运用获得的科学知识，解释相应的科学现象，并对科学的相关问题得出以证据为基础的结论。对于转基因食品，如果我们遵循这一条，就会用自己已有的科学知识进行理性分析，然后针对呈现的各种不合常规的、不科学的所谓证据进行判断，寻找那些经过证实的证据支持我们的观点。有了这样的实事求是的科学态度和精神，就不会被各种言论所左右，不会被谣言所迷惑。例如，有些人担心食用转基因食品后，食品中的各种基因会进入人体，致使人患上癌症；还有些人担心害虫吃了转Bt 杀虫蛋白基因的作物会死，人吃了也会有问题。其实，只要具备一些基本的生物学知识，进行一些基本的推理判断，就会对诸如此类的说法有个正确的判断。

因此，只有掌握一定的生物学知识，提高公众的生物科学素养，以科学的论据和理性的态度"武装"起来的公众讨论，才能够将科学的麦粒从糠壳中脱出。而公众的支持是我国转基因技术发展的最大动力。

最后，以习近平于 2013 年 12 月 23 日在中央农村工作会议上关于转基因的讲话作为结束语："我强调两点：一是要确保安全，二是要自主创新。也就是说，在研究上要大胆，在推广上要慎重。转基因农作物产业化、商业化推广，要严格按照国家制定的技术规程规范进行，稳打稳扎，确保不出闪失，涉及安全的因素都要考虑到。要大胆创新研究，占领转基因技术制高点，不能把转基因农产品市场都让外国大公司占领了。"

参 考 文 献

［1］ Seralini G E，Claira E，Mesnagea R，etc. Long term toxicity of a Roundup herbicide and a Roundup-tolerant genetically modified maize ［J］. Food Chem Toxicol，2012，50（11）：4221-4231.

［2］ Francois H. Biotechnology：Bring more rigour to GM research ［J］. Nature，2012，491（7424）：327.

［3］ Nicole W. A closer look at GE corn findings ［J］. Environ Health Persp，2012，120（11）：a421.

［4］ European Food Safety Authority. EFSA publishes intial review on GM maize and herbicide study ［EB/OL］［2018-09-30］. http://www.efsa.europa.eu/en/press/news/121004.htm.

［5］ 中国农业科学院. 剖析国际十大"转基因安全事件"［J］. 中国农业信息，2013（2）：10-12.

［6］ 杨萍. 转基因食品及其安全 ［J］. 农业与技术，2005（25）：149-151.

［7］ Wu K M，Lu Y，Feng H，etc. Suppression of cotton bollworm in multiple crops in China in areas with Bt toxin-containing cotton ［J］. Science，2008，321（5896）：1676-1678.

［8］ 吕毅品. 我国有哪些转基因作物 ［N］. 人民日报，2013-09-16（4）.

试论 STEAM 项目式学习的内涵与设计

——以高中生物必修三"生态环境的保护"为例*

肖安庆

（广东省深圳市盐田高级中学，深圳，518083）

摘要：STEAM 项目式学习设计以跨学科知识为载体，以学生活动为中心，以问题境脉为切入点，在解决真实问题中培养学生的 STEAM 素养。以"生态环境的保护"为例，开展 STEAM 项目式学习的高中生物教学设计，构建了"选定项目，激活旧知""活动探究，展示新知""作品制作，应用新知""融会贯通，成果交流"4 个环节，设计了"学习中心：盐田河重金属的污染""科学实验：重金属检测""职业体验：自制重金属净化器""工程体验：设计重金属处理厂"4 个项目内容。

关键词：STEAM；项目式学习；教学设计；高中生物

The Connotation and Design of STEAM Project-based Learning: Taking Compulsory 3th High School Biology "Protection of Ecological Environment" as an Example

Xiao Anqing

（Yantian High School in Shenzhen，Shenzhen，518083）

Abstract：The design of STEAM project-based learning takes interdisciplinary knowledge as the carrier, the student activity as the center, the core problem as

---

* 该项目为全国教育科学规划课题青年课题"新一轮课改背景下高中生物核心素养的实践研究"（课题编号：EHA160474）。

作者简介：肖安庆，广东省深圳市盐田高级中学高级教师。e-mail：664395220@qq.com。

the entry, and trains the students' STEAM accomplishment in the solution of the real problems. Taking "the protection of the ecological environment" as an example, we carry out the teaching design of high school biology in the mode of STEAM project-based learning, and build a system consisting "selected project, activated old knowledge" "activity exploration, display of new knowledge" "production of work, application of new knowledge" "integration of the processes, achievement exchange", and design the content of the system: "study center: pollution of heavy metal in Yantian River" "scientific experiment: heavy metal detection" "occupation experience: homemade heavy metal purifier" "engineering experience: design heavy metal processing plant".

Keywords: STEAM; project-based learning; instructional design; high school biology

STEAM 起源于美国，是 science（科学）、technology（技术）、engineering（工程）、art（艺术）和 mathematics（数学）五个英文单词首字母的简称，是一种有目的地整合各学科的教学方法，主要是基于现实问题解决或项目式学习为主，使学生能够运用已学的概念、能力以及科学、技术、工程、艺术和数学的思维，提高他们在 21 世纪的全球竞争力。STEAM 素养是在理工科知识的基础上培养的独立思考、问题设计、分析推理和运算验证的综合能力，是一种提出问题、分析问题和解决问题能力的综合素养。

我校在中国教育科学研究院 STEM 教育研究中心指导、深圳市盐田区环保局和华大基因研究院的帮助下，尝试将项目式学习引入课堂，开展了 STEAM 素养培育的新途径，取到了较好的效果。

一、STEAM 项目式学习的内涵

（一）STEAM 项目式学习是什么？

STEAM 项目式学习是融合 STEAM 素养与项目式学习模式的产物，通过为课堂教学提供真实的情境，借鉴科学、技术、工程、艺术和数学的知识与技能，解决现实生产生活和学习中的问题。这种教学模式注重跨学科、以学生为中心、与现实问题相融合的学习活动，将多个学科知识和 STEAM 素养融于现实问题的项目式活动中。总之，在解决这些问题的过程中，需要学生深刻地理解核心概念与原则，它是通过项目解决为框架，解决现实问题的教与学的活动。

STEAM 项目式学习的要素主要包括：充足的时间、明确的结果、跨学科和以学定教，即保证学生熟练掌握一定的知识和技能有足够的时间；规划学生对自己完成的任务要有明确的方向；让学生在学习中有计划地将 5 个学科知识融入其中，研究既定的现实问题。

（二）STEAM 项目式学习操作流程

2003 年，美国著名教育技术理论家和教育心理学家梅里尔在《首要教学原理》中首次提出五星教学模式，概括为"一个中心、四个基本点"。其中，"一个中心"是指整个教学活动以问题为中心，"四个基本点"指激活旧知、展示新知、应用新知、融会贯通 4 个环节。[1] 在实际操作中，项目式学习往往按照以下流程操作：选定项目、制订计划、活动探究、作品制作、成果交流、活动评价。STEAM 项目式活动在五星教学模式和项目式流程的基础上，建构为"选定项目，激活旧知""活动探究，展示新知""作品制作，应用新知""融会贯通，成果交流"4 个环节（图1）。

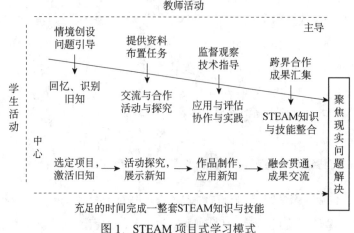

图 1　STEAM 项目式学习模式

1. 选定项目，激活旧知

STEAM 项目式学习的核心理念是以科学知识为核心，以多学科知识为载体，依托技术、工程活动，利用艺术角度和数学思维的跨学科教育体系。教师利用视频或图片创设情境，明确地提出问题，引导学生利用已学知识，激发学生的学习兴趣和动机。本环节的重点是如何通过教学情境融入已学知识，为后续的工程技术活动作铺垫。

2. 活动探究，展示新知

探究活动是现代教学的核心理念。教师通过视频图片，展示所要学习的知识，呈现所需要完成的挑战与问题。教师引导，学生开展小组合作交流，通过已学的知识开展探究性活动。本环节的重点是技术方法的选择、仪器的使用、技术的操作、数据的采集与处理。

3. 作品制作，应用新知

制作作品是 STEAM 项目式学习活动的重要内容。在教师的指导下，小组合作探索现实中的实践活动，利用跨学科知识精心设计作品，师生共同对作品进行评估与评价。这一环节注重将知识转化为技能，注重作品方案的设计、小组优化和制作能力的提升，解决现实中的生活问题。

4. 融会贯通，成果交流

STEAM 项目式学习的关键是跨学科融合。教师通过引导学生思考现实中的问题，将多学科知识与技能融入现实中的问题之中，实现知识的迁移和内化。本环节注重应用数学思维解决工程、科学与技术问题，实现多学科知识和技能的整合。各小组通过合作，共同完成教学任务，进行小组展示，师生共同评价。

这 4 个环节的载体是跨学科的知识与技能，中心是学生的学习活动，在一定的时间内完成一整套 STEAM 知识与技能的学习，达到解决现实问题的目的。

二、STEAM项目式学习的设计

（一）设计思路及实施过程

选取人教版高中生物必修三《稳态与环境》中的"生态环境的保护"这一内容开展项目化学习。自然生态系统是人类生存的环境基础。目前，自然生态系统几乎都受到了不同程度的干扰，森林、湿地、草原等自然生态系统逐渐退化破坏。为了有效遏制生态环境的破坏，恢复生态系统的功能，维持生态系统的生产，保证人类生存环境的稳定，需要人们利用生态学的理论和技术，重建某一区域群落的原态，解决大家关心的实际问题。本项目蕴含着生态系统的物质循环、能量流动和信息传递的生态学基本知识及其他学科知识，为学生提供了丰富有趣的实践活动，让学生既利用了书本知识又能动手学技能，解决了现实生活中的问题。

依据STEAM项目式学习模式的"选定项目，激活旧知""活动探究，展示新知""作品制作，应用新知""融会贯通，成果交流"4个环节，本项目设计思路如表1所示。

表1 "盐田河重金属的治理"项目设计思路

实施过程	内容线索	问题线索	活动线索	用时
选定项目，激活旧知	学习中心：盐田河重金属的污染	盐田河：盐田的母亲河	查阅资料，回忆旧知，理解解释	1小时
活动探究，展示新知	科学实验：重金属检测	盐田河重金属污染的因素与检测	设计评估重金属污染的检测实验	2小时
作品制作，应用新知	职业体验：自制重金属净化器	利用现有材料制作重金属净水器	制作净水器，检测净水效果	3小时
融会贯通，成果交流	工程体验：设计重金属处理厂	设计一个城市污水重金属处理厂	设计重金属处理厂，评估成本	3小时
	知识技能：跨学科	结果：解决问题	中心：学生活动	时间充足

1. 学习中心：盐田河重金属的污染

创设情境：我校位于盐田河畔。盐田人民吃着盐田河的水长大，盐田河孕育了盐田人民。由于人口扩增、人为因素干扰太大等原因，现在盐田河重金属的污染难以恢复。如何恢复我们的盐田河原状，达到环保要求？我们以"盐田河重金属的治理"为主题，开展 STEAM 项目化学习的活动。

问题境脉：教师借用无人机社团设备，指导学生拍摄学校周边的盐田河污染情况，通过影视制作展播视频"盐田河：盐田的母亲河"。视频中涉及与水资源治理的地理学、社会学、系统学、环境学、生态学和化学知识，激发学生治理盐田河的热情，回忆生态系统功能的知识，然后教师展示恢复生态系统功能的相关问题（表2）。

表 2　问题预设

问题序号	问题
问题 1	盐田河的重金属污染是什么原因导致的？盐田河重金属的治理是基于什么原理？
问题 2	现有盐田河生态系统的食物链有哪些？如何增加食物链？
问题 3	盐田河重金属的污染源有哪些？如何解决这些污染问题，提高生态系统的抵抗力稳定性？
问题 4	如何增加盐田河的恢复力稳定性？中学生能做什么有价值的活动？

学生活动：全班分成多个大组，每组5~8人，上网搜索资料，参考其他案例与对策，了解与生态系统恢复的系统学相关知识。

设计意图：以生活中面临的生物学问题"盐田河重金属的治理"确定项目主题，亲手拍摄、剪辑并展播视频，激发学生的学习热情；通过问题引导学生学习 STEAM 系列知识与技能，同时激发学生爱护环境、保护环境的社会责任感，引导学生思考如何处理社会发展与科技进步的关系。

2. 科学实验：重金属检测

问题境脉：盐田河重金属污染的治理，归根到底需要从源头上抓起，有必要开展实地检测。小组讨论：影响盐田河重金属污染的因素与检测指标。师生共同讨论确定检测方案（表3），并提醒学生在检测中注意安全。

表 3　重金属检测实施方案

流程		内容
准备	知识准备	杯钟虫虫体呈杯形，可螺旋收缩，培养简单、周期短，且附着于固体悬浮颗粒上，游动性低，便于显微镜观察伸缩泡，其生命活动受系统中的各种因子影响。利用水质变化对原生动物的影响及危害程度，可以直接有效地监测水体的污染程度
		影响盐田河重金属的因素是什么？重金属检测方法、原理与指标是什么？如何检测？
	器材准备	采集于盐田高级中学池塘的杯钟虫、烧杯、培养液、显微镜、照相机等

续表

流程		内容
设计	探究检测方案	①观察并记录盐田河水中及两岸生物的生存情况；②采集源头北山道、中段华大基因前门和盐田河入海口3处水样做试验组，盐田高级中学的池塘水做对照组，分别检测对杯钟虫伸缩泡舒缩周期的影响；③检测盐田河主要含有哪几种重金属及含量，单独和混合观察这几种重金属对杯钟虫伸缩泡舒缩周期的影响
检测		①上述4处溶液分别加入杯钟虫培养液预实验，统计计算杯钟虫伸缩泡舒缩周期；②分别检测上述4处盐田河重金属含量；③在实验室配置上述水溶液每一种浓度的重金属溶液4组，另配置一组各种重金属混合液，分别加入杯钟虫培养液进行正式实验，统计计算杯钟虫伸缩泡舒缩周期
解释		将所得的数据进行对比，小组解释。咨询华大基因的专家，进行点评评价
评价	生生互评、教师点评	对实验设计的严谨性、可行性，创新意识，实践能力和知识技能等方面做综合评价

设计意图：STEAM项目式学习强调实际问题的解决，强调在实验探究中科学知识和技术工程的应用，注重学生利用各种资源分析解释现实问题，将学生置于现实生活中的社会实践活动之中，通过小组合作，体验科学、技术、工程等跨学科知识在生活问题中的应用。

3. 职业体验：自制重金属净化器

问题境脉：盐田河重金属污染治理出路在于对污染水进行净化。教师引导学生思考：假如你们是污水净化工程师，如何利用现有材料制作净水器？学生小组活动，合作制作重金属净水器（表4）。

表4 制备重金属净水器的实施过程

流程		内容
准备	知识准备	净化重金属器原理：吸附、过滤、沉淀
	器材准备	饮料瓶、纱布、细沙、活性炭、棉花、烧杯、研钵、玻璃棒、橡胶塞、盐田河水
设计与制作		①根据现有器材，制作重金属净水器；②小组讨论，形成最终结论，如用纱布包裹活性炭或其他物质，制成饮料瓶塞，将盐田河水置于饮料瓶，用活性炭制成的饮料瓶塞住饮料瓶；③将饮料瓶倒置，静置过滤
测试		将处理后的水与未处理的水进行比较，检测其效果，提出改进措施
评价	生生互评、教师点评	对实验设计的严谨性、可行性，创新意识，实践能力和知识技能等方面做综合评价

设计意图：赋予学生污水净化工程师角色，学生亲自体验污水净化过程，这是STEAM项目式学习的主要活动目标。学生亲自制作重金属净化器，提高学生网上收集信息的能力，增强学生的动手能力，将科学知识运用

于现实问题，激发学生解决现实问题的能力。

4. 工程体验：设计重金属处理厂

问题境脉：自制简易重金属净化器，能供自己应急使用。如何净化盐田河的重金属，惠及所有盐田人民，是每个公民应有的社会责任。引导学生思考：如何设计一个城市污水重金属处理厂？学生思考，实施过程见表5。教师评价各组的合理性，提出优化建议。

表 5　设计重金属处理厂的实施过程

流程		内容
确定过程 问题		①如何选择建厂的位置；②如何建立取水工程、输水工程、净化工程；③估算投资成本；④如何修复生态和保护环境问题
准备	知识准备	查阅文献，参观深圳市其他污水处理厂，了解相关知识
	器材准备	笔、纸、绘图工具、橡皮擦、计算器
设计方案		①厂址选择：综合考虑地形、水源、水厂和供水区域的关系；②重金属净化处理方案：输水线路考虑地形平坦、输水方便问题；输水管材质要耐腐蚀、强度高、抗震强；净化装置包括沉淀池、过滤池、曝气池、清水池和输水井等装置；③估算投资成本：化学药品、物理器材、生物监测装置费用；④环境保护：净化工程中尽量减少废气、废水、废渣的排放
绘图交流		根据设计方案，绘制厂址与流程，小组交流展示成果
评价	生生互评、教师点评	综合评价工程意识、问题解决意识和合作协作等能力

设计意图：培养全局意识是 STEAM 项目式学习中的重要工程素养。在STEAM 项目化学习中，分清工程学的问题与制约因素，综合运用科学、技术、工程学和数学知识，体验以工程学、系统学的思想，解决现实问题的过程。

STEAM 项目式学习后，开展成果展示与评估。教师组织学生利用学习过程中的照片、数据等材料，做成PPT进行成果汇报。内容包括"盐田河重金属的治理情况""重金属检测实验与分析""自制重金属净化器的净化效果""设计重金属处理厂的可行性分析"。汇报结束后，生生互评，教师点评。评价包括问题解决意识、跨学科知识掌握能力、动手实践能力和团队协作等方面。教师在肯定学生取得成功的同时，就出现的问题进行优化，回归"盐田河重金属的治理"主题，增强学生对水资源的保护意识，增强学生的社会责任意识。

（二）案例中的跨学科知识及 STEAM 素养说明

本案例涉及的学科多，实用性广，融合性强，涉及的知识及 STEAM 素养如表 6 所示。

表 6　跨学科知识和 STEAM 素养体现

项目环节	素养要素	知识技能	素养体现
选定项目，激活旧知	科学素养 技术素养	系统学、生态学、地理学、化学、信息技术	了解重金属污染的知识；正确处理科学、技术与社会的关系；学会利用信息技术搜索资料
活动探究，展示新知	技术素养 数学素养	实验操作技术、信息技术、图像数据的分析与解释	掌握实验设计与操作技术；利用数据图像解释科学现象
作品制作，应用新知	技术素养 工程素养	实验操作技术、方案设计	知道重金属净化技术；掌握实验设计与优化
融会贯通，成果交流	工程素养 数学素养	方案设计、厂址选择、图纸绘制、材料选择、成本预估、数学计算、测量技术	掌握数学计算方法、测量方法和测量工具使用；培育工程领域中的全局意识、环境意识、成本意识和合作创新意识

本项目涉及环境科学、生态学、化学、地理知识，旨在促进学生理解科学、技术与社会之间的联系，通过重金属污染出现的原因及净化原理的学习，思考生态系统的修复。学生通过项目式学习，了解了技术工具的选用、操作与维护等知识，培养了技术素养，培养了实验操作技术、信息处理技术。通过过程项目的设计，开展了重金属检测方案设计、净化系统设计和处理厂设计，学生初步具备了成本意识、环境意识、全局意识、质量意识，培养了学生的工程素养。通过对重金属处理厂的建筑面积的计算和规划及材料费用的计算，学生掌握了一定的数学原理、计算方法、测量方法，学生通过对重金属的检测，掌握了对数据的分析与解释。

三、结语

以"盐田河重金属的治理"为主题的 STEAM 项目式学习，融合了多学科知识，通过实验技术手段、数学思想，综合考虑工程领域的诸多问题，解决实际问题。项目构建了"选定项目，激活旧知""活动探究，展示新知""作品制作，应用新知""融会贯通，成果交流"4 个环节，在实践中开展

STEAM 项目式学习。本项目式学习注重知识技能与实践相结合，注重多学科知识的交融，注重现实问题的解决，注重培养学生未来职业规划和终身学习的意识，以此来探讨 STEAM 项目式学习的设计，为高中生物教学 STEM 素养的培养途径与方式提供了借鉴。

参 考 文 献

[1] 秦瑾若，傅钢善. STEAM 项目式学习：基于真实问题情景的跨学科式教育 [J]. 中国电化教育，2017，（4）：72-73.

浅谈如何提高公众科学素养

肖露露

（陕西科学技术馆，西安，710004）

摘要： 在当今科技信息时代，努力提高公众的科学文化素养对于国家的发展有着至关重要的作用。提高公众科学素养是科普工作的重中之重，如何提高公众尤其是农民、青少年的科学素养则显得尤为重要。本文主要总结了我国目前公众科学素养的现状，并对公众对科学知识的理解程度进行了分析，提出了提升公众科学素养的对策与方法。

关键词： 科学素养；公众；科普教育；媒体宣传

Analysis on How to Improve Civic Scientific Literacy

Xiao Lulu

（Shaanxi Science & Technology Museum，Xi'an，710004）

Abstract： In the informational era of science and technology，it is vital for development of the country to improve public scientific and cultural literacy. Raising civic scientific literacy is a top priority for basic science work，especially for teenagers and in rural area. This article mainly summarizes the current status of civic scientific literacy in China，and analyzes the degree of public understanding of scientific knowledge，and proposes countermeasures and methods for improving civic scientific literacy.

Keywords： scientific literacy；public；science popularization education；media promotion

作者简介：肖露露，陕西科学技术馆辅导员。e-mail：1272239887@qq.com。

全国科技创新大会的召开，吹响了向科技强国进军的号角。建设与世界经济大国和人口大国地位相称的科技大国，是实现中华民族伟大复兴的必由之路，也是支撑社会和经济持续发展的必然选择。目前，我国已到了经济发展的关键时期，具有良好科学素养的劳动者，是增强自主创新能力、推动经济社会发展不竭的智力源泉，也是我国稳健地走向科技强国大道的重要基础。科学素养能够有效地培养和树立科学的世界观和思维方式、方法，进而促进经济发展。

一、什么是科学素养？如何体现科学素养？

国际上普遍认为，公民的科学素养是公民综合素质中的重要组成部分，主要包括三个方面：①掌握基本的科学知识（包括科学术语和科学基本观点）；②掌握基本的科学方法；③基本了解科学技术对社会和个人所产生的影响。

如何体现科学素养？通常，科学素养是指主体在掌握科学概念的基础上，以科学的态度，运用科学的方法对现实中的个人、事物、社会关系等问题做出理智的选择。科学素养的发展以科学知识、技能的掌握和积累为基础，科学知识、技能的内化、升华会逐步形成一个人的科学能力。科学能力包括运用科学知识，具有科学意识和科学精神。其中，科学知识泛指知识、技能、方法和能力；科学意识是指在追求科学的过程中所表现出来的科学热情、激情以及自觉运用科学的行为与习惯；最核心部分是科学精神，即人们对科学的态度与价值观。概括如下：一个人的科学素养是指其对自然世界和社会存在进行理解和判断的能力。科学素养体现在参与社会事务和经济生产中个人决策所必须具备的知识水平和理解程度，即能认识世界的多样性和统一性；掌握科学的基本概念和原理；了解科学、数学和技术的作用和局限性；能够用科学知识和科学思维方法处理和解决问题。

二、我国公民科学素质现状

为深入推动《全民科学素质行动计划纲要（2006—2010—2020 年）》实

施，中国科学技术协会于 2015 年 3～8 月开展了第九次中国公民科学素质抽样调查，调查范围为我国 31 个省（自治区、直辖市），调查结果显示，我国公民的科学素质得到了较大提升，但是仍然存在较大差距。

中国科学技术协会发布的第九次中国公民科学素质调查结果显示，我国公民科学素质总体水平大幅提升，圆满完成了"十二五"我国公民科学素质水平超过 5%的目标任务，2015 年我国具备科学素质的公民比例达到了 6.20%，比 2010 年的 3.27%提高了近 90%，进一步缩小了与西方主要发达国家之间的差距。从调查中可以看到，上海、北京和天津的公民科学素质水平分别为 18.71%、17.56%和 12.00%，位居全国前三位，分别达到美国和欧洲世纪之交的水平。从城乡分类来看，城镇居民的科学素质水平提升幅度较大，从 2010 年的 4.86%提升到 9.72%；而农村居民的科学素质水平仅从 2010 年的 1.83%提高到 2.43%。从年龄分类来看，中青年群体的科学素质水平较高，18～29 岁和 30～39 岁年龄段公民的科学素质水平分别达到 11.59%和 7.16%。男性公民的科学素质水平达到 9.04%，明显高于女性公民的 3.38%。[1]

虽然近年来我国公民科学素质的总体状况有所提高，但与发达国家相比，差距仍然较大。有关调查显示，我国大多数公民对于基本科学知识的了解程度较低，在科学精神、科学思想和科学方法等方面尤为欠缺。通过此次科学素质调查的结果以及与以前调查结果的对比，可以将我国公民科学素质的现状及存在的问题总结如下：①我国公民的科学素质整体水平较低；②我国公民的科学素质发展存在严重的地区和城乡差异；③我国公民的科学素质因职业、年龄、性别和受教育程度等不同而表现出巨大的差异；④诸多愚昧迷信的观念和行为还在生活中存在。

从我国公民科学素质的调查情况可以看出：①无论是在国内还是在国际上进行对比，经济因素都是影响公民科学素质水平的最重要因素；②由于我国特殊的国情，即历史上长期对科学技术的忽略，我国的公民科学素质低于相应的经济发展水平；③个别迷信等封建思想的影响，阻碍了科学的普及过程。

---

① 根据第九次中国公民科学素质调查结果整理。

三、提高公民科学素养的对策

习近平在全国科技创新大会、中国科学院第十八次院士大会和中国工程院第十三次院士大会、中国科学技术协会第九次全国代表大会上发表重要讲话，讲话中强调科技创新、科学普及是实现创新发展的两翼，要把科学普及放在与科技创新同等重要的位置，所以科普工作创新也显得尤为迫切。提高公民科学素质要靠科普，那科普工作者如何提高科普工作质量呢？笔者认为应该从以下几点做起。

第一，边远农村科普工作发展相对缓慢，应加大对其的宣传力度。发展缓慢主要有两个原因：一是，农村农民的科学文化素质水平较低，使得农村科普工作难度增大；二是，科普知识和内容与农村公众需求没有相符合、相适应，科普工作流于表面。现阶段，大多数公众的科普需求内容主要集中在健康医疗、食品安全和生态环境方面，体现出人们对生存质量、生存环境和自身健康的密切关注和担忧。与此同时，在培养公众的创新和创造能力、培养科学理性精神等方面的科学普及和传播，尚未得到公众较为广泛的关注。所以，科普工作者在开展科普工作的时候要充分考虑科普对象需求的层次性，因地制宜，开展适合农村的科普宣传需求。

第二，应加大对科学教育的投入。科技教育是提高公众科学素质的重要途径，是个人和国家生存与发展的必需品，也是提高国家竞争力的重要内容。科技教育的目标指向是培养具有基本科学素养、树立科学思想、崇尚科学精神、了解科学知识、掌握科学方法的公民。科技教育不但能够帮助公众更好地了解世界和人类自身，而且能够使科学技术的第一生产力作用有效发挥。一个国家的科技教育水平越高，公民科学素养的水平也会越高，对科学技术发展的支撑力也就越强。近年来，我国科技教育取得长足进步，但是与发达国家相比，我国在帮助公民树立科学观念、培养科学思维、确立科学价值、形成科学信念、掌握科学方法等方面的潜力还远远没有发掘出来。

对于一个国家而言，加强科技教育是提升公民科学素养的必由之路，也是建设创新型国家的必然选择。在我国迈向现代化的过程中，大力发展科技教育和提升公民科学素养应该成为重要的优先选项，加大科学教育显得尤为迫切。俗话说，"万里长城非一日之功"，只有从基础做起，培养国民科学素养，才能逐步提高我国公民的科学素质水平。

第三，科普工作者要加强科普创新工作，引导学生了解必要的科学技术知识，掌握基本的科学方法，树立科学思想。科普是科技创新的基础，科普工作创新才能不断吸引广大公众的参与，不断提高科学素质水平。科技场馆要不断创新，要开发出既满足学校需求又充分发挥场馆资源优势的活动，真正发挥"第二课堂"满足学校教师需求的作用。所以，科技场馆等场馆的科普工作者要开发出与课堂教学有所区别的差异化活动，但是又要与课程对接，不能偏离课本，同时要结合场馆资源，突出科技场馆特色，吸引受众，充分发挥其独特的教育价值和优势。科技场馆的教育与学校教育大不相同，科技场馆教育是基于实验的体验式学习，基于实践的探究式学习，主要的学习方式是让受众在活动体验与探究中获得科学方法、科学思想、科学精神，这就要求科技场馆在设计活动的时候要充分考虑到活动的趣味性，活动要生动有趣，吸引受众参与；活动要接地气，要紧扣当下网络关注的焦点，不要偏离公众的生活；活动要具有现实性，活动的策划开展要针对不同对象、不同层次开展，扩大科普受众面；活动形式要具有多样性，活动开展的形式要丰富多样，不可单一、僵化、死板，通过多种形式传播科学思想，增强公众的科学意识和科学素养。

第四，加大引导、鼓励和支持科普产品和信息资源的开发与交流，建立有效激励机制，促进原创性科普作品的创作。要充分发挥科普资源的最大效益，把科普与旅游、文化艺术、休闲娱乐结合起来，开发寓教于乐的科普文化产品。

第五，充分利用新媒体网络开展科普工作。目前，科普工作者已经认识到互联网是开展科普工作的重要平台，互联网新媒体宣传是科普工作的一项重点。截至 2017 年 6 月，我国网民数量达到 7.72 亿，互联网普及率达到 55.8%。在年龄结构方面，30 岁以下的人群占网民群体的 52.2%。年轻一代的成长伴随着互联网的发展，我国互联网用户以年轻人居多。同时发现，40 岁以上的群体正在逐渐接受互联网给生活带来的变化，互联网不断向 40 岁以上的年龄群体渗透。但统计观察我国的各种新媒体账号（如微博、微信公众号等）发现，专业科普类账号以及科普类信息少之又少，科普宣传无法及时传送到公众层面。在信息大爆炸时代，如何让我们的信息及时被受众检索到，也需要我们不断创新宣传模式，提高宣传内容质量。例如，2018 年陕西科技馆科普大篷车工作队创新了宣传模式，在新媒体账号上宣传我们的工作，新闻宣传内容不再是以往死板说教式的语言，而是利用诙谐、幽默的网络语言来宣传，使得我们的工作取得了很大的进步。所以，笔者建议在科普宣传的时候要让原本枯燥的东西变得有趣，同时要结合当下网络热点，获得网民也就是受众的搜索，让我们的宣传真正发挥作用。

第六，开辟大众传媒科普专栏，加大科普宣传力度。2005 年进行的第六次中国公民科学素质抽样调查显示，除正规的学校教育之外，大众媒体是科技信息的主要传播途径。调查显示，在包括电视、报纸、杂志、广播、图书、科学期刊、互联网等各种信息渠道中，电视是我国公众获取科技信息的最主要来源，高达 91.0% 的公众通过电视获得科技发展信息；报纸、杂志也是我国公众获得科技发展信息的重要渠道，比例达 44.9%。虽然现在是互联网时代，我们应该加大对互联网宣传的重视和投入，但是我国仍有一大部分公众，尤其是边远贫困地区的公众以及老年公众还是通过传统的科普方式来获取科普信息。所以，我们仍然要联合多方面，联合创作，推陈出新，推出高质量、影响广、受欢迎的科普宣传作品，满足公众的需求。

浅谈科普活动如何提升公民科学素质

——以河北省科学技术馆为例

徐 静

（河北省科学技术馆，石家庄，050011）

摘要：2018 年 3 月 28 日，2018 年全民科学素质工作会议在中国科技会堂召开，其中提到了要对"四大人群"科学素质重点发力、精准施策，四大人群即青少年、农民、城镇劳动者、领导干部和公务员。科技馆作为开展科普工作的主要阵地，对提升公民科学素质有着不可替代的作用。科普活动作为科技馆展览的有力补充，越来越受到观众的欢迎，尤其是科技馆的主要受众群体——青少年。它具有科学性、艺术性、趣味性的特点，将大众喜闻乐见的小品、相声、魔术融为一体，在使受众观看、互动的过程中接受科学知识，感受科学精神，带动更多的公众认识和感受科学，并且有助于提升公民科学素质。科技馆在开展科普活动中如何引导公众客观认识科学非常重要。本文从科技馆和公民科学素质的现实角度出发，以河北省科技馆科普活动为例，探讨科普活动对提升公民科学素质的作用。

关键词：科普；创作；提升；科学素质

How to Improve Civic Scientific Literacy under the Creation of Science Popularization：Take the Activities to Popularize Scientific Knowledge of Hebei Science and Technology Museum as an Example

Xu Jing

（Hebei Science and Technology Museum，Shijiazhuang，050011）

Abstract：On March 28，2018，the National Conference on Scientific

---

作者简介：徐静，河北省科学技术馆展览教育部副部长，文博馆员。e-mail：xujingkjg@163.com。

Literacy was held in China Science and Technology Hall，which emphasized that the scientific literacy of the "four major groups"，including teenagers，farmers，urban laborers，leading cadres and civil servants. As the main platforms of science popularization，science and technology museums play an irreplaceable role in improving citizens' scientific quality. As a powerful supplement to the exhibition of science and technology museum，science popularization activities are increasingly popular among the audience，especially the teenagers，for its scientific，artistic，and interesting characteristics，which combines skits，crosstalk and magic. In the process of interaction，the public can understand scientific knowledge and feel scientific spirit，and promote more people to know more about the science，which is conducive to improving the scientific literacy of citizens. It is very important for the science museum to guide the public towards science with the creation of science popularization activities. Based on the facts of science and technology museum and civic science literacy，this paper takes the creation of science popularization activities in Hebei Province as an example to discuss the effects of creation of science and technology on improving citizen science literacy.

Keywords： popularization of science；creation；promote；scientific literacy

公民具备基本科学素质一般指了解必要的科学技术知识，掌握基本的科学方法，树立科学思想，崇尚科学精神，并具有一定的应用它们处理实际问题、参与公共事务的能力。[1] 这个科学素质不仅仅是对科学知识的了解，还应能够具有发现问题、提出问题、解答问题的能力，而这个能力恰恰是在设计科普活动时的出发点和落脚点。下面，笔者就从提升公民科学素质的角度出发谈几点在科普活动创作中的经验。

一、明确主题

只有主题明确后才能更好地开展活动，好的主题才会有好的活动。在选择主题时，可以尽量选择与当前公众实际需要相关的，能够解决目前疑惑和误解的，并且有助于公众形成正确的科学生活方式和指导行为的。

比如，河北省科学技术馆的"感受身边的水"一日游活动，主要是为了增强孩子们节约用水、保护水资源的意识，以馆内的水资源展区作为依托设计的活动，其目的是激发学生对身边科学的兴趣，通过亲自动手操作来了解我们最熟悉的水的相关特性，同时提高大家团结协作的能力。"身边的水"就是活动的主题，其中会让观众了解到水的密度、水的表面张力、水的浮力等知识。

二、将科学方法融入科普活动设计的"四性"原则

科学方法一般可以概括为四个方面，即基本方法、科研方法、社会方法和哲学方法。其中基本方法包括信息收集、观察、实验、数学方法、物理方法和化学方法等；而科研方法则包括推理法、演绎法、综合归纳法、试错法、类比法等。[2] 这些方法都经常运用在科普活动中，效果也非常好。

（一）科学性和准确性

因为是要向公众传达科学知识，因此在事实、数据的阐述上一定要准确。科学知识在传播中必须要以准确性为前提，要求活动设计人员只有不断学习和提高，才能深入浅出地将科学知识传递给公众。在其中一个科普活动中需要设计道具，关于$PM_{2.5}$的大小，很多人知道 2.5 代表着霾的直径是 2.5 微米，但这只是书本上的一个数字，并不直观，因此我们在道具的设计上采用了对比的手法，用头发的粗细与$PM_{2.5}$的大小进行比对。我们将头发、尘螨排泄物、花粉颗粒、$PM_{2.5}$按照 48：8：6：1 的比例制作，头发的横切面会点缀不同大小的仿真物品代表尘螨排泄物、花粉颗粒、$PM_{2.5}$，通过明显的对比就能知道$PM_{2.5}$究竟有多小了。这里面就用到了观察、类比法。

（二）普及性

提高公民的科学素质要从点滴开始，而不是一上来就进行高深的知识轰炸，尤其是对科普活动来说，"普"就是要受益范围广，公众都能接受、理解和掌握，尽量与公众的生活有联系，或是对课堂知识的补充和延伸。同

时，语言也要好记易懂，增强传播的广度。比如在做天文科普活动时，在讲述月相的时候，我馆就采用古诗的形式，这样做方便口传相授。"月落乌啼霜满天，江枫渔火对愁眠"说的就是上弦月，"海上生明月，天涯共此时"说的是满月，"今宵酒醒何处，杨柳岸晓风残月"说的是娥眉月等。在记住古诗的同时，也让观众了解到了不同月相的时间和现象。

（三）趣味性

有趣的东西才能吸引眼球，科普同样并且更应该如此设计，在潜移默化中传输科学精神和科学方法，在轻松活泼的氛围中讲述科学原理、普及科学知识。在教育过程中适当加入娱乐的元素，能够让青少年获得满足感和快乐感，增强记忆力和理解能力，提高学习效率和获知效果。好的科普活动之所以有趣，是因为它是一种可以直接感知的活动，是内化了创作者的一种科普理念，这种理念可以能动地产出比自身价值更大的教育作用。在"感受身边的水"一日游活动中，我们就用比赛的形式让大家把硬币、曲别针放在水面上感知水的表面张力和浮力，从游戏中感知科学的魅力。

三、传递的内容要包含科学思想和科学精神

随着信息大爆炸和互联网的发达，对于知识的获取，公众除了可以从传统的书本中学到外，上网搜索也成为更加便捷的途径，因此科技馆的科普活动不再仅仅是传播科学知识，更多的是传递正确的科学生活方式，弘扬科学精神。

河北省科学技术馆创作的科普剧《霾老大之殇》中，向大家介绍什么是霾、霾的危害等知识，这都是其次，最重要的是告诉大家应该注重环保意识，积极参与到保护环境、爱护环境的活动中，从我做起、从小事做起，坚持绿色出行，倡导低碳生活。要传达出同呼吸，共责任，这份责任是政府部门的责任，是大小企业的责任，也是每一个社会成员、每一个人的责任。这才是科普活动需要达到的最终目的。

什么是科学精神？有人说科学精神是对未知敬畏但不退缩的探索精神，是对已知尊重但不盲从的怀疑精神。[3]笔者对此很认同，科学不是一切，也

并不能"解释一切",盲从地相信就会变成一种迷信,那么这种科学精神怎么在科普创作中体现呢?以河北省科学技术馆科普活动"无处不在的凸透镜"为例,该活动主要是让公众认识凸透镜并简单制作放大镜,放大镜除了是固态的,还可以是液态的,从这一点打破人们固有的思维方式。都说水火不容,可是冰也能取火,用冰制作的凸透镜利用聚焦的特性可以点燃物体。在科普活动中,我们还会进行安全教育。凸透镜聚光的特性可以为我们点燃火苗取暖、烤食物,但如果运用不当也可能会引起火灾。这个世界没有一成不变的事物,学好科学,可以解释很多困惑我们的问题。通过这个活动转变人们一直认为的人能驾驭一切的传统观念,任何事物都具有两面性,科学也不例外,只有正确地使用才能为人类造福。科学只是认识世界的一个工具,应该正确地来看待。这就是我们要传达的科学思想和科学精神。

四、在互动中提升公众参与活动、处理问题的能力

每年河北省科学技术馆都会围绕人民群众关心的卫生健康、食品安全、环保治污等领域,开展世界无烟日、全国食品安全宣传周、全国防震减灾日等主题科普活动,对谣言进行及时澄清,营造科学理性的社会氛围,消除封建迷信、伪科学、极端思潮滋生的土壤。

立足河北省科学技术馆的工作实际和地域特色,每年5月都会举办防震减灾科普活动,通过视频播放、场馆体验、互动表演等方式,定期向中小学生开展"防震减灾一日游"活动,发挥河北省科学技术馆科普教育基地的作用。河北省科学技术馆地下一层是防震减灾展区,这项活动就是在这里展开,活动内容包括"不平静的地球""地震来了""抗震求生""地震灾害管理"四部分,先是了解地震的基本知识、监测预报、灾害防御及应急救援等科普知识,之后通过亲自动手操作展品,直观地了解灾害的形成原因,认识防灾减灾的必要性,提升自救互救的能力。在"防震练习小屋"中,可以体验"地震"来临时的震撼,并且通过互动,了解灾难来临时正确的躲避地点以及逃生所需的物品。在"烟雾逃生通道"中会进行一次灾害应急演练,大家需要低头弯腰、手捂口鼻,穿过狭小而不平的通道,进而掌握最基本的逃

生知识。这种亲身的临场体验训练，更有利于让公众在实际灾害到来时保持冷静，获得更大的逃生机会。

五、结语

科普活动通过生动有趣的互动环节，在潜移默化中传递科学精神和科学方法，在轻松活泼的氛围中讲述科学原理，普及科学知识，不仅让公众获得满足感和快乐感，还可以增强记忆力和理解能力，提高学习效率和强化效果。科普活动是科技馆进行科学传播、与公众进一步互动交流的有效途径。科普活动进校园、馆校结合创作与课程相关的科学课等都可以进一步提高公民科学素质。科学很重要，需要全民参与，科普活动在带领观众进行科学探索、培养科学兴趣的同时，更能加深公众对科学的理解和体会，也能帮助科技馆扩大科普范围，进一步提升公民科学素质。

除了科技馆外，与科普相关的协会也会举办很多科普活动。2017年中国科普作家协会依托"科普中国"，开展了"科普科幻青年之星计划"，以发现、培养青年科普科幻创作人才为目标，吸引了1400多名年轻人参加创作和培训，创作作品547篇，总浏览量5100多万。[4] 由此可见，科普创作的队伍在不断壮大，我国公民的科学素养也在不断地提高。从科普本身来说，科普是个庞大的工程，科学素质的提高不是一朝一夕就可以实现的，需要各个方面的共同努力，只有这样，才能早日实现提高全民科学素质的目标。在多元化发展的今天，要提高公民科学素质，就要求我们在思想方法上有新的提高，形势越严峻，越要求我们学会分析，与时俱进；任务越艰巨，越要求我们统筹兼顾，科学创新。

参 考 文 献

[1] 全面科学素质行动计划纲要（2006—2010—2020年）[M]. 北京：人民出版社，2006.
[2] 李云海，张继红. 科普剧创作：有"戏"也要有"科"[N]. 大众科技报，2012-02-21（006）.
[3] 超维. 什么是科学精神？[EB/OL] [2018-09-07]. https://zhuanlan.zhihu.com/p/20752922.
[4] 周忠和. 中国科普作家协会：为科技工作者搭建科普创作服务平台[J]. 全民科学素质工作动态，2018，4.

对以量子物理为代表的数理知识科普的思考

徐雅丽

（湖北省科学技术馆，武汉，430071）

摘要：近年来，以量子物理为代表的数理知识在大众传媒中出现的频率越来越高，人们对这类知识点的科普需求也大大增加。这是由量子物理越来越深入生活的影响力决定的，也是未来社会发展的主要技术支撑之一，加强对量子物理等数理知识的科普，其重要性不言而喻。然而，目前的量子物理科普中出现的一些问题仍然值得广大科普人注意，有些必要的技巧也需要科普人加以吸收利用。本文针对这部分知识的科普特点和科普现状提出问题，结合实际案例分析并提出科普创作和传播的几点建议，以期对量子物理及数理知识的科普有所助益。

关键词：科普；量子物理；问题；建议

Thoughts on the Science Popularization of Mathematical Knowledge Represented by Quantum Physics

Xu Yali

（Hubei Science and Technology Museum，Wuhan，430071）

Abstract：In recent years，mathematical knowledge represented by quantum physics has appeared more and more frequently in mass media，with its higher demand for science popularization of this kind of knowledge，which is determined by the influence of quantum physics to life. Quantum physics is also one of the main technical support of the future social development. It is of great importance to

---

作者简介：徐雅丽，湖北省科学技术馆。e-mail：oliveward@163.com。

strengthen the popularization of mathematical knowledge such as quantum physics. However, there are some problems in science popularization of quantum physics and some necessary techniques worthy of the attention of the public. In this paper, we put forward questions about the scientific characteristics and the current situation of science in this part of the knowledge, and combines with the actual case analysis, then we puts forward some suggestions for the creation and dissemination of science popularization in the hope that it will benefit the popularization of quantum physics and mathematical knowledge.

Keywords: science popularization; quantum physics; problems; suggestions

一、以量子物理为代表的数理知识科普需求大增

近年来，随着我国人口整体科学素质、学历的提升，在面向成年人特别是青年人的科普领域，高等数学、物理、哲学等内容越来越被大众所感兴趣。尽管，高阶数学、物理知识生硬难懂，要求受众有至少大学程度的数学物理基础，似乎并不适合面向大众进行科普，但事实上，这类知识的科普作品的受众却包含了一批"文科"背景人群（在相关作品的评论中能看到很多文科背景受众的"使用反馈"）。这一事实至少说明，一部分看上去与人们日常生活相距甚远的数学、物理知识已经在潜移默化地影响着我们的社会文化发展，随着社会数字化、算法化的加深，这部分知识的科普需求很有可能在接下来一段时期内急剧增长。

本文将量子物理的科普作为这类知识科普的典型例子进行分析，针对这部分知识尤其是量子物理的科普特点和科普现状提出问题，结合科普实际案例分析问题，最后针对以量子物理为代表的这类知识提出科普创作和传播的几点建议，以期对量子物理及数理知识的科普有所助益。

二、简述量子物理及其科普的特点与难点

（一）简述量子物理

2017 年 10 月 16 日，来自激光干涉引力波天文台（LIGO）和室女座引力波天文台（VIGO）等约 70 个天文台的科学家代表们，在位于华盛顿特区的国家记者俱乐部举行了两场新闻发布会，公布引力波探测中的新发现和细节，顿时引爆全球媒体实时关注头条，并在一段时间内成为大众媒体的中心话题。

引力波的发现与其说是深空探测的惊人发现，不如说是对量子论的进一步注释。量子这个将能量认为是一份一份具有有限大小的而不是无限可分的想法，是德国物理学家马克斯·普朗克提出后由爱因斯坦在论文中具体阐述的，后者由此获得 1921 年度的诺贝尔物理学奖。

量子设想的引入使得科学家们能够分析计算微观世界的各种现象，普朗克最初用这一想法来计算能量的分布和变化。量子论系列理论也由此发展而来，被称为量子革命（物理学的第二次革命）。尽管量子论解释了牛顿力学不能解释的现象，回答了很大一批问题，但这一理论所具有的六大特点与经典力学形成了巨大反差，这让大众乃至科学家要理解接受量子理论都十分困难。

六大特点分别是：第一个是穿越尺度时带来的不同；第二个是非均匀性，即有些事物在这个世界里与其他事物相比有不同的表现；第三个是不连续性；第四个是不确定性；第五个是不可预知性；第六个是不能将测量者自己从某些测量里分离出来。[1]

其中，第四、第五和第六个特点，主要由德国物理学家维尔纳·海森堡和奥地利物理学家埃尔文·薛定谔分别以纯数学的方法演绎。这两位科学家的研究成果，导致了第二次量子科学革命（我们不妨理解为物理学的第三次革命），被人们称为"量子力学"，与早期的量子论区别开来。[2]这场革命之后，量子力学包含两大特征。其一是，无法推算粒子下一个时刻的具体地

点，而只能得到一个区域分布可能性的概率；其二是实验观测本身对于观测结果具有影响。

正因为量子理论的六大特点与经典力学是如此不同，可以说颠覆了整个牛顿哲学世界观，因此，想用三言两语描述量子力学的主要理论只会让人觉得不知所云，尽管如此，量子力学仍然是 20 世纪物理学的重大成就之一。它对物理学以及科学技术的发展产生了巨大的影响，它与狭义相对论结合产生了量子场论，它还是半导体技术革命的基础，没有量子力学，计算机、手机等现代生活中习以为常的东西都不会存在。

2016 年 8 月 16 日，我国酒泉卫星发射中心用长征二号丁运载火箭成功将全球首颗量子科学实验卫星（简称量子卫星）发射升空。报道称，这是全球首次实现卫星和地面之间的量子通信。[3] 同样的，量子加密术、量子计算机及量子隐形传送正是当下不断取得突破的前沿科学——量子物理，必然是未来的伟大事业。

（二）量子物理科普的特点和难点

毫无疑问，以量子物理为代表的数理知识科普的难点是在解释知识点的推导过程中，需要在"专业、严谨、准确地呈现科学家的理论探索过程"与"贴近大众的讲解方式"之间寻求平衡。通过分析这类知识科普的社会环境，我们还能够看到其在科普传播中的若干特点。

1. 与社会意识形态相互影响及对基础理论科普需求的增加

以量子物理为例，量子物理是当下社会发展互联网、通信等深入影响生活的大型技术——半导体晶体管、集成电路、芯片、计算机 AI 算法、大型数据处理分析、严谨的加密信息传输、实时通信设想等——的基础。这一事实改变了社会文化艺术的风格和人们对待量子物理等数理知识的看法。

首先最为明显的是，牛顿力学时代的世界是均匀的、连续的——大千世界遵循少数几个恒定的定律，只要遵循这些定律，我们就能够计算、推测出还没见过或踏足过的土地。这样的科学观造就了经典的文学艺术审美，与当下文学艺术的多元化、随机化、开放化的特点截然不同。

我们知道，在那些文学尚且备受尊重的年代，规模宏大的叙事性或纪实性的现实主义的文学作品总是能够带给人们很多震动和启发；建筑中的砗磲、鹦鹉螺等图案；格式严谨有序的古典音乐，还有写实的、歌颂自然的美术作品。而与之形成对比的是 20 世纪 30 年代以来略显怪异的现代主义文学艺术，如荒诞派、卡夫卡的表现主义、魔幻现实主义、意识流等"不知所云"的文学新现象的出现；宗教的影响力不断弱化，对战政治的瓦解和多极化政治格局的出现；立体派画作的影响扩大（量子物理学家尼尔斯·玻尔就在自己家里保存了一幅吉恩·梅辛格的《马背上的女人》，并声称受到立体派画作的影响和启发）[4] 等。

这样一些文学艺术和世界观的改变，让现代人从繁忙的生活中更渴望获得关于基础支撑理论的科普。

与 20 世纪初只有科学家关心科学不同，当下大多数人都有兴趣关心科学；与 20 世纪 80 年代的人只关心日常生活中的科学不同，越来越多的人希望了解新科学突破会给生活带来什么影响；有一定教育基础的人还愿意思考新的科学突破将带领人类去往何方等哲学问题。当下的科普从线上到线下，从少数专家科学家到普通大众自媒体，"量子科普"正在成为科普频道的热门词。

2. 复杂的数学、物理推算和专业名词成为量子物理科普的难点

方舟子曾在个人公众号文章中说"如果没有系统学过牛顿力学，不具有相关的高等数学知识，是不可能真正懂得相对论的"，虽然说的有些绝对，但一针见血地点出了理解这类知识的难点所在。

对量子物理感兴趣的人首先就会接触到光子、粒子、电子、原子等看不见摸不着的小东西，在克服了微观想象之后马上会面临计算能量分布的维恩定律、普朗克常数、玻尔的量子跃迁光谱线公式以及爱因斯坦的动量与波长关系公式等一系列让文科生读不出来的符号公式和普通人看不懂的微积分计算方法，抑或是海森堡的矩阵力学、薛定谔的高斯波包等听上去生疏、了解起来无从下手的方法和概念。

想要跨过这样一些荆棘丛，摘得量子物理总体上的思想和科学创举之

果，就需要科普传播者将严谨的事实性推论、巧妙的传播方式与聪明的领会方法传达给受众。

三、量子物理的科普现状与问题

（一）文学作品特别是《三体》影响力巨大，但将其充分利用来进行科普的作品不多

2015 年、2016 年，刘慈欣的《三体》、郝景芳的《北京折叠》分别获得雨果奖最佳长篇小说和最佳中短篇小说奖，一时间，读者成群。《三体》因其宏大奇特的想象和超长的历史跨度，也给了衍生作品成长的空间，动画《我的三体》、书籍《〈三体〉中的物理学》、舞台剧《三体》等相继出现，进一步扩大了《三体》原著的影响力，扩大了理论物理、量子物理、空间科学等科学知识在普通大众之中的影响力。

《三体》难能可贵的是在强有力的物理学知识的支持下，能够让其宏伟奇谲的想象显得那么真实可信，如黑域、掩体计划、阶梯计划、曲率、维度打击等运用了量子物理中的玻色-爱因斯坦凝聚、量子跃迁等原理作为支撑；同时，在社会学、心理学和博弈学的催生下，诞生了一些更惊人、更可信的想象，如危急幼稚症、黑暗森林法则、威慑学等，这些想象不是凭空得来，它奇特，又经得起推敲①，使故事充实，这些特点，成就了目前它在科幻文学领域最高标杆的地位。

截至目前，除了上面提到的《〈三体〉中的物理学》外，还未见到有一定影响力的将《三体》中的物理学概念进行科普的课程、视频等科普作品，这一宝贵的资源尚待进一步有效的利用与开发。

（二）量子物理的专业性科普作品数量少，影响力小

在非虚构类方面，除去物理学专业教学书籍，国内影响力较大的有 2013 年出版的曹天元的《量子物理史话：上帝掷骰子吗？》、2017 年李淼（就是

---

① 参考网友书评：https://book.douban.com/review/5795295/。

前面提到的《〈三体〉中的物理学》的作者）的《给孩子讲量子力学》。此外，苏联瑞德尼克的《量子力学史话》、英国东尼·帕特里克·沃尔特斯的《新量子世界》、德国霍夫曼的《量子史话》等外国科普作家关于量子物理的科普书籍在豆瓣读书网的评分都在 8.6 分以上（评价人数均多于 110 人），也是量子科普内容方面出版多于 20 年的经典科普书籍。

以上作品鲜明地显现出，国外作者的作品影响力和评价综合优于国内作者的作品。曹天元本人及其作品长期以来被认为是科学上不准确、不够严谨的，近年来，由于缺少内容上的更新和大众媒介的推广，他的《量子物理史话：上帝掷骰子吗？》也逐渐平淡于图书市场之中。

1. 文字类生涩难懂，过于专业以及缺乏传播技巧

在京东网图书销售类下，英国科普作家的《量子纠缠：上帝效应，科学中最奇特的现象》排名靠前。但书中大量的公式推导以及用来作比方的"简单的"数学计算模型（但是对于文科背景的读者来说，并没有起到解释作用），读者往往需要硬着头皮，靠毅力才能读完，就不用多说会有什么样的影响力了。

2017 年，在中国科学技术协会推荐的年度科普作品名单中，还有一本美国作者的《量子时刻：奇妙的不确定性》。应该说，该书很可贵地将我们的文学艺术与量子物理的发展与影响相结合，既解释了量子物理许多专业术语在大众媒体和流行文化中的扩大化和误读，也利用"插节"（插在章节之间的一部分较短的内容）解释了黑体的辐射率公式、玻尔的量子跃迁、量子的随机性、二象性等理论形成，对于没有学过高阶数学和系统物理知识的成年人来说是深浅恰当的读物。可惜的是，由于缺乏推广传播技巧，这样一本合适的书也没有获得相应的影响力。

2. 视频类以国外自媒体科普作品为主，国内制作能力相比国外差距较大、制作力量零散

目前在哔哩哔哩视频网站上拥有 22 万多粉丝的传播数学和物理知识的视频内容制作者"3blue1brown"是国外创作者，而前面提到的《量子纠缠：上

帝效应，科学中最奇特的现象》一书在解释光子偏振现象时，远远不及Veritasium（另一个颇有影响力的国外科普视频专业制作者）的视频所呈现的那么简单明了。

总体来说，只要在网上检索过量子物理的科普视频，就会发现，能把问题讲清楚的基本都是外国的内容制作者（当然国外作者也有大量的不合格作品在网上传播）。国内最具影响力的数理科普内容作者之一目前应该是李永乐老师，其微博已有 220 多万名粉丝，在各大视频网站上也有非常多的用户将其视频分享转发。但与科幻文学界的刘慈欣一样，他们都是数理类乃至量子物理科普内容界的零散星光，远远不足以应对正在不断增强的量子物理内容的科普需求。

四、以量子物理为代表的数理知识科学普及的几点建议

（一）注重知识点本身的科学性、严谨性

曹天元在接受媒体采访的时候曾说，科学家不一定懂科普，因此科普应当交给专业人员去做，科学普及本质上是科学内容的大众传播。虽然说的没错，但科学家也绝不应该在科学普及的过程中缺席，他们有必要为科学普及的内容把准科学标准，至少，应当给予科普传播者可靠的知识支撑。这也是科学普及与大众传播的不同之处，只有注重了科学知识点本身的科学性，才是真正的科普，否则与传播伪科学并无不同。

（二）注重科学史与社会意识形态相关联的叙述

科学史研究者吴国盛教授在他的《科学的历程》中开篇明义点出了学习科学史有助于理科教学，有助于理解科学的批判性和统一性，有助于理解科学的社会角色和人文意义。其中第三点作用，在尤瓦尔·赫拉利的《人类简史》《未来简史》中体现得尤为明显。如果仅仅只是了解知识点的内容，是不会想到它如何与我们的社会意识形态产生互动的，赫拉利的这两本历史学畅销书很好地解释了其中的关系。而在以量子物理为代表的数理知识的科普学

习中，通过我们更有体会的文化艺术政治等意识形态的感受和思考，确实有助于理解量子物理的一些理论设想，这一方法对于文科背景的受众来说尤为重要。

一些量子物理科普作品在一定程度上就是在讲量子物理的科学史，但如何能够将知识内容与其历史发展分配得当、叙述清晰就是科普创作中的关键难点了。

（三）用语言或比方对公式进行解释

如前文所提到的，在量子物理的科普中，公式必不可少，但过于依赖公式反而不会起到解释知识点的作用。因此，站在不了解高阶数学和物理受众的角度，对公式中的关键部分用语言进行解释就显得事半功倍。同时，通过对公式中的关键部分进行解释，还能够让受众了解推算理论的科学思维。

（四）注重传播技巧和量子物理等数理知识科普内容制作力量的培养

吴国盛教授曾在《科学的历程》的自序中谦虚地将这部科学史畅销书归功于其出版社运作有方，这其实非常客观地说明了推广等传播技巧对于科普作品影响力和科普效果的重要性。前面所提到的李永乐老师也是通过流量平台才突然间进入大众视野的，这里不是说科普需要追求名声，而是说，一些优质但很少人知道的内容，可以通过运用大众传播技巧来加强科普效果。

上海科技馆曾推出"在量子剧场卖鸡蛋"的科普剧表演，通过故意设置"设备故障，演出无法正常开展"将观众带入科普剧当中，通过鸡蛋是一个一个地卖来说明量子的不可分割性。它既巧妙地运用了即兴表演、观众参与戏剧的传播技巧，又将科普剧与简短有效的知识点相结合，从而达到了非常有力的传播效果。

（五）将量子物理等数理知识科普纳入新时期公民科学素质

2016 年 4 月，由科学技术部、财政部、中央宣传部牵头，中央组织部等 20 个部门参加制定的《中国公民科学素质基准》正式发布，其中"第十一条掌握基本的物理知识"所涵盖的 8 个基本知识点尚未提及量子物理相关知识。鉴于量子物理已经作为物理基础理论成为许多常见技术的支撑，且对社会意识形态已经产生深刻影响的现状，建议应当将"了解量子物理理论的基本思想原理"加入第十一条的基本知识点中去，让具有科学普及和科普研究职能的机关事业单位能够更有针对性地开展此类知识的深入研究工作，从而加强量子物理等数理知识的普及程度。

五、结语

综上所述，在量子物理科普需求大增的环境下，借助科普事业专业化的良好发展趋势，对案例进行对比分析总结，能够直接帮助科普人进行更有效的科普，也能够帮助缺乏基础的科普需求者运用简便方法更好地理解量子物理等数理知识，从而让从前陌生的数理知识真正走进人们的生活，帮助人们更好地理解社会现状和未来发展。

参 考 文 献

[1] [美] 罗伯特·P. 克里斯，阿尔弗雷德·沙夫·戈德哈伯. 量子时刻：奇妙的不确定性 [M]. 刘朝峰，译. 北京：人民邮电出版社，2016：24.

[2] [美] 罗伯特·P. 克里斯，阿尔弗雷德·沙夫·戈德哈伯. 量子时刻：奇妙的不确定性 [M]. 刘朝峰，译. 北京：人民邮电出版社，2016：127.

[3] 中国新闻网. 中国成功发射全球首颗量子科学实验卫星 [EB/OL] [2018-08-16]. http://www.chinanews.com/gn/2016/08-16/7973424.shtml.

[4] [美] 罗伯特·P. 克里斯，阿尔弗雷德·沙夫·戈德哈伯. 量子时刻：奇妙的不确定性 [M]. 刘朝峰，译. 北京：人民邮电出版社，2016：182.

《全民科学素质行动计划纲要》实施考核评估的探索与实践

杨金河　张新华　马素芹

（河南省科学技术协会，郑州，450008）

摘要： 考核评估是推动《全民科学素质行动计划纲要（2006—2010—2020年）》（以下简称《科学素质纲要》）顺利实施的重要环节和有效手段。近年来，河南省在实施《科学素质纲要》过程中，不断探索考核评估方法，完善考核评估体系，建立考核评估制度，有力推动了《科学素质纲要》的实施，收到了良好成效，也为深入实施《科学素质纲要》奠定了良好基础。

关键词：《科学素质纲要》；评估机制；科普

Practice and Consideration of Assessment about the Implementation of *Outline of National Action Scheme of Scientific Literacy for All Chinese Citizens*

Yang Jinhe　Zhang Xinhua　Ma Suqin

（Henan Association for Science and Technology，Zhengzhou，450008）

Abstract： Assessment is an important link to guarantee the implementation of *Outline of National Action Scheme of Scientific Literacy for All Chinese Citizens* （abbreviated as *Outline of Scientific Literacy*）. In recent years，Henan Province has continuously explored the methods，improved the system and established the

作者简介：杨金河，河南省科学技术协会副巡视员，高级会计师，主要研究方向：科普管理和科普场馆建设。e-mail：jinhe_2008@qq.com。张新华，河南省科普中心副主任，主要研究方向：科普管理与科普活动。e-mail：hnkxsz@163.com。马素芹，河南省科普中心高级农艺师，主要研究方向：科普管理与科普活动。e-mail：hnskxszbgs@163.com。

system of assessment in order to implement *Outline of Scientific Literacy*. Not only did Henan Province strongly promote the implementation and achieve good results，it has also laid a good foundation for the implementation of *Outline of Scientific Literacy*.

Keywords：*Outline of Scientific Literacy*；assessment mechanism；science popularization

《科学素质纲要》自 2006 年颁布实施以来，河南省按照"政府推动、全民参与、提升素质、促进和谐"的工作方针，坚持大联合、大协作，积极推动全民科学素质工作。其间，河南省全民科学素质工作领导小组办公室（以下简称省素质办）对各地各部门《科学素质纲要》实施考核评估工作进行了积极探索和实践，通过采取年度考核、中期评估、督查检查等方式，逐步建立并完善了考核评估机制，促进了我省全民科学素质工作的持续健康发展。

一、考核评估的目的和意义

（一）考核评估是保障《科学素质纲要》实施工作的必然要求

《科学素质纲要》围绕提高全民科学素质目标，提出了青少年、农民、城镇劳动者、领导干部和公务员等重点人群行动，并配合实施科技教育与培训等 6 项基础工程，还规定了在政策法规、经费投入、队伍建设等方面应提供的保障条件。[1] 河南省全民科学素质工作领导小组由省委组织部、省委宣传部、省教育厅、省科协等 32 个省直部门、单位组成。面对参与部门广、工作头绪多、实施任务重等诸多问题，省科协作为领导小组办公室牵头单位，只有通过在协调、服务、检查、督促等环节下功夫，才能够凝聚各部门力量，动员全社会广泛参与，推动全省《科学素质纲要》工作顺利实施、健康发展。

（二）考核评估是扎实推进全民科学素质工作的迫切需要

为促进《科学素质纲要》各项任务落实，我们在每个五年计划起始，提请省政府印发全民科学素质行动计划实施方案，省政府与各省辖市、省直管县（市）政府签署《落实全民科学素质行动计划纲要工作目标责任书》。省素质办每年将《科学素质纲要》任务分解到各成员单位，印发年度工作要点。通过运用科学的方法、合理的标准和完善的程序开展督导落实、考核评估，是目标责任考核工作的重要环节，也是检验实施方案、目标责任书、年度工作要点确定目标任务是否得到切实落实的需要。

（三）考核评估是完善全民科学素质工作长效机制的重要措施

考核评估是对《科学素质纲要》实施工作进行阶段性系统、客观的评价。对《科学素质纲要》的实施情况进行监测，并对各项重点行动、基础工程以及相关的科普活动效果进行评估，是保证《科学素质纲要》目标顺利实现的重要环节和工具，也是保证《科学素质纲要》实施效果的有效手段。[2] 对《科学素质纲要》实施过程及效果做出实事求是的评价，为《科学素质纲要》实施工作和提高公民科学素质提供衡量尺度和指导，可以使各级全民科学素质工作领导机构及时掌握《科学素质纲要》实施情况，判断《科学素质纲要》目标的实现状况，科学总结和分析《科学素质纲要》实施过程中的经验教训，不断完善《科学素质纲要》的各项目标任务，合理配置《科学素质纲要》实施工作所需资源，从而不断加快推进《科学素质纲要》实施进程。[3]

二、考核评估工作的探索与实践

（一）领导重视，逐步建立健全目标管理考核指标体系

我省高度重视《科学素质纲要》实施工作，2013 年省政府与中国科学技术协会签署《落实全民科学素质行动计划纲要共建协议》，省政府分别在 2014 年、2016 年与各省辖市、省直管县（市）政府签署目标责任书，时任副省长徐济超明确提出"加强督促检查，确保责任目标的圆满完成"要求。在省政府统一领导下，"十一五""十二五""十三五"末及中期，由省素质办组织领导小组各成员单位，对各地各部门落实《科学素质纲要》情况进行督

查、考核。2013年、2015年分别开展了全省公民科学素质状况抽样调查。为加强纲要实施考核评估工作，2017年制定印发了《河南省全民科学素质行动计划纲要实施工作考核办法（试行）》，年底对各地落实纲要情况进行了年度考核评估，考核结果经省政府审定后向各省辖市、省直管县（市）政府通报反馈。

（二）加强调研，科学制定监测考核目标内容

我们在开展纲要中期评估和督查检查的基础上，学习借鉴兄弟省份经验，结合我省《科学素质纲要》实施工作实际，拟定了《科学素质纲要》实施年度工作考核办法，并广泛征求各成员单位和市县素质办的意见。考核办法突出工作重点，注重工作过程，强化责任落实，考核评估重点是政府及有关部门对实施《科学素质纲要》的重视程度、建立工作机制、落实工作任务、提供保障条件及落实《落实全民科学素质行动计划纲要工作目标责任书》等方面的情况。考核实行百分制评分，按照考核办法细化的目标任务将其量化，构建了涵盖5个项目层、13个子项目层和36个原始指标的考核评估指标体系，考核结果分为优秀（90分及以上）、较好（75～89分）、一般（74分以下）三个档次。

（三）注重实效，严格评估标准和工作程序

各地各成员单位首先开展《科学素质纲要》实施情况自评估，提交自评估报告（含佐证材料），省素质办组织考核组实地抽查，由考核组根据报送材料和平时调研掌握的工作情况逐项考核，得出综合测评分及等次，提交省素质办成员单位考评会审定，最后上报省政府。在考核评估中，一是坚持定量与定性相结合，科学得出各省辖市考核评估得分；二是坚持问题导向，关注各地在《科学素质纲要》实施过程中存在的工作机制、经费保障等难点问题，通过考核评估促进这些问题有效解决；三是将年终考核与平时工作相结合，客观、真实地反映各地《科学素质纲要》实施情况。

（四）强化协调，保证考核评估工作有序开展

省素质办加强考核评估的组织协调，每次督查评估考核前都要向省政府

分管领导汇报，省政府分管秘书长参加协调会并提出具体要求。各地各成员单位按照要求，将自查作为检验《科学素质纲要》实施成效、推进《科学素质纲要》深入实施的有效措施，重点对照《科学素质纲要》实施情况查问题、找差距，研究改进措施，有序地开展自查工作，以查促提高，以查促规范。各成员单位、各省辖市按时上报自查工作总结和调查表。各成员单位按照省素质办的统一要求，分赴各市、县进行实地检查，帮助基层厘清工作思路，完善工作措施，强化工作责任，落实工作任务。

三、考核评估实施效应

（一）提升了各级党政领导重视程度

通过多年来的考核评估实践，不断发掘和改进《科学素质纲要》实施工作存在的薄弱环节和问题，有效促进了我省全民科学素质工作。特别是省素质办将考核评估等次向各地市政府通报反馈后，得到各地政府领导的高度重视，获得优秀等次的省辖市领导批示要再接再厉，取得更好成绩，未获得优秀等次的省辖市领导表示要学习先进，争取尽快晋位升级。

（二）保持了《科学素质纲要》实施机构的稳定

由于省委省政府的重视和支持，在 2013 年和 2017 年两次省政府议事协调机构清理工作中，我省全民科学素质工作领导小组予以保留，省直成员单位由 2006 年成立时的 17 个逐步增补为 32 个，18 个省辖市、160 个县（市、区）都建立并保留了领导小组，全省自上而下保持了较为完整的科学素质工作体系，为我省的《科学素质纲要》实施工作提供了可靠的组织保障。

（三）优化了《科学素质纲要》实施的保障条件

全省各级财政不断增加对科学素质工作的投入，将科普经费纳入了各级财政预算。自 2016 年以来，全省科学技术普及工作支出 8.7 亿元，省级筹措资金 1.1 亿元。郑州市每年落实素质办专项工作经费 48 万元，所属县

（市、区）每年落实素质专项工作经费合计 200 万元，并将全民科学素质表彰纳入政府表彰序列。平顶山市等 4 个省辖市、75 个县（市区）将提升全民科学素质工作纳入政府目标考核范围。省安全监管局、省国土资源厅、省气象局、省农科院等部门单位将全民科学素质工作纳入本部门年度工作目标进行考核。漯河市对《中华人民共和国科学普及普及法》《河南省科普条例》贯彻实施情况进行执法检查，为全民科学素质工作创造了良好的政策环境。

（四）促进了《科学素质纲要》实施工作的健康发展

通过各地各部门的努力，联合协作，我省重点人群科学素质行动扎实推进，科技教育、传播与普及工作广泛深入开展，科普资源不断丰富，大众传媒特别是新媒体科技传播能力明显增强，基础设施建设持续推进，人才队伍不断壮大，公民科学素质建设的公共服务能力进一步提升。2018 年，我省公民具备基本科学素质的比例已达到 8.04%，超过了中部地区 7.96% 的平均水平，位次也从 2010 年的全国第 22 位上升到第 14 位。

四、存在问题和不足

从近年的考核评估工作实践来看，虽然取得一定成绩，但还存在一些问题和不足。一是，虽然对《科学素质纲要》评估考核指标体系进行了不断完善，实现了由定性向定量的转变，但是，由于被评估成员单位部门机构职能差别较大，业务范围各异，很难用"一把尺子"去衡量；二是考核评估大多安排在年底，与各地各部门集中考核检查在时间上发生冲突，考核评估需要提供大量的佐证材料，使得基层感到有压力；三是有些指标难以量化，定性比较笼统，部分指标只能靠实践经验判断，操作性不强，尽管采取了提供自评报告、实地查看、座谈了解等办法，但有时凭主观印象打分、凭感觉打分的问题仍然存在。

五、完善考核评估体系的对策和建议

科学素质是实施创新驱动发展战略和全面建成小康社会、奋力实现中国梦的群众基础和社会基础。科学完备的考核评估体系对于提高考核评估工作的公正性、客观性、科学性，进而推进《科学素质纲要》实施具有重要的作用和意义。针对存在的问题和不足，结合我省考核评估工作实际，提出以下对策和建议。

（一）进一步推动将全民科学素质工作纳入各级党委、政府绩效考核

《科学素质纲要》实施是党委领导、政府负责、社会各方面共同参与、全体公民受益的一项社会工程。《科学素质纲要》明确提出了各级政府要把实施《科学素质纲要》的重点任务列入年度工作计划，纳入目标管理考核。各级党委、政府要把全民科学素质建设纳入绩效考核范围，作为评价地区发展水平、发展质量和领导干部工作实绩以及创建文明城市、文明单位的重要内容。各级素质办要结合实际，制定考核评价实施细则，建立健全《科学素质纲要》实施督促检查、考核评估机制，确保《科学素质纲要》的各项任务落到实处。

（二）建立完善《科学素质纲要》实施考核评估信息管理系统

信息化建设已经成为今后考核评估工作的发展趋势。建立考核评估信息管理系统，既能够及时反映各地实施《科学素质纲要》工作的成效，也能为各成员单位深入参与考核评价创造机会和条件。目前，我省已初步建成《科学素质纲要》实施管理系统平台，下一步将运用平台构建纲要实施考核评估信息管理系统，不断增强《科学素质纲要》实施监测的科学化水平，推进考核评估工作的深入开展。

（三）制定科学、切实可行的考核评估细则

《科学素质纲要》提出，到 2020 年要形成比较完善的公民科学素质建设

的组织实施、基础设施、条件保障、监测评估等体系，具备公民科学素质的公民达到或超过 10%，这是《科学素质纲要》实施的总体目标。各地在制定考核评估体系时，既要坚持总体目标，也要结合当地实际，选择一些反映当地重点活动工作的考核评估指标，探索设计有针对性的个性指标，避免评估工作大而化之，流于形式。注重定量与定性相结合，尽量定量考核，可操作性强，避免选择不适合衡量考核的指标。

（四）将公民科学素质监测与考核评估工作相结合

实施《科学素质纲要》的目的是提高公民科学素质，检验全民科学素质工作是否达标的一个重要指标就是公民具备科学素质的水平。因此，在制定考核评估细则时，应将公民科学素质水平纳入考核评估体系，并将其是否达标作为优秀等次的一票否决指标。受经费、时间等方面制约影响，如不能在年度考核时参考公民科学素质调查数据，也应 2～3 年开展一次公民科学素质抽样调查。

（五）建议建立全国统一的《科学素质纲要》实施考核评估体系

目前，各地建立了不同标准、各具特色的考核评估办法，建议国家纲要办比较各地考核评估模式，综合分析各种评估指标体系，总结各地成功经验和做法，建立统一的指标体系和评估方法，逐步实现《科学素质纲要》实施考核评估工作制度化、规范化、标准化，不断提高《科学素质纲要》实施工作管理水平和实施效果。

参 考 文 献
[1] 全民科学素质行动计划纲要（2006—2010—2020 年）[M]. 北京：人民出版社，2006.
[2] 全民科学素质行动计划纲要实施方案（2016—2020 年）官方网站资料 [EB/OL] [2018-07-30]. http://www.kxsz.org.cn.
[3] 田德录，方衍. 《科学素质纲要》实施的监测评估理论框架研究 [J]. 科普研究，2008（3）：18-23.

以科普信息化建设促进公民科学素质提升的对策与建议

——以黑龙江省科普信息化建设为例

臧晓敏　刘洪辉　李明珠

（黑龙江省科学技术协会，哈尔滨，150010）

摘要： 本文以黑龙江省科普信息化工作开展情况为例，对科普信息化建设过程中存在的问题进行剖析，提出相应的对策建议，并根据黑龙江省公民科学素质调查结果数据，综合分析科普信息化对本地区公民科学素质的影响，阐述利用信息化手段提升公民科学素质的重要性，旨在为"十三五"时期我国公民科学素质建设提供依据。

关键词： 黑龙江省；公民科学素质；大数据；信息化；研究

Countermeasures and Suggestions on Promoting Citizens' Scientific Literacy through Information Construction of Science Popularization：Taking Informatization Construction of Science Popularization in Heilongjiang Province as an Example

Zang Xiaomin　Liu Honghui　Li Mingzhu

（Heilongjiang Science and Technology Association，Harbin，150010）

Abstract： This article mainly studies the current situation of information

作者简介：臧晓敏，黑龙江省科学技术协会党组成员、副主席，黑龙江省科学素质纲要实施工作联席会议办公室主任，主要研究方向：科普综合等。e-mail：hljgyb@163.com。刘洪辉，黑龙江省科学技术协会科普部部长，主要研究方向：科普公共管理等。e-mail：liuhonghui200902@163.com。李明珠，黑龙江省科学技术协会科普部主任科员，主要研究方向：全民科学素质等。e-mail：hljgyb@163.com。

construction of science popularization in Heilongjiang Province，and comprehensively analyzes the existing problems in the process of information construction of science popularization and gives corresponding suggestions. According to the data of the scientific literacy survey of citizens in Heilongjiang Province，this paper comprehensively analyzes the influence of informatization on the scientific literacy of citizens in the region，and expounds the importance of using information technology to improve the scientific literacy of the public，aiming to provide reference for construction of science literacy during the 13th Five-Year Plan period.

Keywords： Heilongjiang Province；scientific literacy of citizens；big data；informatization；study

习近平在全国科技创新大会、中国科学院第十八次院士大会和中国工程院第十三次院士大会、中国科学技术协会第九次全国代表大会（下称"科技三会"）上指出，党中央颁布的《国家创新驱动发展战略纲要》明确，我国科技事业发展的目标是，到 2020 年时使我国进入创新型国家行列，到 2030 年时使我国进入创新型国家前列，到新中国成立 100 年时使我国成为世界科技强国。进入创新型国家行列要求公民具备科学素质的比例在 10%以上，可是 2015 年中国科学技术协会公民科学素质状况调查结果显示，目前我国公民具备科学素质的比例为 6.2%，黑龙江省公民具备科学素质的比例为 5.07%，当前黑龙江省公民的科学素质与黑龙江省全面振兴的现实需要还有很大差距，还不能有效支撑创新型国家建设和全面建成小康社会。"为提高全民科学素质服务"是党中央赋予各级科协组织的职责定位。公民科学素质抽样调查显示，49.5%的黑龙江省公民利用互联网及移动互联网获取科技信息，其中，将互联网及移动互联网作为首选渠道的黑龙江公民比例达 24.7%。在科技迅猛发展的今天，利用信息化手段提升公民科学素质的重要性毋庸置疑。

一、黑龙江省科普信息化工作开展现状及做法

近年来，黑龙江省科学技术协会在信息化建设上努力探索，不断创新

"互联网+科普"工作新途径,将科普信息化建设作为当前深化科协改革的重要任务和抓手,以点带面,全方位推动全省科普工作转型升级。

(一)实施数字科普工程,加快推进"科普中国"落地应用

将传统科普与现代科普相结合,坚持"借助为主、自建为辅"的发展路径,充分利用各方资源,努力形成"大数据、大联合、大协作"的工作新局面,分类推送、精准服务,以信息化带动科普工作发展和公民科学素质提升,从而满足公众日益增长的多元化科普需求。充分发挥传统媒体和新媒体相融优势,拓展"互联网+"科普阵地,建立了人民网黑龙江、东北网、黑龙江广播电视台、《黑龙江日报》、黑龙江广播电视网络股份有限公司、黑龙江新媒体集团等8家主流媒体科普信息化矩阵,开展科普信息化合作媒体工作督查,定期对工作成果追踪问效,形成了事事有要求、件件有回声的科普宣传工作氛围。精准平台、精准内容、精准对象,推动了黑龙江省科普信息化工作有效、持久、深入开展。目前,已打造"科普中国全媒体传播云平台"、"科普龙江"系列网站及微信公众号、黑龙江省"两微一端"科普方阵等黑龙江特色科普品牌。哈尔滨市更是成为全国首个科普中国社区 e 站全覆盖的城市。"科普中国全媒体传播云平台"在互动平台开设"科普中国"点播专区、在导视频道开办科普专栏、在七彩云手机电视端设立"科普中国"专区,已累计上线科普视频 1000 多小时,点击量达 800 万次;作为"科普中国云项目试点工作"项目内容的黑龙江省"两微一端"科普方阵,已实现"科普中国"APP 装机量 1.1 万次,科普云 PC 端用户访问人数累计 5 万人次以上,7个县级电视台使用、传播"科普中国"科普资源。

(二)建立完善科普网站、专栏,发挥"互联网+科普"的重要作用

"科普龙江"Web 网站、WAP 网站、客户端、"追梦 and 黑龙江青少年科普"微信公众号等传播平台,推送"科普中国"内容 30 000 余条,受众中小学生达百万;东北网开展两期"全民素质大 PK"活动,共有 3144 人参与答题,4000 余人关注了黑龙江科协公众号;截至 2018 年,在全省 2609 个文化村投资 3417.4 万元建设了 2441 个标准化科普宣传栏,全省所有的科普宣传

栏张贴带有"科普中国"标志的科普挂图和海报；实现"三农科普网络书屋"哈尔滨市全覆盖。发挥互联网优势，为广大农民朋友、科教实用人才和科普带头人提供科技致富的实用手段和方法；投入 35 万元资金用于在 28 个贫困县和 7 个省级科普示范县建立网络书屋，传播"科普中国"内容。

（三）建立"手机+科普"信息平台，扩大科普信息化工作覆盖面和影响力

与人民网黑龙江频道联合建设掌云乡村 APP 平台，设置了"龙江头条""科普社区""图解知天下""农业百科""健康养生"5 个栏目。现阶段已在齐齐哈尔、牡丹江、绥化和七台河 4 个市（地）招募 2000 名科普志愿者作为项目推广的"先锋部队"，并与中国电信协调免费向科普志愿者发放 2000 张流量卡，供下载推广掌云乡村 APP 使用；联合人民网黑龙江频道，开展"信息化助力精准扶贫工程"。目前科普无线 Wi-Fi 项目已在海伦、明水和望奎 3 个县落地，总承载人数可达百万，月推送信息 400 余条，总点击量 150 余万；《黑龙江日报》客户端开设"科普龙江"专栏，推送"科普中国"文章 180 篇，切实提高了领导干部和公务员的科学素质；"龙江靠谱"微信平台每周固定推送两期内容，已完成 79 期 158 条推文，开发网络科普挂图百余种；开通了微信公共平台——哈尔滨科普。与中国电信合作，针对社区居民和公务员需求，每周向社区居民手机发送科普信息。

（四）深化与传统媒体的合作，巩固传统媒体科普宣传阵地

齐齐哈尔电视台改版"生活新主张"节目，设立"科普中国"栏目，每周播出 4 次，每次 3 分钟，各频道重播 3 次，目前已经播出 96 期近 300 频次；《黑龙江日报》开设"科普中国"专栏，设立"科学素质提升·全民总动员"系列专版 2 个、专栏 7 期；《佳木斯日报》开设科普专栏，并在微信公众号平台已发送科普推文 33 条，覆盖人群超过 5.6 万人；《哈尔滨日报》开设"离不开的科学知识"专栏，编辑出版《PM$_{2.5}$ 污染防治 110 问答》1.5 万册，"哈尔滨市食品安全科普知识"丛书 4 万册，免费发放给社区居民；编印了30 余部《图说马铃薯栽培技术百问百答与品种介绍》《图解雾霾百问》《2018

年科技备春耕生产建议》等科普读物，编发了有关公共安全、生态环境、乡村振兴战略等内容的科普挂图 100 余种。

（五）搭建科技传播平台，推动科普信息化传播载体多元化

黑龙江广播电视台龙广乡村台利用"龙江科普惠农云服务"平台，以"惠农热线"节目为纽带，打造农民的"空中科普大篷车"。针对农业时令、农民咨询反馈、国家最新政策发布等邀请专家上线"惠农热线"节目并参与微信平台互动，宣传农业技术知识，解答农民技术疑难，指导农民科学生产，近 10 万用户关注。"惠农热线" 2018 年上半年共制作播出 120 期栏目，每周推送 2 期"科普中国"内容，播出"龙江科普小贴士"，用"三分钟科普趣味讲解"方式宣传科普知识，共制作图文内容 604 篇，图文点击量 480 万，转发量 12 万次，为推动农民科学素质提升发挥了重要作用。为进一步提升领导干部和公务员的科学素质，黑龙江新闻广播在早间版"行风热线"节目中开设"科普进行时"专栏，每周三、周四播出，时长 3~5 分钟。"科普进行时"依托"黑龙江行风热线"微信公众号平台，共制作微信推送近 74 期，阅读量超过 4 万人次。开发科普游戏。大力开展科普视频等科普创作，推动科普游戏开发，利用 2018 年全国科普日活动期间推出的"科技创新成果知多少"闯关游戏活动，加大科普游戏传播推广力度。

二、黑龙江省科普信息化建设现状及面临的困惑

黑龙江省科普信息化建设虽然取得了一定成绩，但与先进地区相比还存在一定差距，主要表现在：一是财政投入力度不够。科普信息化工作的推进落实需要资金支持，目前采取省市县三级科协共建的方法逐步推进，而科普信息化工作的落地动辄十几万元、几十万元的投资，在实际操作上确实是捉襟见肘。2018 年 4 月，通过开展《全民科学素质行动计划纲要（2006—2010—2020 年）》实施工作"十三五"中期实地检查评估工作发现，个别市（地）科普经费刚刚实现零的突破，仅有几万元财政资金，信息化建设工作变得很被动。二是优质网络科普资源匮乏。目前，各市（地）普遍缺乏一支具

有专业素养的稳定的科普创作人才队伍，优质网络科普内容原创不足，大量科普网站或栏目更像一个中转站或信息公告栏，同质化现象严重，助长了科普网站的虚假繁荣。存在着自然科学普及与哲学社会科学普及"一手硬、一手软"的现象。三是共建共享的力度不够。依托社会资源、动员社会力量参与科普信息化建设的共建共享机制还需进一步完善。现如今，科普信息化建设仅仅依靠科协一家来建设，"单打独斗"，力量有限，资源利用率低。四是科普信息化发展不平衡、不充分。哈尔滨市等经济发展较好的地区，科普信息化开展得如火如荼。伊春、双鸭山等市科普信息化水平不高，基层科普信息化终端建设数量少，覆盖面小，与公众需求还有很大差距。农村社区科普信息化发展较城镇社区相对落后。

三、加快黑龙江省科普信息化建设进程的对策与建议

中国共产党第十九届中央委员会委员、中国科学技术协会党组书记、常务副主席、书记处第一书记怀进鹏指出，科普的价值与意义需要进一步认识和挖掘，互联网时代为科普发展提供了新的平台机制、传播载体和资本力量。科普的信息化是当前科普工作的焦点，工具理性与价值理性相互融合并相互增强。[1]近年来，学界对科普理论进行了较为全面的研究，特别是对科学传播的特点、模式、路径等都有较好的研究，提出了诸如"精准科普""立体科普""互联网+科普"等概念，对推动当前科普工作具有很好的理论支撑作用。此外，科普工作也趋于多元，除了各类科普展览、电视节目等传统的科普手段外，利用"两微一端"等新媒体开展科普工作日渐盛行，效果良好。《黑龙江省公民科学素质行动计划纲要实施方案（2016—2020年）》的总体目标是：到2020年，公民具备科学素质的比例达到10%。"十三五"期间，黑龙江省将重点实施四大重点人群科学素质行动和六大基础工程，以问题为导向，补齐短板，通过重点人群科学素质显著提升，带动公众科学素质水平普遍提高。

（一）敢于创新、积极作为，加强科普供给侧改革

信息化手段的运用，使科学知识 0.12 秒就能传到世界的每一个角落，单一的图文展板、画册等形式已经不能满足社会公众对科普知识的需求，科协组织要深入推动传统科普资源向新媒体科普资源转化。一是继续搭建龙江社区科普平台、科普惠农云服务平台、《黑龙江手机党报》和"行风热线"微信平台、龙江科普微信平台、公务员科学素质在线学习和考试平台，继续开展青少年科普信息化建设；二是扩大"科普中国"覆盖面和品牌影响力。继续与黑龙江广播电视网络股份有限公司合作创建龙江科普全媒体云平台，覆盖全省 500 多万家庭用户、50 多万手机电视用户（年轻群体）。充分利用传统媒体和网络直播等手段，展播"科普中国"视频和龙江科普活动成就。三是鼓励推动省科协直属单位开展科普报纸杂志数字化出版的有益探索。积极推动与学校、社区、医院、地铁、公交、车站、机场、电影院线等公共服务场所以及移动服务运营商、移动设备制造商的合作，将优质科普内容作为公益性的增值服务提供给公众，推动实现"科普中国"在哈尔滨市地铁、公交的有效覆盖。四是积极打造市、县（区）科普信息化工作平台。在更多的县级以上电视台、广播电台开设科教栏目，增加科普内容播放时间和转播频率。充分利用青少年科普 e 站、农村科普 e 站等基础设施，在所辖区共享并推广"科普中国""龙江科普""惠农热线"等现有微信科普品牌，提升辖区科普服务水平，逐步形成"互联网+科普"的工作局面。

（二）搭建平台、创新手段，推动"科普龙江"品牌推广

2018 年 8 月，准备成立以"资源通融、内容兼容、宣传互融"为宗旨的"黑龙江科学传播融媒体联盟"，形成线上和线下互动的科学传播格局。黑龙江科学传播融媒体联盟是由省内报纸、电视、电台、广电运营商、新媒体及媒体研究机构等单位自愿组成，以资源共享、优势互补、共同发展为基础，推动媒体与科学融合传播理论与实践创新发展的协作组织平台。在新时代背景下，打造黑龙江科学传播融媒体联盟，弘扬科学精神，发展科学文化，充分发挥各联盟成员优势，使单一媒体的竞争力、传播力、影响力变为多媒体

融合发力，共同促进科学传播学术研究，创新开展形式多样的科学传播实践，不断开创龙江科普工作新局面，为龙江全民科学素质提升和龙江全面振兴服务。

（三）共建共享、精准推送，提升科普服务公众能力

实现科普资源的共享应用。在大数据技术的支撑下，为全省科协系统、科研院所、高等院校、媒体等单位提供免费服务，为社会和公众提供科普资源支持。让科普内容的生产实现个性化、定制化，满足特定的信息消费受众的要求。一是下大力度组织专业人员设计制作原创科普作品，并加强著作权保护意识。组织惠农专家服务团制作"农业科普"原创文章，组织医院和大学教师等队伍制作"健康科普""青少年"科普类的原创文章、挂图，让大众通过扫一扫、收藏内容等措施轻松将科普挂图、科普知识的内容利用碎片化的时间随时随地阅读，通过分享朋友圈让更多的朋友参与学习。二是聚集市场力量做科普。充分运用市场机制，通过版权购买、合作、活动取得等形式，征集大量数字科普资源，搭建数字科普资源库。通过在网站、微信平台中设置竞赛评奖、作品征集等栏目的方式，吸引和鼓励广大受众参与科普作品的创作。打造热点焦点科普微信平台，建立"应急资源库"，能够在突发事件发生后及时播出。三是积极支持网络科普游戏、手机科普游戏等资源的开发。鼓励省科协与各行业学会、高等院校、高科技动漫企业等跨界合作开发科普游戏。借助科普信息化及大数据的发展趋势，与新华网打造科普动画形象"普普新"，"普普新"言论代表真实的科学原理，针对时下热点焦点科普话题，通过图片新闻或 MG 动画解释科学真理，普及科学知识。开设科普权威发声专栏"科普调查局"，针对健康医疗、环境保护、绿色食品等，做好权威、及时全面科普宣传。四是借力网络"大 V"玩跨界。继续开展黑龙江广播电视台送科普进社区等活动，将文化娱乐、艺术等非传统科技科普界的人士，如省广播电视台名主持人引入科学传播活动中来。他们的加盟可以有效地把那些不知道科普或对科普不感兴趣的人群发展成科普的对象，在实现科普资源的有效集成和共享的同时，进一步满足公众个性化的科普需求。五是加强与社会优质科普资源的互联互通。与中国数字科技馆进行衔接，实现科

普资源共享共用。除优化网站版面设计外，还要以"关注科技前沿、紧抓社会热点、图文视频并举"为目标，对科学知识进行通俗易懂的内容表达，建立热点监控、受众定制、研发创作、实时发布、精准推送、信息反馈的网络科普体系。要强化科普与人文、艺术的整合，综合运用增强现实（AR）、虚拟现实（VR）等多种表现形式，增强科学传播的吸引力。六是按照黑龙江、广东两省科协签署的对口合作协议，共同推进公民科学素质提升。深入实施《全民科学素质行动计划纲要（2006—2010—2020年）》，推动各项任务和目标的落实；共同探索科普基地建设新模式，联合推介科普旅游产品，共享科普信息化资源，突进科普资源进社区、进学校、进农村；建立有效推动科普工作的新机制，为创新驱动发展厚植群众土壤。

（四）明确目标、拓宽视野，进一步加强科普传播人才队伍建设

黑龙江省科普传播迫切需要既具有科普专业知识又具有信息素养的复合型人才。应积极通过举办新媒体科普大赛等活动，广泛征集科普新媒体作品，通过"走出去、请进来"的方式，吸纳科普新媒体人才。一是尽快恢复黑龙江省科普作协的主体地位，建设一支规模宏大、结构合理、素质优良的科普人才队伍，激发各类人才的创新活力和潜力。二是调动社会力量做科普。充分发挥省级学会科普主力军作用，动员鼓励会员参与科学传播，强化科普信息传播的专业性。三是探索建立包括认证、考核、监督、评价、奖励的激励机制。以"黑龙江省科普讲解大赛""黑龙江省科普达人秀大赛""黑龙江省优秀科普微视频作品推荐活动"等比赛和活动为契机，汇总获奖人员信息，建立科普人才资源库。四是加强科普志愿者队伍建设。目前，全省登记注册的科普信息员首次突破10 000人，在全国各省（自治区、直辖市）中排在第11名。充分发挥科普信息员的作用，建立科普传播长效机制，广泛传播"科普中国"内容，让弘扬科学精神的理念深入人心。

四、结语

综上所述，科普信息化建设在提升公民科学素质建设方面发挥的作用日

益显著，但是同样面临部分待解决的问题。我们认为，在未来发展的进程中，还要将加强科普供给侧改革、强化科普信息化战略思维、精准推送作为核心，加强科普传播人才队伍建设，有效促进本地区公民科学素质提升。

参 考 文 献

［1］中国科协学会服务中心. 中国科协召开科普信息化工作专家座谈会［EB/OL］［2018-05-14］. http://www.castscs.org.cn/indexdzb/14197.jhtml.

新时代城镇社区科普及其壮实发达探析

曾 铁

（上海开放大学徐汇分校，上海，200032）

摘要：城镇社区是科普广场与文化公社，社区科普要增大魅力，吸引居民参与，重在为居民添新知，使之绿色生活及其工作、进步得益于科普。合适、实在、有用是科普要素，实现科普目的、价值，科普应与居民所思、所要相匹配。社区科普者是科普信息快递员，需回应居民需要，提供优质科普信息，使居民们满意。社区科普应强化当下性、正确性、针对性；立足、发挥区位优势，找准科普方向，让科普增能提效，使社区科普自立于科普之林，科普者要奋斗。

关键词：社区科普；科普质量；居民健康；全面小康；美丽中国

Analysis on Development of Science Popularization of Urban Communities in the New Era

Zeng Tie

（Shanghai Open University，Shanghai，200032）

Abstract：The urban community is a platform to popularize science and exchange culture. So as to attract more residents and spread knowledge to more people，science popularization of urban communities should focus on environmental protection and some other positive views. Appropriate，practical，and useful are there elements of science popularization，we need to match science with the thinking and needs of the residents to make it more practical. As couriers for

作者简介：曾铁，上海开放大学徐汇分校教授。e-mail：xhydzengtie@sina.com。

science popularization information，workers of urban communities delegating to science popularization should provide high-quality science information to satisfy the residents. And community science popularization should focus on timeliness，correctness and pertinence based on regional advantages and find the direction of science popularization to improve the efficiency.

Keywords： science popularization of communities；quality of science popularization；residents health；comprehensive well-off；Beautiful China

一、关于科普和城镇社区科普及其丰盛的思量

（一）普及科学知识、方法，助受众生活、工作与科学发展同向是科普的职责

科普（科技传播、科学教育）是扩散科学文化、现代文明的方法与举措，是受众汲取科技知识、科学思想等的主渠道。科普是科学文化（科学知识、科学方法，科学思想、科学精神和科学意识、科学行为是其"像素"）的组成及其传播方式，是社区文化、城镇文化（居民价值观念、行为方式、审美情趣等的综合体与表现）的重要部分；科普及其繁茂乃人的现代化和科学发展的刚需，它是迷信、落后现象的狙击手、碾压机。科普属文化大繁荣和生态文明建设、社会建设、经济建设等的基建项目与抓手，发展、壮大科普是应然、必需[1]，现下仍要强化科普重要性、必要性共识[2]，应继续使科普上扬。城乡社区是科普大市场、大通道，让居民们学科学、用科学和亲智、爱智，有见识、不失自己以及推进社区管理，创造高品质生活，科普都是必有项目与"法门"。科普、科学文化属完美社会和创造世界的内动力；科普是重要的资讯和文化资源，对人的全面发展和社会进步而言，优质科普具有推动性、塑造性、永恒性，经济是社会发展的速度，高品质科普则是社会昌盛、文明的加速度。科普是受众的便当，是给受众的伴手礼，助受众向上走、过好日子和培养公民，促进可持续发展是科普的禀性与基调；科普有利于受众思想操练[3]、富裕思想，有益于精神改革开放与社会革故鼎新、向前

进。力推我们写好"人"字，全面落实碳管理与环保，科普是个好东西；良好的生活和抬升国民幸福指数（百姓幸福感与生活满意度全面、科学的量化数值）需要科普辅佐、庇护、促进。科普是家庭教育、学校教育、社会教育基本、常有的学科，传输科技知识、真理，弘扬科学精神，在生活领域扶正压邪，"叫醒"一些居民[4]，科普应长期"服役"，并且要高调。

科普就是力量，科学文化是智慧和精神能力、精神定力，居民与科普握手、利用科普消息能致远，有美好生活；通过科普进商场、进社区、科普集市等活动将科学种子植入受众之心是科普的手段，让科普生活化和科普受众、提携受众乃科普壮大的定位与落点。文化建设、振兴文化[5]，文化育民、文化慧民，繁荣科普是内容与保证；扩大科普框架、丰富科普内涵，让居民就着科普生活，使之人生素、简是科普茂盛、进阶的方向。国民"阳光"、进步，为社会发展多做贡献需给思想除尘[6]，科普、科学文化是良好的清洁剂；全领域助推绿色发展[7]、全民健康和增进我们的福祉，科普当增大与实需的对接度、契合度与提高受众科技素养。科普能扩张受众视界、增长其智力，可改善受众行为和提升受众；科普有立竿见影之效，也有潜移默化之力，多元、多侧面地推进低碳生活、工作，科普当仁不让且要全时空、全天候效劳。科普助社会发达、文明的累积效应大，增强国民活力，促使总体创造力蓬勃、创意充沛，科普是发动机、充电器；让科普是"人间的四月天"，增加科普产品，提升科普产品质量与加大科普绩效为要。我们的生活、工作与科技、科普关系密切，接受科普是文化、生活选择，是现代生活的内需，助大家吉祥、幸福生活，要让国人与科普同行，生活、工作与科普共振；让我们理性地打量、思考周边现象和生活问题等，使大家内省、掌控自己的命运，增加人生高度，需要质量如教科书般的高级科普，需有"美容力"强的科普。科普是成人教育、继续教育、开放教育和社区教育的项目化内容，又是让城乡繁荣、靓丽的无形利器。科普、科学文化是文化、文明的有机分子和社会全面进步所需的"芯片"，科普可增强受众的感悟性、生活力、工作力，能激活、增大劳动者的工作内驱力、创造力。

（二）社区科普要引导、迎合并存，重在使居民纳用科普，让居民家乐福、社区漂亮

社区文化建设是城镇文化、城镇文明建设和"美丽中国"的基础，对于促进、维持人际关系和谐与提高社会文明度有重要意义和作用。科普是传送、渗透先进文化、文明的粗、直管道，推动社区文化发展，提高社区文化建设水平，社区科普（以居民为对象，多角度、多途径普及科技常识、方法和科学思想、理念等，从而助居民科学地生活、工作是其定义）及发展是重要内容与任务。科学文化属科普与大众传播的基本成分[8]，社区是科普、科学文化生长、昌盛的沃土；科普，惠民、益社区，增强居民科学的思维能力，让他们精神不老、生活安逸和助推城市化、新型城镇化建设，社区科普应加量、升阶。科普以居民及其发展为中心，增加居民心智，提高居民、社区层次，社区科普要能支使居民；使居民理解复杂的世界，少焦虑、心不累，在公共场合"光鲜亮丽"、雅致[9]，科普要关照、频发力。社区是科普的良好栖息地与科普示范区，科普有一本万利的能效，它应不打烊和量效齐升；社区科普是大众科普一个子系统，它属居民的"百货店"。力助居民修身，让他们不被落后、迷信裹挟，科普要细无声、"响亮"并举；增强居民健康和自我修复能力，助他们有精神追求、人生丰富和让中青年居民等在科普中成长，社区科普要兴隆、"接地气"。乡镇社区是科普广场与文化公社，社区科普乃科普家族要员，它要吸引居民参与，重在为居民添新知、新觉，让居民与科普结缘，使之生活、工作得益于科普。合适、实在、有用是社区科普要素，达到科普目的、实现科普价值，科普应吸睛、有冲击力，让居民印象深刻，并与居民所思、所要相宜。传达科学文化常识，繁荣家庭文化，助居民除"智障"、向善和强化居民低碳行为、造就低碳城乡是社区科普的担当；增加科普供给，对接文化消费升级，使居民心宁静、整理好生活与提升社区气质，社区科普者当积极作为。增大科普智民效力及其溢出效应，助居民超越自己和缔造健康社区、智慧社区是社区科普取向；科普情资是正向舆论和有用信息的构成，推介、传递健康理念、方法或新概念、新思维等，助居民有修养乃社区科普应有之义。

给力居民刚健、益寿延年，让他们生活圆满、欢愉和完善社区是社区科

普要事；时常接纳科普信息可增加居民生活、工作自助通道，打开居民眼界，使之不为"时髦"等所误和造福居民、"亮化"社区均需要社区科普及其能量。助益居民们适应现代社会和充实人生、增加工作业绩是社区科普的意涵、指向；助力扶智、脱贫或居民心情不生病、生活品质渐涨乃是社区科普之本分。科普、科学文化属于优秀文化，提高居民审辨力、质疑力，让他们无不智的言行和完善其样貌，社区科普当开枝散叶、按需定制，端在牵引力、美化力大和致用、致效。科普是居民生活、进步的必要条件与配置，也是有益于居民工作、生活的"手册"；人的全面发展和绿色发展要规抚科学文化，使居民是"身、脑、心"均在 21 世纪的现代人，启蒙性、现代性、范导性、普适性强的社区科普不能缺少；社会发展和科普没有休止符，科普只有进行时，社区科普属协力推进创新、协调、绿色、开放、共享五大发展不可或缺的分力。科普属居民身心康健所需的"复合维生素"，满足居民们日益增长的美好生活需求，拓宽科普广度、科普昌隆是充分条件；助居民客观地看社会、观世界与阻止生成、化解"巨婴"，[10] 社区科普应驶而不息，增加交互性、作用力甚至全年无休。力助居民减压、解压，使他们早安、晚安或"洗心革面"等，要让居民与科普长期相伴，用科学文化武装居民；增大居民思想开放度与精神享受，使他们心情舒畅、人生不亏，当让居民与科普携手、拥抱。社区是城乡的细胞与代表，它是科普立足、生根、开花的场域，促进居民健康幸福、提升社区品质，丰足、提振社区科普乃须要；丰富居民文化生活，让他们思想不"憔悴"；增大居民精神动力，使之生活清爽和社区优美，社区科普有不可替代性，科普必须"在场"。时下，社区科普达到预期，获居民们点赞，应当加持健康宣教，用科普细心服侍居民；科普是熏风与助力器，推进家庭建设，营造高档社区和宜居、优美的城镇，社区科普生机盎然乃诉求。

二、健康科普、医学科普是社区科普及丰茂的基础性必有项目

（一）些许信息集合

本文所有的健康、医学类消息都来自业内高端、权威机构，其真实性、

准确性无恙。这类消息颇多，限于篇幅，小文只集结了一二。

1. 儿童肺炎

肺炎是严重威胁儿童健康之病，2011 年《中国妇幼卫生事业发展报告》显示，肺炎居我国 5 岁以下儿童主要死因第二位。世界卫生组织估计，我国 5 岁以下儿童有肺炎球菌性疾病的人数位列世界第二。儿童接种肺炎球菌疫苗可有效预防儿童肺炎。[11]

2. 几种癌症

上海的户籍人口流行病调查表明，该市每年新诊断癌症 6.8 万例，死亡 3.7 万人。上海市抗癌协会发布的《居民常见恶性肿瘤筛查和预防推荐》称，肺、大肠、肝、胃、乳腺、宫颈和前列腺癌症是男、女性常见癌症，这些癌症占上海新发癌症病例近六成。我国约有 45% 的癌症是由可改变的生活方式，或可预防的微生物感染因素所致。接种疫苗和改善生活方式，有些癌症能避免；肝癌大都由乙肝转化而成，提升乙肝疫苗接种普及率能拉低肝癌发病率。[12] 近 30 年来我国甲状腺癌发病率增加了近 3 倍，此癌致病主因有：电离辐射和家族遗传；甲状腺癌男、女性发病比例约为 1：3。2018 年，上海市疾控中心发布的上海肿瘤登记报告表明：肺癌、大肠癌位列该市癌症发病率前两位，原居女性癌症之首的乳腺癌发病率降到第二位，取而代之的是甲状腺癌。远离电离辐射、放射性物质是预防甲状腺癌的要措。[13] 以上的上海情报有代表性和参考价值。卵巢癌是女性生殖系统最常见的三大癌症之一，死亡率居妇科癌症之首。过去的 10 年，我国卵巢癌发病率增长了 30%，死亡率增加了 18%；该病城市女性发病率高于农村女性发病率。[14]

3. 疼痛管理

科研揭示，91% 的国人经历过身体疼痛，34% 的人每周身体疼痛；对疼痛 28% 的国人会采取行动，另有 20% 的人对疼痛选择让时间来疗治。很多国人认为疼痛就该忍，用止痛药不安全、会上瘾；一些国人对分娩、癌痛镇痛等有认识误区，疼痛都"忍"着。疼痛属疾病，需治疗，我们应及时医治疼痛。[15] 一些疼痛还是其他疾病的先兆、折射，因此，对疼痛问题我们不能小觑。

4. 中老年人适当补充蛋白质

中老年人要适当吃点蛋白质，能延缓肌肉和大脑的衰老；从 50 岁起就要注意补充优质蛋白质并辅以适当锻炼。[16]

5. 减少热量摄入能预防与年龄有关的疾病

《细胞》子刊《细胞代谢》的信息揭示，我们降低点热量摄入，就能减缓代谢并预防与年龄有关的疾病。[17]

（二）"做身体健康的民族"[18]，做大健康、医学科普是要求与战略

健康是财富、资产，健康第一，人的健康、发展是社会全面发展的重中之重；"强起来"，成为富强、民主、文明、和谐、美丽的社会主义现代化强国，全民康健是要件与标记。身体、心理健康是个人进步、"健康中国"的柱石，国人们健康状况乃民族繁荣、昌盛的重要标志，给力居民健康生活、身心健康，使老人们从容、优雅地老去和创造健康福祉是社区科普的义务与职能，提高居民健康素养（个人获取、理解健康信息，并运用这些信息维护、促进自身健康的能力）、改善其健康状态是科普之大使命。卫生、健康科普是科普的主干内容，居民们体魄强健、脑清目明、充满生气是城镇、国家综合实力之基[19]之求；满足居民寄望，营造健康家庭，健康、医学科普要扩面、增质。健康科普是社区科普的重要单元，它应辐照所有居民和从头管到脚；医学、健康科普必须通俗、易懂，不能晦涩。健康、美丽居民和健康城镇，健康科普是战术与垫脚石；强化居民健康意识、行为，提升居民健康水平（2016 年我国居民健康素养水平为 11.58%），做好医学科普乃策略与窍门。做优社区科普和提升基层健康扶贫水平，健康、医学科普必备且理当做实，推进全员健康教育[20]，做居民健康管家与缔造健康社区，社区科普者应多输出正能量。全民健康是全面小康、圆"中国梦"的核心与标识，达成全民康健增加医学、健康科普比重[21]，促推此类科普发长、茂盛至要、现实。保护居

民生命与健康，维护居民的尊严和共建、共享美好生活需要社区科普协助，社区科普者应了解、聚焦、助解居民需求，贵在用科普资讯向居民请安，使居民们顺应、依从科普。

三、社区科普者是社区科普发达的推手，科普者强，社区科普质效佳

（一）拓展科普业务，经常提供科普作品是科普者立身行世的基点与功课

社区科普者是科普信息快递员和科普昌炽的主力，回应居民需要[22]，使居民们受益、满意，要增加科普数量，科普讯息应不失当下性、正确性、草根性；立足、发挥区位优势，找准科普方向，让科普增能、提效，使社区科普自立于科普之林，科普者要奋斗、做正功。保持初心、沉迷科普，让社区科普蓬勃是科普者的本色与职业；科普乃专业、是学问，科普，不容大意，做科普当甄选、组织好素材再推出产品，以让居民围观、热捧科普，从中获利。社区科普者及其职业阶进是科普"高大上"的根基与保障，知责、明责、履责，乘势而上，努力扩大科普谱系、丰厚科普，并基于订钉子精神做好科普是科普者赢得尊重、收获赞誉的前提与时需。医学、健康、卫生科普，让居民明白、青睐和有助于居民健康（2003 年，世界卫生组织将槟榔列为一级致癌物。2017 年，国家食品药品监督管理局发布了致癌物清单，槟榔果被列为一类致癌物[23]）、成长为大；科普者应做科普界最好的说书人，力争成为多科型科普者，使居民高智、高能与助力锻造高质量发展，科普者要使劲。关爱、安抚老人，护佑妇幼康健等（中国遗传学会遗传咨询分会的《中国遗传咨询标准专家共识指南 2017》显示，我国每年 2000 万左右的出生人口中出生缺陷儿发生率为 5.6%；不孕不育患者超过 5000 万，发病率达 12.5%～15%；每年新发肿瘤者约 312 万，肿瘤发病率为 6.4%）是社区科普的靶点；做"暖心"科普，施力拉高居民生活水平、质量和用科普情资"撑起"、美丽居民家庭是科普者的业务与专攻。

提升社区科普效力、效率，要在富足科普、优化科普结构，硬科普、软科普（硬科普指普及科技知识；软科普指普及科学精神、科学的世界观与人生观、科学思维方法等）皆有和有效拉升居民们科学素养、能力。"科技创新、科学普及是实现创新发展的两翼，要把科学普及放在与科技创新同等重要的位置。没有全民科学素质普遍提高，就难以建立起宏大的高素质创新大军，难以实现科技成果快速转化。"[24] 如是，科普者应做好科普的高级讲师，一切为了居民。做强社区科普，让居民有"科普在我身边"的体验与获得感，科普者服务要专心致志，科普产品要可信、不能有副作用；科普者是科普及繁茂的供给侧与近卫军，让科普尽致、尽美，科普者们应长期琢磨、研究，以推出社区科普的改进版、增强版或新版，且基于此增加科普成果。让社区科普成为科普领域的优等生和增加居民科技知识，更新其知识网络，助居民一生向好乃科普者的志业。科学性、公有性、共享性、教化性是科普的属性，又是提高居民科学素质的保证，因而，科普作品不能粗放，生产之要练字，文字有恙会稀释科普和降效。完善科普细节与推送有营养的科普信息，科普方可达致积极的传播效果，有建设性功效；拉高科普关注度和科普消息的使用率、改造力，科普者要增加与居民的沟通力、互动力，应耦合居民需求、实施科普。科普者是社区科普经理和科普质量监管者，设计、生产科普产品要周到、缜密，细部不可失守；多维地观察和采集、[25] 储备资料，紧贴居民与社会发展之需，不断推出科普作品，让居民适应科技发展和智能社会是科普者成事、成业的关键与技术。

（二）社区科普，科普者应捧着、护着并增加科普能耐

社区科普者是践行《中华人民共和国科学技术普及法》（2002 年 6 月颁布施行）《全民科学素质行动计划纲要（2006—2010—2020 年）》的先锋，他们应是学习型文化传播者与科普达人，做科普当不失爱心、责任心和悉力为之；科普是我们"字典"里重要的词条，丰富居民精神家园，助居民会思考，生活安澜、潇洒，科普者应多供应优质科普产品，可"蹭"热点，开展需求度大、"适销对路"的科普。广泛传递健康常识（吸香烟有广泛危害性，吸二手烟后患很大。统计表明，我国有 3 亿烟民，每天至少一次暴露于二手

烟的人有 7.4 亿，其约吸入了全球 2/3 以上的二手烟）、康复技能等是打造
"健康中国"的迫切要求，科普者是健康传播、健康促进的干将，开设系列健
康课程、讲座是其长期、刚性的任务；促使居民吃得健康、康健生活，[26] 科
普者应想方设法让居民亲近科普、遵从"科嘱"。提高社区科普质量，让科普
飞入居民家，科普者当尽职尽力、善作为，精心打磨科普文案、让科普无
疵、极少闪失至要。居民喜爱、纳用是科普及发展仰仗的食粮，因此，社区
科普要注意内容、形式与效果的关系，文字、画面并举、互补和静态、动态
地呈现科普讯息，能让居民无障碍接受、应用科普消息；科普还应重视、做
好科普细节，文字、细部粗糙，科普就会"短斤缺两"乃至无科普力。健
康、医学科普属易危科普品种，科普者供应（转载、改编、自创）此类科普
产品须小心、谨慎，稍不留心就会有瑕、有误，负影响居民。

　　科普者是文化使者与社区科普的责任编辑，他（她）们要用足、用好社
区内外的科普资源，并通过短视频平台、微信群、QQ 群、科普帖、公众号等
平台、渠道推展民信度大的科普资讯，并合理地掺和居民生活。提升科普水
平、效能，科普者要心系居民，守望居民、社会并回答关切、企盼，致力于
增加科普表现力，用集知识性、鲜活性、参与性于一体的科普伺候居民（全
国每天约 1 万人被确诊为癌症，若国人预期寿命是 85 岁，那么每个人累计患
癌风险为 36%；全世界约 22% 的新增癌症病例和 27% 的癌症死亡发生在我
国 [27]）；培育居民现代意识，让他们人生通达、活得精致，科普者应提供高
水平专业服务，及时投送多种科普情报。社区科普涉及项目颇多，提高科普
能级，助力居民经营人生、安居乐业甚至是单位、职场与所在领域的佼佼
者，科普者应是科普的有心、有力者；随着社会发展和居民要求不断拉高，
科普需求会越来越多，提升业务水平、增强科普能力是科普者必修课。为居
民人生充值、成全居民与"提拔"社区，需要"纵横交错"的科普讯息，科
普者当潜心研究科普和静心生产、传送高品质科普产品；社区是科普积小胜
为大胜的天地，让居民、衣、食、住"绿色"和协助增加绿色 GDP 等，科普
者当增强科普内功，全心全意为科普服务和增大科普输出功率。社区科普属
公共文化、公共服务范畴，科普者乃科普高企的帮手，科普者强，科普面貌
佳、科普效益好。高质社区科普会生成、汇集、凝聚城镇、社会前行的动

力，丰富科普表达方式，使科普魅力大、有效性强，科普者要念兹在兹；终身从事科普，提升人文素质、科学素养，是复合型科普人才并增加科普产能是科普者出彩之路和事业发达之道。

参 考 文 献

[1] 辛平. "项目奠基请道士作法"，9 人被处理不冤 [N]. 新京报，2018-05-02（A3）.

[2] 漫话. 学校怎能搞迷信 [N]. 中国教育报，2018-05-04（02）.

[3] 王汎森. 思想是生活的一种方式 [M]. 北京：北京大学出版社，2018：78，91.

[4] 王浩. 补精神之钙　添脱贫动力 [N]. 人民日报，2018-05-06（9）.

[5] 金晓峰. 让科学精神根植未来中国文化基因 [N]. 文汇报，2018-02-09（6）.

[6] 门建新. 常给思想除除尘 [N]. 解放军报，2018-05-03（6）.

[7] 王国定. 高度重视农村环境问题 [N]. 团结报，2018-04-03（6）.

[8] 陈方. 让科学成为流行文化的一部分 [N]. 光明日报，2017-01-09（2）.

[9] 社论. 为室内禁烟"松绑"将削弱控烟共识 [N]. 新京报，2018-04-29（A2）.

[10] 闫玉兰. 家长自作多情反而养出"巨婴" [N]. 中国教育报，2018-04-26（9）.

[11] 黄祺. 肺炎球菌，隐藏在儿童身边的"杀手" [J]. 新民周刊，2018（16）：8.

[12] 李蓓. 防癌筛查权威指南来了 [N]. 劳动报，2018-04-13（10）.

[13] 李蓓. 甲状腺癌跃升沪女性癌症首位 [N]. 劳动报，2018-04-18（3）.

[14] 黄杨子. 卵巢癌如何早诊早治？警惕腹胀 [N]. 解放日报，2018-05-09（6）.

[15] 丁阳. 国人为什么害怕吃止痛药 [EB/OL][2017-10-01]. http://view.news.qq.com/original/intouchtoday/n4031.html?pgv_ref=aio2015&ptlang=2052.

[16] 许琦敏. "精准营养"有望进入日常生活 [N]. 文汇报，2017-11-07（7）.

[17] 李雪. 减少热量摄入，人会变得更年轻 [N]. 解放日报，2018-04-21（8）.

[18] 新华网. 习近平：要做身体健康的民族 [EB/OL][2018-04-11]. http://www.xinhuanet.com/politics/leaders/2018/04/11/c_1122668628.htm.

[19] 王登峰. 师生健康是"做身体健康的民族"之基础 [N]. 中国教育报，2018-04-27（8）.

[20] 崔海燕. 结核病是如何感染、发病和传染的 [N]. 文汇报，2018-04-16（6）.

[21] 吴越. 这样的健康教育，为何少不了 [N]. 解放日报，2017-12-25（10）.

[22] 王石川. 拿什么消除"抗癌焦虑" [N]. 北京青年报，2018-04-17（A2）.

[23] 王婧祎. 槟榔"致癌"疑云 [N]. 新京报，2018-05-04（A12）.

[24] 刘莉. 别让科学素质拖了创新的后腿 [N]. 科技日报，2016-07-15（1）.

[25] 施源. 糖尿病创新药物的方向：关注患者靶器官 [J]. 康复，2018（1）.

[26] 罗志华. 假保健酒"死而不僵"钻了谁的空子 [N]. 北京青年报，2018-05-09（A2）.

[27] 陈作兵. "抗癌药零关税"是降低抗癌医疗费起点 [N]. 光明日报，2018-05-07（2）.

自然资源部地下水科学与工程试验基地科普活动介绍[*]

张亚哲[1]　冯　欣[1]　张　冰[1]　陈　鹏[2]

（1. 中国地质科学院水文地质环境地质研究所，石家庄，050061；

2. 河北地质大学，石家庄，050031）

摘要： 中国地质科学院水文地质环境地质研究所是全国唯一专门从事水文地质、工程地质、环境地质研究的国家公益性科研机构，向全社会提供公益服务，科普作为其一项重要工作，其地下水科学与工程试验基地具有开展科普活动的基础条件和设施，不断从实际出发创新了科普活动形式。本文首先介绍了该基地的基本情况与发展历程，在此基础上详细叙述了所开展的系列科普活动，而这些科普活动也取得了良好的成效和广泛的社会效益。

关键词： 国土资源；科普基地；地下水

The Introduction of Science Popularization Activities in the Groundwater Science and Engineering Experimental Sites of Ministry of Land and Resources

Zhang Yazhe[1]　Feng Xin[1]　Zhang Bing[1]　Chen Peng[2]

（1. Institute of Hydrogeology and Environmental Geology of the Chinese Academy of Geological Science，Shijiazhuang，050061；2. Hebei GEO University，Shijiazhuang，050031）

Abstract： The Institute of Hydrogeology and Environmental Geology of the

---

* 本研究为中国地质科学院基本业务费项目（编号：YK201812，YYWF201624）的成果。

作者简介：张亚哲，中国地质科学院水文地质环境地质研究所地下水科学与工程科普基地副主任，助理研究员。e-mail：562687240@qq.com。冯欣，中国地质科学院水文地质环境地质研究所助理研究员，主要从事水文地质工作。e-mail：fxsadhu@163.com。张冰，中国地质科学院水文地质环境地质研究所助理研究员，主要从事水文地质工作。e-mail：ihegzhang1983@163.com。陈鹏，河北地质大学水文地质研究生专业。e-mail：694400684@qq.com。

Chinese Academy of Geological Sciences is the only national public welfare scientific research institution specializing in the research of hydrogeology，engineering geology and environmental geology，which provides services for the public and science popularization is an important part of its services. The groundwater science and engineering experimental sites has the basic conditions and facilities for carrying out the activities of science popularization with constantly innovative forms. The authors firstly introduces the basic status and development history of this site. On this basis，we discuss a series of activities of science popularization in detail，which have achieved good results and extensive social benefits.

Keywords： land and resources；science popularization base；groundwater

科研机构的主要社会职能是开展科学研究和教学工作，以出成果、出人才为主要使命，同时也是我国科普工作的主力军之一。科研机构将科研设施、场所等科技资源向社会开放开展科普活动，是将科技进步惠及广大公众的行为[1]，有利于提升我国的科普能力，增强公众的创新意识，提高公众的科学素质，营造创新的社会氛围，培养科技后备人才。同时，对于加快科技事业发展、增强自主创新能力具有十分重要的意义。

中国地质科学院水文地质环境地质研究所属科研单位，是全国唯一专门从事水文地质、工程地质、环境地质研究的国家公益性科研机构，具有水文地质、环境地质、工程地质的专业人士。其地下水科学与工程试验基地在地下水研究领域科研特色明显，2011年被国土资源部命名为第二批国土资源科普基地。多年来，基地将科普工作作为创造性科学工作的重要组成部分，充分挖掘自身优势，发挥国土资源科普基地的作用，组成一支强有力的科普宣传队伍，以灵活多样的宣传教育形式，开展校内外科普活动，普及地下水科学知识，普及科学方法，宣传科学思维、科学态度，弘扬科学精神，培养青少年对地球科学的认知兴趣，产生了良好的社会影响。

一、科普基地基本情况

地下水科学与工程试验基地是根据国家"十二五"发展规划，结合自身的专业特点和研究方向，在华北平原从西部山前平原到中部平原分别选定正定、深州两个典型代表区，以深州试验基地为中心，正定试验基地为其功能和研究方向的拓展和衔接，开展华北平原地下水科学与工程示范性研究的试验基地。

目前，基地的试验设施以科学研究试验平台为主，深州基地已趋于成熟，正定基地已初具规模。两个基地科研保障设施齐全；试验设备日臻完善，科学试验平台日益齐备。建成的科学试验平台有：气象监测平台、地下水动力学试验平台、包气带水分运移试验平台、多水转化试验平台、地下水优化配给试验平台、咸水改造综合利用试验平台、污染溶质运移试验平台、蒸渗系统试验平台、室内模拟试验平台等。

为满足科普需求，充分发挥科普基地应有的作用，基地的入口处设有试验基地全区分布图，一方面，充分展示基础生活设施和各科学试验平台的分布位置，让来访者在参观前就能对试验基地内部的布局形成整体的印象；另一方面，用通俗易懂的语言简要介绍试验基地开展的主要工作、取得的成果以及研究地下水的作用和意义。各科学试验平台都设有标识牌，简要说明该平台开展的工作、预期取得的成果以及最终能解决的实际问题，让来访者结合标识牌说明和对现场的仪器参观、操作，充分理解各科学试验平台的作用和存在的意义。展览厅全面介绍了试验基地的基础仪器设施和科学试验平台，为了让来访者了解地下水，我们将重新制作地下水科普知识宣传板，从不同的角度由浅入深、循序渐进地介绍水循环、地下水存储与分类、地下水水化学、地下水污染、地下水开采与保护、地热等知识。通过图文并茂的宣传板，让广大来访者真正对地下水有个初步的认识和理解。

二、科普工作历程

自 2006 年始，试验基地每年都举办世界地球日活动，自 2011 年开始至今，每年都举办地学科普报告活动，2015 年开始参与全国科技周活动，2016 年参与全国科普日活动。

三、科普工作取得的成绩

基地于 2011 年 8 月获得了"国土资源科普基地"称号，已经成为中国科学院研究生院、中国地质大学（北京）、中国地质大学（武汉）、长安大学、河北地质大学等单位的教学实习基地，2017 年 9 月被评为"优秀国土资源科普基地"，被命名为"国家国土资源科普基地"。

四、科普活动

依托优势资源，针对公众和社会的科普需求，策划活动方案，组织和协调各方投入参与，开展多样化的科技传播及科普。

（一）地球日科普活动内容丰富

1. 试验基地科研功能认识

基地在每个世界地球日期间向社会开放，举行"珍惜地球资源，转变发展方式"科普展览活动，邀请当地小学生、中学生来参观，通过图文并茂的展示牌以及专业讲解员通俗易懂的介绍，让学生们初步体会到地下水科学的奥秘和作用。介绍自动气象站监测降水、蒸发等要素的作用、试验井对地层分析、地下水动态的意义，使他们对水文地质工作有了更深的了解，并且也了解了一些与自身生活息息相关的科普知识，激发了同学们对地下水资源的浓厚兴趣，提高了大家节约用水、保护水资源的强烈意识。

2. 普及地层知识

基地在开展 600 米深度的科学钻孔施工期间，组织南张庄小学 1～4 年级的学生，通过钻孔岩芯的实物接触与实践，了解学习地层的结构构造。

3. 普及地下水样品测试技术

基地的监测中心在世界地球日期间对外开放，邀请当地学生参观学习。与真实仪器的接触、实验员简单的操作示范和变幻的试验现象等，激发了学生浓厚的学习兴趣和求知欲，提高了他们动手实践的能力。

4. 宣传咸淡混浇灌溉方式

基地在当地政府配合组织下，向当地村民推广咸水-微咸水混合灌溉技术，以及不同矿化度地下水应采用的合理搭配比例，让村民用科学的方式预防植物生理干旱枯萎、土壤积盐板结造成盐渍化等情况发生。

5. 通过抽水试验，了解地下水位变化过程

基地开展大规模抽水试验，邀请当地居民参观学习。通过对地下水来源、开采、保护、利用等基础知识的现场讲解，结合试验井水位动态波动的数据、样品采集等具体工作环节和数据展现，让村民深切体会到开采使用地下水引起水位下降、不同深度地下水存在相互联系等问题，培养他们节约用水、保护地下水的意识。

6. 宣传节水灌溉，节约利用地下水

基地针对当地作物大水漫灌的粗放型灌溉方式，开放地下水优化配给试验平台，让更多的村民了解沟畦灌、喷灌、微喷灌、滴灌、漫灌等节水技术，以及不同农作物应采用的最佳灌溉方式和灌水定额，真正掌握农作物生态需水特性，学会科学有效的灌溉技术和方法，合理利用水资源。

（二）科普活动进学校、入社区

基地只是关起门来搞科普，活动再精彩，受众惠及面也极其有限，为此，基地制定了"引进来，走出去"的科普战略，充分利用科研人员、科普志愿者等人才优势，深入学校和社区组织开展了系列科普活动。

2015年4月22日，纪念第46个世界地球日活动在深州市锦绣广场举

行。活动现场举办了"珍惜地球资源，转变发展方式——提高资源利用效益"主题展览，围绕干热岩资源分布及潜力、浅层地温能开发利用、水热型地热资源开发利用、中国地下水资源现状、过量开采地下水严重后果、河北平原地下水资源量、如何喝上放心水、地质灾害预防、国际合作与交流成果等展板，为广大学生和市民上了一堂生动的科普宣传教育课，提高了资源利用效率的意识。科研人员现场为市民展示了各种水样测试方法，耐心细致地为大家讲解生活用水常识，引发了社会各界的兴趣。

（三）教学科普活动

实践教学是巩固理论知识和加深对理论认识的有效途径，是培养具有创新意识的高素质工程技术人员的重要环节，是理论联系实际、培养学生掌握科学方法和提高动手能力的重要平台，有利于学生素养的提高和正确价值观的形成。

为了让学生对教学活动从理性认知上升到感性认知，科普基地与河北地质大学达成协议，内容主要是认识野外试验基地、认识野外试验基地各种试验平台，特别是蒸渗仪平台和多功能竖井。在科普人员的讲解下，大学生们对野外试验基地的功能、作用和建设的意义有了深刻的理解，也对我们的野外试验和水文地质学科有了进一步的认识。通过活动，学生们开阔了视野，实现了从书本到实践的跨越，从理性认知到感性认知的跨越，开始重新审视自己的学习目的，增强了动手能力和思考能力。

五、科普工作经验

（一）壮大科普人员队伍

基地所属科研单位，具有水文地质、环境地质、工程地质的专业人士。自基地建设以来，每年都对科普工作人员进行培训，提升他们的国土资源专业知识水平，普及教育学、心理学、传播学等基本知识和技能，培养优秀科普人才。扩大志愿者队伍，继续加强与高校的联系合作，发展壮大大学生国土资源科普志愿者队伍，探索将大学生志愿讲解等活动纳入社会实践或专业实习范畴，使大学生成为普及科普知识的有生力量。

（二）创新科普活动内容及形式，增强传播及公众服务能力

一是以全国土地日、世界地球日、科技活动周等大型科普社会活动为基础，举办科普图片展、科普讲座、知识竞赛、科普征文、摄影、绘画等活动，丰富国土资源科普内容；二是充分利用国土资源科普基地优势，与学校、企业、事业等单位建立联合机制，共享科普资源，提升服务能力；三是通过新媒体开展科普活动，对基地进行宣传，新媒体综合了网络技术和数字技术，通过互联网、局域网、无线通信网、卫星等渠道，运用计算机、手机、数字电视、户外电子广告屏等终端，向受众提供信息和娱乐服务的新型传播媒介。

六、结语

科技对社会的影响是通过科普发挥作用的，科技的力量在于普及，科普基地是科学研究的基地，科技成果只有得到普及推广才能真正发挥作用。地下水科学与工程试验基地不仅是引领地下水研究领域自主创新和科技进步的国家重点科技力量，也是开展科普活动、提高公民科学素质的重要基地。通过开展形式多样的科普活动，并形成自己的特色，基地提高了公众科学素质且受公众欢迎，产生了较好的社会影响。

参 考 文 献

[1] 蔡国军，李天斌，冯文凯，等. 科研实验室开展科普活动，提高公众科学素质 [J]. 实验室研究与探索，2015（8）：131-134.

对科普教育活动中传播效果的监测评估初探

张义婧

（吉林省科技馆，长春，130021）

摘要： 本文选取科普教育活动中的传播效果进行监测评估，通过一次具体的科普教育活动——"探寻重心的世界"，探讨如何从知识、态度、情感三个维度，以青少年参与者为监测评估对象进行监测。初步探究如何将得到的监测结果进行具体分析评估，如何进一步改进完善科普教育活动的实施，同时，该监测结果对青少年参与者也能起到一定的劝勉指导作用。

关键词： 传播效果；知识；态度；情感

Preliminary Study on Monitoring and Evaluation of Communication Effects in Science Education Activities

Zhang YiJing

（Jilin Science and Technology Museum，Changchun，130021）

Abstract： Based on the evaluation of communication effects of science popularization education activities，in this article，we focus on a specific science education education activity："exploring the centre of the world"，respectively from three dimensions：knowledge，attitude，emotion，which takes teenagers as the research object. Initially we explore how to conduct the specific analysis on preliminary monitoring results so as to further improve and implement the implementation of science popularization education activities，and the monitoring results can also play a certain advisory role for young participants.

作者简介：张义婧，吉林省科技馆助理研究员。e-mail：1045011213@qq.com。

Keywords：communication effects；knowledge；attitude；emotion

一、对传播效果监测评估的重要性

评估是现代管理的核心工具之一，已在国际上广泛应用于各个领域形成产业。[1] 在我国起步相对较晚，直至 20 世纪末才在科普领域运用评估。[2] 但目前理论和实践中没有统一的、权威的科普教育活动监测评估指标和方法。[3] 在实际工作中往往根据工作需要设定监测指标方法，进行评估。如针对科普教育活动进行监测评估，可以根据科普教育活动的前期策划、中期宣传、后期实施以及活动影响效果这几大部分，进行分类评估或整体评估。但在科普教育活动的整体规划和具体实施过程中，由于人员条件、经费预算等因素制约，也存在重视活动开发策划、宣传推广、组织实施而忽视对活动效果的监测和评估等现象。其实，任何一项科普教育活动的策划、宣传、组织实施，目的都是为了得到一个好的传播效果，也就是更好地向公众进行科学普及，以达到提升公众科学素质的目的。所以，对科普活动的科学传播效果的监测评估就显得尤为重要。

二、对传播效果监测评估的具体实施

本文选取一次具体的科普教育活动——"探寻重心的世界"为例，通过课堂活动过程中的教师讲解、互动提问、动手实验、分组合作、游戏与演讲等形式进行活动效果监测，进而分析评估不同监测现象背后存在的问题及改进措施。实施过程中应设置一名主讲教师和两名辅导教师，将全部参与活动的同学分为 A、B、C 三组，可根据活动人数多少适当增减教师及分组数量。每名教师各负责监测一组，整理好各组学员信息（表 1），将每个环节监测到的学生具体表现形成文字记录（表 2），以备后期分析评估使用。由于教师人力、精力等条件制约，不能将学生的每一个状态细节都监测记录下来，在实际执行过程中可选择有代表性的、问题突出的现象进行监测评估。

表1　科普教育活动"探寻重心的世界"小组成员信息表

监测评估教师：
监测评估对象：A组
监测评估时间：
A组成员基本信息：

姓名	学校	年级	年龄	性别
张××				
王××				
李××				
赵××				

表2　科普教育活动"探寻重心的世界"监测评估表

监测维度		监测借助形式	监测现象	评估结果	
				针对活动	针对参与者
知识	知识的记忆：什么是重心	教师图文介绍			
	知识的理解：如何寻找物体重心	观察实验：向下和向上滚动的小球 动手实验：寻找不规则物体的重心			
	知识的应用：重心的位置可以变化，重心越低越稳固	参与实验：站不起来与上下斜坡 观察实验：三个瓶子在斜坡上			
态度	是否积极参与，有无交流合作，是否彼此信任等	分组合作：动手制作平衡鸟 团队游戏：人体长城平衡搭建			
情感	理想、信念、收获心得、意见建议等	小小演说家			

（一）知识维度

1. 知识的记忆

教师通过图文介绍重心的概念，借助一些简单概念性的提问，考察活动参与者对知识点的保持与再现情况。在课堂活动中，教师可以通过提问重心的概念、重心的方向等，考察参与者对重心知识点的记忆情况。此部分只涉及简单的记忆，针对监测结果是回答错误的参与者，一定要评估分析答错原因。如果监测到溜号的参与者较多，应考虑进一步提高课堂活动的趣味性。如果监测到的是回答没记住的参与者较多，教师应考虑到自身在教学活动中不能忽视人的记忆曲线规律，要将重要的知识点经常强调复习，调整自身的讲课方式等。

2. 知识的理解

在教师具体讲解重心的位置、寻找方法等基础知识后，我们需要监测评估参与者对该问题的理解情况。在这个监测评估环节，我们具体设置了一些实验道具，包括形状规则但质量分布不均匀的物体，以及形状不规则但质量分布均匀的物体等多种复杂物体，监测评估参与者是否真正理解和掌握寻找物体的重心尤其是特殊物体重心的方法。在参与者具体操作过程中，教师需要密切观察参与者的操作情况，监测到方法选取不恰当或道具使用不标准等问题要及时纠正，演示正确方法，参与者只有通过具体实验，取得正确的操作结果，才能真正理解重心的寻找方法，达到科普传播的效果。在这个环节，教师除指导外，还要及时记录监测结果，分析评估不同监测结果出现的根源。如有大多数参与者不能熟练掌握悬挂法寻找重心，那么通过这个监测结果，教师在后续评估分析环节时应考虑前期教学环节是否节奏过快，没有分步骤进行，或者演示过于简易等。同时，还应教导同学，教师演示的道具和同学实验的道具虽然不一致，但操作的方法和原理是一样的，要学会举一反三，融会贯通。比如，教授的悬挂法找重心，教师可以用同样的方法对不同形状和质量的物体进行演示，引导学生总结归纳方法是本质，物体形状等都是表象，只要抓住方法这个本质，对任何不同的物体使用相同的方法都可以得到正确的答案。

3. 知识的应用

对于知识应用方面的监测评估，应注意多与实际生活相联系。这里我们的监测评估，借助形式可以是设置多道实际生活中的问题，让同学们分辨哪些是与重心相关的，现象背后的原理怎样。可以设置一个斜坡，让同学们分别体验上坡和下坡时身体的不同姿势，让大家思考为什么会出现不同的现象。通过不同的活动形式，更加全面系统地监测同学是否能联系到这些现象与重心位置的变化相关，检验同学是否能活学活用，将重心的位置是可以移动的这一知识点与实际生活紧密相连。

根据不同的监测结果，分析评估原因，从而改进完善活动内容。例如在实际活动的互动中，我们可能会监测到有的同学不明白重心的位置为什么会改变，更不会将之联系应用在具体的实际生活中，降低重心会使身体更稳固不宜摔倒。根据监测结果，教师应分析评估这个知识点对同学们是难点，也不容易理论联系实际。在课后评估结果分析讨论中，应考虑怎样调整改进这方面活动内容，便于学生掌握。比如可以在此环节增设对比观察实验，通过在三个透明瓶内上、中、下不同位置放置相同的小球，让参与者观察并操作体验是否能通过更改物体配重改变重心的位置，继而再通过观察三个瓶子在斜面上的不同状态，分析出重心低的瓶子最稳固，从而解决实际活动过程中监测到的普遍疑难知识点。在监测评估过程中，一定要做好监测现象记录，便于后续对现象进行分析评估，从而改进完善。

（二）态度维度

此监测评估环节设置一个分组动手制作，将所有同学分为若干组，每组三到五人不等，可以让同学们自由组合，在自由组合过程中，教师要观察同学们沟通交流的能力，是否积极完成老师分配布置的任务。如有的同学组织能力强，自己就能召唤身边同学共建一组；有的同学则态度消极，直到其他同学都找到了自己的小队，而自己还没有加入任何一组。教师在此环节要积极细致地观察并记录，对于态度积极正向的同学要及时肯定鼓励，并引导他们帮助态度消极被动的同学，同时对态度消极被动的同学要积极鼓励，增强他们的自信。教师在观察监测过程中要将每位同学的不同表现都详细记录下来，便于后续活动参与青少年再次参加时进行追踪分析，对比评估。

分组结束后就是动手制作环节，通过提供的道具及在课堂上学习到的重心知识，发挥想象力，制作一只平衡鸟。对于这个环节，教师要重点监测每个小组成员间是怎样分工合作的，有没有互相交流共同协商的过程，是否都参与其中。如果有制作失误或想法得不到认可的同学，自己会怎样处理，他人又会怎样对待等。对待参与者积极正确的做法，教师要有即时反馈，及时正面肯定，强化积极正确的做法继续保持；对于态度消极参与者要及时帮扶鼓励，增强这部分同学的自信，让他们更好地融入团队中积极发挥作用。制作可能会产生不同的结果，教师不必拘泥于固定的标准答案，对于思路正确、显示结果符合要求的同学都应该鼓励。

对于"人体长城平衡搭建"游戏，让所有参与者坐在凳子上围成一个圈，一人双脚落地，后背躺在后边一人的腿上，以此类推，围好后撤掉凳子仍能保持平衡。通过此环节中每个人的表现，监测同学之间是否相互信任，相互团结，相互配合。游戏过程中教师要监测每名参与者的具体表现，尤其将信任度差、配合度不佳的参与者的表现及时记录下来，便于后续参与者二次体验活动时进行对比参照。教师应及时鼓励表现不佳的同学，不断引导学生要相互配合，相互信任，该环节只有相互信任团结，游戏才能成功。该游戏环节重点监测参与者相互信任、相互合作等情况。

（三）情感维度

整个活动结束后，可以给每位参与者一次发言机会，即小小演说家环节。可以谈一下对刚才某一实验、游戏有何心得体会，也可以谈一下对此次"寻找重心的世界"科学教育活动整体的收获体会，建议评价，比如喜欢哪个项目环节，为什么喜欢，还希望围绕哪些主题开展活动；也可以谈一下自己的理想志向等。此环节没有固定的模式答案，鼓励参与者畅所欲言，表达心声，教师对监测到的表述信息不宜过多干预。借助此环节进一步掌握本次教育活动对参与者产生怎样的效果，同时还可以进一步了解同学们的情感世界。此环节在条件允许的情况下可以给每位发言的同学录制一段视频，活动结束后转发给家长，让家长借助我们的监测评估记录，从更多一个层面了解孩子的情感世界。

三、对监测评估结果的具体应用

（一）改进完善科普活动

对传播效果的监测评估结果，直接反馈到科普教育活动中，对改善科普活动的授课风格、开展形式、选题范围、教师的授课方法等都有重要的指导借鉴作用。监测评估结果可以是学生通过发言提问等直接表述出来的，对活动的建议评价，比如，喜欢哪个项目环节，为什么喜欢，还希望围绕哪些主题开展活动。比如，经常有同学提出目前开展的活动多数与物理、化学相关，希望能开展与美术相关的科普活动。这会是我们得到的一个很好的监测评估结果，说明目前我们开展的科普教育活动存在学科的局限性，今后在活动开发策划环节要本着多学科并进的思想，使广大青少年的不同兴趣爱好都能得到满足，全面提升青少年的科学素质。

监测评估结果也可以是活动过程中教师通过观察学生的活动状态、表现、提出的问题等对活动产生的反馈。在活动过程中，教师发现参与者对动手制作和游戏等环节都十分感兴趣，都能记住实验制作和游戏的环节，但往往对实验和游戏背后要表达的科学原理记忆模糊。这就给活动组织者很大的提示，今后在开展科普活动过程中，尤其是在开展实验制作和游戏过程中，教师要不断强化通过实验和游戏要表达的科学原理，加强理论强化和阶段总结，避免学生只沉浸于游戏而忽视了原理的学习。通过对监测评估结果的系统分析，进一步调整和改善科普教育活动质量，使广大参与者都能从中受益，使其对提升青少年科学素质发挥更大的作用。

（二）劝勉指导青少年参与者行为理念

通过对传播效果的监测评估，教师很容易地了解和掌握了每位参与者交流沟通、团结合作等相关情况特征。对于在活动过程中态度积极、团结互助、敢于尝试、乐于总结的参与者，教师应及时给予肯定，强化参与者继续保持正确积极的行为理念；对于活动过程中态度消极、不愿合作、不懂团结、害怕尝试的参与者，教师要及时监测到这些信息，及时鼓励，增强参与者的信心，同时加以正确指导，扭转参与者不良的行为理念，引导其向积极向上的方向发展。还可以将这些监测结果反馈给家长，让家长对孩子的状态有客观了解，与教师共同劝勉指导青少年的行为理念，提升青少年参与者的素质。

在今后的实际工作中，要重视并加强对科普教育活动的监测评估环节，认识到该环节对科普教育活动本身起到反馈的作用，根据监测评估结果，可以进一步调整教育活动的方向内容、传播形式、方法途径等，进而改进并完善科普教育活动的质量，达到提升公众科学素质的初衷。

参 考 文 献

[1] [美] 彼得·罗希，马克·李普希，霍华德·弗里曼. 评估：方法与技术 [M]. 邱泽奇，王旭辉，刘月，等. 译. 重庆：重庆大学出版社，2007.
[2] 张志敏，郑念. 大型科普活动评估框架研究 [J]. 科技管理研究，2013，24：48-52.
[3] 严波，区明思，乔锦杨，等. 专题科普活动成效监测评估指标设计探讨 [J]. 广东科技，2017，5：80-84.

基于九因素模型的青少年运动员科学素养调查

赵　茜

（北京学生活动管理中心，北京，100061）

摘要：运动员的青少年时期是知识技能和运动能力快速增长，科学精神、科学态度和科学方法形成的时期，青少年运动员科学素养水平影响其运动成绩和终身发展。对青少年运动员科学素养水平进行探索性、描述性分析，对其影响因素进行解释性研究，是本次研究的重要意义。通过基于九因素模型编制的科学素养问卷调查结果显示，青少年运动员科学素养的总分为51.81，性别、户籍、父母学历、职业以及家庭经济条件均对科学素养有一定影响。本文最后针对提高青少年运动员科学素养提出了对策。

关键词：科学素养；青少年运动员科学素养；九因素模型

The Research of Teenager Athletes' Science Literacy Based on the Nine-component Model

Zhao Qian

（Beijing Students' Activity Administration Center，Beijing，100061）

Abstract：The youth period of the athletes is a period of rapid growth of knowledge，skill，athletic ability，scientific spirits，scientific attitude and scientific method. The level of scientific literacy of young athletes affects their athletic performance and life-long development. An exploratory and descriptive analysis of the scientific literacy level of young athletes and an explanatory study of

作者简介：赵茜，北京学生活动管理中心教师，主要研究方向：科技教育、群众活动的设计和开发、心理疲劳等。e-mail：zhaoqianwinter@126.com。

its influencing factors are of high significance of this study. Through the scientific literacy questionnaire based on the Nine-component Model，the total score of young athletes' scientific literacy was 51.81. Gender，which shows that gender，household registration ，parental education ，career and family economic conditions have a certain impact on scientific literacy，and we also put forward the countermeasures to improve the scientific literacy of young athletes.

Keywords： science literacy；teenager athletes' science literacy；Nine-component Model

全民科学素养水平直接影响国家竞争力和未来发展。未成年人是我国全民科学素质行动计划的重要成员之一。《全民科学素质行动计划纲要（2006—2010—2020 年）》中明确指出，未成年人科学素质行动是提升全民科学素质水平的基础，要使未成年人科学兴趣、创新意识和实践能力有明显提升。[1] 针对不同人群的科学素养及其影响因素的研究此前已涉及众多方面[2]，但针对青少年运动员的研究尚未有过多涉及。青少年运动员的科学素养水平直接影响其运动成绩和终身发展。普遍意义上认为，介于童年和成年之间的阶段定义为青少年阶段。[3] 运动员的青少年时期是知识技能和运动能力快速增长的时期，这一时期所形成的科学态度、科学精神和学会的科学方法将对运动员的职业生涯及终身发展起到巨大促进作用。[4] 现阶段对青少年运动员科学素质仍缺乏一个可以参考的依据和标准，对青少年运动员学习科学的条件进行探索性、描述性分析，对影响青少年运动员科学素质水平的主要因素进行解释性研究，是本次调查研究的重要意义和有效尝试。

一、科学素养背景研究及九因素模型

（一）科学素养的定义

国际上比较有影响力的科学素养评价项目主要有国际数学与科学趋势研究项目（third international mathematics and science study，TIMSS）和国际学生评估项目（programme for international student assessment，PISA）。其中，PISA 是由经济合作与发展组织筹划并开展的每三年一次的测试，其测试对象为 15～16 岁的青少年。2000 年对科学素养的定义为"运用科学知识、识别科学问题、基于证据得出结论"的能力，把科学素养的内涵概括为科学过程、科学概念和科学应用情景等三方面。[5] 2012 年，PISA 将科学素养进一步定义为"识别科学问题、科学地解释现象、使用科学证据"的能力，将其内涵概括为四个方面：能够拥有一定的科学知识并利用科学知识识别科学问题、获取新知识、解释科学现象并基于证据得出结论；能够理解科学作为人类认识自然、探究自然的形式，具有一定特殊性；能够意识到科学和技术形成经验的过程，培养智慧，营造文化环境；有反思意识，愿意用科学的思想，参与讨论与科学有关的问题。2015 年基于以上两种定义，PISA 指出，科学素养是指作为一个有反思意识的公民能够参与讨论与科学有关的问题，提出科学见解的能力，并应具有以下三种能力：科学地解释现象、评价和设计科学研究以及科学地解释数据和证据。

（二）科学素养的九因素模型

通过文献分析法发现，科学素养大多是在描述具有科学素养的人应该知道或做到的内容，进而将科学素质分解为若干维度。[6] 由于考量的角度不同，提出的科学素养学说众多。其中，"三要素说"将科学素养分为三个维度：对科学原理和方法的理解、对重要科学术语和概念的理解以及对科技的社会影响的意识和理解。李亦菲[3] 于 2007 年采用二维分析的方法，建构了科学素养的"六要素模型"，一方面，该模型建立在对"科学"和"素养"两个概念理解的基础之上，将"科学"分解为科学知识、科学过程、科学应用三个方面；另一方面，将"素养"解读为"理解"和"表达与应用"两个方面。在实践过程中，"六要素模型"缺乏对科学态度、科学精神两个要素的定义。因此，在此基础上，增加"悟（情感与态度）"这一水平，将之扩展为"九要素模型"（表 1）。

表 1　科学素养的九要素模型

科学\素养	读（理解）	写（表达与应用）	悟（情感态度）
科学知识	理解科学知识（事实、术语、概念、原理等）	表达与交流科学知识	尊重（不相信迷信） 质疑（不盲从权威）
科学过程	理解科学过程	开展科学探究，亲历科学过程	乐于探究，严谨求实
科技成果	理解科技成果的具体功能	应用科技成果解决个人和社会问题	感悟科学技术与社会（STS）的关系

根据科学素养的"九要素模型"，可以将科学素养分为对科学的理解、对科学的表达与应用、对科学的情感态度三个方面，分别称为基础科学素养（basic scientific literacy）、实用科学素养（practical scientific literacy）、文化科学素养（culture scientific literacy）。[7] 因此，可以将科学素养[8]定义为："个体理解科学过程、科学知识和技术成果，并利用它们从事科学探究、交流实践经验、解决个人和社会问题的能力，也包括个体在科学探究和日常生活中所表现出来的科学世界观、科学态度和科学精神。"

二、方法

（一）研究对象

本研究选取了高中生中拥有国家二级运动员及以上称号的青少年运动员，年龄为 16～17 岁。回收有效问卷 5846 份，有效性别信息 5630 人次，其中，男生为 2677 人（占 48%），女生为 2953（占 52%）。运动专项涉及田径、篮球、足球、排球、乒乓球、游泳、羽毛球、健美操、跆拳道等项目。

（二）研究工具

1. 调查工具

本研究采用根据科学素养"九要素模型"编制的科学素养测评工具，每套问卷包括背景调查问卷和科学素养表两部分，用于考察青少年运动员的科学素养及相关影响因素。

（1）背景调查问卷

背景调查问卷包括基本信息和学习科学的途径两部分。基本信息部分包括 10 道题，分别用于了解影响青少年运动员科学素养的群体、个体和环境因素；学习科学的途径部分包含 27 道题，分别用于了解学校设施利用、科学教育、家庭教育、青少年运动员自主学习等，对青少年运动员在科学方面的教育和学习方式进行调查。此外，还设置了 3 道了解青少年运动员未来发展方向的题目，包括未来从事的职业、感兴趣的科技发展方向和获取知识的途径，作为对影响青少年运动员科学素养因素的补充。

（2）科学素养量表

科学素养测试量表由观点态度、知识了解程度、科学家工作理解和未来小科学家 4 个部分组成，共计 46 道题。

根据科学素养的"九要素模型"，青少年运动员的科学素养得分包括 9 个要素得分，这 9 个要素得分又可以组合为 6 个子量表得分，分别为：知识素养得分、方法素养得分、成果素养得分、理解素养得分、表达素养得分与感悟素养得分。9 个素养得分还可以合成一个总得分。

2. 抽样方法

基于以上问卷，对北京市高中生拥有国家二级运动员及以上称号的青少年运动员进行了抽样调查，采用了概率分层配额抽样的方法进行抽样。

三、结果与分析

问卷统计采用 OCR 勾选识别的方式，使用清华大学的 TH-OCR 系统。未经人工校对的情况下，数据准确率约为 98%。

（一）对背景问卷的分析

本次调查从学校硬件设施、学校教育、家庭教育、自主学习等方面，对学习科学的条件进行了系统的分析。

1. 基础性数据分析结果

数据统计显示，接近或超过 20%的青少年运动员未来想从事的职业包括：体育运动家、企业家、金融家、医生等。超过 20%的运动员最喜欢的科技项目是天文观测、种植或养殖、模型设计与制作、电子技术、机器人、发明创造等；还有不到 10%的运动员选择气象观测、单片机、科技论文等。超过 40%青少年运动员获取科学的渠道有课堂学习、电视、互联网等。

2. 科技教育设施及利用情况

80%～90%以上的学校拥有普通劳技教室、模型制作教室和电子设施；只有 18%～25%的学校没有气象设施和天文设施，11%的学校没有生物组培室。但青少年运动员对科技设施的总体利用率较低：青少年运动员中没有用过气象设施、天文设施、机器人教室的比例最高，接近或超过 80%；没有用过劳技教室、模型制作教室、电子设施、植物种植园等的比例最低，但也达到 60%。

3. 学校教育情况

青少年运动员对本校科学课教学的满意程度逐渐降低，只有 22%的青少年运动员对科学课教学非常满意，27%的青少年运动员没有做过实验，58%的青少年运动员没有听过科普报告，53%的青少年运动员没有参加过学校组织的科技活动，超过 40%的青少年运动员报告在其他人文学科中没有涉及科学知识或科学家。

4. 家庭教育情况

在回答家长在生病或遇到困难时会去求神拜佛的情况这一题时，回答"从来不去"的青少年运动员约占全部青少年运动员的 80%，回答"总是会去"的青少年运动员占全部青少年运动员的 6%～8%。43.8%的青少年运动员家长没有陪孩子看科技电视节目，56.9%的青少年运动员家长没有给孩子讲科学知识，48.7%的家长一个月内没有带青少年运动员参观科普场馆，27.7%的青少年运动员家长一年内没有带孩子外出旅游。

5. 自主学习情况

27%的青少年运动员不经常收看科普电视节目，56.1%的青少年运动员不经常浏览科普知识网站，76.1%的青少年运动员没有订阅科技类杂志，47.9%的青少年运动员过去一年内没有阅读科普图书，86.1%的青少年运动员没有参加区级科技竞赛、89%没有参加市级科技竞赛、93%没有参加国家级科技竞赛、96%没有参加国际级科技竞赛。

（二）科学素养水平

根据科学素养的"九要素模型"，青少年运动员的科学素养得分如表2、表3所示。

表 2　科学素养各要素的实际得分

	理解（R）	表达/应用（W）	感悟（V）	小计
科学知识（K）	20.79	1.41	6.69	28.89
科学方法（P）	3.05	5.34	6.65	15.04
科技成果（C）	2.19	0.81	4.88	7.88
小计	26.03	7.56	18.22	51.81

表 3　科学素养各要素的得分率

	理解（R）	表达/应用（W）	感悟（V）	小计
科学知识（K）	0.67	0.18	0.84	0.61
科学方法（P）	0.38	0.45	0.67	0.50
科技成果（C）	0.37	0.12	0.49	0.34
小计	0.58	0.28	0.65	0.52

从表2可以了解到青少年运动员科学素养的总分为51.81，从表3中可以看出，得分率最低的是"科技成果应用"（0.12）和"科学知识表达"（0.18），得分率最高的是"对科学知识的态度"（0.84）和"理解科学知识"（0.67）。在基于对象的三个子量表分数中，成果素养的得分率最低（0.34），知识素养的得分率最高（0.61）。在基于加工的三个子量表分数中，表达/应用素养的得分率最低（0.28），感悟素养的得分率最高（0.65）。

青少年运动员，在科学素养的九个要素中，得分率最低的是"对科学知识的态度"和"理解科学知识"，得分率最低的是"科技成果应用"和"科学知识表达"。知识素养的得分率最高，成果素养的得分最低；在基于加工的三个子量表分数中，感悟素养的得分率最高，表达/应用素养的得分率最低。

不同性别青少年运动员的科学素养得分，男生和女生在科学素养 9 个方面的得分和科学素养的总分都保持高度的一致，没有出现性别差异。除父母学历为小学及以下的青少年运动员科学素养得分较低外，父母为其他学历的青少年运动员科学素养得分差别很小。父母职业为专业技术人员的青少年运动员的科学素养得分最高，约为 52 分；父亲为生产机运输设备操作人员的青少年运动员的科学素养得分高于母亲为相同职业的青少年运动员。

四、结语

青少年运动员科学素养得分，性别不同各有优势，但不存在显著差异。城镇户籍青少年运动员的学习科学条件显著高于农村户籍青少年运动员。[9]父母的学历是影响青少年运动员科学素养水平的重要因素，父母学历高的青少年运动员得分率比父母学历低的青少年运动员高。父母职业的不同对青少年运动员的科学素养有一定的关联性，父亲职业为单位负责人的青少年运动员得分率最高，母亲职业为商业和服务业人员的得分率最高。值得注意的是，母亲职业为单位领导人的青少年运动员得分率明显低于父亲为单位领导人的青少年运动员。[10]在家庭经济状况方面，经济条件越好的青少年运动员得分率越低，而经济条件一般的青少年运动员得分率最高。

青少年运动员利用校外科技场馆和科技教育设施的利用率较低，应积极拓展科技教育方式，充分利用校外科普资源，开阔青少年运动员视野，激发青少年运动员的科学兴趣[11]；同时增加科技实践课和科技活动，提高科技教育设施的利用率。青少年运动员科学素养整体水平有待进一步提高，教育行政部门应制定相关政策，大力实施青少年创新人才培养计划，扩大青少年运动员参与范围，提升青少年运动员的整体科学素养水平。[12]中小学青少年运动员科学素养的提升主要依靠科技教育，而作为科技教育主体的科技教师是制约科技教育发展的至关因素，因此，教育主管部门应大力开展科技教师培训工作，提升学校科技教育水平，进而提高青少年运动员的科学素养水平。调查结果显示，青少年运动员"表达科学知识"和"应用科技成果"的能力普遍低于"理解科学知识"的能力，所在学校应根据自身优势，组织开展青少年运动员喜爱的兴趣小组和科技竞赛等活动[13]，激发青少年运动员的科学兴趣，提高青少年运动员的科学探究能力和水平，从而加强青少年运动员"表达科学知识"和"应用技术成果"这两方面的能力。超过40%的青少年运动员选择利用互联网获取科学知识，教师及学校应因势利导，充分利用互联网传播科学知识的优势，及时传播网络信息使用和网络安全等知识，正确引导青少年运动员利用互联网有效获取科学知识。[14]家庭教育和家长的学历与青少年运动员的科学素养水平有明显相关，应通过建立"家长学校"，开展不同形式的培训，提升家长的科学文化水平；充分发挥"家校联动"，引导家长在家庭教育中关注孩子的科技意识，促进青少年运动员科学素养的提高。

参 考 文 献

[1] 周立军，李亦菲. 对青少年科学素养基准结构的分析 [J]. 科普研究，2015（1）：74-82.

[2] 王芳官，王淼. 公众科学素养建设工作评价体系研究 [J]. 科技进步与对策，2009，26（4）：119-123.

[3] 周立军，李亦菲. 基于九要素模型的北京市中小学生科学素养调查 [J]. 科普研究，2013，8（2）：42-48.

[4] 周立军，李亦菲，赵红. 青少年科学素养的形成机理研究 [J]. 科研管理，2013，V34（5）：153-160.

[5] 刘蒙. 基于科学素养的PISA（2006）试题分析及启示 [D]. 长春：东北师范大学，2012.

[6] [美] Lewis R. Aiken. 心理测量与评估 [M]. 张厚粲，黎坚，译. 北京：北京师范大学出版社，2006.

[7] 李娟. 关于中学生科学素养测评的研究 [D]. 天津：天津师范大学，2008.

[8] 杨素红，胡咏梅. 青少年科学素养概念探析 [J]. 上海教育科研，2011（6）：12-16.

[9] 田守春，郭元婕. OECD "教师教学国际调查项目"（TALIS）评析及启示 [J]. 外国教育研究，2009（11）：63-66.

[10] 赵德成，黄亮. 中国四省市与新加坡学生科学素养表现之比较——基于PISA2015数

据的分析 [J]. 北京师范大学学报（社会科学版），2018（2）：23-31.

[11] 谢均，李珍焱，李昕然. 课外科技活动提升大学生科学素养——以四川大学化学学院
为例 [J]. 中国高校科技，2018（z1）：145-146.

[12] 赵德成，郭亚歌，焦丽亚. 中国四省（市）15 岁在校生科学素养表现及其影响因
素——基于 PISA2015 数据的分析 [J]. 教育研究，2017（6）：80-86.

[13] 钟抒樵. 北京市公众体育科学素养研究 [D]. 北京：首都体育学院，2011.

[14] 刘克文，李川. PISA2015 科学素养测试内容及特点 [J]. 比较教育研究，2015，37
（7）：98-106.

文化视野中的科普网站内容构建

赵玉龙

（中国科学院文献情报中心，北京，100190）

摘要：科普网站在不同时期承载的核心功能有所不同，经过初期的科学基础知识"扫盲"后，当下更需要科学精神和科学思想的深化与升华，以及科学文化心理和价值观念的构建。结合社会文化发展趋势，在文化视野中思考科普网站的内容构建应是科普网站的新角度和新视点，并贯穿于网站建设和发展的始终。

关键词：科普网站；文化；内容构建

Content Construction of Science Popularization Websites in the Cultural Perspective

Zhao Yulong

（Chinese Academy of Sciences Documentation and Information Center，
Beijing，100190）

Abstract：The core functions of science popularization websites are different in different periods. After the initial eliminating illiteracy of scientific knowledge，we are in need of the deepening of scientific spirit and sublimation of scientific thoughts，as well as the construction of scientific values. In combination with the development trend of social culture，it is necessary to improve content construction of science popularization websites in the cultural perspective，and it

作者简介：赵玉龙，中国科学院文献情报中心馆员，图书馆与知识学习中心科学文化传播项目主管。
e-mail: zhaoyl@mail.las.ac.cn。

runs through the construction and development of websites.

Keywords：websites of science popularization；culture；content construction

近年来，我国网络信息化发展迅速，根据中国互联网络信息中心（CNNIC）发布的第 39 次《中国互联网络发展状况统计报告》数据，截至 2016 年 12 月，中国网民规模达 7.31 亿，相当于欧洲的人口总量，互联网普及率达到 53.2%。同时，科普信息化得到长足发展，科普网站数量显著增加。科学技术部发布的 2015 年度全国科普统计数据显示，2015 年全国共有科普网站 3062 个，比 2014 年增加 410 个。在数量增加的同时，科普网站的内容构建逐步丰富和多元化。

然而，相对于科学知识普及、科技成果发布、科学新闻传播等内容，科学历史、科学思想、科学精神等科学文化理念的渗透还有所缺乏。在我国，虽然科学知识得到普遍重视，但科学文化远未得到公众理解，对科学文化的认识还比较肤浅。[1]本文将以此为主题，对科普网站中科学文化的内容构建展开相关探讨。

一、文化和科学的联系

文化的概念庞大而深邃。马克思曾说：文化是人的根本，文化是人类社会的产物。《现代汉语词典》对"文化"解释为：人类在社会历史发展过程中所创造的物质财富和精神财富的总和，特指精神财富，如文学、艺术、教育、科学等。季羡林先生曾提出，文化就是包括人类通过自己的（体力和脑力）劳动所创造的一切精神的和物质的有积极意义的东西。[2]由此，科学作为人类智慧的结晶，似乎包含在文化解释范围内。一般认为，科学反映了人类探索世界的认知活动，是具有系统性、逻辑性的知识体系；但科学也是一种社会文化，并且在演进过程中受到其他各类社会文化，如政治、经济、宗教等的影响。"文化之中没有什么东西可以不与科学发生强烈的相互作用，即使最稳定的部分也不能例外……"[3]萨顿在 1937 年出版的《科学史和新人文主义》中指出："它（科学）必须成为我们的文化中的一个组成部分……如果科学只被人从技术的功利主义的角度来看待,那它就简直没有任何文化上的价值"。[4] 所以,站在人类文化视野中,科学是其中的组成部分;而从亚文化分析,它又是一个相对独立的文化系统,有丰富的文化内容和鲜明的文化特征。

二、科普网站的文化属性

(一)科普网站概念

科普网站,即以科普信息为主要内容,专门为传播科学知识、普及科学思想而开设的网站。[5] 科普网站既有综合类门户网(如科学网、中国科普网等),也有专业领域的网站(如天文网、化石网等)类。自 20 世纪末网络信息兴起以来,政府机构、科学共同体、相关社会团体及互联网企业等积极利用网站的形式传播科学信息。网站内容构建也由单一向多元化转变:从最初普及基础科技知识、科技政策到现在传播各类科学知识、科学新闻和科学人物传记等,其内容不断迭代丰富;风格也从严肃发展到轻松活泼甚至娱乐化,发生了很大变化,反映出受众对科学知识外的科学文化的需求不断在提高。

(二)科普网站内容构建的文化特点

科普网站内容构建的文化特点不同于其他网站,不仅由于学科领域的不同,更重要的是文化根源、文化特质、文化内涵与文化取向的不同。科学的文化体系源于理论科学与应用科学日臻完善的 17 世纪西方工业革命时期(也称产业革命或技术革命),经过几个世纪的不断演化,积淀极为厚重,其实证、严谨、理性、专注等特点在科学家和科学共同体中体现得格外鲜明。相应的,科普网站解读科学知识、反映科学现象、体现科学过程也是科学文化的投射,并承载着传播、继承、发展和创新科学文化的使命和义务。

作为科学知识和文化传播的信息载体,科普网站的内容构建是多元和丰富的,需要关注科学的各个维度。既要传播科学知识和科学方法,又要在科学文化的体系中发掘有深刻内涵和价值导向的代表性内容，启发受众自觉理解与领悟科学思想和科学精神，进而达到对科学文化认知的趋同，并内化于价值观和行为准则。所以，科普网站内容构建的文化具有启蒙、引导和教育的重要意义，是传播科学精神不可或缺的因素。

三、科普网站中科学文化内容构建的思考

（一）内容构建需要切入受众视角，获得受众持续关注

当今社会文化产业欣欣向荣，各种创新思维不断涌现，在"内容为王"的互联网思维下，谁抓住主流受众群的文化取向，谁就抓住了趋势和市场。一般来说，受众个体由于成长环境、年龄差异、知识结构、个人阅历、性格特征等不同，会形成多元的文化视角，而某一类文化视角相对集中的个体即形成一个群体文化视角，网站内容构建如果切入这类群体的文化视角并受到持续关注，就拥有了相对稳定的受众群。科普网站的内容构建是否丰富、视角是否独特、观点是否多元、解读是否权威、行文是否活泼、表述是否易懂等，都是受众对一个科普网站的直接印象，从而决定是否对其持续关注。目前，我国网络受众普遍对科普网站持续关注程度较低，2011 年的中国科普市场现状调查报告显示，仅有 9.9%的网络受众会持续关注科普网站（图 1）。

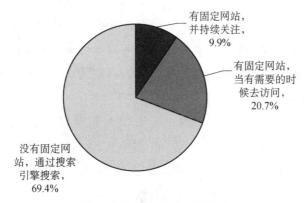

图 1　网络科普用户使用习惯

所以，加强网站内容的可观性，持续获得受众关注，是科普网站建设需

要重点解决的问题，除知识性外，增加内容的文化性、思想性、趣味性、实用性等则是必要途径之一。2014 年，在中国科学技术协会第八届全国委员会第五次会议上，中共中央政治局委员李源潮指出，要抓住信息化机遇，要提高科普传播水平，把握互联网在人们获取信息中作用越来越重要的趋势，加快推进科普信息化，让科技知识在网上流行起来。笔者认为，让科技知识在网上流行起来即是要求科普网站的内容构建要紧随当前社会文化发展趋势，抓住受众的文化视角和文化心理，用文化体验的思维构建内容体系，增加科普网站的文化内蕴，从而提高受众的持续关注度，进一步发挥知识普及和价值引导的作用。

（二）多种文化形式的内容构建

科学知识领域宽泛，专业性强且复杂，受众即便具备一定知识基础仍不易接受和理解，这也凸显了科普工作的重要性和艰巨性。科普网站承载着"翻译"和解读科学知识的功能，即需要多种文化风格和传播形式的"变通"[6]，没有科学，便不会有科普；有了科学，没有公众，也不会有科普。科学一经与普通民众结合便有了科普。但是科学不会自动跑到公众那里去，要通过各种形式的转换和媒介的沟通。[7] 科普网站最大的优点是可以嵌入多种媒介形式，如音频、视频、PPT、Flash 动画等。但流于形式是不够的，简单地把知识信息重新包装，也仅仅是令人眼前一亮，昙花一现，不能唤醒受众内心深处的文化认同。科学产生有其深刻的社会环境和历史背景，解读这一部分即需要科学文化内容介入，通过对纵向科学历史和横向科学现状进行深层次梳理，挖掘有意义和价值的文化内容，启发受众从根源和土壤中理解科学。"会使人们有可能真正从整个社会、历史和文化的背景中来理解科学，理解科学精神和科学价值，也将深刻地影响人们对科学的本质的认识和理解"。[8] 例如，以科学史为蓝本，结合历史中宗教、政治、经济等因素，深入浅出地阐释科学问题，讲述科学轶事和人物故事，人类社会重大的科学事件；也可以从参与人的视角描述一次科学实验的完整过程，或一个科学大装置的安装和运作过程，或是一段科普作品的节选和精彩书评，抑或是科研机构的宣传影像、纪录片、科学家口述历史等。各个文化层面的科学元素或是科学事件中的文化元素，都可以体现在网站内容构建中，活灵活现地展现科学中的人和事，把立体、多元、内容丰富的科学场景还原和再现，增加受众的感性认知，进而引发理性思考。

目前，国内一些科普网站已践行较好，所设置栏目在普及科学知识的基础上增加了人物传记、科研经验记述、科学感悟和人生经历等人文类内容，表述风格突破了传统的严肃呆板，生动形象且不拘一格，使人印象深刻。以下是笔者梳理的一些主要科普网站的文化类栏目情况（表1）。

表 1　主要科普网站的文化类栏目

网站名称及网址	文化类栏目	主要内容	栏目体裁
蝌蚪五线谱 http://www.kedo.gov.cn/	科幻世界 科知故事	科幻小说作品及评论，记录古今中外的科学家及主要成就和科学故事等	传记、访谈、纪实类
科学网 http://www.sciencenet.cn/	博文精选	汇集科学家及科技工作者撰写的精彩博文	无固定体裁，不拘一格，观点鲜明，生动形象
微科普 http://www.wkepu.com/	文化科普	历史事件、文化艺术、人物故事等	传记、访谈、纪实
果脯网 http://guopu.cc/index.htm	科学人文	科学艺术、科幻作品、人物访谈等	文学作品、访谈、纪实
科学智慧火花 http://idea.cas.cn/	科学家故事 科普书评	记录中外科学家人生故事、科普作品评论	传记、访谈、纪实
知力网（杂志类） http://www.zhili.org.cn/	科学名人	科学家故事及观点等	传记、专题报道、文章节选等
果壳网 http://www.guokr.com/	科学人、十五言	科学百科知识原创文章、评论、译文等	轻松诙谐，不拘一格
环球科学（杂志类） http://www.huanqiukexue.com/	观点	科普故事、学术评论、人物故事	文学作品、人物传记、论文等
科普博览 http://www.kepu.net.cn/gb/index.html	格致论道	精英思想的跨界交流，鼓励自由独立的思想的表达	演讲视频

从以上栏目内容可以看出，科普网站文化类栏目主要由科普作品、书评、人物故事或传记、观点描述、网络博客等构成，内容丰富多元，风格各有特色。值得关注的是，除科学人物、科学史等内容外，还出现基于个体独立思想与精神自由表达的科学博客和科学演讲视频线上传播（"格致论道"）栏目，其个性鲜明，特点突出，多学科交叉融合，观点碰撞，精彩纷呈，进一步拓展了科学文化的传播视角。

（三）结合社会文化的动态热点丰富内容构建

社会文化反映社会人类的生产生活。现代社会以科技和信息化为主要特征，生产关系及生产生活方式较以往发生巨大改变，其中文化层面出现的动态热点也与科学紧密相关，科学普及工作应随之延伸扩展，覆盖公众疑问，凸显价值和意义。

第一，科普网站需紧随社会发展态势，体现其媒介功能与快速反应能力，敏感发现社会公共事件中涉及科学的各类因素，并在事件过程中密切跟踪各类观点及时答疑解惑，利用权威解读占领传播领域高点，避免其他途径的虚假消息趁机而入。例如，2017 年 8 月 9 日四川九寨沟地区发生 7.0 级地震，科学网、科普中国等多家网站第一时间推出和转载了大量科普文章，如《九寨沟 7 级地震：地震能预警吗？》《九寨沟 7.0 级地震七疑问　专家逐一解析》《到底咋回事？三问四川九寨沟 7.0 级地震》《震后重建：虫媒生物防治有多重要》等，从多维度分析地震产生原理、预警机制和灾后防患事项，解答公众疑惑，并多以设问句引导启发受众了解和思考。

第二，科普网站对突发性的科学热点应第一时间给予回应，借力传播，充分利用科学新闻事件对公众产生的影响力加强传播和解读。例如，2016 年 2 月引力波被发现并报道后，即引起大量媒体高度关注，与其相关的科学理论和研究成果第一时间得到解读，从科学媒体到大众传媒（电视、广播、报刊等）再到各类移动终端无不转载评论，甚至资本市场也因其驱使产生波动。一时间，人们的求知欲空前高涨，高深难懂的科学术语似乎也流行起来，这充分反映出科学现象已融入社会文化形态中，随着公众科学素养的提升，必然在某一时刻产生共振，而这一刻即是"天然"的传播良机，社会公众对科学知识由被动接受转为主动获取，其传播效果加倍提升。

第三，科普网站内容建构应加强从生活常识切入，结合其产生的背景和发展脉络进行分析解读。由于人们对这类现象有认知基础，但缺乏深入了解，所以经过策划便容易激发好奇心和求知欲。比如，果壳网《医生为什么穿白大褂？》一文中，作者利用我们最熟悉的医生穿白大褂为线索，阐述了东西方古代和近代医生着装的衍变与缘由，讲述外科医生李斯特经过长期研究，发现造成患者死亡的一个重要原因是微生物病菌，他最终改革手术环境，采取术前对器具消毒和穿上显示干净的洁白手术服的故事，其中重点普及了"消毒隔菌"这一知识点。该文还配以不同时期艺术家创作的油画辅以说明，使读者更容易从多角度理解事物的发展过程及相关知识。

第四，科普网站也可以利用文化风俗元素。例如，每年的七夕情人节是恋人或夫妻互倾爱慕的时候，蝌蚪五线谱网站则在 2017 年七夕节期间推出一篇《数学家的恋爱法则：助你找到"最佳爱人"》的文章，诙谐幽默地引出梅里尔·弗勒德的"未婚妻难题"，进而揭示概率推演的规律法则。

四、保持宽广的文化视角和深刻的反思态度

现代社会各类文化交集繁多，知识信息的互相渗透和延展必然带来崭新的思维和视角。科普网站内容构建早已脱离单一的知识性普及，取而代之的是一种系统文化的呈现和传播，它是立体、多元和深刻的，需要宽泛广博的文化视角来解读。但这种宽泛并不是海量的新知识、新发现以及成果展示和转化信息，而应特别关注人类在科学探索中的过程，以及在过程中产生的现象和阶段性结论，尤其是经过修正的错误结论。这样或许会打破人们对科学至高无上的崇敬，改变只要提到科学就代表真理和唯一正确性的观念，但会启发人们独立思考，怀疑一切，用实证探索真理的科学思想和科学精神。在当今的应用主义思潮下，人们过度关注科技成果的新奇和财富效应，极易忽视科学本身的自我否定和自我批判，"自我批判是科学的生命，自我批判不是科学没落的征兆，而是科学进步的标志之一。自我批判终止之日，就是科学发展停滞之时"。[9] 科学的一切发展和演变都存在于不断的自我批判中，也许今天的推理就被明天的结论所证伪，而明天结论又被后天的成果所超越，不断往复更迭。对于技术变革和生产力发展来说成果固然重要，但对于培养人们的科学思想和人文精神来讲，正确客观地认识科学规律，自主评判科学现象，树立理性严谨的价值观更为重要，也会避免落入伪科学、物欲主义和拜金主义的陷阱。所以，科普网站既要普及科学知识，呈现科学成果，又要反观科学现象，思考科学过程，这是对科普网站内容构建提出的进一步的要

求，也符合受众不断提高的科学素养和当下社会文化的需求。

五、结语

科学的发展与社会文化进步是分不开的，科普网站在不同的社会阶段承载的核心功能也有所不同，经过初级阶段的"扫盲"和知识体系建立后，即需要精神和思想层面的深化和升华，以及文化心理和文化价值观念的构建。跟随社会文化发展趋势，在文化视野中思考科普网站的内容构建，应是科普网站的新角度和新视点，并贯穿于网站建设和发展的始终。

参 考 文 献

[1] 段惠军. 科技工作者的道德修养与科学文化建设刍议 [J]. 经济与管理，2015（2）：5-8.
[2] 季羡林. 论东西文化的互补关系 [N]. 北京日报，2001-09-24（15）.
[3] [美] 约瑟夫·阿加西. 科学与文化 [M]. 邬晓燕，译. 北京：中国人民大学出版社，2006：6.
[4] [美] 乔治·萨顿. 科学史和新人文主义 [M]. 陈恒六，刘兵，仲维光，译. 北京：华夏出版社，1989：141.
[5] 中国互联网络信息中心. CNNIC 发布《2011 年中国科普市场现状及网民科普使用行为研究报告》[EB/OL]．[2018-07-15]．http://www.cas.cn/kxcb/kpdt/201109/t20110923-3353257.shtml.
[6] 张振克，田海涛，魏桂红. 中国科普网站调查研究 [J]. 科普研究，2007（5）：52-53.
[7] 朱效民. 科学家与科学普及 [J]. 科学研究，2000（4）：98-102.
[8] 蔡其勇. 科学哲学的文化转向及其对科学教育的影响 [J]. 教育研究，2008，6：47-51.
[9] 李醒民. 科学精神和科学文化研究二十年 [J]. 自然辩证法通讯，2002（1）：83-89.

卓越视角下高新展策划能力的提升及评估

郑 巍

（上海科技馆，上海，200127）

摘要：近年来，高新展在促进公众理解新技术中起着积极的作用，但多数展览采用较传统的传播方式，展览缺乏创新理念、创新方法的传播与互动，公众往往处于浅层的"非学习"状态，如何策划出高质量的展览来适应社会创新需求具有现实意义。本文阐述了高新展的多元化趋势与特点，以上海为例，聚焦会展、企业馆和科技馆高新展的功能定位、展示形式及输出特点，分析了展览的多维评价体系，在国内博物馆评估标准、国家景区质量等级评定、会展获奖展品标准相关评价的基础上，引入卓越展览的标准，提出进一步优化评估与关键性指标的新对策，为科技馆高新展策划能力的提升，创新合作模式提供参考。

关键词：卓越；高新技术；科技馆；评估

Research on The Improvement and Evaluation of the Management of High-tech Exhibition in the Era of Big Data

Zheng Wei

（Shanghai Science & Technology Museum，Shanghai，200127）

Abstract: In recent years，with the continuous emergence of high and new technology，high-tech exhibition plays a positive role in promoting public understanding of new technology，and affects the way people work and live in the future. However，most exhibitions are the output in the form of "physical/

作者简介：郑巍，上海科技馆更新改造指挥部工程硕士，副研究馆员。e-mail：zhengw@sstm.org.cn。

model+version/video", and it is a hotspot to plan high quality exhibitions to adapt to the society. This paper expounds the main categories of multi-dimensional evaluation of exhibitions. Taking Shanghai High-tech Exhibition as an example, we analyze the functional orientation, display mode and operation status of exhibitions, corporate pavilions and high-tech exhibitions of science and technology museums, trying to propose the countermeasures to improve the planning level of the high and new exhibition, optimize the evaluation of the key index to provide reference for the promotion of high-tech exhibition planning capabilities, innovative cooperation model.

Keywords: excellence; high and new technology; science and technology museum; assessment

高新技术发展水平标志着一个国家的综合实力, 具有群体性、创新性、战略性和竞争性和风险性。高新技术展览 (以下简称高新展) 集中展示前沿科技、应用及未来的发展趋势, 公众从中可以了解科技创新的最新动态, 进而促进科技的普及, 引发公众对未来的新思考。

一、高新展的多元化与特点

科学和技术成果在社会中的传播、消化、吸收和应用依赖于公众科学精神和科学思维方式的培养, 尤其是创新精神, 对科学和技术的发展有着极其重要的作用。[1] 目前, 高新展是公众理解和体验高科技的最重要途径之一, 公众在会展、企业馆、科技馆内都可以看到有关高新技术的展示。

(一) 会展的前瞻性引领

会展具有强大的产业带动效应, 为推动城市创新和国际化引领起着积极的推动力。以 2017 年为例, 上海共举办展览会项目 767 个, 其中, 11 月 7 ～ 11 日在国家会展中心 (上海) 成功举办第十九届中国工业博览会, 展示面积为 273 229 平方米, 以 "创新、智能、绿色" 为主题, 在 5 天的展会期间,共吸引了来自全球 28 个国家和地区的 2602 家参展商，共有 65 场论坛及专题活动同期举行。来自境外 82 个国家和地区、中国境内 31 个省（自治区、直辖市）的观众达 178 000 人次，人员分布广，从专业技术人员到普通观众都有。展项互动性强，如新松公司研发的庞伯特乒乓球机器人，拥有高速双目立体视觉、乒乓球轨迹预测算法、智能回球策略等核心技术，可实现与人连续多回合乒乓球对打，成为亮点。ABB 公司开发的 YUMI 双臂机器人，通过视觉定位、引导式编程等技术，可为观众现场调制咖啡。这次会展文化创意同步实施，如主办方首次设立两家纪念品服务点，电子会刊、充电宝、插座组合、保温杯等纪念品应有尽有，人气商品供不应求，甚至一度被卖断货。大会举办了专题论坛、会议活动，以全球工业 4.0 进程化趋势为大背景，重点突出前沿性、前瞻性、专业性、学术性的选题。评选出一批标志性智能制造领域的最新成果共 43 项获奖展品，其中特别荣誉奖 2 项、主宾国特别奖 1 项、金奖 4 项、创新金奖 4 项、工业设计金奖 4 项、银奖 14 项、创新银奖 14 项。

（二）企业馆的专题渗透与补充

企业馆作为企业展示技术、文化与品牌形象的重要场所，所承载的内容、功能及传播的独特性，已越来越多地受到社会各方的关注。例如，张江高科技园区内的上海集成电路馆是由展讯通信（上海）有限公司策划投资并建设完成的，是国内首个集成电路产业内容的专题性科学普及教育基地，其展示面积约 2200 平方米，2009 年 1 月 5 日正式向公众开放。该馆除了展示基本知识、产业发展外，还聚焦了集成电路在智慧城市、智慧社区、智能家居、智能移动通信中的应用、互动机器人以及最新的手机等，现场的各类展品让公众体验集成电路的神奇功能。服务对象以学生、企业及社区为主。2017 年举办"快乐学习吧"，让中老年人体验通过手机融入智慧城市生活的乐趣；为企业举办了"展讯家庭日"活动。2018 年科普社区行活动来到社区并提供科技体验活动。同年，进校园活动来到了同济大学第二附属中学，科技体验课程吸引了 300 多名学生的现场参与。该馆先后成为"张江科技特色教育实验基地""上海市民终身学习科普教育体验基地""市工业旅游景点服务质量达标单位""全国科普教育基地"。

（三）科技馆的综合诠释及内化

"科技创新的先进理念和全民的科技创新意识和创新素养"是具有全球影响力的科技创新中心的特质之一。[2] 科技馆以互动性展品激发科学兴趣、启迪科学为目的，正积极融入城市创新体系。在"科创中心"建设大背景下，上海科技馆关注科技热点领域，注重"创新过程与方法"的培养与互动，积极促进公众科学素养。2017 年 1 月，更新改造项目"相对论剧场"试运行，采用了"幻影成像+4K 全高清+环境投影"技术，让公众体验和了解当今热门的话题。5 月，科技馆举办科技文化展，"魔墙"内集成了来自大英博物馆、故宫博物院、中国国家博物馆、上海博物馆等馆藏的 400 余件青花瓷照片，现场实现多人操作，拉近了公众与馆藏的距离；使用增强现实（AR）技术探寻青花瓷外销的盛况及其背后的故事。9 月，"星空之境"展在 200 平方米的空间里，模拟出全世界最逼真的人造星空，让观者震撼。

以上三种高新展具有一定的代表性，虽然在科技传播中起到积极的促进作用，但与社会公众的创新需求还有着差异，主要在体现以下几个方面。

第一，在功能定位方面，会展偏重创新产品与学术交流，追踪全球热点，普通观众大多抱着"猎奇"的心态；企业馆注重本土化技术和自身文化的传播，受众较少；科技馆更加注重诠释，但科学内容及展示较多会依赖社会的力量，内容更新较慢。

第二，在展示方式方面，多元化的展示手段都有涉及和应用，为了吸引公众眼球，存在互动娱乐化倾向，研发的展品可靠性较差，教育功能差异较大。

第三，在输出效果方面，高新展展示空间有限，参观时间较短，临时展览方式居多，所以参观的人数有限，延续性不足。

二、展览的多维评估

（一）博物馆定级评估标准

我国现行博物馆定级评估划分为三级，从高到低依次为一级、二级、三级博物馆。2016 年 7 月，新修订的《博物馆定级评估标准》中明确了博物馆展示和教育的评估标准，要求展览设计准确表达陈列主题，艺术感染力强，及时进行内容和展品更新，社会美誉度高。如一级陈列展览与社会服务项中，重点聚焦在影响力、展示和教育、社会服务三个方面。在评分细则中，本细则共计 1000 分，共分为三个大项，各大项分值为：综合管理与基础设施 200 分；藏品管理与科学研究 300 分；影响力与社会服务 500 分。评估时，综合管理与基础设施项最低分值应在 80 分（含）以上；藏品管理与科学研究项最低分值应在 100 分（含）以上；陈列展览与社会服务项最低分值应在 200 分（含）以上。例如，"全国博物馆十大陈列展览精品推介"活动，若想入选十大精品，需要在主题、形式、制作、技术、安全、宣传、服务、效益等各个方面不断改进和完善作用。[3] "全国博物馆十大陈列展览精品推介"活动，以评选的方式，为提高我国博物馆陈列展览水平起了一定的促进作用。但是不可否认，也存在着诸多问题，如评价导向不够正确、评价体系不够完善、评价指标及其标准不够科学、评审程序与方法不够严谨、评价依据不够充分等。[4]

（二）旅游景区质量等级的划分与评定

旅游景区是以旅游及其相关活动为主要功能或主要功能之一的空间或地域，包括风景区、文博院馆、自然保护区、主题公园、工业、农业、经贸、科教、军事、体育、文化艺术等各类旅游景区。2003 年我国《旅游景区质量等级的划分与评定》（第一版）发布。2016 年，修订版《旅游景区质量等级的划分与评定》出台，新标准突出游览服务、综合服务、特色文化和信息化，采用 "1000+100+100" 方式。其中，服务质量与环境质量评分共分为 8 个大项，共计 1000 分。景观质量评分分为资源要素价值与景观市场价值 2 个评价项目、9 项评价因子，总分 100 分。其中资源吸引力为 65 分，市场吸引力为 35 分，各评价因子分 4 个评价得分档次。在旅游资源吸引力方面，观赏游憩价值很高，同时具有很高的历史价值、文化价值、科学价值，或其中一类价值具有全国意义。资源实体完整，保持原来形态与结构。在市场吸引力方面，主要针对资源在全国的知名度、美誉度、辐射力及是否形成特色主题及有一定独创性。旅游景区质量等级关注游客意见，旅游景区质量等级对游客意见的评分，以游客对该旅游景区的综合满意度为依据。游客综合满意度的考察，主要参考旅游景区游客意见调查表的得分情况。旅游景区游客意见调查表由现场评定检查员在景区员工陪同下，直接向游客发放、回收并统计。

（三）会展获奖展品标准

中国国际工业博览会是集中展示当今世界装备制造和信息技术领域最新技术和产品的重要窗口。作为我国工业领域面向世界的一个重要窗口和经贸交流合作平台，中国国际工业博览会目前是唯一经国务院批准的具有评奖功能的展览会。评奖范围涉及十个领域方向，分别为：数控机床与金属加工专用装备；工业自动化；新能源与电力电工设备、器材；新能源汽车；环保技术与设备；信息与通信技术及产品；民用航空和航天技术及产品；空间信息技术与北斗导航技术应用产品；工业设计创新产品；生物医药及高性能医疗器械、新材料等其他产品。设立荣誉奖、产品奖、创新奖、组织奖。例如，特别荣誉奖的条件为：在经济社会发展中具有重大影响力、对提升工业发展能级具有重大战略意义并且拥有核心自主知识产权的优秀展品。工业设计金奖则要求概念新颖、外形美观，体现出较高的设计水准；产品具有独特的功能特点，能够实现工程应用或批量生产，满足市场需求；上市时间少于2年；拥有自主知识产权。创新金奖则要求在中国国际工业博览会上首次展出；在全球关注的高科技产业及装备制造业核心技术、关键技术和高端产品研发方面取得重大突破，或具有重大商业和社会价值的"四新"经济核心产品或平台，属于国际首创或具有国际领先水平；具有潜在的巨大经济效益或在社会效益方面有突出表现，能较好地带动相关产业的发展；拥有自主知识产权。

三、高新展评估的优化与对策

（一）卓越展览的主要特征

2016年，美国新媒体联盟发布了《新媒体联盟地平线报告》（博物馆版），该报告阐述了未来博物馆发展的六大趋势，涉及跨机构合作、新职责、数据分析、个性化、移动内容与推送、参与性体验；并提出对未来规划与决策产生深远影响的六大技术，包括数字人文技术、创客空间、智能定位、虚拟现实、信息可视化和网络化对象。科技传播可以构建一个科学技术知识环境，以其巨大的渗透力，进入生产、生活的各个方面，深刻影响社会成员的物质和精神生活。[5] 科学教育现在更加有力地关注培养有强烈个人身份，强力自尊、自信，以及能对他们自己的最佳利益做出评估与判断能力的人。成年学习者根据个人欲望关注他们的学习安排。[6] 2017 年，北京大学宋向光教授翻译了由美国博物馆联盟专家委员会制定的《博物馆展览标准及卓越展览的标志》，认为一个成功的展览能够以实物、智识和情感吸引正在体验它的人们，卓越展览的具体标志包括 [7]：①展览设计的某一方面具有创新性；②展览对特定主题提出了新视角和新认识；③展览提供了新信息；④展览以激发兴趣（或争议）的方式综合表现已有的知识和藏品；⑤展览以新的或创造性的方式吸取观众的建议并体现在展览的设计或内容中；⑥展览创造性地使用传播媒介、物品和其他展览元素；⑦展览特别的美，具有激发个人的、情感的、反应的非凡能力，并（或者）以建设性方式给观众留下深刻印象；⑧展览激发观众的反应，这是具有转变体验的迹象。

（二）优化原则与重点指标关注

1. 科学性原则

科学性是展览的前提，高新展所涉及的领域众多，其内容均来自该科技领域的理论与最新成果。以往更多的是关注展览大纲内容的正确性，除实物或模型外，展览形式和展品/展项设计的科学性研究往往较弱。应关注展示的整体科学性，确保展览向公众呈现的所有传播信息在知识性、教育性、思想性、文化传播上都是正确的。

2. 创新性原则

在《博物馆展览标准及卓越展览的标志》中，从展览设计、主题、方式、手段到个体感受，提及最多的是"创新"。一个成功的展览离不开"创新"的支持。因而，在高新展的策划中，从展览内容、形式创意与构想、教育活动策划到配套文创产品，都要体现创新。

3. 绩效性原则

目前，高新展展览评估在社会效益评估方面较弱，往往是采用统计人数或宏观的社会影响力的方式。也有一定量的观众满意度调查，但是否满足达到知识、经验、价值和情感上的输出，量化指标考虑较少。所以，展览设计初期在考虑科学性、合理性的同时应增大绩效性因素。

根据以上原则，高新展的评价主要包括展览内容、形式与展品设计、公众反馈。策展环节主要所涉及的是展览内容、形式与展品设计。通常，展览策划设计过程依次为：概念设计、创意设计、初步设计和深化设计阶段，存在周期长，展示效果、展品落地能力较弱，甚至出现无法实施的尴尬局面。因此，在创意策划阶段应将调研、内容、形式（包括展品）一体化考虑。在评价中应重点关注以下方面。①展览调研：前沿等级、实物、创新过程及方法；②展览内容：选题视角、主题及内容、配套活动及文创产品；③展览展品：科学性、易用性、新颖性与实施性。

（三）思考与建议

1. 内容的准确性

准确、真实的信息是高新展互动传播达到预期目的的前提。展览策划过程往往更关注技术层面的实现，对内容的专业把关不够，导致在已展出的互动展项、视频或多媒体中会出现一些不严谨的科学内容，甚至是错误的内容。所以，应加强增设前置评估，委派专家对内容进行把关，这样可以降低内容上的错误或不确定性。同时，对于一些最新的科技动态，也应做出及时的调整和修改，确保呈展的科技信息、科学原理、方法及展品展项是可行、准确的。

2. 技术的适度性

新技术涉及诸多技术领域，具有不确定性。高新展技术路径应充分考虑其技术的前瞻性、功能模块拓展和接口预留、运行及维护的可实施性。有些展项刻意向参观者提供"五感"体验，这种为了互动而互动的纯粹感官体验，会削减参观者的想象力和创新思维的形成，一些简单的机械或自控装置或开展的一些科学活动，也能够起到互动、思考、启发和实践的作用。虽然看似简单，却能够全面调动个体的认知体验，进而促生新的认知产生。

3. 资金的绩效性

高新展的策划与实施涉及社会的多方资源融合，尤其是与研究所、高校、高新技术企业等合作。科技馆的资金来源无论是政府资金还是自筹资金，都是有限的，创新往往需要更多的投入，因此需要处理好效果与成本之间的关系。实施中，应根据展示或教育规模、内容在成本和效益之间做充分的权衡，尽可能采用简化技术来完成功能，让创新与资金、绩效达到最佳匹配。

四、结语

当今，新时代要求科普与创新文化结合，高新展更加注重新技术与社会的联系，诸如创造力、理解力、审美力等方面，挖掘和培养更多的能力。未来，高新展的策划与实施，如何在传统的方式上取得突破，值得进一步研究与实践。

参 考 文 献

[1] 刘啸霆. 科学、技术与社会概论 [M]. 北京：高等教育出版社，2008：139-140.

[2] 王莲华. 科创中心呼唤"大科普" [N]. 文汇报，2015-06-11（5）.

[3] 吕军，郝静，马苗. 全国博物馆十大陈列展览精品评选标准的完善 [J]. 东南文化，2018（1）：106.

[4] 陆建松. 博物馆展览策划与实务（博物馆研究书系）[M]. 上海：复旦大学出版社，2016：216-217.

［5］于海燕. 新媒体时代科技传播的路径、特征及挑战［M］//何苏六，张国平. 科技与传播：策略及创新研究. 北京：中国传媒大学出版社，2010：105.

［6］［美］艾琳·胡珀-格林希尔. 博物馆与教育：目的、方法及成效［M］. 蒋臻颖，译. 上海：上海科技教育出版社，2017：179.

［7］宋向光. 博物馆展览标准及卓越展览的标志［J］. 自然科学博物馆研究，2017（3）：73-77.

新媒体科普号评价指标初步研究

郑永春[1]　赵伟方[1, 2]

（1. 中国科学院国家天文台，北京，100101；2. 北京航空航天大学，
北京，100191）

摘要： 随着科技的进步和全民网络的普及，新媒体等相关行业亦逐渐兴起并迅速成为主流。新媒体固然有其优越性，但是在发展的过程中也会存在一些问题。因此，本文以新媒体科普号为研究背景，拟探索出一套优秀新媒体科普号的评估标准及流程，望能提高国内科普行业的科普水平。本文以新媒体平台中的微信、微博、头条号为研究对象，与各大数据平台进行合作，通过大数据和人工筛选多轮地选取科普号，最后组织相关专家对影响因子排名靠前的科普号进行打分评选，作为 2017 年度优秀新媒体科普号。最后，针对大数据排名与最终评选结果进行相应的分析与讨论。

关键词： 大数据；科普；新媒体；指标

A Preliminary Study on Evaluation Index of Science Popularization of the New Media

Zheng Yongchun[1]　Zhao Weifang[1, 2]

（1. National Astronomical Observatories，Chinese Academy of Sciences，
Beijing，100101；2. Beihang University，Beijing，100191）

Abstract： With the development of science and technology and the popularization of national network, new media and other related industries are

---

作者简介：郑永春，行星科学家，科普作家。e-mail：zyc@nao.cas.cn。赵伟方，科普硕士。e-mail：a1130356684@buaa.edu.cn。

gradually emerging and quickly becoming mainstream. New media has its advantages，but there are also some problems in the process of development. Therefore，taking the new media science popularization accounts as the research background，this paper intends to explore a set of evaluation standards and procedures for an excellent new media science popularization accounts，hoping to improve the domestic science popularization level. Based on new media platform，such as WeChat，Weibo，the Toutiao，as the research object，we intend to cooperate with big data platforms，through the big data and artificial selection to select a rounds of science popularization，finally organize experts to rank the top impact factors，we choose the one with highest score as 2017 outstanding new media science account. Finally，the corresponding analysis and discussion are made on the ranking and final selection results of big data.

Keywords：big data；popularization of science；new media；index

一、引言

传统上，科普主要通过广播、电视、报纸、讲座、书籍、杂志和宣传栏等渠道，传播科普知识。随着信息技术的快速发展，一系列新兴的媒体形式大量涌现，它们通过互联网，以电脑、手机、数字电视等为终端，以网页、微博、微信等方式，为用户提供科普服务。新媒体的出现，改变了公众的阅读环境和阅读习惯，越来越多的人借助新媒体获取科普信息。中国互联网络信息中心（CNNIC）发布的数据显示，截至 2017 年 12 月，我国网民规模达7.72 亿，手机上网用户占 97.5%。

随着新媒体的发展，新媒体也延伸拓展出了许多新的科普形式，推动科普工作不断提升信息化水平。相较于传统的广播、电视、报刊、讲座等传播渠道，新媒体具有更加便捷、快速和高效的特点。但这种新的科普方式必然对依赖传统媒体的科学传播方式造成极大冲击。

新媒体与科学传播的结合，使得科学传播的主体中心逐步被消解，进而走向了以公众为主的多元化主体。[1]基于互联网的不断发展，现已形成了以微博、头条和微信等社交媒体平台为主要途径，各大科普网站竞相发力的新媒体科学传播网络。

由于新媒体科普刚刚兴起，发展十分迅速，问题也逐渐显现。

一是科普自媒体发布的作品数量庞大，精品难以凸显。清华大学金兼斌教授团队曾对 783 个科普微信公共账号进行过系统分析，这些公众号发布了成千上万篇科普文章，科普作品的质量参差不齐，鱼龙混杂。某些自媒体沦为"标题党"，以此吸引受众，但作品内容质量不高，知识产权意识不强，缺少原创。公众经由这些公众号了解的科学，往往偏离了科学本身的形象。这也导致一些认真创作的精品科普作品难以被筛选和得到有效传播。

二是"媒体主导"型科普存在一定缺陷。在科学传播过程中，科学家、媒体和公众是不可分割的"铁三角"，所以"科学+媒体+公众"应该才是科普的有效形式，任何一方的缺位都将导致科学传播的失真。现有的科学传播中，"媒体主导"型仍占有很大的比重，一些网站和相关媒体发布的作品中存在着一些不正确甚至是错误的知识和信息。而作为科学传播信源的科学家并未充分发挥作用，这给新媒体使用者带来了误导，影响了新媒体科普的声誉和公众的信任度，需要尽快加以改善。

三是科学家参与度和热情不高。部分科学家担心自己的学术观点被曲解，不愿意参与科普。作为科学传播的第一"发球员"，目前国内积极参与科普的科学家，相较于以前有了很大的改善，但整体上比例依然相当低。因此还需针对问题，精准施策，鼓励更多的科学家自愿从事科学传播工作。

因此，开展新媒体科普评估指标研究显得尤为重要。新媒体科普评价指标体系的建立，不仅可以保障新媒体科普内容的科学性，规范新媒体科普平台的行为，引领新媒体科学普及事业的发展，推动建立合理有效的竞争格局，促进相关产品的协调和配合，还有利于加强对新媒体科普行业的政策指导和科学管理，提高传播效率，建立有效的监督引导机制，提高公众科学素质，培养科学精神。

本文针对新媒体科普发展过程中出现的一些问题，结合当前我国新媒体科普现状，搭建新媒体科普号的初步评价指标体系，结合新媒体科普号大数据平台提供的统计数据，进行了数据分析和初步研究，提出了新媒体科普号的初步评价指标体系。

二、数据与方法

鉴于新媒体科普作品形式多样、数量巨大，且传播效果与作品形式和传播平台有关，需要对作品进行分门别类的系统分析，对新媒体科普作品的评价指标，将在今后的研究中加以分析。本文主要结合新媒体科普的主要特点，针对新媒体科普号的评价指标进行研究，研究对象主要集中于"两微一端"，即微信、微博与头条号。

（一）研究方法

首先，收集整理传统科普媒介的评价标准、评估指标等研究资料，分析其中的主要特征和方法。传统的媒体科普手段主要包括广播、电视、报刊、科普讲座等方式。广播电视的科普方式具有普及性、习惯性和权威性等特点[2]；报刊的科普具有及时性、实用性和丰富性等特点；科普讲座主要具有通俗性、趣味性和现场性等特点。可以看出，面向公众的科普作品一般要求权威性、及时性和实用性，部分作品还要求通俗性和趣味性。因此，结合新媒体科普号的主要特点，通俗性、准确性、趣味性和艺术性这些指标可以吸纳到新媒体科普评价指标中。

其次，结合新媒体科普的特点和出现的问题，初步建立起适合新媒体科普发展的评价指标体系。新媒体除了本身具有便捷性、快速性和高效性外，相较于传统媒体更具有全民化、平民化、强交互性和瞬时性。[3]新媒体科普内容的生产者和消费者之间的界限更加模糊，有些人既是内容的生产者，同时也是内容的消费者。传播方式更加扁平化，传统媒体主要采用垂直分销方式，自上而下地进行传播；而新媒体更多地通过用户转载、朋友圈分享等方式进行传播，门户网站的功能弱化。例如科学家霍金去世，新媒体网络关于霍金在科学研究和科学传播上的贡献的报道铺天盖地；同样，"天宫一号"完成工作使命坠毁，一时间，各大新媒体科普号借此事件介绍中国载人航天史和空间站建设的历程。春风化雨般的长效科普作品，越来越趋近于讲究时效、追求热点的科技新闻。可以看出，全民化、高效性、瞬时性和时效性是新媒体科普的主要特点，便捷性和高效性这些指标，有必要吸纳到新媒体科普号的评估标准中。

最后，专家评审。由于科普内容来源于科学研究，在创作过程中难免会失去一些准确性和科学性，可能会存在一些误读或夸大的情况，因此，有必要在新媒体科普号大数据统计的基础上，增加专家评审环节。通过遴选具有充分的科研背景和学术经历及拥有丰富科普经验的专家，针对新媒体科普号评估指标进行研究与讨论，并提供专业性的见解和看法，对新媒体科普号的评估标准再进行完善和补充。本环节增加了科普号对所传播知识的科学性与准确性这一指标，并完善了其他指标。

综上所述，新媒体科普号初步评价指标整体上分为以下4个部分（表1）。

表1 新媒体科普号评价指标

指标	考察内容	分值
趣味性、通俗性	内容是否有趣	30分
科学性、准确性	知识是否准确	30分
文学性、艺术性	形式是否优美	30分
专家补充评审意见		10分

（二）数据来源

目前国内有多家数据挖掘平台，通过筛选，选择与上海看榜信息科技有限公司（http://www.newrank.cn）和北京清博大数据科技有限公司（http://www.gsdata.cn/）两大大数据平台合作，利用其统计优势，并结合相关后台提供数据。对新媒体科普的评价指标提供数据支持并加以改进，初步形成新媒体科普的评价指标。

上海看榜信息科技有限公司作为中国首先提供微信公众号内容数据价值评估的第三方机构，已遍历超过1000万个微信公众号，截至2018年4月，对超过55万个有影响力的优秀账号实行每日固定监测，据此发布微信公众号影响力排行榜（日榜、周榜、月榜、年榜），以及超过20个细分内容类别的行业榜和超过30个省（自治区、直辖市）的地域榜。北京清博大数据科技有限公司是中国新媒体大数据评价体系和影响力标准的研究制定者，中国领先的新媒体舆情平台，国内最重要的舆情报告和软件供应商之一。

（三）数据提取

从众多的账号中选取出我们需要的科普号，需要以下几个步骤（以微信为例）。

第一步，科普类公众号的初步抓取。在清博大数据平台上，根据公众号的名称或账号功能描述中含有的"科技""天文"等关键词进行抓取。

第二步，二次筛选。在初步抓取的基础上，以公众号的"功能介绍"文本为分析对象，找出含有"科学""科普"等关键词且去除含有"投资"等关键词的公众号。

第三步，人工筛选。这一步则是对二次筛选完的公众号再次进行人工筛选，最终确定哪些是科普类公众号。

第四步，数据挖掘。通过上海看榜信息科技有限公司对以上筛选出的科普类公众号 2017 年度数据进行详细分析，如发文次数、点赞总数、平均阅读数、平均点赞数等指标，选取综合指数排名靠前的公众号，再对所提供数据进行仔细分析。同理，按照此流程筛选出了微博、头条号的新媒体榜单。这些科普号将列入年度优秀新媒体科普号的候选名单，用作专家评估。

三、研究结果

（一）科普微信公众号分析

按照数据来源中的抓取步骤，初步抓取了 32 541 个科普微信公众号，经过二次筛选共得到 7708 个科普微信公众号，又经过人工筛选得到 702 个科普微信公众号。最后，在上海看榜信息科技有限公司的大数据平台（新榜）上，对这 702 个科普微信公众号的微信后台数据进行简要分析，根据科普微信公众号的新榜指数高低得出如下排名（篇幅有限，仅列出前十名）（图1）。

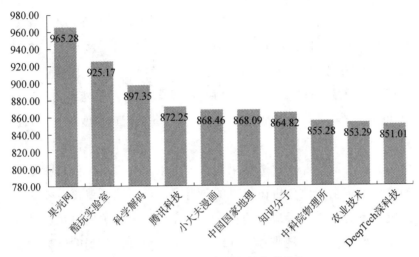

图1 科普微信公众号新榜指数排名

专家们根据这些微信账户发布文章的可信、科学及账户的性质等方面，做出综合评价，评选出以下微信十大新媒体科普账户（表2）。

表2 科普微信公众号专家投票排名

序号	优秀新媒体科普号	专家票数	领域
1	果壳网	9	多学科
2	知识分子	9	多学科
3	环球科学 Scientific American	9	多学科
4	科普中国	9	多学科
5	中科院物理所	8	物理
6	DeepTech 深科技	8	电子科技+互联网 IT
7	科学网	7	多学科
8	中国国家地理	6	地理为主
9	博物	5	多学科，偏向生物学
10	中科院之声	5	多学科

由表2可知，专家投票的前十名科普微信公众号的性质略有差异，其中为多学科门类的共有6个，物理、电子科技类、生物学和地理各有1个。

由图1与表2可知，大数据统计分析的结果与专家最终投票产生的结果并不完全吻合。新榜指数十大微信科普公众号排名中，只有果壳网、中国国家地理、知识分子、中科院物理所和 DeepTech 深科技 5 个科普微信公众号入选专家投票榜单。未入选专家投票榜单的 5 个科普微信公众号中，酷玩实验室与腾讯科技在新榜指数榜单中分别位列第二、第四名，排名比较靠前，但在专家评审环节中，专家集体鉴定这两个科普微信公众号性质侧重 IT，故而将其剔除；农业技术科普号文章并非原创，故而剔除；虽然数据统计显示科学解码和小大夫漫画有很高的新榜指数，但是其专家辨识度不高，未进入前十名。

由大数据与最终专家评选结果的差异可以得知，仅仅依靠大数据这种定量的分析很难全面地分析出优秀的科普号，所以这时就需要专家们来对大数据统计下的结果进行最后的把关。专家们集体把关的过程就是评判标准完善的过程，只有对科普号进行定量和定性分析，得到的结果才能够更加全面。

（二）微博科普账户分析

同理，按照"数据来源"中的抓取步骤，最终抓取了 200 个微博科普公众号。最后，在上海看榜信息科技有限公司的大数据平台（新榜）上，对这些科普账户的后台数据进行分析，根据影响力分数高低，得到如下排名（篇幅有限，仅列出前十名）（图 2）。

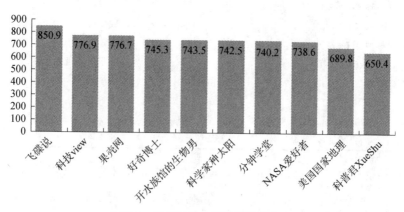

图 2 微博科普号新榜指数排名

专家还根据这些微博科普账户发布文章的可信度、科学度及账户的性质等方面做出综合评价，评选出以下微博十大新媒体科普账户（表 3）。

表 3　微博科普号专家投票排名

序号	优秀新媒体科普号	领域	简介	专家票数
1	果壳网	多学科	果壳网官博	11
2	分钟学堂	多学科	胡桃夹子工作室创始人,《一分钟性教育》视频作者	7
3	大脸撑在小胸	气象学	中国科学院气象学博士后,《武侠,从牛 A 到牛 C》作者、微博签约自媒体	7
4	中科大胡不归	化学	中国科学技术大学副研究员、知名科学科普博主、微博签约自媒体	7
5	Steed 的围脖	天文学	果壳网主笔、科学松鼠会成员、果壳天文领域达人、微博签约自媒体	7
6	飞碟说	多学科	微博知识视频博主、微博早期科学短视频作者	6
7	美国国家地理	地理学	美国国家地理官方微博,独家门户合作新浪科技	6
8	科学松鼠会	多学科	民间科普组织松鼠会	6
9	科学家种太阳	多学科	果壳网心理学领域达人、《职场尤里卡》作者、微博签约自媒体	4
10	NASA 爱好者	天文学	科学科普博主、泛科普视频自媒体(原 NASA 中文)	4

同样,十大微博科普账户中多学科性质的有 5 个,2 个天文学,1 个化学,1 个气象学,1 个地理学。即获奖名单中账户以多学科为主,其他学科为辅,总体上涉及了各个学科,并不单一。

由图 2 与表 3 可知,微博科普账户大数据统计分析的结果,与专家最终投票产生的结果也并不完全吻合。但大数据分析下的科普账户前十名榜单中有 6 名入选了专家投票选出的微博十大新媒体科普账户,分别为果壳网、分钟学堂、飞碟说、美国国家地理、科学家种太阳和 NASA 爱好者。其他 4 个微博科普账户,因为各自账户的性质、原创性等原因未入选。

同样,与微信评选过程出现的问题类似,由大数据与最终专家评选结果的差异可以得知,仅仅依靠大数据这种定量的分析很难全面地分析出优秀的科普账户,所以这时就需要专家们来对大数据统计下的结果进行最后的把关,这里不再赘述。

(三)科普头条号分析

鉴于头条号成立时间尚晚,学科知识综合性比较强,单纯的科普账户数量凤毛麟角,因而搜集到的科普头条号数量不如微信、微博那么多,仅有 25 个科普头条号符合筛选条件。由专家对头条号这 25 个账户直接进行投票,得到如图 3 的结果。

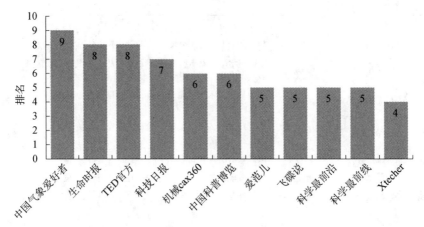

图 3　科普头条号专家票选前 11 名

在头条前十名中账户中，因为"爱范儿"和"Xtecher"账户本身侧重 IT 类，"科学最前沿"和"科学最前线"账户科普属性不强，故而将其剔除，最终得出以下科普头条号专家选榜单（表 4）。

表 4　头条十大新媒体科普账户

序号	优秀新媒体科普号	专家票数	简介
1	中国气象爱好者	9	气象学
2	生命时报	8	医学+健康
3	TED 官方	8	TED+视频
4	科技日报	7	多学科
5	机械 cax360	6	机械工程
6	中国科普博览	6	多学科
7	飞碟说	5	多学科+短视频
8	科普中国	4	多学科
9	知识分子	4	多学科
10	科学加	4	多学科

由此 10 个账户性质可知，6 个账户为多学科，气象学、医学、机械工程、TED 视频账户分别占据一席之位。

虽然头条号账户数量少，未经大数据统计分析，但是经由以上对于账户数目巨大的微信和微博科普账号分析可知，仅仅依靠大数据这种定量的分析很难全面地分析出优秀的科普号，所以就需要专家们对大数据统计的结果再进行最后的把关。专家们集体把关的过程就是评判标准完善的过程，只有对科普号进行定量和定性的分析，得到的结果才能够更加全面和准确。

四、讨论与结论

（一）大数据分析结果并不能作为优秀新媒体科普账户的唯一指标，需要结合专家评审进行专业性综合评价

由十大新媒体科普账户评选的最终结果可知，仅仅通过传统的转发量、点赞数、发文数等指标评选出来的新媒体科普账户前十名与最终评选的前十名并不完全吻合，这也从侧面反映出仅仅通过数据后台分析得到的结果是不完善的，还需要根据专业性的评选并结合一定的评判标准，才能确定最终的评选结果。

大数据的分析结果能更清晰地得到更多的数据信息，但这只是定量的分析，还需要结合专家评选等定性的分析才能使评选结果更加准确。例如，头条中部分账户的性质并不完全符合新媒体科普评判标准，但是大数据分析定量地将其包括在内。除此之外，对于部分账户发布科普作品的科学性、准确性这类指标还需要定性地判别出来。

（二）不同平台具有不同的风格特点，需要针对平台使用特性、传播途径、目标受众进行精准创作

微信、微博、头条等各个平台有不同的受众群体，传播方式不同，相应的科普方式也不同。

微博创建之初就是一个传播信息的大社交平台，侧重于大众传播，传播对象是不确定的陌生的众人，传播内容多以公共话题为主，信息具有公开性，社会传播效果强[4]，进而成为人们了解外界信息的重要软件。微博发文比较灵活，没有发送次数的限制。而且运营较好的账户，其粉丝数目甚至可以达到几百万人。

微信创建之初其功能和 QQ 类似，是腾讯公司开发出的另一个聊天软件，但后来随着功能的完善，出现了公众号、服务号等功能，由于其便捷性，迅速地发展并很快为公众所接受。微信侧重于人际传播和群体传播，具有很强的私密性和用户黏性。[4] 一般的微信公众号，每天只能推送一次文章，具有一定的周期性和可预期性。作为新媒体，传播信息的功能目前还只是微信的功能之一。

今日头条虽然成立最晚，但是它是一款基于数据挖掘的推荐引擎产品。其主要特点就是能够准确地从海量信息中推送给读者所需要的信息。它的这种"高科技"特性，使得其用户数连年增加，发展势头很强劲。

（三）优秀新媒体科普号的主要风格特点

对于微信科普公众号而言，其发布的每一篇文章背后都有一个运营团队，突出深度和专业性；而对于微博和头条号运营者而言，其文章中则更能突出个人特色，发布文章更灵活。

1. 创作者队伍的专业背景

由研究结果分析部分可知，微博科普博主大部分均为个人，不是博士、研究员，就是某一科普组织的负责人，可知其专业背景功底之深厚。微信科普公众号和科普头条号的运营者背后是一个团队在努力，更具有严谨性。

2. 良好的传播效果

由大数据分析，这些排名靠前的公众号发布的文章均有一些共同的特点。这些文章不仅点赞数、评论数高居榜首，而且文章通俗易懂且诙谐幽默；能够紧跟热点大事，在热点大事的余温散去之前将自己的文章发布出去，获得更多的关注。

综上所述，本文通过"两微一端"2017 年度十大新媒体科普账户的评选"对新媒体科普号评价指标"进行了简单的应用。结果证明，该评价指标有其独特的特点，能够在一定程度上对科普号进行筛选。本次研究，只是我们对新媒体科普评价指标迈出的第一步，也是对新媒体科普号评估的初次尝试，日后还将继续修正和完善，并在 2018 年发布正式的优秀新媒体科普号中予以采用。

参 考 文 献

［1］陈鹏. 新媒体环境下的科学传播新格局研究［D］. 合肥：中国科学技术大学，2012.

［2］关娜，孙亮. 在传统媒体特性下发挥新媒体优势的策略［J］. 广播电视信息，2007（12）：32-34.

［3］何英. 自媒体与传统媒体特点比较［J］. 发展，2014（4）：89-89.

［4］李林容. 微博与微信的比较分析［J］. 中国出版，2015（9）：53-55.

浅析如何结合《全民科学素质行动计划纲要》对 STEAM 教育进行评估

周辉军

（湖南省科学技术馆，长沙，410004）

摘要：科学（science）、技术（technology）、工程（engineering）、艺术（arts）、数学（mathematics）（STEAM）教育就是为了培养综合性人才，将科学、技术、工程、数学和艺术不分学科地进行综合性的教育，这是一种重要的科普教育形式和理念。本文主要论述如何结合《全民科学素质行动计划纲要（2006—2010—2020 年）》对 STEAM 教育活动进行评估的几种方法，并形成系列理论体系。

关键词：科学技术馆；科学；STEAM 教育；《全民科学素质行动计划纲要》

A Brief Analysis of How to Evaluate STEAM Education under Implementation of *Outline of National Action Scheme of Scientific Literacy for All Chinese Citizens*

Zhou Huijun

（Hunan Science and Technology Museum，Changsha，410004）

Abstract：The concepts of STEAM education is aimed at cultivating comprehensive talents，including combination of science，technology，engineering，art，mathematics，which is an important way of science popularization. In this article，we mainly focus on how to evaluate STEM education and form a

---

作者简介：周辉军，湖南省科学技术馆，主要从事实验教育的研究和教学。e-mail：zhouhuijun139@163.com。

theoretical system based on *Outline of National Action Scheme of Scientific Literacy for All Chinese Citizens*.

Keywords：science and technology museum；science；STEAM education；*Outline of National Action Scheme of Scientific Literacy for All Chinese Citizens*

一、引言

科学技术馆（以下简称科技馆）是以展览教育为主要功能的公益性科普场馆教育机构，其核心功能是实施观众可参与的互动性科普展览、教育活动。科技馆以普及科学教育、激发科学兴趣、启迪科学思维为目的，利用常设展览、短期展览和互动性的展品展项，同时还开展其他科普教育、科技传播和科学文化交流等形式的科普教育活动，对观众进行科普教育。

自 2006 年国务院颁布实施《全民科学素质行动计划纲要（2006—2010—2020 年）》（以下简称《科学素质纲要》）以来，特别是"十二五"期间，各地各部门围绕党和国家发展大局，联合协作，未成年人、农民、城镇劳动者、领导干部和公务员、社区居民等重点人群科学素质行动扎实推进，带动了全民科学素质水平的整体提高；科技教育、传播与普及工作广泛深入开展，科普资源不断丰富，大众传媒特别是新媒体科技传播能力明显增强，基础设施建设持续推进，人才队伍不断壮大，公民科学素质建设的公共服务能力进一步提升，公民科学素质建设共建机制基本建立，大联合、大协作的局面进一步形成，为全民科学素质工作的顺利开展提供了保障。第九次中国公民科学素质调查显示，2015 年，我国公民具备科学素质的比例达到 6.20%，较 2010 年的 3.27%提高近 90%，超额完成"十二五"我国公民科学素质水平达到 5%的工作目标，为"十三五"全民科学素质工作奠定了坚实基础。[1]

但是，我们也应清醒地看到，目前我国公民的科学素质水平与发达国家相比仍有较大差距，全民科学素质工作发展还不平衡，不能满足全面建成小康社会和建设创新型国家的需要。主要表现在：面向农民、城镇新居民、边远和民族地区群众的全民科学素质工作仍然薄弱，青少年科技教育有待加强；科普技术手段相对落后，均衡化、精准化服务能力亟待提升；科普投入不足，全社会参与的激励机制不完善，市场配置资源的作用发挥不够。"十三五"时期是实施创新驱动发展战略的关键时期，是全面建成小康社会的决胜阶段，科学素质决定公民的思维方式和行为方式，是实现美好生活的前提，是实施创新驱动发展战略的基础，是国家综合国力的体现。进一步加强公民科学素质建设，不断提升人力资源质量，对于增强自主创新能力，推动大众创业、万众创新，引领经济社会发展新常态，注入发展新动能，助力创新型国家建设和全面建成小康社会具有重要战略意义。[2]

在《科学素质纲要》的指导下，科技馆结合 STEAM 理念开展教育活动，为开发学生科普教育和科技活动内容搭建了平台，建立了资源共享机制，促进了校外科普资源与学校科学教育有效结合，发挥了更深层次的 STEAM 教育作用。

二、《科学素质纲要》指导下的 STEAM 教育现状

自《科学素质纲要》颁布以来，特别是党的十八大以来，在以习近平同志为核心的党中央坚强领导下，我国公民的科学素质得到显著提高，崇尚科学的社会氛围日益浓厚，科普公共服务能力明显提升，各方支持参与《科学素质纲要》工作的热情不断高涨，逐步形成了"以人民为中心、党委领导、政府推动、社会参与"的成功模式。取得的成绩和创造的模式是习近平新时代中国特色社会主义思想在公民科学素质建设领域的具体体现，是多年不懈努力积累的宝贵财富，也是今后做好公民科学素质建设工作的基本遵循。

进入新时代，我们要准确认识公民科学素质建设在全面建成小康社会、全面建设社会主义现代化强国中的基础性、战略性作用，切实担负起新时代赋予的使命与责任。我们认为 STEAM 教育模式的出台主要体现了信息化社会各个领域间沟通的重要性，也正是为解决各领域间的沟通问题提出的综合性人才培养教育方案。我国也应该为提高国际竞争力，树立 STEAM 教育意识，不仅要针对中小学，而且要对高校教育进行研究，为培养具有国际竞争力的综合性人才而努力。

目前社会上很多校外培训机构宣称发展 STEAM 教育，但是从业者并没有理解 STEAM 教育真正的理念，以致市场上出现了形形色色打着 STEAM 教育牌子的培训机构，但是其课程并不是 STEAM 课程，课程内容的综合性较差，只是简单地强调动手能力，基本上就是手工拼接课程。从业者没能把握住 STEAM 教育的核心——培养学生的实践能力和创新能力，培养学生的创新能力在课堂上没有体现，只是要求学生按照老师的要求一步一步地完成相应的操作，没有留给学生发挥的空间，学生只需要机械地完成老师的要求即可。还有一些培训机构过分追求炫酷的表现形式，产品单一，产品主要是 3D 打印、编程等"高大上"的领域，缺少"接地气"的产品和教学案例，这样会使学生产生一种错觉，认为科学只是炫酷的、刺激的和"高大上"的，可能会给学生后面的学习带来一些不好的影响。有的培训机构设置的课程缺乏根基，就像空中楼阁，很多课程过分关注高科技，没有科学的教学设计，缺乏基础性学科知识的积累，偏离了 STEAM 教育的本质。

而在学校里，STEAM 教育对老师的要求比较高，但是现在国内师范类院校还没有开设 STEAM 专业，这就使得很多在职老师是"赶鸭子上架"，只能应付教学需要，没有能力做好 STEAM 教育，导致教学质量大大下降。目前各学校主要以应试为主，大部分学校的教育理念还没有发生根本的转变，STEAM 教育主要以课外的形式出现，难以受到更多的重视。

不管是在校外培训机构还是在公立学校，STEAM 教育在中国的发展都处于刚起步的阶段，中国的学生亟须从应试教育的强大压力下解放出来，这就需要政府的引导、学校的配合和社会力量的支持。

三、目前 STEAM 科学教育所面临的问题

STEAM 教育是培养未来综合性人才的教育模式，但在现阶段教育中，要实现 STEAM 教育还存在着诸多问题。很多学者也表示，要想将 STEAM 教育系统化和稳定化还不是一件很容易的事情。通过 STEAM 教育模式的不断探究，学生可以经历操作、观察（体验）、发现、思考等阶段，除了收获书本中的现象和原理外，还得到了观察方法、思维方式等多方面的启迪，更有探

究问题和发现问题的乐趣，同时还获得了工程、技术、艺术等层面的收获。[3]

开展 STEAM 教育面临很多问题和难点。第一，是 STEAM 教育理念尚属初级阶段，产品不"接地气"，现有的教学案例也比较单一，多停留在 3D 打印、编程、开源硬件等"高大上"的领域，缺少易操作、易推广、能解决实际问题的"接地气"的案例。第二，是 STEAM 教育理念有点偏离焦点。STEAM 的核心理念是跨学科融合，通过知识情景化，让学生综合运用学科知识，创造性地解决实际问题。目前很多 STEAM 教育理念过分关注技术的炫酷，制作高科技的成果，缺乏科学的教育设计、基础性学科知识的融合，偏离了教育的本质。第三，是 STEAM 教育缺乏健全的教学设计模式，做不到让学生在"做中学"，基于问题或项目的学习在中国的中小学科学教育中才刚起步，教学设计并不完善。第四，也是最关键的，是 STEAM 教育人才缺乏。STEAM 教育对于教师的要求较高，需要老师不仅在方法上加以重视和转变，更要了解多领域知识，重视师资方面的培养。

我们还须明白，STEAM 教育过程不同于真实的科学研究和工程实践，老师将 STEAM 理念引入科学课堂时，暂未明确课程的教学目标是什么，评价标准是什么，融合 STEAM 的教育教学方法与策略是什么。

随着现代社会的迅猛发展，为培养综合性素质人才，开始对学校的教育方法和过程进行研究和改编。现代社会已进入高速信息化时代，为培养具有国际竞争力的综合性人才，如何进行符合中国特色的教育改革，改革核心重点放在哪，是我们当前需要解决的问题。只有研究好了 STEAM 教育模式，才能更好、更宽地为广大学生和社会群体做好科普教育工作。[4]

经过研究分析发现，目前科普教育场馆在 STEAM 教育模式的形式与内容上都存在一定的局限性，遇到一些瓶颈，影响了 STEAM 教育形式的发展。那么，STEAM 教育作为一种新型的科普教育方式，在内容和形式设计上应考虑哪些关键因素，才能摆脱目前 STEAM 教育模式在内容和形式上局限性的困境，弥补目前教育模式在内容设计的不足，最大限度地发挥其科学教育的作用？这是我们一直在探寻的目标。

四、如何结合《科学素质纲要》进行 STEAM 科普教育评估

STEAM 科学教育评估应该怎么做？很重要的就是评估共同体是怎么形成的，共同体的效果是什么。因为 STEAM 自身的特质，其评价到现在没有多少人能做，或者没有多少人能够做得好。

以前我们习惯针对某个学科单独做学科评价，现在要求做学科整合评价，这就是新的挑战。学科的整合评价怎么做？所谓的评价报告就是提供数据，数据就是证据，证明学生学到了，或者是证明学生没学到。最重要的是，在评价的过程中，我们要看在什么情境下学生学到了，在什么情境下学生没有学到，这是 STEAM 新评价的要求。评估出学生的知识情况，在什么情况下学得到，在什么情况下学不到，在什么情况下通过教师的"帮一帮"就能够得到，这样的评价才是我们要的。

（一）融合式评估

STEAM 课程建设不是简单的五门学科课程的简单叠加，其课程建设要在"融合"二字上下功夫。STEAM 课程的"融合"元素理应涵盖面更广，容纳更多的相近学科共同参与。可以从相关课程抓手，如中国科学史、中外科学家的故事、古代发明的原理解析、说明文训练、论辩逻辑读写、"三体思维训练"课程等，满足学生课题对多元实验的验证要求，让学生不仅知其然，而且知其所以然。实现艺术、劳技学科、STEAM 课程的有机融合，使学生在实验室中形成对科学原理、科学制作、实践创新的整体概念，成为学生良好兴趣爱好的多元支撑。

STEAM 科普教育想要达到理想效果，就要充分利用先进理念，充分考虑到 STEAM 教育的各种因素，充分考虑对其延伸发展的概念、背景、价值以及实行等，进行分析，提出隐藏在艺术与科学、感性与理性之间的涉及专业的学科意义和教育方法论，通过研究为设计教育提供全新的视角，对其进行重新审视和定位，培养出现阶段教育所需要的具有创意性思维和能力的综合性人才。STEAM 课程的启动，要调动教师的积极性，让教师们伴随着课程建

设共同成长，这是一个难得的契机，要充分思考和兼顾学校的独特特点，化难点为契机，争取学校育人机制的全面升级。

在开展教学时，老师也应充分照顾到学生个体因素的差异，调查研究学生的兴趣类型、活动方式和手段，确定学生的能力差异和兴趣取向，积极研究学生的兴趣取向，以及能给他们带来兴趣的 STEAM 教育模式，进而归纳出能够唤起学生强烈求知欲的各种教育的方式、手段、工具、设施，结合教育效果、科学知识等诸多要素，设计出适合学生自身条件的教育模式，将科学、技术、工学、数学、艺术等不分学科地进行综合性的教育。[5]

（二）过程式评估

在 STEAM 的评价中，教师更多的是做过程性的评价，如果仅仅做结果评价，那么就太晚了。评价体系的建立主要靠教师，每一步如何制定标准，标准如何恰到好处地适合学生，什么标准才是好标准等，这些都需要过程性参与。STEAM 最好的途径是建构学习共同体，老师和学生同时一起做，一开始就是个共同体。

湖南省科学技术馆设计了"小小工程师"活动，其内容核心实际上就是"机械理论""建筑设计""开发新能源"等系列，参加学习的学生用一个档案笔记本，记录好工程设计的整个过程。如果在课程中遇到问题，随时公布信息反馈给教师，得到教师的回复后，学生马上记录下来，并把自己的想法写出来，这样，整个过程的详细情况就会全部被记录下来，形成一个整体性的学习资料。

（三）项目式评估

随着 STEAM 教学方式的普及，学生的学习方式不再是单靠听老师的演讲，而是通过讨论、思考而来。在传统的教学方式中，学生可能上完一堂历史课，接着上一堂地理课，两门课程之间完全没有关系。而跨学科的专题式教学方式，就是综合运用和学习各种知识。

项目式学习是区别于传统"填鸭式"教学的一种学习方式，提倡学生是学习和信息获取的主体，是项目的参与者、协调者和责任人，而不是被动的接受者和被灌输知识的对象。例如，通过学习一个专题项目，将历史、地理、语言、经济等知识串联到一起，相当于将各类科目整合到一起。

项目式学习强调在项目中摸索新知识，"鼓励"犯错，从错误中发现问题，学习知识，并通过项目将知识融会贯通。传统思维指导下的教育理念认为，教师是导师、教练、裁判，是知识的传授者与灌输者；而在 STEAM 教育领域，在提高学生学习的主动性上，抛弃了传统的教育思维，提出项目式学习理念，项目式学习就是以学生为中心的教学，打破束缚，让学生可以在自主学习中获得"快感"。

（四）综合式评估

传统综合性评价对每个学科的知识评价，可以通过考核来建立，而 STEAM 的综合性评价不考核单科知识。未来的学习中很多学科都是不变的，重点在学科整合，目标是把核心知识整在一起，防止单一化。STEAM 教育通过转变学习模式，弱化老师和学生的任务，将传统的教学彻底颠倒，老师可以腾出大量的时间来研究学生的认知水平的提升。STEAM 是"做"中学，在真实场景下学、在合作中学，这些不是简单的记忆理解，而是一种深度的综合性学习，STEAM 为我们提供了很好的途径和案例，学会做学习共同体，把现代技术、大数据进行综合。

五、结语

STEAM 教育概念就是为了培养综合性人才，将科学、技术、工程、数学和艺术不分学科地进行综合性的教育，这是一种重要的科普教育形式和理念。本文主要论述如何结合《科学素质纲要》STEAM 教育活动进行评估的融合式评估、过程式评估、项目式评估、综合式评估等几种方法，形成系列理论体系。

参 考 文 献

[1] 中华人民共和国建设部，中华人民共和国国家发展和改革委员会. 科学技术馆建设标准（建标 101—2007）[S]. 北京：中国计划出版社，2007.

[2] 董建生，申嘉廉. 世界著名科技博物馆 [M]. 哈尔滨：黑龙江科学技术出版社，1986.

[3] 黄体茂. 世界科技馆的现状和发展趋势 [J]. 科技馆，2005，2：3-11.

[4] 景佳，韦强，马曙，等. 科普活动的策划与组织实施 [M]. 武汉：华中科技大学出版社，2011.

[5] 袁国术. 情系科技馆 [M]. 北京：科学普及出版社，2014.

科普产业发展趋势研究

周建强[1]　苏　婷[2]　刘　慧[2]

（1. 中国科学技术大学管理学院科普产业研究所，合肥，230088；

2. 安徽省科普文化产业协会，合肥，230088）

摘要：近年来，国家相继出台了一系列科普产业政策，科普产业在公民科学素质建设中发挥着越来越重要的作用。本文在对科普产业发展环境进行辨识的基础上，总结了科普产业发展的现状，并在分析国外科普产业发展趋势的基础上，提出了我国科普产业的未来发展趋势，对于把握科普产业发展方向、推动科普产业健康发展具有重要的意义。

关键词：科普产业；环境辨识；发展趋势

Research on the Development Trend of Science Popularization Industry

Zhou Jianqiang[1]　Su Ting[2]　Hui Liu[2]

（1. Research Institute for Science Popularization Industry，University of Science and Technology of China，Hefei，230088；2. Anhui Culture Industry Association for Science Popularization，Hefei，230088）

Abstract：In recent years，the state has successively issued a series of policies on the science popularization industry，which plays an increasingly important role in the construction of citizens' scientific literacy. Based on the

作者简介：周建强，中国科学技术大学管理学院科普产业研究所所长，研究员，主要研究方向：科技管理与科普产业发展。e-mail：jqzhou95@163.com。苏婷，安徽省科普文化产业协会，主要研究方向：科技教育等。e-mail：suting@kpzx.cn。刘慧，安徽省科普文化产业协会，主要研究方向：科技教育等。e-mail：liuhui@kpzx.cn。

identification of the development environment of science popularization industry，this paper analyzes the current situation of science popularization industry at home and abroad，and then we predict the future development trend of science popularization industry in China，which is of great significance for grasping the development direction of science popularization industry and promoting the healthy development of science popularization industry.

Keywords: the science popularization industry；environmental identification；development tendency

2016 年 5 月 30 日，习近平在全国科技创新大会、中国科学院第十八次院士大会和中国工程院第十三次院士大会、中国科学技术协会第九次全国代表大会上指出："科技创新、科学普及是实现创新发展的两翼，要把科学普及放在与科技创新同等重要的位置。没有全民科学素质普遍提高，就难以建立起宏大的高素质创新大军，难以实现科技成果快速转化"。2016 年 2 月，国务院办公厅印发《全民科学素质行动计划纲要实施方案（2016—2020年）》（国办发〔2016〕10 号），提出要实施科普产业助力工程，并对科普产业助力工程的主要任务、措施和分工做出明确要求。同时，国务院印发的《"十三五"国家科技创新规划》（国办发〔2016〕43 号）和科学技术部、中央宣传部制定的《"十三五"国家科普和创新文化建设规划》（国科发政〔2017〕136 号）中也明确提出要"推动科普产业发展"。在一系列政策措施的推动下，科普产业将在创新型国家建设、公民科学素质建设中发挥更加重要的作用。

面向"十三五"时期，在公民科学素质难以满足国家战略需求、居民科学文化需求日益增长、科技发展推动科技传播理念和方式变革的背景下，研究科普产业的未来发展趋势，对于把握科普产业的发展方向、推动科普产业的健康发展具有重要的意义。

一、科普产业发展的环境辨识

（一）公民科学素质难以满足国家战略需求

公民素质是衡量经济社会发展水平的一项重要指标，而科学素质是公民素质的重要组成部分。科学素质决定公民的思维方式和行为方式，是实现美好生活的前提，是实施创新驱动发展战略的基础，是国家综合国力的体现。第九次中国公民科学素质调查结果显示，2015 年我国公民具备科学素质的比例达到 6.20%，较 2010 年的 3.27%提高近 90%，说明我国公民的科学素质总体水平大幅提升。然而，与发达国家相比，我国的公民科学素质水平仍有较大差距，全民科学素质工作发展还不平衡，不能满足全面建成小康社会和建设创新型国家的需要，我国的公民科学素质建设任重道远，迫切需要通过科普产业的进一步发展，借助优质的科普产品与科普服务，促进全民科学素质的提升。

（二）人民群众的科学文化需求不断提高

随着我国经济的快速增长，人民生活水平不断提高，恩格尔系数不断降低，2017 年中国居民恩格尔系数下降到 29.3%，公民消费结构改变，人们开始将越来越多的精力投入精神文化生活中，期待社会能够提供更多优质的科普产品和科普服务。与此同时，科普产业供给不足，不能满足人民群众日益增长的科学文化需求。社会公众对科普产品和服务的巨大需求与科普产业供给不足的矛盾日益凸显，迫切需要科普产业增强供给能力，满足巨大的市场需求。

（三）科技发展推动科技传播理念和方式变革

21 世纪以来，科学技术的发展与变革日新月异，技术创新成果不断涌现，高新科技、尖端技术越来越多地应用于生产、生活中，改变了社会生产的发展模式和人们的生活方式。一方面，快速发展与变革的科技知识和技术成果需要及时通过科普的方式传播给社会公众，这就对科普工作提出了更高要求，需要全新的科技传播理念和科技传播方式来实现；另一方面，科学技术的迅速发展也为科普传播提供了新的手段和方式，如智能语音、虚拟现实（VR）和增强现实（AR）技术在科普领域的应用，也极大地丰富和改善了受众的科普体验。

二、科普产业的发展现状

（一）科普产业市场培育

目前，国内已经形成了全国性的科普产品交易市场——中国（芜湖）科普产品博览交易会以及一些地方性、专业性的科普产品交易市场，如上海国际科普产品博览会等。

由中国科学技术协会和安徽省人民政府联合主办、安徽省科学技术协会与芜湖市政府联合承办的中国（芜湖）科普产品博览交易会，自 2004 年起每两年举办一次，至今已连续举办了八届。八届展会累计吸引了 2700 多家单位参展，其中包括清华大学等高校、中国科学院自动化研究所等科研院所、中国航天科工集团有限公司等企业，以及来自美国、德国、日本和中国香港、中国澳门和中国台湾地区的厂商，参展的展品展项达 3.5 万余件，交易额约 40 亿元，参与公众达 170 多万人次。

由上海市科学技术协会、上海市文化广播影视管理局、上海市科学技术委员会、上海科技馆共同主办的上海国际科普产品博览会，以国际化、专业化、规模化为特色，注重搭建传播交流平台与成果转化交易平台，努力形成"展览展示培育创新科普产业、科普产业反哺科普事业、科普事业助推成果转化"的良好局面。截至 2017 年，该博览会已举办四届，吸引了数十万参观人次与来自十多个国家和地区的数百家参展商，搭建起科普产品交易平台，促进了科普产业的发展。

但总体来看，我国的科普产品市场发育尚不成熟，全国科普产品交易市场（平台）数量和规模远不能满足社会需求，而且缺乏常态性的交易市场，难以满足科普产品及服务交易需求。

（二）科普产品研发

我国科普企业主要通过成立企业研发机构、加大研发投入等方式提升自身研发能力，取得一系列知识产权成果，不断应用新技术、开发新产品。2008年8月，经安徽省发展和改革委员会批准，由安徽省科学技术协会、中国科学技术大学、中国科学院合肥物质科学研究院、中国机械工业集团公司合肥通用机械研究院、科大讯飞股份有限公司等单位共同组建成立了国内首家产、学、研、用相结合的科普产品研发机构——安徽省科普产品工程研究中心。2013年10月，该中心被国家发展和改革委员会批复命名为"科普产品国家地方联合工程研究中心"，成为国内唯一面向科普产品研发及产业化的国家级工程研究中心。

在科普信息化方面，中国科学技术协会为大力推动"互联网+科普"行动计划和科普信息化建设工程，于2014年会同社会各方面力量塑造了一个全新品牌——"科普中国"。"科普中国"旨在以科普内容建设为重点，充分依托现有的传播渠道和平台，使科普信息化建设与传统科普深度融合，以公众关注度作为项目精准评估的标准，提升国家科普公共服务水平。近年来，果壳网也逐步创新了产品和模式，开发了"在行""分答"等产品。科普产品国家地方联合工程研究中心与科大讯飞股份有限公司合作，开发了智能语音系列科普展教品，促进了最新科技成果向科普产品的转化。

（三）科普产业集聚

为推动科普产业的集约化、规模化发展，形成集群效应，可以参考芜湖国家科普园区，将科普产业发展嵌入制造业和现代服务业发展的总体布局中。以北京、上海、广州为试点，加快建设具有全球影响力的科技创新中心，形成以服务经济为主体的产业体系，建设若干辐射全国的区域科普产品集散中心，建设一批科普动漫、科普影视、科普旅游等科普产业示范基地，形成产业集群，实现集约发展。

芜湖科普产业园由安徽省科学技术协会与芜湖市委、市政府密切合作，利用皖江城市带承接产业转移示范区和合芜蚌自主创新综合试验区的有关政策建设，目前，该产业园已吸引了包括中国航天科工集团有限公司、中国科学技术大学、金诺科技在内的 40 多家与创意、研发、制造关联度高的单位入园发展，成为科普资源的研发、生产、展示、交易、集散和服务平台，为带动区域乃至全国的科普产业发展做出了重要贡献。[1]

三、科普产业发展趋势研究

（一）国外科普产业发展趋势研究及借鉴

欧美主要发达国家的科普发展较早，政府与学界在推动公众理解科学方面采取了一系列有益的政策和措施。这些国家的科普具有以下特点：科普投入多元化、科普展品多样化、科普手段现代化、科普参与社会化、科普宣传立体化。[2] 从科普产品到科普服务，这些发达国家以贴近公众认知为出发点，创作出易于公众理解的传播手段与形式，根据不同人群与层次设计出适宜的科普产品，从而给公众以良好的科普体验。

澳大利亚以科学节为抓手，与媒体良性互动，吸引公众参与。美国重视提升青少年的科学素养，发动国家科研机构以及地方科研机构开展科普活动，从法律和政策层面确保科普工作的有效顺利实施。日本的科学传播手段丰富，科普工作一直是由政府、产业界、学术界和社会共同来完成的，他们是科普的推进者和传播者，是科普的主体。而英国科普活动的开展则由来已久，从科技周的举办到各种公开活动的举办，其主旨都是服务公众科普需求。[3] 加拿大则将科普展览馆引入市场竞争，采用公司化运作，提供优质的科普产品和服务来吸引顾客。[4]

纵观欧美科普发展的现状，主要呈现出以下几个特点和趋势。

1. 公众理解科学向公众参与科学转变

随着科学技术的进步，人类社会开始迈入信息时代，特别是以互联网为代表的新媒体的发展极大丰富了公众获取科技信息的渠道，公众开始根据自身需求主动地检索和获取信息。这也促使科学传播摆脱传统单向模式，转变为双向互动的科学传播，即公众参与科学。

2000 年，英国上院发布《科学与社会》(*Science and Society*) 指出，过去的科学传播只是从科学共同体到公众的、单向的、自上而下的传播模式，而当前的科学传播应该聚焦于对话，或者说科学家与公众的双向交流与互动。受这一模式的影响，一系列公众参与科学的新模式和新做法开始涌现，包括科学咖啡馆、协商民意测验、公民陪审团、共识会议等。

2. 投入体系多元化

发达国家的政府对科普项目普遍采取"费用分担"的资助方式，建立了政府、科普组织、科技团体等积极参与，企业、基金出资赞助的科普实施运行框架，目的是吸引更多的社会力量共同支持科普事业。例如英国、法国的政府科普拨款计划明确规定，政府对科普项目的资助不超过项目总费用的50%；美国国家科学基金会仅为科普项目提供部分经费，支持强度视项目的范围和性质而定，其余经费则由项目机构从其他渠道获取。[5]

3. 科普参与社会化

科普工作不应仅仅局限于科学家、科普工作者，每个人都有责任做好科普，许多国家都通过组织开展科普讲座、科学研究活动等方式来吸引公众的广泛参与。例如澳大利亚悉尼动力房博物馆，每年接待学生 12 万人，接待家庭户 12 万户。除设展外，该馆还经常举办临时展览，每个月推出一个主题展览，媒体组织筹划向社会推出，吸引公众参与。

(二) 科普产业发展趋势

1. 科普产业与文化产业融合发展

近年来，我国文化产业发展迅速。2017 年我国文化及相关产业增加值为35 462 亿元，比 2016 年增加 4677 亿元，增长 15.2%，占国内生产总值的比重为 4.29%，比 2016 年增加 0.15 个百分点。2018 年第一季度，全国 5.7 万家规模以上文化企业营收 19 052 亿元，其中新闻服务、文化投资运营、创意设计服务、内容创作生产等文化核心领域的 4 个类别实现两位数增长。

习近平在十九大报告中提出，要坚定文化自信，推动社会主义文化繁荣兴盛。科学文化与人文文化是先进文化的两大基石。科技的发展为文化进步提供了新的理念和新的知识。科普产业未来的发展需要融合文化因素，要将科学文化与人文文化进行有机结合，借助人文文化的表现形式和传播手段，加入科学文化的内涵，促进科普产业融入文化产业发展的大格局中。

2. 科普产业与科技创新协同发展

当今世界正处在大变革大调整之中，以绿色、智能、可持续为特征的新一轮科技革命和产业变革蓄势待发，颠覆性技术不断涌现，人工智能、量子力学、新能源、虚拟现实（VR）、增强现实（AR）技术等高新科技的迅猛发展，正在重塑全球经济和产业格局。科普产业与高新技术的融合，使科学传播变得更加高效、方便、快捷和充满乐趣，使科普表达的内容更加丰富、形式更加生动，使泛在、精准、交互式的科普服务成为现实，极大提高了科普的时效性和覆盖面。

在此背景下，科普产业的发展也要与科技创新同步。在科普产品创作中，要充分引入和利用高新技术手段，加强关键共性技术研发，用最先进的科技手段体现科学的最新发展和技术的进步。

科技成果转化为科普资源的方式包括科技创新成果的转化、大科学工程的转化、实验室资源的转化、高新技术产品的转化等。《中华人民共和国促进科技成果转化法》《促进科技成果转移转化行动方案》的颁布，积极推动了科技成果的转化应用。科技创新成果的科普化让公众更好地理解科学，促进科学技术的进步，科技创新和科学普及的协同是科普产业发展的必然。科技成果向科普资源的转化是科普资源建设的重要源头，因此，促进科技成果转化为科普资源必将成为科普产业的未来发展趋势之一。

3. 科普产业大众参与共建共享支撑发展

"大众创业、万众创新"战略实施的需求和全民科学素质提升的迫切要求，为科普产业的发展提供了良好的环境。科普产品设计研发本身就具有普及性的特点，适合社会公众特别是青少年的参与。尤其是在当今互联网发展的新形势下，传统媒体和新兴媒体的融合以及新型主流媒体的出现，带来了科学传播方式的变革和创新。借助新型社会化网络，公众可以随时随地地分享科学知识、交流兴趣爱好，并将自己认为有趣或重要的内容分享给好友，以分享的方式传播科学知识，从而调动了接受科学信息普及和参与科学知识传播的积极性。这种参与式科普要求社会大众积极主动地投身于科普产品的设计开发之中。

例如，每年一届的安徽省百所高校百万大学生科普创意创新大赛就吸引了数万名大学生参加，并产生了一大批优秀的科普作品，引导更多的公众参与到科普产品的设计开发之中，推动科普资源的共建共享，促进科普产业的发展。另外，全国科普微视频大赛、上海科普微电影大赛等相关赛事的相继举办，也带动了全民参与科普的热潮。未来科普大众化将成为新的趋势。

4. "一带一路"倡议促进科普产业的国际化发展

"一带一路"倡议的实施对科普产业国际化也提出了要求，在国家深入对外开放的国际战略背景下，我国科普产业的发展需走向国际化，开展多方面的国际交流与合作。一方面，需要引进国外先进的科普理念、科普产品；另一方面，需要将国内的优秀科普产品输出，加强国际合作与文化交流，互通有无，互补长短，引导科普产业的国际化发展。

参 考 文 献

[1] 周建强. 科普产业研究 [M]. 北京：中国科学技术出版社，2014.

[2] 石兆文. 当前国外科普发展趋势与舟山海洋科普发展战略 [J]. 海洋开发与管理，2007（4）：103-108.

[3] 中国气象报. 各具特色的国外科普盛事 [N]. 中国气象报，2014-05-21（3）.

[4] 伍建民. 关于科普的思考：我们该向国外同行学习什么？——美国、加拿大科普考察启示录 [J]. 科技潮，2008（2）：50-53.

[5] 董全超，许佳军. 发达国家科普发展趋势及其对我国科普工作的几点启示 [J]. 科普研究，2011（12）：16-21.

国外科技馆的创新教育与启示

邹新伟

（广东科学中心，广州，510006）

摘要： 本文综述了部分欧美发达国家科技馆的创新教育的进展，结合我国实施创新驱动发展战略的国情，提出了应优化科技馆对我国创新教育的贡献建议，这将有助于进行素质教育和教育改革，推动创新文化在中国的发展和更好地培养创新人才。

关键词： 国外科技馆；创新教育；进展；启示

Progress and Enlightenment of Innovation Education of Foreign Science and Technology Museums

Zou Xinwei

（Guangdong Science Center，Guangzhou，510006）

Abstract： This article reviews the progress of the innovation education in some developed countries in Europe and America. Then，combining with implementation of innovation-driven development strategies，it puts forward that the science and technology museums' functions on innovation education should be optimized，which will help improve civic science literacy and education reform，so as to improve the development of innovative culture in China and to better cultivate innovative talents.

Keywords： foreign science and technology museums；innovation education；

作者简介：邹新伟，广东科学中心高级工程师，主要研究方向：科技馆展示创意与策划。e-mail：979904352@qq.com。

progress；enlightenment

在中国实施创新驱动发展战略的新时代，如何进行创新教育是一个重大的课题，科技馆在创新教育方面能发挥什么样的作用呢？本文将综述国外科技馆（包括科学中心，下同）在常规展览和创客空间（工作坊）等形式上的创新教育进展，并讨论对中国创新教育的借鉴和启示。

一、科技馆创新教育的理论基础

国外科技馆自成立之日起就肩负起社会教育的职能。20世纪，科学普及事业从"公众理解科学运动"阶段发展到"科学传播"阶段，科技馆的科学教育资源，主要有常规展览和工作坊（室）。

在20世纪，科技馆指导青少年创新实践活动的理论主要有"动手做"（hands on），这是美国部分科学家总结出来的教育思想和方法，并提出"听会忘记，看能记住，做才能会"。该理论强调从青少年的现实生活中取材，注重主体性探索和发现过程的经历，在动手做的过程中理解知识，掌握方法。

从科学教育的受众来看，不同年龄段的受众科普需求不同，对7～11岁青少年的心理特征和需求分析后认为[1]，他们开始在心灵中产生逻辑思维的活动，可以对具体的、实实在在的物体进行推理，可以开始重点激发他们的探索精神和创造能力，让他们主动自发地探索，启迪和培养科学的思维。

基于科学（science）、技术（technology）、工程（engineering）、数学（mathematics）（STEM）的创客教育，是当今世界科学教育的热点，代表了创新教育的发展方向。

STEM教育是将跨学科的知识运用到解决真实问题的场景中，让参与者能够把零散知识变成一个互相联系的整体，更注重培养参与者的问题解决能力、协作能力和创新能力。美国幼儿教育协会（NAEYC）研究表明，越早鼓励和支持儿童对周围世界的探索，以及识别机会来获得基础的STEM知识和技能，他们之后在与STEM相关领域的学习获得成功的机会更大。

2012年以后，美国的创客联盟提出了由领导者、研究者、资源开发者、教育者四类人才为支撑的体系建设。在这一体系中，创客教育的核心理念可以概括为：自主性、开放性、灵活性、创新性。自主性就是强调学习者成为学习的主体，主要包括不同于传统教育的三种学习方式：探究、捣鼓和改造。探究，指学习者对材料的开发、选取、出现的所有可能性保持高度的开放性和好奇心，而不是老师准备好材料和教材，让学生机械模仿；捣鼓就是动手做，实际上就是对各种材料工具方法进行有目的的摆弄、探索、测试；改造就是不满足于现有的材料和工具，通过重组和重用，赋予工具和材料新的用途。

二、国外科技馆创新教育

（一）常规展览

1. 美国加州科学中心的"创造力世界"

通过太阳能汽车、燃料电池模型与环境保护、风洞与汽车设计、帆与船、防震建筑、数字成像等若干互动展品，说明新技术推动人类不断满足自身对于信息、结构、材料和交通等方面的需要，让公众探索发明与创新带来的巨大社会意义。

该展览通过让公众了解支撑技术背后的科学的互动展示，达到让参与者理解技术改变生活和社会的强大力量的目标。让公众在技术领域中完成自己的探索和体验活动，寻找属于自己的发现，可以激发参与者创造和创新的兴趣和动力。这是近年来美国超大型科技馆运用"动手做"理论，展示"创造力"主题常设展览的典型案例。

2. 新加坡国家科学中心的"发挥您的发明才华"

该展览是 2015 年前后对外开放的，展览共有四个子主题，即发明无所不在、伟大的思想家、精彩的发明家及思考。

通过一群伟大的发明家的教育故事与经验，启动观众的发明细胞。通过互动展品展示斯特林发动机、碳纳米管材料、怪异的乐器、泡沫的重量等经典发明，向伟大的发明精神和富创意的概念致敬，探讨促使我们热衷于发明的原因，以及我们能如何利用潜在的属性，如好奇、毅力及联想，来帮助我们将发明才华发挥得淋漓尽致。

该展览主题突出，采用机电互动、模型、经典故事的影视呈现和"连接管道"等创客活动等综合展示手法，展示了发明的巨大社会意义、发明的启示、人人可以参与发明以及科技发明的两面性等严肃和复杂的话题。该展览是亚洲此类主题的典型展览，即使从世界范围来看，也不失为一个创新教育方面的优秀展览，具有内涵丰富、展示方式多样、有趣等特点。

3. 加拿大安大略科学中心的"想象与创新"

加拿大安大略科学中心的"想象与创新"展览，先是进行常规展览，后来也作为临时展览，在世界各地巡展。该展览分为五个子主题，每一个子主题是一条通向创新的可能路径，分别是：大胆做梦、期待意想不到、协作还是竞争、不断尝试、放眼世界。

该展览的主要互动展品有：纸飞机、观察管内物体的飞行和降落、材料测试操场、声音控制板、齿轮树、摩擦地带等。

该展览的主题定位为展示创新的五个可能的路径，具有创新方法论方面的指导意义。同时，通过材料、工程、影像、声音等跨领域的知识设计出一些有趣的互动参与展品和体验活动，运用"动手做"和 STEM 教育的理念，在互动参与的实践活动中培养参与者的创新、问题解决和合作能力。"想象与创新"是加拿大安大略科学中心为世界奉献的又一个经典展览，深受全世界观众的欢迎。

（二）工作坊或创客空间

1. 美国探索馆的"工匠工作坊"

"工匠工作坊"提倡观众动手做自己的作品或发展自己的创意，运用生活中常见或罕见的材料，通过试错过程，为自己的创造感到惊喜，开启一段实验体验的欢乐旅程。相关活动有：涂鸦器、弹球机、风桌、弹球器、光的游戏。

该工作坊的一个突出特点是基本上可以不需要辅导员或现场服务人员，可以按一般的科技馆展览一样对外开放。在新加坡国家科学中心，也复制了同样内容的"工匠工作坊"。

2. 美国亚利桑那科学中心的"创造"

该创客空间是一个科学、设计、工程思维互相碰撞，让观众将梦想变成现实的地方。该创客空间的活动项目分为创客挑战和创客专业发展两个部分。创客挑战项目通过动手制作的活动，激发参与者的创作热情，进行科学教育，主题项目有：激光切割、3D打印、木工制作、电子切割机基础、创客机器人、卡片式电脑区、数控路由器等。创客专业发展项目主要面向教师和管理者，培训其帮助学生建立解决问题、批评性思维、合作交流、创造创新等核心知识和技能。项目均为互动操作式的直观体验，感受创客、工匠、工程等作为教学工具的作用。

"创造"的创客专业发展部分是其主要特色，培训好教师和管理者，将有利于创客教育的更好发展。

3. 加拿大蒙特利尔科学中心的"创造力工厂"

"创造力工厂"的目标是培养想象力、实验动手能力和创造力，有不同的挑战项目，内容涉及发明和组装工作，独自或者团队协作都可以。各年龄段的观众需要预想技术解决方案，用"工厂"提供的各种各样的零件实践自己的解决方案。让参与者在这里可以实践任何想法，没有所谓的糟糕的创意。"创造力工厂"的主要项目有：晾衣绳、池塘、阳台、小屋、花园小筑、小路等。

"创造力工厂"运用STEM教育的理论，精选了6个有趣味性、有一定难度的挑战项目，在项目的趣味性、挑战性方面，将科技馆（科学中心）的创客教育推向了一个新的高度。

三、启示

当前中国让人诟病的应试教育，在培养学生的个性和创新能力方面明显不足。学校课程教学仍以知识传授为主，探究式教学和创新实践活动比较少。

2005 年科学大师钱学森认为："现在中国没有完全发展起来，一个重要原因是没有一所大学能够按照培养科学技术发明创造人才的模式去办学，没有自己独特的创新的东西，老是'冒'不出杰出人才。""钱学森之问"是关于中国教育事业发展的一道艰深命题，需要整个教育界乃至社会各界去共同破解。借鉴国外先进经验，充分发掘科技馆的创新教育功能，将为培养有想象力和创造力的一代青少年做出更大贡献。

（一）通过科技馆的创新教育，营造创新氛围，引领创新文化在全社会的发展

创新型科技人才的培养、科技创新成果的产生与推广，都须以广大具备较高科学素质的国民为基石。因此，世界各国尤其是欧美发达国家，在把推动科技进步和创新作为国家战略的同时，也采取了措施加强科学普及工作。本文综述的国外科技馆创新教育，培养了青少年的想象力和创造力，同时也培育了这些欧美发达国家的创新社会土壤，引领了创新文化的发展。

因此，科技馆作为科学普及的重要文化阵地，充分发挥国内科技馆的创新教育功能，将填补许多中小学校创新教育资源不足的短板，为社会树立创新人才培养的新途径和新模式，推动和引领创新文化在中国全社会的发展。

（二）通过丰富的创新教育内容和形式，培养想象力和创造力，是科技馆创新教育的核心和关键[2]

创新教育需要进行创造性思维方面的训练和教育。科技馆可以通过设置一些有一定难度、富有趣味性、未知答案的挑战或探究活动，让观众思考如何综合运用知识去解决问题。通过参与这些实践活动，可以培养观众的想象力和创造力，这也是 STEM 教育的核心理念。

本文列举的几个创客空间，例如加拿大蒙特利尔科学中心的"创造力工厂"设置的挑战活动，都没有现成答案，需要观众独立思考，综合运用知识和提供的工具，提出自己的创意和解决方案。创客教育颠覆了传统的观念与教育模式，传统的模式是老师仅仅灌输一些知识给学生。创客教育是"自己动手"（do it yourself，DIY）教育思想的提升，由已知到未知，鼓励观众使用多元的、开放的工具开展学习和实践活动，观众从知识的消费者转变为知识的创造者。

（三）科技馆创新教育，将培养对科技创新的兴趣和好奇心作为重要目的

越来越多的案例说明，兴趣和好奇心对科技创新者是十分重要的。科技馆创新教育的优势之一，就是将枯燥的科学技术进行趣味化呈现。

以往的科普教育更多的是强调科技知识本身的传播，通过本文列举来看，近年来欧美发达国家科技馆的创新教育展览或创客空间活动把培养对科技创新的兴趣和好奇心作为重要目的。选取的项目，本身都具有一定的趣味性，让观众愿意参与发现和探索科学技术的过程，或自己动手完成某项挑战或作品。通过参与这些体验或活动，获得完成任务或作品后的成就感，也进一步培养了观众对科学技术本身的兴趣和探索科学的好奇心，为将来可能从事科技创新埋下一颗兴趣的种子。

（四）国内科技馆创新教育，应大力开发具备实施创新教育功能的科普资源

国内不少科技馆设置的科普展览和活动，从内容题材到表现形式，摆脱不了传统灌输式教育的影子，直接向观众传授知识和提供答案，很少对观众实施启发教育和创新思维教育。显然，这样的科普资源不具备实施创新教育的功能。

本文列举的国外科技馆创新教育方面的典型案例，受启发之处在于其科普教育资源具备完善的实施创新教育功能，能充分贯彻创新教育理念，始终以先进教育理论为指导，并以努力培养观众的创新意识和创新能力为目的，这些做法值得参考和研究。因此，国内科技馆应转变开发模式和教育模式，在 STEM 教育和创客教育等先进理论的指导下，大力开发具备实施创新教育功能的科普展览和活动，为实施创新教育提供丰富的科普教育素材和资源。

（五）科技馆的创新教育，应重视"协同创新"，加强对教育专业人员的知识技能培训

应该像美国亚利桑那科学中心的"创造"创客空间那样，开设面向教师和管理者的培训课程。这些课程可使教师们亲身体验探究式创新教育如何开展，学生如何从中受益等，从而让教师们真正接受科技馆的体验式和探究式的教育理念和方法，并在他们自己的教学活动中贯彻这些理念和方法。

科技馆的创新教育是一个综合课题，在实施创新教育的过程中，需联合各类教育专业人员的参与。因此，对于教育理论的研究者、教育内容的开发者及教育过程的组织者来说，都需要学习创意教育的理论、技能、方法等专业知识。国内科技馆开办教师科学教育课程的案例，现在还不多见，以后应该加强这方面的工作，才能让他们更充分地利用科技馆来推进教育改革和改进对学生的创新教育。

四、结语

参考欧美发达国家的科技馆创新教育的实践，我国应优化科技馆在创新教育方面的功能，这将有助于学校推进教育改革和素质教育，改进教学方式，进而推动创新文化在中国的发展和更好地培养创新人才。

参 考 文 献

[1] 龙金晶，王紫色. 浅议科技馆教育活动如何实现对公众科学素质的培养 [J]. 科普研究，2009（5）：28-34.
[2] 胥彦玲，何丹，吴晨生. 国外科技馆建设对我国的启示 [J]. 科普研究，2010（1）：57-60.